养殖废弃物中兽用抗生素削减原理

李兆君　冯　瑶　刘元望　张吉斌 等　著

科 学 出 版 社

北　京

内 容 简 介

本书基于作者近年来兽用抗生素削减技术的研究成果，主要介绍了养殖废弃物中典型兽用抗生素的高效降解菌特性、粪-水分配、好氧堆肥削减技术、昆虫削减技术以及分子生态学机制等。主要内容包括：典型兽用抗生素降解菌的筛选及降解特性；猪粪中典型兽用抗生素的吸附分配、降解及微生物分子生态学机制；鸡粪中典型兽用抗生素的降解及其微生物分子生态学机制；畜禽粪便中典型兽用抗生素的昆虫削减及机制等。

本书可供环境、生态、农业资源、微生物等领域的研究人员、管理人员及高等院校相关专业师生阅读参考。

图书在版编目（CIP）数据

养殖废弃物中兽用抗生素削减原理 / 李兆君等著. —北京：科学出版社，2021.4

ISBN 978-7-03-067285-8

Ⅰ. ①养… Ⅱ. ①李… Ⅲ. ①兽用药—饲养场废物—废物处理—研究 Ⅳ. ①X713

中国版本图书馆 CIP 数据核字（2020）第 252657 号

责任编辑：刘 冉 宁 倩 / 责任校对：杜子昂
责任印制：吴兆东 / 封面设计：北京图阅盛世

科学出版社 出版
北京东黄城根北街 16 号
邮政编码：100717
http://www.sciencep.com
北京九州迅驰传媒文化有限公司 印刷
科学出版社发行 各地新华书店经销
*
2021 年 4 月第 一 版 开本：720 × 1000 1/16
2022 年 7 月第二次印刷 印张：21 1/4
字数：430 000

定价：138.00 元

（如有印装质量问题，我社负责调换）

前　　言

抗生素作为治疗用药被广泛应用于养殖业，其中很大一部分以母体或代谢物形式随尿液或粪便排出进入环境中。将未经无害化处理的畜禽粪便直接用于农田，容易造成土壤、作物和地下水的抗生素污染，此外，也会对微生物、植物、动物和人类造成极大的负面影响，甚至对生态系统的稳定性造成破坏，因此如何有效去除养殖废弃物中残留的兽用抗生素是近年来研究的热点之一。好氧堆肥法主要是利用多种微生物的作用，将生物残体、粪便等进行矿质化、腐殖化和无害化，使各种复杂的有机态养分转化为可溶性养分和腐殖质，同时利用微生物作用所产生的高温来杀死其中的病菌、虫卵和杂草种子等达到无害化目的。近年来，由于昆虫转化技术的低成本、短周期及高效性，利用昆虫转化畜禽粪便获得昆虫生物质、油脂及有机肥等的产业化研究也越来越受到人们的关注。研究表明，好氧堆肥和昆虫转化均可以通过微生物作用有效削减养殖废弃物中的抗生素，而有关其微生物降解、好氧堆肥和昆虫削减及其机制等科学问题未有系统论著。

本书在总结作者过去研究工作的基础上系统地阐述典型兽用抗生素的微生物降解及机制、好氧堆肥削减技术及机制、昆虫削减技术及机制，为养殖废弃物中兽用抗生素的高效削减研究提供参考。本书共分 8 章，由李兆君、冯瑶、刘元望、张吉斌，以及蔡珉敏、成登苗、张树清、赵全胜共同撰写完成。第 1 章介绍典型抗生素的微生物降解研究进展和降解菌的筛选及降解特性，由李兆君、刘元望撰写；第 2 章介绍典型兽用抗生素的猪粪-水分配及预测模型开发，由成登苗、李兆君撰写；第 3 章介绍典型兽用抗生素在猪粪好氧堆肥中的削减技术及微生物分子生态学机制，由成登苗、李兆君撰写；第 4 章介绍典型兽用抗生素不同添加方式对猪粪堆肥过程中的抗生素及其抗性基因的影响，由成登苗、刘元望、李兆君撰写；第 5～7 章介绍典型抗生素在鸡粪好氧堆肥中的削减技术及微生物分子生态学机制，由冯瑶、李兆君撰写；第 8 章介绍畜禽粪便中典型兽用抗生素及其抗性基因的昆虫削减技术及其机制，由蔡珉敏、张吉斌撰写。全书由李兆君、冯瑶和成登苗统稿，张树清和赵全胜校稿。

本书的研究工作得到了“十三五”国家重点研发计划（No.2018YFD0500200）、

国家自然科学基金（No.31572209）的资助，特此向支持和关心作者研究工作的所有单位表示衷心的感谢。同时，感谢科学出版社同仁为本书出版付出的辛勤劳动。本书参考了有关单位或者个人的研究成果，已在参考文献中列出，在此一并向相关作者致谢。

本书在研究兽用抗生素的微生物降解、好氧堆肥削减技术及昆虫削减技术等方面有许多独到的见解。但本书追求的目标是科学、全面、系统地介绍典型兽用抗生素的自然环境行为和生态毒理效应，这给本书编写增添了难度，加之作者水平有限，虽几经修改，但书中疏漏之处仍在所难免，欢迎广大读者不吝赐教。

作　者

2021年1月

目　　录

第1章 典型抗生素的微生物降解及机制

目前环境中抗生素残留问题及其造成的抗生素耐药基因问题已经引起社会的关注。环境中残留抗生素的处理方法大致分为物理法、化学法和生物降解三种，其中，生物降解具有成本低廉、方法简单、微生物处理高效、环境友好等优点，是治理环境污染的有效手段。微生物作为生物降解的主体，对抗生素残留的降解起关键作用。

1.1 微生物降解抗生素的研究进展

抗生素（antibiotics）是由微生物（包括细菌、真菌、放线菌）产生的具有抗病原体或其他活性的一类次级代谢物。抗生素作为抑菌或杀菌类药物已被广泛应用于人类疾病治疗、畜禽及水产养殖等多个领域，主要包括四环素类、磺胺类、β-内酰胺类、氟喹诺酮类等（Zhou et al.，2013）。我国是抗生素生产和使用大国，每年抗生素生产量达 21 万 t，使用量为 18.9 万 t。而占用药量 40%～90%的抗生素以原药或初级代谢产物形式随粪便和尿液排出体外，最终又通过施肥等方式进入土壤等环境。近年来，关于抗生素类污染物在水体、沉积物和土壤中被检出的报道较多，甚至在蔬菜等农产品中也发现了抗生素残留（Ahmed et al.，2015；Zhao et al.，2015）。

研究发现，环境中抗生素残留对植物叶绿素合成、酶分泌和根系生长有明显影响（Crane et al.，2006）。此外抗生素残留还会诱导微生物产生耐药性和抗性基因（antibiotic resistance genes，ARGs）（Fraqueza et al.，2015）。同时，低浓度抗生素对生态环境中微生物种群也能够起到筛选作用，使具有抗生素耐药性的微生物种群得以保留并逐渐壮大，而对其敏感的种群不断死亡消失，直接后果就是使微生物种群结构失衡，对生态环境及人类健康造成极大的危害。因此，解决抗生素问题迫在眉睫（世界卫生组织，2015）。为了解决抗生素污染问题，除了减少抗生素的滥用，如何去除环境中残留的抗生素已成了近年来研究的热点之一。目前，对含有抗生素残留污水的理化处理方法进行了大量的研究和实践，包括高级氧化法、活性炭吸附法、低温等离子体技术和膜处理法等（罗玉等，2014）。但是这些理化处理法所需成本高、管理复杂，除了高级氧化法对抗生素的去除率可达 95%外，其他方法的去除效率都较低。因此，抗生素微生物降解研究逐渐成为抗生素去除研究领域的热点。

1.1.1 微生物处理方法

1. 活性污泥法

活性污泥法（activated sludge process，ASP）是国内外处理抗生素污水最常见的方法，一般包括物理吸附（腐殖质、活性炭、絮凝剂）、化学反应和微生物降解。ASP 发展时间早，工艺成熟，积累了大量的运行和管理经验，因此该方法常用于含抗生素废水的处理。

四环素类抗生素（TCs）在 ASP 中的去除机理主要以吸附为主，微生物降解作用较小甚至不存在微生物降解（李慧，2013）。与 TCs 不同，磺胺类抗生素（SAs）在 ASP 中的去除主要是微生物降解起作用（Huang et al.，2012）。但是不同的 SAs 降解效果也不尽相同。Yang 等（2011）研究发现，在相同降解条件下，磺胺间甲氧嘧啶（SMM）降解率为 19%，磺胺甲噁唑（SMZ）为 24%，而磺胺二甲嘧啶（SDM）为 30%。污泥龄（SRT）和反应时间会显著影响 SAs 的降解效果。不同 SRT 和反应时间对磺胺甲基嘧啶（SM1）降解效果影响的研究结果显示，随着 SRT 由 5 d 延长到 25 d，SM1 的去除率可以由 45%提高到 80%；SM1 在活性污泥处理 0.5～4.5 h 内降解效果有显著差异（Huang et al.，2012）。Yang 等（2011）还发现在 ASP 中 SAs 的降解呈“S”形曲线，在前期（2 d 或者 3 d 内）SAs 降解缓慢，而之后直到 12 d 降解比较稳定，降解率可达到 95%，14 d 后降解基本完成。这可能是由于微生物存在适应过程，也可能是由于存在其他容易降解的异型生物质与 SAs 的降解发生竞争作用。温度也是影响 SAs 降解的一个主要因素。研究发现在 20℃时 SAs 的降解迟滞期短，降解率高；而 6℃时迟滞期会延长 4 倍左右，降解率低。除此之外，由于 SAs 可以作为活性污泥中微生物的碳源或者氮源，因此活性污泥中碳源和氮源的含量会影响其降解效果。Müller 等（2013）通过设置不同的共代谢基质，发现在 ASP 系统中增加碳源和减少氮源均可以提高 SMZ 的降解效果。以下方式可以提高 ASP 对 SAs 的降解效率：①针对不同的 SAs 筛选不同的高效降解菌；②通过加入胞外聚合物提高微生物对抗生素的获得能力，来促进抗生素降解（Yang et al.，2011）；③优化并选择适合 ASP 中微生物群落生长和 SAs 降解的温度；④在加入 ASP 系统前，首先将活性污泥中的微生物群落在相似的环境下进行适应性生长训练；⑤控制 SRT，当 SRT 达到 SAs 的降解瓶颈时更新污泥；⑥针对不同的 SAs 和微生物群落优化 ASP 系统中的营养基质。氟喹诺酮类抗生素在 ASP 中的微生物降解是其去除的次要途径，其中氧化还原条件、抗生素种类和污泥的含盐量等都会影响其降解效果。研究发现，在厌氧条件下氟喹诺酮的降解微不足道，在好氧条件下其降解率为 14.9%～43.8%，在硝化条件下降解率为 36.2%～60.0%，加入硝化抑制剂会显著减少氟喹诺酮的降解。并且发现淡水中氟喹诺酮不存在微生物降解，而在含盐污水中其降解率可达到 40.8%（Li et al.，2010）。所以可以通过筛选高效降解菌株、提高通气量、加入硝化试剂或提高含盐量的方法来提高氟喹诺酮类抗生素在 ASP 中的降解率。β-内酰胺类抗生素在 ASP 中的降解不够完全，尤其是在高浓度条件下降解率更低。Guo 等（2015）比较了芬顿（Fenton）法、ASP 和 Fenton-ASP 对阿莫西林的降解效果。研究结果显示，高浓度条件下单独采用 SAP 处理阿莫西林去除效果较差，而采用 Fenton 法氧化去除率可达 80%。将二者联合起来，即先用 Fenton 法处理，再用 SPA 处理，则最终可将阿莫西林完全降解（Yang et al.，2011）。ASP 尤其是 ASP 好氧处理法存在动力消耗大、处理成本高和易出现污泥膨胀现象等缺点（罗玉等，2014），其应用受到一定的限制。

2. 膜生物反应器法

膜生物反应器（membrane bioreactor，MBR）是一种将薄膜对污染物的高效分离与微生物对污染物降解能力相结合的新型污水处理系统。这种方法采用超滤膜组件代替传统活性污泥工艺中的二沉池，可以进行高效的固液分离，克服了传统活性污泥工艺中出水水质不稳定、污泥容易膨胀等问题。此外，MBR 还具有工艺参数容易控制、设备容积负荷高、占地少、性能稳定、易于自动控制管理等优点（Qiu et al.，2013）。较传统活性污泥工艺而言，MBR 大大改善了污水中抗生素的去除效果。还有研究表明，MBR 比传统 ASP 对大环内酯类抗生素、SAs 和甲氧苄氨嘧啶类抗生素的去除率提高了 15%～42%。Shen 等（2014）研究表明，MBR 对氨苄青霉素的去除率比 ASP 去除率高 23%。其中的主要原因可能是生物薄膜增加了微生物与抗生素的接触时间。影响 MBR 对抗生素降解效率的因素主要包括抗生素种类、抗生素浓度、混合液固体悬浮物（MLSS）含量、温度、化学需氧量（COD）、水力停留时间（HRT）和 SRT 等。在 MBR 中，即使是同一类别不同种类的抗生素去除效果也存在较大差异，这可能是由于流入 MBR 的污水中含有抗生素代谢物，这些代谢物最终又可能会合成该种抗生素母体。当浓度不同时，抗生素的降解率也会有所不同。当浓度为 50 ng/mL 时，SAs 在 5 d 时降解率就达到 90%以上，而 SAs 浓度为 1000 ng/mL 时降解率很低。但是不同浓度 SAs 的降解量相近，表明参加抗生素降解的酶具有类特异性（Garcia et al.，2012）。一般较高含量的 MLSS、较高的温度和较低的初始 COD 值均有利于抗生素的降解。HRT 和 SRT 会影响 MBR 对抗生素的降解，一般随着 HRT 和 SRT 的增加，抗生素的降解率会有相应的提高。另有报道，β-变形杆菌和 γ-变形菌是污水处理过程中对抗生素去除起主要作用的菌，且随着 SRT 的增加，抗生素抗性基因呈现增加趋势，并且抗生素去除率有所提高，这可能是由于较长的 HRT 和 SRT 能够为微生物（如硝化菌和抗生素降解菌等）提供更多富集时间和空间。可以从以下几个方面提高 MBR 工艺对抗生素的降解作用：①针对不同的抗生素筛选出具有高效降解能力的菌株；②在一定范围内提高 MLSS 的含量；③在一定范围内提高处理温度；④对要处理的废水首先进行降低 COD 的前处理；⑤相对增加 HRT 和 SRT；⑥将 MBR 和其他方法联用（Wang et al.，2015）；⑦优化滤膜性能，根据不同净水要求选择不同类型膜组件。

3. 超声生物法

超声生物法是近几年来发展起来的一种新型的污水处理方法，正日益受到人们的关注。该法主要是通过超声波使液体中的微小泡核激化产生高温和高压，破坏抗生素的分子结构，从而达到降解目的。并且水分子在高温高压下产生诸如 H_2O_2 和·OH 等活性氧物种（reactive oxygen species，ROS），从而达到降解抗生素的效果。这可能是由于 H_2O_2 和·OH 等的链式反应能够氧化抗生素，因此在污水中加入诸如 Fenton 试剂、H_2O_2、CH_3Cl、臭氧等可以产生 ROS 的助剂以促进反应的进行（Lastre-Acosta et al.，2015）。此外，在一定范围内超声功率越大、溶液 pH 越高（6～11）、气水比越大、抗生素浓度越低，则超声法对抗生素的降解率越高（Hoseinia et al.，2013）。Lastre-Acosta 等（2015）发现，在酸性环境下（pH 5.5）利用超声法对磺胺嘧啶也能够获得较高的降解率。超声法条件温和，对一定浓度范围抗生素的降解速度快，无污染，操作方便，但其在抗生素含量较高条件下对抗生素的降解率相对较低。将超声法与生物法联合起来处理污染废水，具有工艺高效、简单、清洁的优点，且容易操作，应用前景较好。

4. 堆肥法

堆肥法主要是利用多种微生物的作用，将生物残体、粪便和药渣等进行矿质化、腐殖化和无害化，使各种复杂的有机态养分转化为可溶性养分和腐殖质，同时利用堆积时所产生的高温（60～70℃）来杀死原材料中所带来的病菌、虫卵和杂草种子等达到无害化目的。在堆肥过程中影响抗生素降解率的因素很多，包括堆肥底物、抗生素种类、温度、通气量或通气方式、抗生素浓度和微生物等。不同的底物可能会对抗生素的降解产生不同的影响（Mitchell et al.，2015）。例如，Kim 等（2012）通过实验室堆肥装置试验发现 TCs 和 SAs 的降解主要依赖堆肥底物中添加的木屑。Wu 等（2011）通过中试规模的猪粪堆肥化使得四环素（TC）的降解率为 70%，而 Hu 等（2011）利用鸡粪、猪粪和水稻秸秆堆肥，使得 TC 的降解率达到 93%，这可能是不同底物堆肥过程中微生物多样性不同而导致的。张红娟等（2010）开展的林可霉素药渣和牛粪联合堆肥试验结果显示，林可霉素降解率达到 99%以上，浸提液种子发芽率从 0 上升到 70%以上。另外，研究发现药渣堆肥对土壤中微生物增殖的促进作用比一般的牛粪堆肥好，并且药渣堆肥对土壤中微生物多样性没有显著的破坏作用，表明林可霉素菌渣与牛粪的联合堆肥产品已达到无害化和稳定化。不同的抗生素在相同的堆肥化条件下降解效果会有一定的差异。例如，在同一堆肥条件下，磺胺嘧啶 3 d 就已全部降解，而 TC 42 d 降解率仅为 92%；此外，猪粪和木屑按 1∶1（*v*/*v*）混合条件下堆肥，磺胺嘧啶 3 d 完全降解，金霉素（CTC）21 d 完全降解，而环丙沙星 56 d 仍有 17%～31%的残留（Selvam et al.，2013）。温度会显著影响堆肥对抗生素的降解效果。将含有 CTC 的混合物分别在 55℃（堆肥温度）和 25℃温育后堆肥，前者的降解率能达到 99%，比后者的降解率高一倍以上。这表明 55℃比较适合抗生素降解微生物的生存，能够较好地发挥抗生素降解作用。不同的通气量或者通气方式也会影响堆肥法对抗生素的降解效果。Pan 等（2013）研究结果表明，翻堆与机械通气并用与其他方式相比能够提高堆肥温度（63℃）和延长最高温度的持续时间（60℃，4 d），这可能是由于抗生素的降解主要发生在升温阶段和高温持续阶段。在堆肥过程中引入外来有益菌种可以加速抗生素降解。例如，有研究发现在堆肥过程中加入 BM 菌有利于 TC、CTC 和土霉素（OTC）的降解。秦莉等（2009）研究结果表明，具有降解纤维素和 CTC 双重功能的复合菌系能够在 50℃快速繁殖，适用于高温好氧堆肥环境，使得 CTC 的降解率达到 82%，与不接复合菌系的处理相比，CTC 降解率提高 60%。此外，不同的抗生素浓度也会影响堆肥化效果，一般高浓度的抗生素会推迟腐熟时间，因为抗生素浓度越高，对初始的微生物菌群影响越大（Hu et al.，2011）。从以下几个方面改进堆肥条件可以提高堆肥法对抗生素的降解效果：①优化堆肥底物成分配比；②针对不同的抗生素设定不同的堆肥时间；③将堆肥底物先经过高温温育，再进行堆肥；④优化通气条件；⑤筛选能够降解抗生素的菌株，尤其是耐高温的菌株，以适应高温堆肥条件。

1.1.2 抗生素的微生物降解

1. 降解条件和效果

抗生素特异性降解菌的筛选是利用微生物法降解抗生素最重要的部分。研究发现，真菌和细菌均有可能参与抗生素的降解，目前对抗生素降解菌的筛选鉴定以及降解条件优化情况如表 1.1 所示。

表 1.1 抗生素特异性降解菌的降解条件和降解效果

抗生素种类		菌类	降解条件	降解效果
β-内酰胺类	头孢噻呋（Erickson et al.，2014）	蜡样芽孢杆菌 P41	厌氧，35℃，胰蛋白胨大豆肉汤培养基，10 mg/L 头孢噻呋	100%（0.4 d）
	头孢地尼（Selvi et al.，2014）	黑粉菌 SMN03	pH 6.0，30℃，转速 120 r/min，4%（*w/v*）接种量，200 mg/L 头孢地尼，酵母膏蛋白胨葡萄糖琼脂培养基	81%（6 d）
	头孢氨苄（Lin et al.，2015）	假单胞菌 EC22	接种量为 100 μL，OD 600 nm 值为 0.6 的菌液，转速 200 r/min，温度为 26℃，装液量为 10 mL/50 mL，头孢氨苄浓度为 1 mg/L，基础培养基 + 0.1%（*w/v*）蛋白胨和 0.05%（*w/v*）酵母提取物	92%（1 d）
	头孢氨苄（Lin et al.，2015）	假单胞菌 EC21	接种量为 100 μL，OD 600 nm 值为 0.6 的菌液，转速 200 r/min，温度为 26℃，装液量为 10 mL/50 mL，头孢氨苄浓度为 1 mg/L，基础培养基 + 0.1%（*w/v*）蛋白胨和 0.05%（*w/v*）酵母提取物	47%（1 d）
	氨苄青霉素（Teruya et al.，2006）	黄杆菌属	5%接种量，含氨苄青霉素 50 mg/L 肉汤（MH）培养基	20%～80%（21 d）
大环内酯类	交沙霉素（Teruya et al.，2006）	诺卡氏菌科	5%接种量，含交沙霉素 50 mg/L MH 培养基	40%～60%（21 d）
	阿维菌素（胡秀虹等，2012）	不动杆菌 AW1-18	无机盐培养液，以阿维菌素为唯一碳源和氮源，接种量为 2.5%，温度为 30℃，转速为 150 r/min，pH 7.0	＞75%（6 d）
	阿维菌素（闫彩虹，2011）	枯草芽孢杆菌 G1	pH 6.0，温度 35℃，装样量 80 mL，细菌接种浓度为 0.1%，阿维菌素浓度为 100 mg/L，添加 0.2%的蔗糖和酵母浸液及 0.1%的 Fe^{3+}和 Cu^{2+}	＞90%（15 d）
	阿维菌素（闫彩虹，2011）	黏质沙雷菌 G6	pH 6.0，温度 40℃，装样量 40 mL，细菌接种浓度为 0.05%，阿维菌素浓度为 150 mg/L，添加 0.2%的蔗糖和酵母浸液及 0.1%的 Fe^{3+}和 Cu^{2+}	80%（15 d）
	阿维菌素（闫彩虹，2011）	蜡样芽孢杆菌	pH 6.0，温度 40℃，装样量 120 mL，细菌接种浓度为 0.1%，阿维菌素浓度为 150 mg/L，添加 0.2%的蔗糖和酵母浸液及 0.1%的 Fe^{3+}和 Cu^{2+}	70%（15 d）

续表

抗生素种类		菌类	降解条件	降解效果
大环内酯类	阿维菌素（魏艳丽等，2013）	嗜热脂肪芽孢杆菌 AZ11	基础培养基，100 mg/L 阿维菌素，温度为 60℃，1%接种量	78%（3 d）
	阿维菌素（胡秀虹和黄剑，2013）	苍白杆菌 AW1-12	无机盐培养液，100 mg/L 阿维菌素，30℃，150 r/min，pH 7.0	80%（9 d）
	阿维菌素（李荣等，2009）	伯克霍尔德菌 AW70	含 50 mg/L 阿维菌素的无机盐培养基，以阿维菌素为唯一碳源，30℃，pH 7.0	85%（2 d）
	红霉素（许晓玲，2008）	黏性红圆酵母	30℃，pH 5.0～5.5，最适接菌量为 6%，适宜碳源和氮源分别是蔗糖和 NH_4Cl，降解率与通气量呈正相关	100%（2 d）
	红霉素（毛菲菲等，2013）	恶臭假单胞菌 Ery-E	温度 30℃，pH 7.0～7.5，初始红霉素浓度 30 mg/L，10 mg/L 酵母粉	84%（5 d）
	泰乐菌素（刘力嘉等，2011）	无丙二酸柠檬酸杆菌	pH 6.5，温度 30℃，10%接菌量，含有 50 mg/L 泰乐菌素的药渣培养基，转速为 125 r/min	95%（2 d）
四环素类	土霉素（Teruya et al.，2006）	解蛋白弧菌	5%接种量，含 OTC 30 mg/L MH 培养基	35%～65%（21 d）
	土霉素（Migliorea et al.，2012）	糙皮侧耳菌	100 r/min，相对湿度 70%，25℃，含有 OTC 50 mg/L，3%麦芽提取液的液体培养基	100%（14 d）
	土霉素（王志强等，2011）	蜡样芽孢杆菌	温度 35℃，pH 7.0，土霉素浓度 50 mg/L，装液量 80 mL，200 mg/L 土霉素，以酵母浸膏为碳氮源，加入 Fe^{3+}	85%（3 d）
	四环素（许晓玲，2008）	缺陷短波单胞菌	碳氮源、适宜矿物质分别是无碳源、蛋白胨 50%、硫酸铜 0.015%；30℃，25 mL/200 mL 装液量，1%接种量	91%（5 d）
	四环素（许晓玲等，2011）	人苍白杆菌	适宜碳氮源和矿物质分别是葡萄糖 50%、牛肉膏 1.50%、硫酸铜 0.015%；最适培养条件是温度 3℃，25 mL/200 mL 装液量，1%接菌量	94%（5 d）
	四环素（冯福鑫等，2013）	酵母菌 XPY-10	最适碳源和氮源分别是蔗糖和蛋白胨，含有 0.05% $FeSO_4$，接种量为 2%，pH 8.0，温度 34℃，装液量 100 mL/250 mL，转速 180 r/min，TC 浓度为 600 mg/L	84%（7 d）
	四环素（马志强等，2012）	无丙二酸柠檬酸杆菌	温度 35℃，pH 5.5，装液量为 50 mL，接菌量 5%，转速为 150 r/min	86%（3 d）
氟喹诺酮类	环丙沙星（Prieto et al. 2011）	白腐真菌 *T.versicolor*	2%麦芽提取物液体培养基，环丙沙星浓度为 2 mg/L，温度为 30℃，转速为 150 r/min，接种量为 5 g/L 的白腐真菌干物质	90%（7 d）

续表

抗生素种类		菌类	降解条件	降解效果
氟喹诺酮类	诺氟沙星（Prieto et al. 2011）	白腐真菌 *T.versicolor*	2%麦芽提取物液体培养基，诺氟沙星浓度为 2 mg/L，温度为 30℃，转速为 150 r/min，接种量为 5 g/L 的白腐真菌干物质	90%（7 d）
		短波单胞菌 SMXB12		2.5 mg/L/d
磺胺类	磺胺甲噁唑（Herzog et al.，2013）	假单胞菌 SMX330	R2A-UV 培养基（1 g/L 酪蛋白胨，0.5 g/L 葡萄糖，0.3 g/L 磷酸钾，0.3 g/L 可溶性淀粉）装液量为 20 mL/100 mL，磺胺甲噁唑含量为 10 mg/L，转速为 150 r/min	2.7 mg/L/d
		贪噬菌 SMX332		2.11 mg/L/d
		放线菌细杆菌 SMX348		2.13 mg/L/d
氯霉素	甲砜霉素（TAP）（Teruya et al.，2006）	芽孢杆菌 假单胞菌	5%接种量，含 TAP 30 mg/L MH 培养基	5%～75%（21 d）

2. 降解机制

微生物作用下抗生素的降解比较复杂，是微生物在特定环境下通过新陈代谢产生酶等物质，直接或者间接修饰改变抗生素的结构从而使其失活的过程。微生物降解抗生素机制的研究主要包括两个方面，一方面是测定降解过程中微生物的代谢产物，通过对微生物代谢组学、基因组学和蛋白质组学的研究来确定微生物对抗生素的降解机理；另一方面是通过对抗生素降解过程中相关降解产物的连续测定，从而推断抗生素结构的连续性变化规律，即降解途径的研究。

（1）降解酶

对抗生素具有降解功能的微生物主要是该抗生素的耐药菌，究其原因是因为这些耐药菌能够产生相应的降解酶，这些酶类进一步通过修饰或水解作用破坏抗生素的分子结构而导致抗生素降解。研究发现抗生素降解酶主要包括以下四大类：β-内酰胺酶、氨基糖苷类修饰酶、大环内酯类灭活酶和氯霉素乙酰转移酶（表 1.2）。但是以上主要是针对细菌抗生素耐药性的研究，并没有对这些降解酶的抗生素降解条件及其降解效果进行进一步试验。虽然也有相关报道以降解为目的筛选了一些具有降解抗生素能力的细菌，但是并没有对其降解酶的降解条件进行下一步研究。相对于细菌而言，近年来，对具有抗生素降解能力的真菌，包括真菌菌种筛选及其相应降解酶的降解特性和条件等均有一定的研究报道（表 1.3）。

（2）降解途径

降解途径作为降解机制研究的重要组成部分，对降解产物的无害化处理起着非常重要的作用。氨基糖苷类修饰酶主要通过修饰氨基糖苷类抗生素的氨基和羟基等官能团从而使抗生素失活。目前发现的氨基糖苷类修饰酶比较多，对酶的作用点了解得比较透彻，但是对具体降解产物了解较少。图 1.1 所示为氨基糖苷类修饰酶对庆大霉素和卡那霉素主要的作用位点（Van de Klundert et al.，1993）。

表 1.2 细菌中常见的抗生素降解酶及基因名称

分类		降解酶名称	基因名称	耐药菌种
氨基糖苷类修饰酶	乙酰转移酶（AAC）	AAC（3）- I	*aac*（3）- *I*	大肠杆菌，肺炎克雷伯菌，鲍曼不动杆菌，大肠埃希菌，铜绿假单胞菌，金黄色葡萄球菌，粪肠球菌，黏质沙雷菌，沙门氏菌（Dias et al.，2015；Michalska et al.，2014；Mohammadi et al.，2014；Van et al.，1993）
		AAC（3）-II	*aac*（3）- *II*	
		AAC（3）-III	*aac*（3）- *III*	
		AAC（3）-IV	*aac*（3）- *IV*	
		AAC（2'）- I	*aac*（2'）- *I*	
		AAC（6'）- I	*acc*（6'）- *I*	
		AAC（6'）- II	*acc*（6'）- *II*	
		AAC（6'）/APH（2"）	*acc*(6')/*aph*(2")	
	磷酸转移酶（APH）	APH（3'）-III	*aph*（3'）- *III*	肺炎克雷伯菌，金黄色葡萄球菌，粪肠球菌，鲍曼不动杆菌
		APH（3'）-VI	*aph*（3'）- *VI*	
	核苷转移酶（ANT）	ANT（3"）- I	*ant*（3"）- *I*	肺炎克雷伯菌，黏质沙雷菌，阴沟肠杆菌，粪肠球菌，屎肠球菌（Mohammadi et al.，2014；Van et al.，1993）
		ANT（2"）- I	*ant*（2"）- *I*	
		ANT（4，4"）- I	*ant*（4，4"）- *I*	
		ANT（6）- I	*ant*（6）- *I*	
β-内酰胺酶（bla）	头孢菌素酶（AMPC）	bla（Nmc-A）	*Nmc-A*	肺炎克雷伯菌，大肠埃希菌，大肠杆菌，鲍曼不动杆菌，阴沟肠杆菌，铜绿假单胞菌，志贺菌，嗜麦芽窄食单胞菌（Liu et al.，2015；Rezaei et al.，2015；Yoon et al.，2011；罗卉丽等，2015；张传领等，2014）
		bla（VIM）	*VIM*	
		bla（IMI）	*IMI*	
		bla（IMP）	*IMP*	
		bla（KPC）	*KPC*	
		bla（DHA）	*DHA*	
		bla（CMY）	*CMY*	
		bla（ACT）	*ACT*	
		bla（MOX）	*MOX*	
		bla（CIT）	*CIT*	
		bla（EBC）	*EBC*	

续表

分类		降解酶名称	基因名称	耐药菌种
β-内酰胺酶（bla）	超广谱β-内酰胺酶（ESBLs）	bla（SHV-12）	*SHV-12*	大肠杆菌，肺炎克雷伯菌，阴沟肠杆菌，志贺菌，嗜麦芽窄食单胞菌，鲍曼不动杆菌，大肠埃希菌，铜绿假单胞菌（Alyamani et al.，2015；Tseng et al.，2015；Bora et al.，2014；Lob et al.，2015；Oliver et al.，2015；Van et al.，1993；Yoon et al.，2011；Rezaei et al.，2015）
		bla（SHV-48）	*SHV-48*	
		bla（TEM-1）	*TEM-1*	
		bla（TEM-92）	*TEM-92*	
		bla（TEM-116）	*TEM-116*	
		bla（TEM-128）	*TEM-128*	
		bla（PER-1）	*PER-1*	
		bla（CTX-M-2）	*CTX-M-2*	
		bla（VEB-1）	*VEB-1*	
	金属β-内酰胺酶（MBLs）	bla（BCⅡ）	*BC II*	大肠杆菌，阴沟肠杆菌，铜绿假单胞菌，嗜麦芽窄食单胞菌，克雷伯菌（Lob et al.，2015；Rezaei et al.，2015；罗卉丽等，2015）
		bla（Ccra）	*Ccra*	
		bla（CphA）	*CphA*	
		bla（ImiS）	*ImiS*	
		bla（L1）	*L1*	
		bla（FEZ-1）	*FEZ-1*	
		bla（OXA）	*OXA*	
大环内酯类灭活酶	大环内酯酯酶	EREA	*ereA*	金黄色葡萄球菌，链球菌，大肠杆菌（潘丽萍，2008）
		EREB	*ereB*	
	2'-磷酸转移酶	MPHA	*mphA*	金黄色葡萄球菌，大肠杆菌，宋内志贺菌（曾焱华和吴移谋，2003）
		MPHB	*mphB*	
	糖基转移酶	MGT	*MGT*	链霉菌（曾焱华和吴移谋，2003）
		OleD	*OleD*	
		OleI	*OleI*	
氯霉素乙酰转移酶		CAT	*CAT*	大肠杆菌，巴氏杆菌，链球菌（杜向党等，2004）

表 1.3　真菌抗生素降解酶、降解条件和降解效果

降解酶类（真菌）	抗生素种类	降解条件	降解效果
木质素氧化酶（黄孢原毛平革菌）（Wen et al.，2009）	四环素	pH 4.2，37℃，2 mmol/L 藜芦基醇，50 mg/L 的 TC，0.4 mmol/L H_2O_2，酶活力为 40 U/L	95%（5 min）
	土霉素	pH 4.2，37℃，2 mmol/L 藜芦基醇，50 mg/L 的 TC，0.4 mmol/L H_2O_2，酶活力为 40 U/L	95%（5 min）

续表

降解酶类（真菌）	抗生素种类	降解条件	降解效果
锰过氧化氢酶（黄孢原毛平革菌）（Wen et al.，2010）	四环素	pH 2.96～4.80，37～40℃，0.1～0.4 mmol/L Mn^{2+}，0.2 mmol/L H_2O_2，酶含量为 2 U/mg，酶活力为 40 U/L	73%（4 h）
	土霉素	pH 2.96～4.80，37～40℃，0.1～0.4 mmol/L Mn^{2+}，0.2 mmol/L H_2O_2，酶含量为 2 U/mg，酶活力为 40 U/L，5 mg/L	84%（4 h）
漆酶（白腐真菌）（Prieto et al.，2011）	环丙沙星	150 r/min，30℃，酶活力为 1000 nkat/mL*，pH 为 4.5，1 mmol/L ABTS	98%（20 h）
	诺氟沙星	150 r/min，30℃，酶活力为 1000 nkat/mL，pH 为 4.5，1 mmol/L ABTS	34%（20 h）

* 1 nkat = 0.06U。

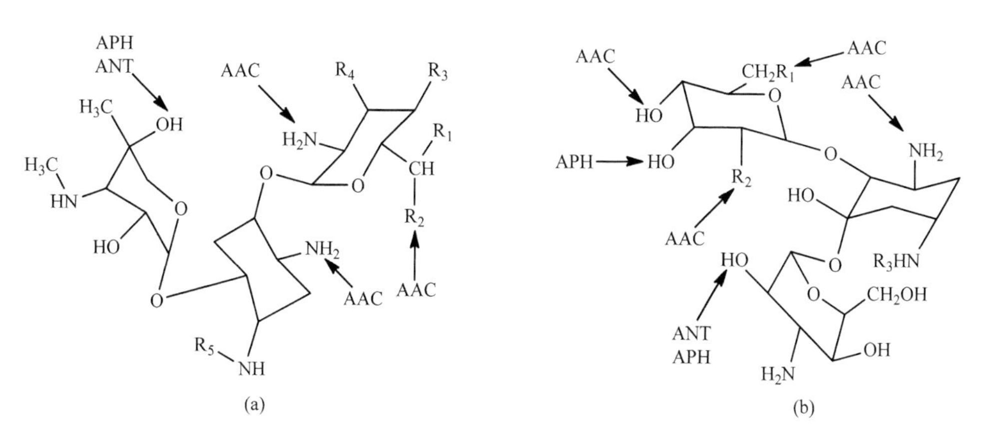

图 1.1　氨基糖苷类修饰酶对庆大霉素（a）和卡那霉素（b）作用位点

（Van de Klundert et al.，1993）

Prieto 等（2011）在研究影响白腐真菌降解环丙沙星（CIP）和诺氟沙星（NOR）的酶类以及这两种氟喹诺酮类抗生素降解途径的过程中发现，氟喹诺酮类抗生素在微生物降解酶作用下主要存在三种降解途径：哌嗪取代基的氧化，单羟基化，形成二聚体。如图 1.2（a）所示，CIP 哌嗪取代基上去掉了 C_2H_2 而形成了 Cip-1；Cip-1 哌嗪取代基被氧化失去 C_2H_5N，形成 Cip-2；Cip-3 在接种白腐真菌 3 d 后出现，并且很快被代谢掉，这可能是发生了开哌嗪环而形成 Cip-4；第 3 d 还检测出了 Cip-5 和 Cip-6，这两种产物都是 CIP 通过 C—C 共价作用形成，之后又会发生哌嗪基团的断裂、环丙基的去除和羟基化等代谢作用。在最终的培养基中只检测到了 Cip-2、Cip-4 和 Cip-5，所以白腐真菌对 CIP 的矿化可能还存在其他途径。如图 1.2（b）所示，接种白腐真菌 1 d 后 NOR 开哌嗪环，同时被氧化形成 Nor-3，第 2～3 d Nor-3 哌嗪取代基上 C_4H_8NO 被 C_2H_6N 取代而转化成 Nor-1，之后 Nor-1 哌嗪取代基进一步氧化失去 C_2H_5N 形成 Nor-2。

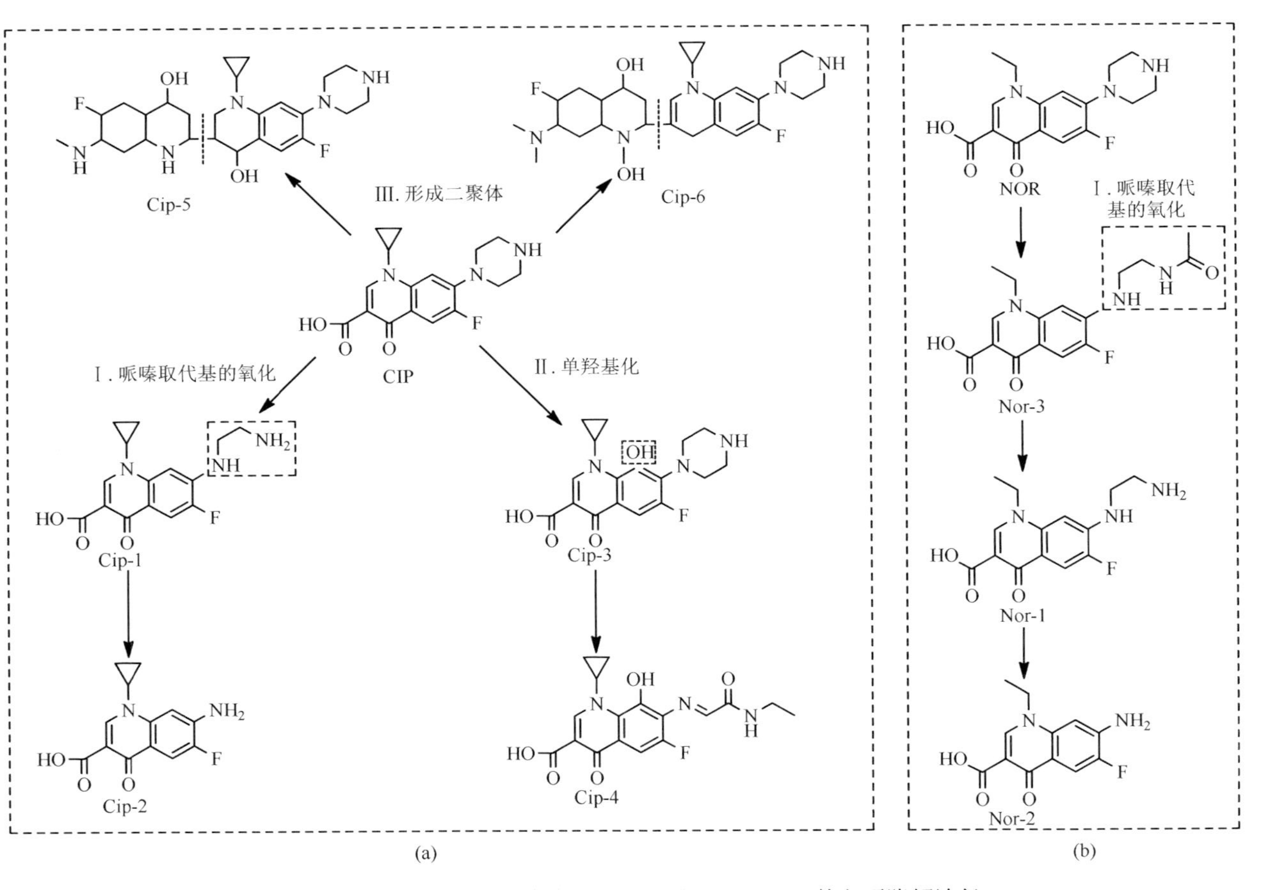

图 1.2　氟喹诺酮类抗生素中 CIP（a）和 NOR（b）的主要降解途径

对于头孢类抗生素微生物降解机理的研究表明，在头孢类的 β-内酰胺类抗生素的微生物降解中糠酸基团侧链的断裂，即杂环硫醇侧链 C3 位置的消除是其降解开始时的一个主要步骤，β-内酰胺环的开环是其再降解的一个主要步骤（图 1.3）（Erickson et al.，2014；Selvi et al.，2014）。例如，在分析蜡样芽孢杆菌 P41 对头孢噻呋、头孢曲松钠和头孢泊肟降解途径过程中，发现这三种抗生素最主要的代谢产物都是硫代糠酸基团，该基团是被 β-内酰胺酶水解后从 C3 位置被消除所得。

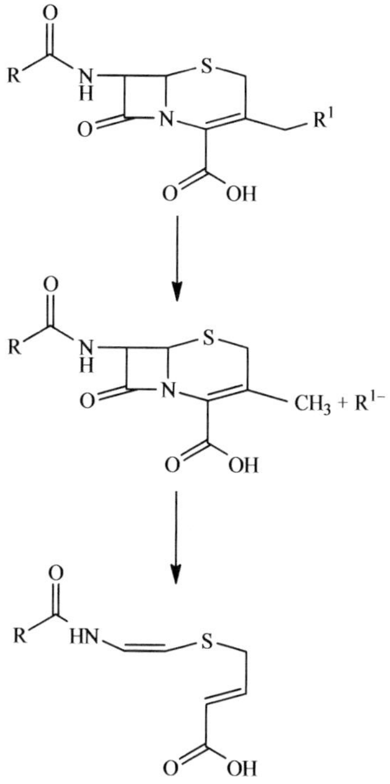

Migliore 等（2012）利用糙皮侧耳菌在实验室条件下实现了四环素类抗生素 OTC 的降解，并通过质谱分析发现该菌通过菌丝吸收 OTC 后再进行降解，推测 OTC 中的酰胺基转化为乙酰基而成为 2-乙酰基-2-去酰胺土霉素（ADOTC），该种产物比 OTC 的抗菌性低，具有较高的亲油性，毒性相对较低（图 1.4）。

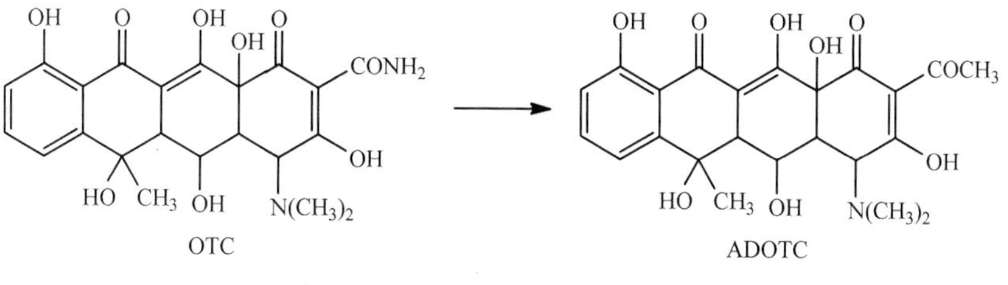

图 1.3　头孢类抗生素微生物降解途径
（Erickson et al.，2014；Selvi et al.，2014）

图 1.4　OTC 的微生物降解途径

磺胺类抗生素 SMZ 在常温好氧避光条件下可以作为唯一碳源和氮源或者共代谢基质而被活性污泥中两种微生物群落降解（Müller et al.，2013）。当 SMZ 作为共代谢基质而被异养微生物降解时，其主要产物是 3-氨基-5-甲基-异噁唑（SMZ-1）和磺化 4-苯胺（SMZ-2），其中 3-氨基-5-甲基-异噁唑比较稳定，而磺化 4-苯胺继续矿化［图 1.5（a)］。当 SMZ 作为唯一的碳源和氮源时，除了以上两种产物外还因为氨基被羟基取代而生成羟基-*N*-(5-甲基-1, 2-噁唑-2-基)苯-1-磺胺（SMZ-3）[图 1.5（b）]。

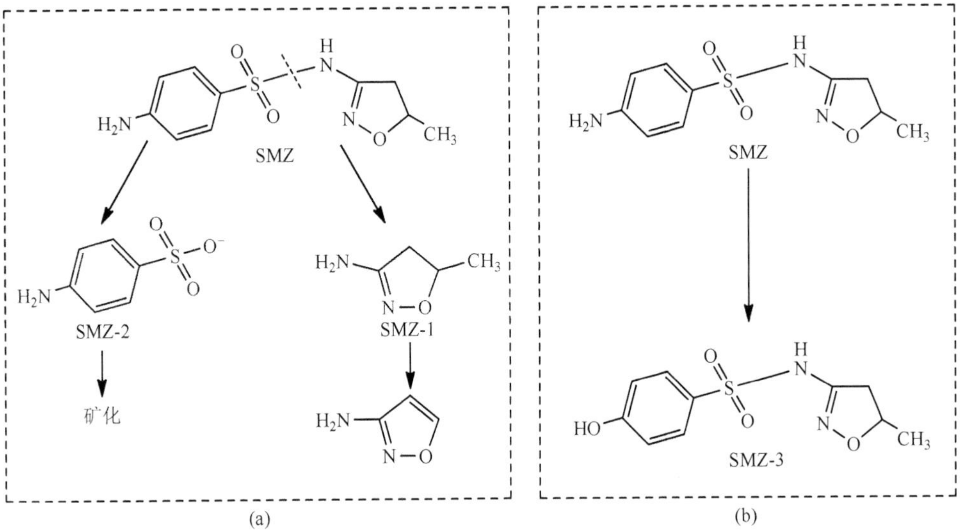

(a)

(b)

图 1.5　SMZ 的微生物代谢途径（Müller et al.，2013）

在研究大环内酯类抗生素泰乐菌素的微生物降解机制过程中发现泰乐菌素降解酶的作用位点不是泰乐菌素的糖苷键和共轭体系，且起降解作用的酶是胞内酶（王艳等，2013）。

总之，微生物对抗生素的降解比较复杂，尤其是不同种类抗生素由于结构不同，其微生物降解途径差异很大，概括起来微生物对抗生素的降解途径主要包括羟基化/去羟基化作用、取代基的氧化作用、裂合作用、取代作用、水解作用和基团转移作用等。

1.2　四环素类抗生素降解菌的筛选及降解特性

微生物在环境中土霉素的降解中扮演着重要的角色，筛选高效的土霉素降解菌并将其利用于环境中土霉素的消除，有利于解决环境中抗生素的污染问题。目前已经筛选出有效的土霉素降解菌，并对其降解途径进行了进一步的研究。土霉素的化学结构如图 1.6 所示。

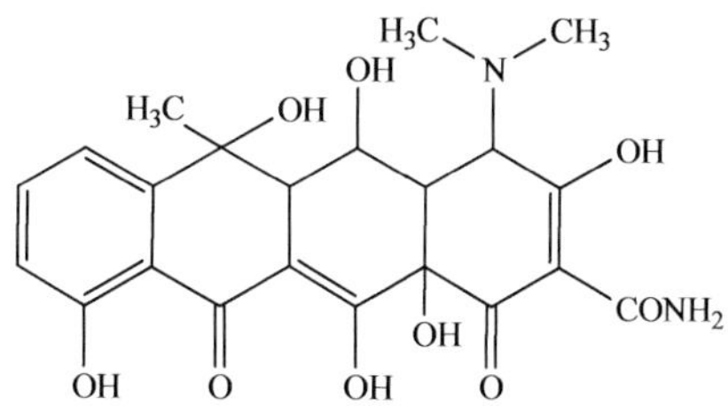

图 1.6　土霉素的化学结构

1.2.1　降解菌的筛选和鉴定

1. 菌株的分离和鉴定

（1）菌株的分离纯化

称取 10 g 采集到的样品（菌肥、药渣、畜禽粪便）于装有 90 mL 灭菌蒸馏水的三角瓶中（250 mL，内含玻璃珠），置于摇床中 30℃，200 r/min 振荡 30 min，取出后静置。吸取 100 μL 上清液，涂布于牛肉膏蛋白胨固体培养基上（牛肉膏 3 g，蛋白胨 5 g，氯化钠 5 g，琼脂 18 g，蒸馏水定容至 1000 mL，用 1 mol/L 氢氧化钠调节 pH 至 7.0～7.2 后，121℃高温灭菌），置于 30℃条件下培养 2 d。将得到的菌落在牛肉膏蛋白胨固体培养基平板上划线，依据菌落形态进一步分离和纯化，重复多次，直至得到单一菌落；然后将单菌落分别接入牛肉膏蛋白胨液体培养基中（牛肉膏 3 g，蛋白胨 5 g，氯化钠 5 g，蒸馏水定容至 1000 mL，用 1 mol/L 氢氧化钠调节 pH 至 7.0～7.2 后，121℃高温灭菌），30℃，180 r/min 下遮光振荡培养 2 d，得到含有单一菌落的培养液。取 100 μL 上述培养液上清液，分别涂布于以土霉素为唯一碳源且土霉素浓度为 25 mg/L 的土霉素无机盐固体培养基平板上，30℃遮光培养 2 d，按 25 mg/L 的梯度逐渐提高培养基中土霉素的浓度至 100 mg/L，培养方法同上。经驯化、分离获得 10 株耐土霉素的菌株，编号分别为 T1、T2、T3、T4、DX-1、DX-2、DX-3、ZC-1、ZC-2、ZC-3，其中 T1、T2、T3、T4 来源于菌肥，DX-1、DX-2、DX-3 来源于畜禽粪便，ZC-1、ZC-2、ZC-3 来源于药渣。各菌株在以土霉素为唯一碳源的无机盐培养基（氯化铵 1.0 g，磷酸二氢钾 0.5 g，磷酸氢二钾 1.5 g，硫酸镁 0.2 g，氯化钠 1.0 g，琼脂 20.0 g，蒸馏水 1000 mL，调节 pH 至 7.0，高压灭菌）中的生长情况见表 1.4。其中 T4 菌的生长情况最好，因此，选取 T4 菌作为进一步研究的对象。

表 1.4　微生物菌落生长状况

菌株编号	土霉素浓度（mg/L）		
	25	50	100
T1	++	+	+
T2	++	–	–
T3	++	+	+
T4	++	++	++
DX-1	+	–	–
DX-2	++	–	+
DX-3	+	+	–
ZC-1	+	+	–
ZC-2	+	+	–
ZC-3	++	+	–

注：–表示不生长，+表示生长，++表示大量生长。

（2）T4 菌的鉴定

用无菌牙签挑取少量已纯化的菌体重悬于 100 μL 无菌 ddH_2O（双蒸水）中，然后在沸水浴中煮沸 10 min，立即置于–20℃冰箱 30 min，12000 r/min 离心 1 min，使用时取上清液做模板。引物 27F（5'-AGAGTTTGATCCTGGCTCAG-3'）和 1492R（5'-GGTTACCTTGTTACGACTT-3'）用于 16S rDNA 部分片段的扩增，将引物稀释成 10 μmol/L 的工作液。反应体系 27F（10 μmol/L）1 μL，1492R（10 μmol/L）1 μL，2×PCR Mix 12.5 μL，Templet（菌体的粗裂解液）3 μL，ddH_2O 12.5 μL。反应条件：

预变性 94℃　5 min
变性 94℃　1 min ⎫
复性 55℃　1 min ⎬ 30 个循环
延伸 72℃　1 min ⎭
最后延伸 72℃　10 min

然后将 PCR 扩增获得的片段进行 16S rDNA 测序。测序得到的序列提交 NCBI 后，通过 BLAST 程序与 GenBank 中核酸数据进行对比性分析。结果发现，T4 菌与 *Pseudomonas* sp.高度相似，在分子系统发育分类学上属于假单胞菌，挑选相似度相近的序列用 MEGA 6.0 按邻接法构建系统发育树，构建得到的 T4 菌 16S rDNA 基因系统发育树如图 1.7 所示。

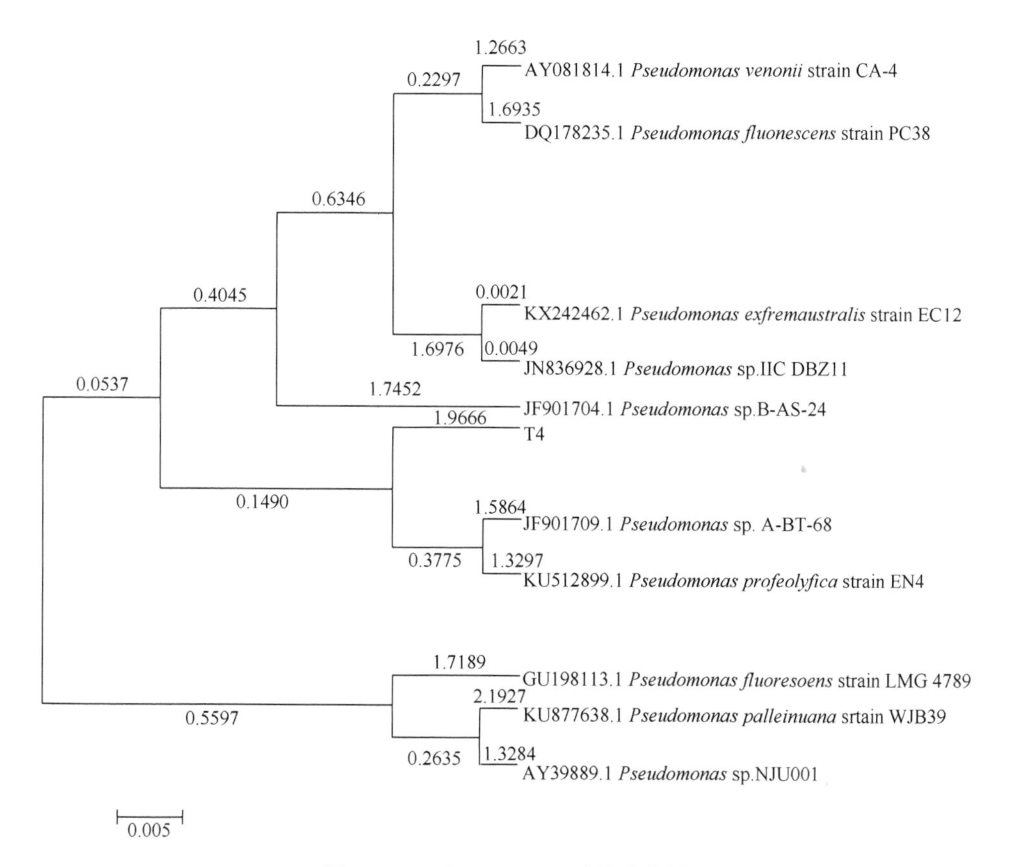

图 1.7　T4 菌 16S rDNA 系统发育树

2. 生长曲线的测定

采用分光光度法对 T4 降解菌的生长曲线进行测定。将降解菌株接种于 100 mg/L 土霉素的牛肉膏蛋白胨液体培养基中在 30℃和 180 r/min 条件下培养，于不同时间取样，采用分光光度法检测样品的菌液光密度值（OD_{600}[①]），以确定降解菌的生长量。

由图 1.8 中测定的 OD_{600} 值可见，0～6 h 为 T4 菌的生长迟缓期，在 6～32 h 内菌株生产达到对数期，菌株个数呈对数增长，32 h 之后菌株生长进入稳定期，菌数趋于饱和。

① OD_{600} 即菌液在 600 nm 处的吸光度值。

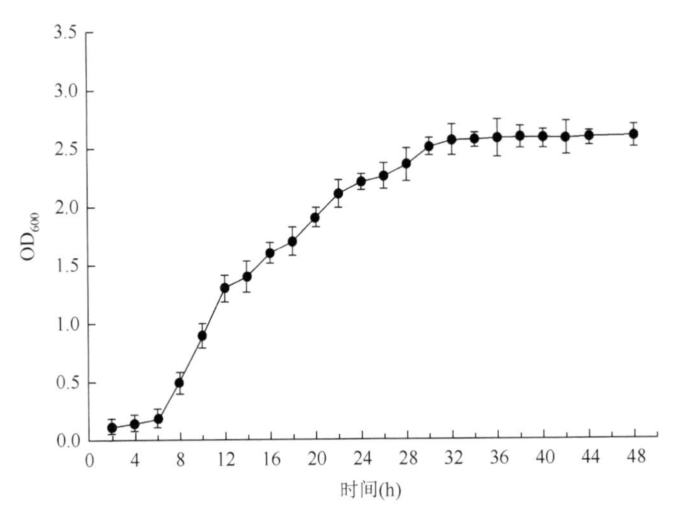

图 1.8　T4 菌的生长曲线

3. T4 对土霉素的降解验证

设置 2 个处理：OTC 和 OTC + T4（1%，*v/v*），每个处理重复 3 次。在无机盐培养基中于 121℃下高温灭菌 30 min，待培养基冷却到室温，取 1 mL 5 mg/L 的 OTC 标准液，加入 100 mL 的无机盐液体培养基中，使得反应液的 OTC 浓度为 50 mg/L。T4 菌先在牛肉膏蛋白胨中进行活化，活化到对数期取 1 mL 菌液（3.0×10^8 CFU/mL）接种到含有 100 mL 反应液的 250 mL 反应瓶中。以上所有的操作都在超净工作台中进行，以避免操作过程被其他微生物污染。将反应瓶用锡纸包上以避光，置于转速为 150 r/min 的恒温摇床中，取样时间分别为 0 d、1 d、3 d、5 d、7 d。反应全程经过紫外杀菌和高温灭菌，以确保除了 T4 菌没有其他微生物的参与，并在避光的条件下进行，以确保没有发生光降解。

样品中 OTC 的检测方法：采用 Alliance 2695 型高效液相色谱仪-2998 型 PDA 检测器（Waters，美国）对 OTC 含量进行测定。取培养液 1 mL，加入 5 mL 甲醇，摇匀，10000 r/min 离心 15 min，取上清液，用 0.22 μm 针筒式微孔滤膜过滤得到滤液，待测。色谱条件为：色谱柱 Sunfire C_{18}（150 mm×4.6 mm，3.5 μm，Waters，USA），流动相为 0.05%磷酸水溶液（A）和乙腈（B），流速为 1.0 mL/min，柱温 35℃，进样体积 20 μL，检测波长为 355 nm。洗脱程序为：0～17 min，93.2% A，6.8% B。根据线性回归方程计算出土霉素的含量，并采用以下公式计算降解率：

降解率 = [（对照样残量−实样残量）/对照样残量]×100%

微生物 T4 对 OTC 降解如图 1.9 所示，T4 菌对 OTC 的降解在第 7 d 时可达到 34.06%，没有 T4 菌的处理对土霉素的降解率为 17.33%。除此之外，OTC 的残留量随着取样时间的延长而逐渐减少。加菌与不加菌两个处理的 OTC 降解率具有明显差异，其中在第7 d最明显，加菌处理比不加菌处理降解率高16.73个百分点。在第5 d，加菌比不加菌处理降解率高14.33个百分点。不加T4菌的处理中也有微弱的降解，这主要是由OTC自身在水体环境中的不稳定造成的（Xuan et al.，2010）。

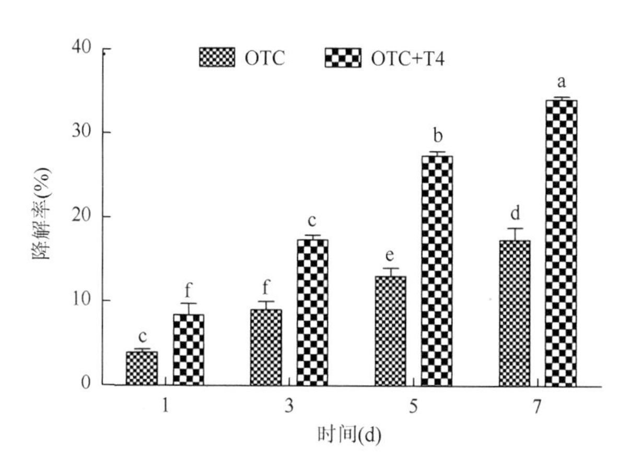

图1.9　T4对土霉素的降解率

不同字母表示差异显著（$P<0.05$），下同

1.2.2　液体环境下T4对土霉素的降解特性

1. 试验设计与研究方法

（1）不同的碳源物质和金属离子对T4降解OTC的影响

微生物主要是通过两种方式降解抗生素，其一是通过共代谢作用，其二是以抗生素作为碳源物质。为了研究不同的碳源物质和金属离子对T4降解OTC的影响，本次试验设置5个不同的碳源物质处理，分别是OTC + T4（1%）+ 淀粉培养基，OTC + T4（1%）+ 麦芽糖培养基，OTC + T4（1%） + 牛肉膏蛋白胨培养基，OTC + T4（1%） + 酵母膏培养基，OTC + T4（1%） + 无机盐培养基。金属离子设置2个处理：OTC + T4（1%）+ Fe^{3+}（0.1%）和OTC + T4（1%）+ Cu^{2+}（0.1%），其中Fe^{3+}和Cu^{2+}分别以$FeCl_3 \cdot 6H_2O$和$CuSO_4 \cdot 5H_2O$的形式添加。每个处理重复3次，不同碳源物质处理在相应培养基，而金属离子处理选择无机盐培养基，均于121℃下高温灭菌30 min，待培养基冷却到室温以后，在超净工作台中加入5 mg/mL OTC母液1 mL。T4菌先在牛肉膏蛋白胨中进行活化，活化到对数增长期取菌液（3.0×10^8 CFU/mL）1 mL接种到含有100 mL反应液的250 mL反应瓶中。用锡箔纸包住反应瓶，将反应瓶置于温度为30℃、转速为150 r/min的恒温摇床中进行暗培养，以避免光降解。取样时间分别为0 d、1 d、3 d、5 d、7 d。同时使用紫外-可

见分光光度计监测反应系统在 600 nm 处的吸光度值的变化，来监测培养体系中细菌含量的变化情况。在测定吸光度值时，尽量快速操作完成，避免反应液中的混浊物沉积下来，影响吸光度的测定，或者在测定前涡旋 30 s，使得混合均匀。

（2）底物浓度对 T4 降解 OTC 的影响

底物 OTC 浓度对于 OTC 的微生物降解有着明显的影响作用。设置 5 个不同的底物浓度：5 mg/L、10 mg/L、25 mg/L、50 mg/L 和 100 mg/L，2 个试验处理分别为 OTC + T4（1%）和 OTC + T4（1%）+ Fe^{3+}（0.1%），每个处理 3 个重复，在无机盐培养基中于 121℃下高温灭菌 30 min，待培养基冷却到室温以后，在超净工作台中加入 1 mL 5 mg/mL OTC 母液。T4 菌先在牛肉膏蛋白胨中进行活化，活化到对数增长期取 1 mL 菌液（3.0×10^8 CFU/mL）接种到含有 100 mL 反应液的 250 mL 反应瓶中。用锡箔纸包住反应瓶，将反应瓶置于温度为 30℃、转速为 150 r/min 的恒温摇床中进行暗反应，以避免光降解。取样时间分别为 0 d、1 d、3 d、5 d、7 d。同时使用紫外-可见分光光度计监测反应系统在 600 nm 处的吸光度值的变化来监测细菌含量的变化。在测定吸光度值时，尽量快速操作完成，避免反应液中的混浊物沉积下来，影响吸光度的测定，或者在测定前涡旋 30 s，使得混合均匀。

（3）温度对 T4 降解 OTC 的影响

设置 4 个不同的温度梯度，分别是 25℃、30℃、35℃和 40℃，2 个试验处理分别为 OTC + T4（1%）和 OTC + T4（1%）+ Fe^{3+}（0.1%），每个处理 3 个重复。取活化好的处于对数增长期的 T4 菌液 1 mL（3.0×10^8 CFU/mL）加入 250 mL 含有 100 mL 反应液的反应瓶，然后加入 1 mg 5 mg/L 的 OTC 母液，使得反应液的浓度为 50 mg/L。以上操作均在超净工作台中进行，以避免受到空气中的细菌或者真菌污染。所有反应瓶用锡箔纸包裹，置于转速为 150 r/min 的恒温摇床中进行暗反应以避免光降解。同时使用紫外-可见分光光度计监测反应系统在 600 nm 处的吸光度值的变化来监测细菌含量的变化。在测定吸光度值时，尽量快速操作完成，避免反应液中的混浊物沉积下来，影响吸光度的测定，或者在测定前涡旋 30 s，使混合均匀。

（4）溶液 pH 对 T4 降解 OTC 的影响

设置 7 个不同的 pH，分别为 3、4、5、6、7、8 和 9。2 个试验处理分别为 OTC + T4（1%）和 OTC + T4（1%）+ Fe^{3+}（0.1%），每个处理 3 个重复，无机盐培养基 121℃高温灭菌 30 min，待培养基冷却到室温以后，在超净工作台中加入 1 mL 5 mg/mL OTC 母液。T4 菌先在牛肉膏蛋白胨进行活化，活化到对数增长期取 1 mL 菌液（3.0×10^8 CFU/mL）接种到含有 100 mL 反应液的 250 mL 反应瓶中。所有反应瓶用锡箔纸包裹，置于温度为 40℃、转速为 150 r/min 的恒温摇床中进行暗反应以避免光降解。取样时间分别为 0 d、1 d、3 d、5 d、7 d。同时使用紫外-可见分光光度计监测反应系统在 600 nm 处的吸光度值的变化来监测细菌含量的变化。在测定吸光度值时，尽量快速操作完成，避免反应液中的混浊物沉积下来，影响吸光度的测定，或者在测定前涡旋 30 s，使混合均匀。

（5）T4 菌在实际水体中对 OTC 的降解

选用 3 种不同的水体：污水处理厂附近的污水、养殖用水和池塘水（均采集自北京市苏家坨镇），设置 2 个处理 OTC + T4（1%）和 OTC + T4（1%）+ Fe^{3+}（0.1%），每个处理重复 3 次。于处理后第 3 d 测定 OTC 降解情况。

2. 不同的碳源物质和金属离子对 T4 降解 OTC 的影响

T4 在不同的能源物质淀粉、麦芽糖、牛肉膏蛋白胨、酵母膏和无机盐培养基中对 OTC 的降解效果如图 1.10（a）所示，随着 4 次取样的进行，OTC 的降解率逐渐增加，前 4 种碳源物质中，淀粉培养基的降解效果最好，牛肉膏蛋白胨培养基中降解效果最差。相比于前 4 种碳源物质，OTC 在无机盐培养基中的降解率达到 34.06%，而在其他碳源物质中的微弱降解主要是由水解作用造成的。这主要是由于牛肉膏蛋白胨培养基不仅可以提供丰富的碳源，还可以提供氮源和维生素 C 以供微生物的生长需要。而在与 T4 菌共存的情况下，牛肉膏蛋白胨和 T4 菌形成竞争关系并处于竞争劣势，所以在碳源物质与 T4 菌共存的环境中，OTC 的降解率不高。本试验结果与筛选细菌的原则一样，以 OTC 为 T4 菌的唯一碳源以促进微生物的生长。据报道，少动鞘氨醇单胞菌、寡动鞘单胞菌可以利用芴作为生长所需的唯一碳源和能量物质，矿化多种高分子量多核芳香烃。

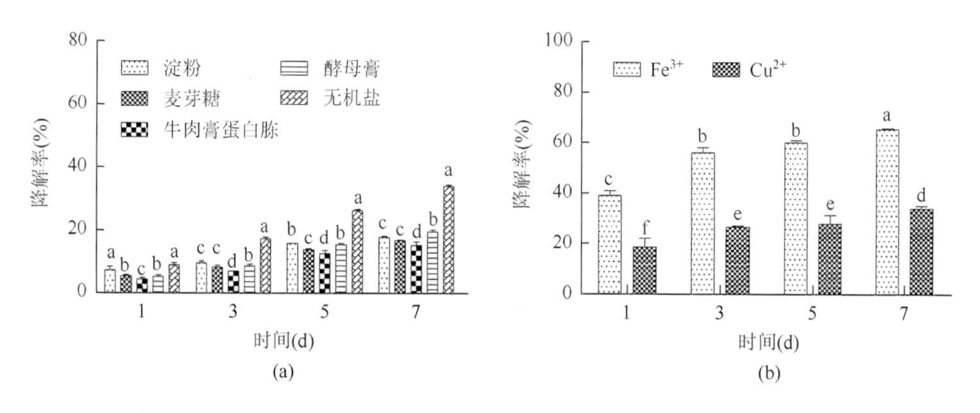

图 1.10　不同碳源（a）和不同金属离子（b）对 T4 降解 OTC 的影响

金属离子对微生物降解抗生素有着重要的作用。如图 1.10（b）所示，Fe^{3+}作用下微生物降解 OTC 的降解率可达到 65.33%。Cu^{2+}对 OTC 的降解作用不是很明显，在 7 d 内的降解率仅达到 34.00%。添加 Fe^{3+}后，OTC 降解率从第 3 d 到第 5 d 提高不显著，但与添加 Cu^{2+}的处理相比，差异显著。特别是第 3 d，添加 Fe^{3+}的

OTC 降解率比添加 Cu^{2+}的 OTC 降解率高 30.67 个百分点，这可能是由于 T4 能分泌出低分子量（500～1500 Da①）的活性多肽螯合铁体，有利于促进它的生长，所以促进了 OTC 的微生物降解。然而，也有报道称 Fe^{3+}在水溶的光解试验中抑制了 OTC 的降解。造成光解试验中微生物降解效果差的原因是铁元素是生物体的必需微量元素，它可以促进微生物的生长，然而，在光解试验中 Fe^{3+}具有一定的吸光性，使得反应物的有效吸光度下降。

3. OTC 浓度对 T4 降解 OTC 的影响

不同底物浓度对 OTC 微生物降解效率的影响如图 1.11 所示，降解效果为 50 mg/L＞25 mg/L＞10 mg/L＞5 mg/L＞100 mg/L，在 OTC 浓度为 50 mg/L 时，未添加与添加 Fe^{3+}两个处理的降解率分别达到 32.02%和 65.49%。并且 Fe^{3+}可以明显促进 T4 菌的生长，进而促进 OTC 的微生物降解。低浓度的 OTC 溶液自身会发生一定程度的降解，因此其在水溶液中残留量不多，不能提供充足的能量来维持

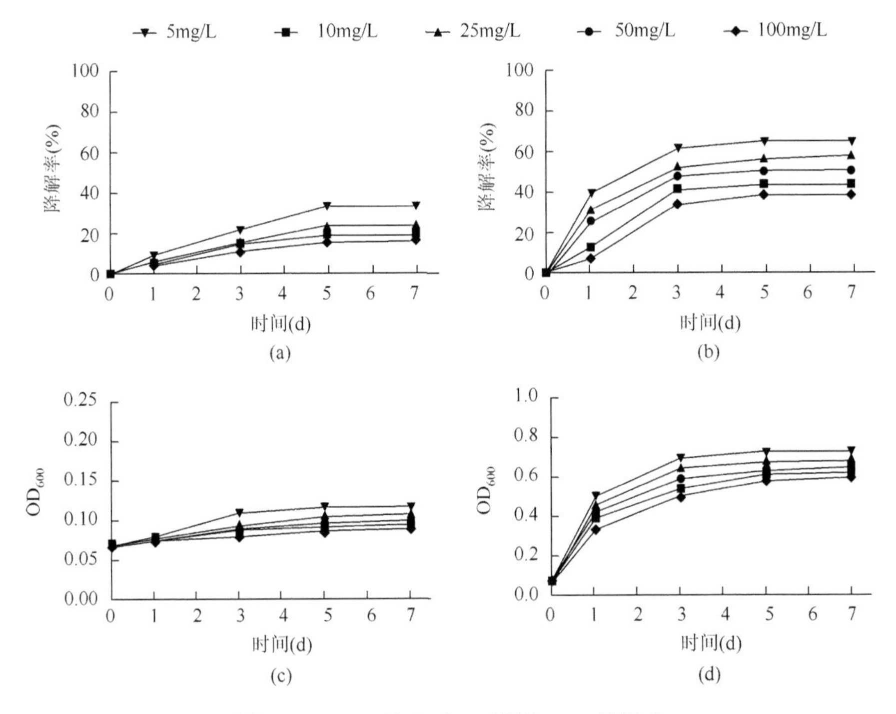

图 1.11 OTC 浓度对 T4 降解 OTC 的影响

（a）T4 在不同 OTC 浓度下对 OTC 降解的影响；（b）Fe^{3+}的作用下，T4 在不同 OTC 浓度下对 OTC 降解的影响；（c）和（d）分别是（a）和（b）在 600 nm 处通过紫外-可见分光光度计检测的吸光度值

① 1 Da = 1.66054×10^{-27} kg。

微生物生长，因此，低浓度的OTC不利于微生物降解作用的发生。相反，过量的OTC也会抑制微生物的生长，这可能是因为OTC本身就是一种杀菌物质，或者高浓度的OTC可能对T4有毒性（Liu et al.，2016；Vergalli et al.，2018）。

4. 温度对T4降解OTC的影响

不同温度条件下，培养液中OTC的去除率如图1.12所示。不添加Fe^{3+}和添加Fe^{3+}的处理均在40℃的条件下降解率达到最高，分别为64.79%和80.56%。不同温度对两个处理中OTC降解率的影响趋势一致，即40℃＞35℃＞30℃＞25℃，说明细菌生物量随着温度的升高而增加。添加Fe^{3+}的处理中细菌生物量明显比未添加的多，这主要是因为Fe^{3+}可以促进T4的生长。本试验的结果也同样证明了在25～40℃的范围内，升高温度可以促进OTC的降解。一方面是因为不同的基质和温度处理条件下，同种抗生素会显示出不同的热稳定性（Abou-Raya et al.，2013），也有报道称升高温度也可以促进OTC水解。另一方面，温度对微生物活性有明显的影响作用。除此之外，微生物分泌铁载体也需要

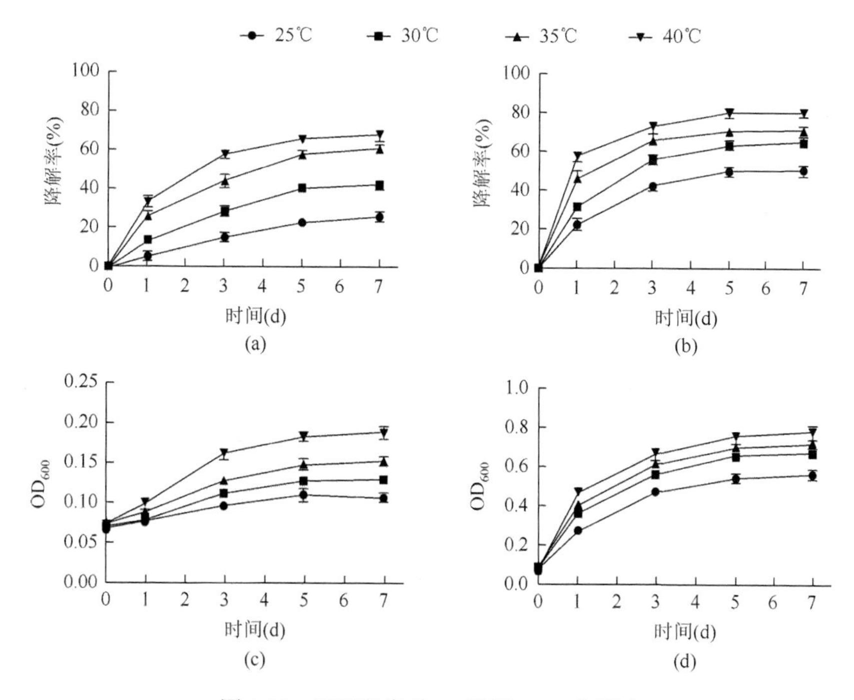

图1.12　不同温度对T4降解OTC的影响

（a）OTC浓度为50 mg/L，T4菌在不同温度下对OTC的降解效果；（b）Fe^{3+}存在且底物浓度为50 mg/L，T4菌在不同温度下对OTC的降解效果；（c）和（d）分别是（a）和（b）在600 nm处利用紫外-可见分光光度计检测的吸光度

适当的温度范围，低于 25℃，基本上不产生铁载体，在 25～40℃的范围内可产生大量的铁载体。

5. pH 对 T4 降解 OTC 的影响

pH 对 T4 降解 OTC 的影响见图 1.13。如图 1.13 所示，不添加 Fe^{3+}和添加 Fe^{3+}的处理均在 pH 为 7 时降解率达到最高，分别为 56.46%和 80.96%。pH 为 3，两个处理的降解率最低，分别为 14.20%和 27.33%。由图 1.13（c）和 1.13（d）可知，强酸、中强酸和强碱环境中 T4 对 OTC 的降解速率均小于在中性环境中。据报道，pH 不仅影响 OTC 的存在形式，而且也影响微生物的生长。培养液在低 pH 状态下溶解 CO_2 的能力下降，从而影响微生物活性（Wang et al.，2018a）。并且强酸性的条件会导致生物体内 ATP 水平下降，抑制细菌生长。所以，在 pH 为 3、4 和 5 时，OTC 降解率和反应中的细菌含量都很低。此外，也有相关报道称 OTC 在酸性条件下比碱性条件下更稳定。

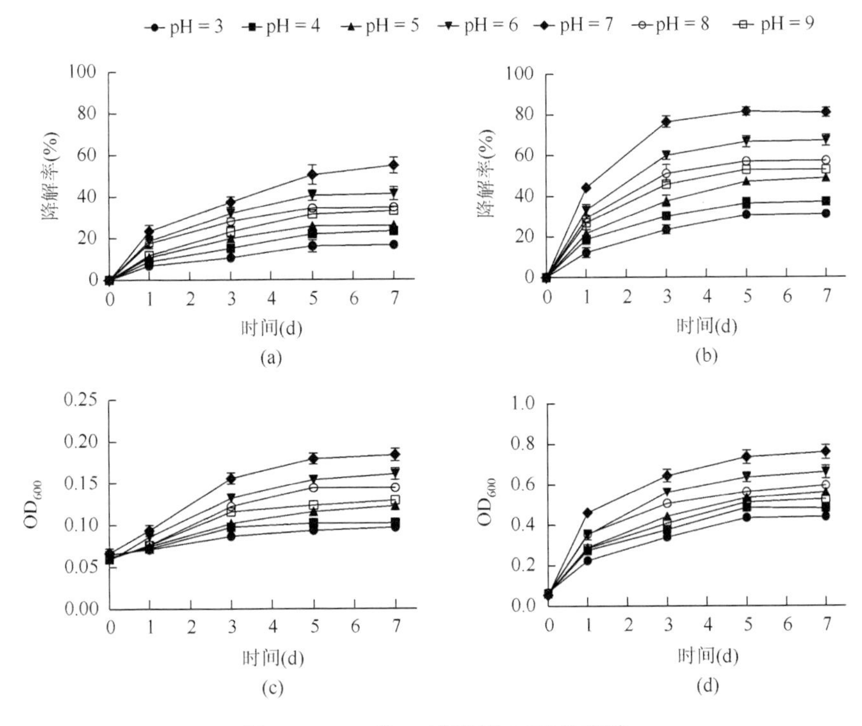

图 1.13　pH 对 T4 菌降解 OTC 的影响

（a）初始浓度 50 mg/L，温度 40℃，T4 在不同 pH 下对 OTC 的降解效果；（b）Fe^{3+}存在下，初始浓度 50 mg/L，温度 40℃，T4 在不同 pH 下对 OTC 的降解效果；（c）和（d）分别是（a）和（b）在 600 nm 处利用紫外-可见分光光度计检测的吸光度

6. T4 菌在实际水体中对 OTC 的降解

利用上述微生物降解方法对污水、水产养殖用水和池塘水中 OTC 进行处理，结果如图 1.14 所示。由图 1.14 可知，T4 菌在 3 d 内可以有效地降解各个介质中的 OTC，其中在不添加 Fe^{3+}的处理中降解率可达到 45.00%以上，而添加 Fe^{3+}的处理中 OTC 的去除率显著升高，3 种水体中 OTC 去除率可分别达到 91.97%、91.55%和 88.22%。细菌细胞的附着倾向与养分的可利用性有关，而细胞饥饿常常导致其黏附性增加。在不同的水基质中，OTC 吸附在 T4 菌体表面进行微生物降解。T4 细菌分泌铁载体，随着 Fe^{3+}的加入，OTC 降解速率增加。这些结果表明，本研究所建立的方法适合自然水体中 OTC 的降解。

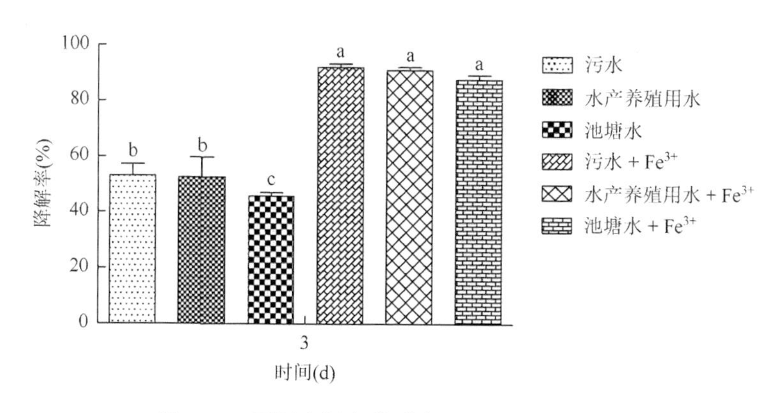

图 1.14　不同实际水基质中 T4 对 OTC 的降解

7. OTC 降解路径

（1）水解路径

由于 OTC 的微生物降解是在水化系统中完成的，所以当细菌作用于 OTC 时，OTC 的水解反应不可避免地发生。由于降解产物缺乏标准品，不能进行准确定量，故以产物的相对丰度作为参考（Liu et al.，2016a），如图 1.15 所示。图 1.15（a）是没有添加 Fe^{3+}的控制组 CK 反应过程中 OTC 的降解产物质谱图，母体反应物（*m*/*z* 461）的相对丰度为 1.9×10^6；图 1.15（b）为添加 Fe^{3+}的试验组 T 反应过程中 OTC 的降解产物质谱图，母体反应物（*m*/*z* 461）的相对丰度为 0.02×10^6，CK 组明显高于 T 组，因此本试验中 Fe^{3+}可以明显地促进水体 OTC 的降解。

OTC 水解通过 UPLC/Q-TOT/MS 检测分析出 3 条路径（图 1.16），其中主要发生了以下作用。

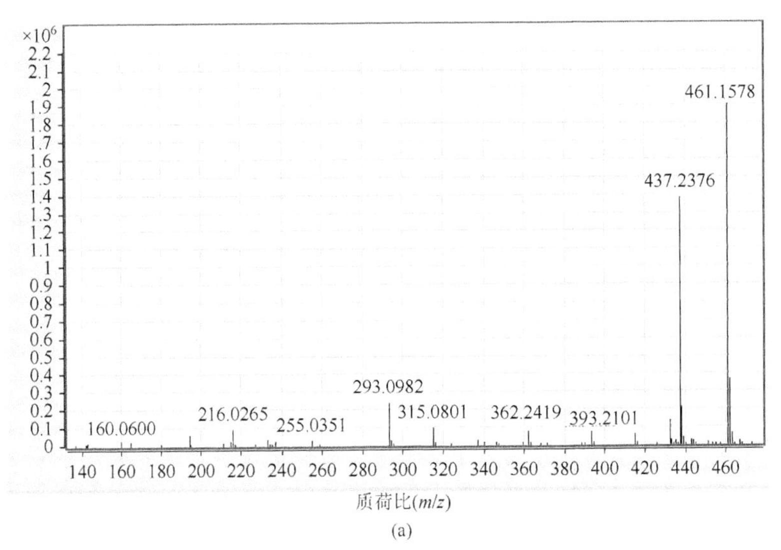

(a)

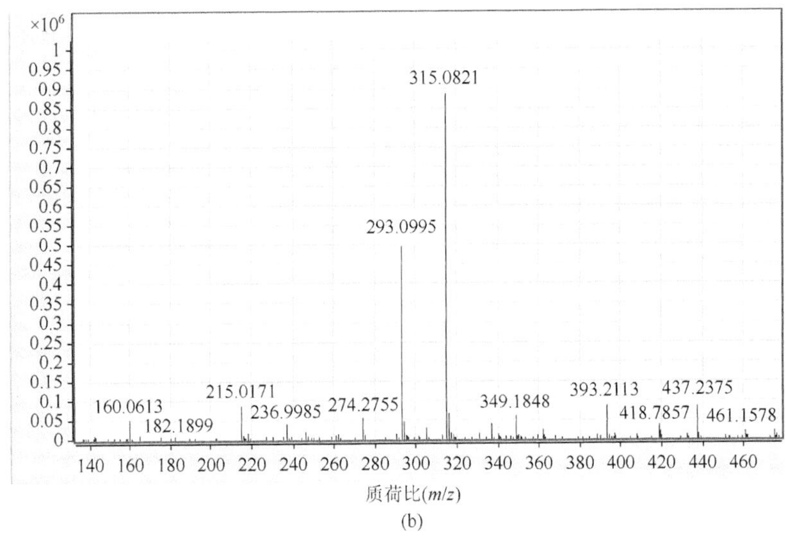

(b)

图 1.15　加 Fe^{3+}（a）与不加 Fe^{3+}（b）溶液中 OTC 的相对丰度

脱水作用：主要发生在 B、C 环上，由母体化合物 *m/z* 461 到 *m/z* 443，这些 *m/z* 值均相差 18。一方面因为 C6 上连接的甲基是给电子基，使得 C6 位上的羟基和 C5a 位上的氢容易发生消除反应，失去一分子水，变成稳定的环状结构（Liu et al.，2016a）；另一方面，烯醛乙酰丙酮热解存在脱水现象，加热、光照都会提供能量从而促进降解反应发生（Liu et al.，2016b）。在微生物存在的条件下，有可能微生物也可以提供能量或者在一些特定的酶催化下发生脱水。固定化漆酶协同氧化还原助剂可以将四环素转化为土霉素和脱水土霉素。

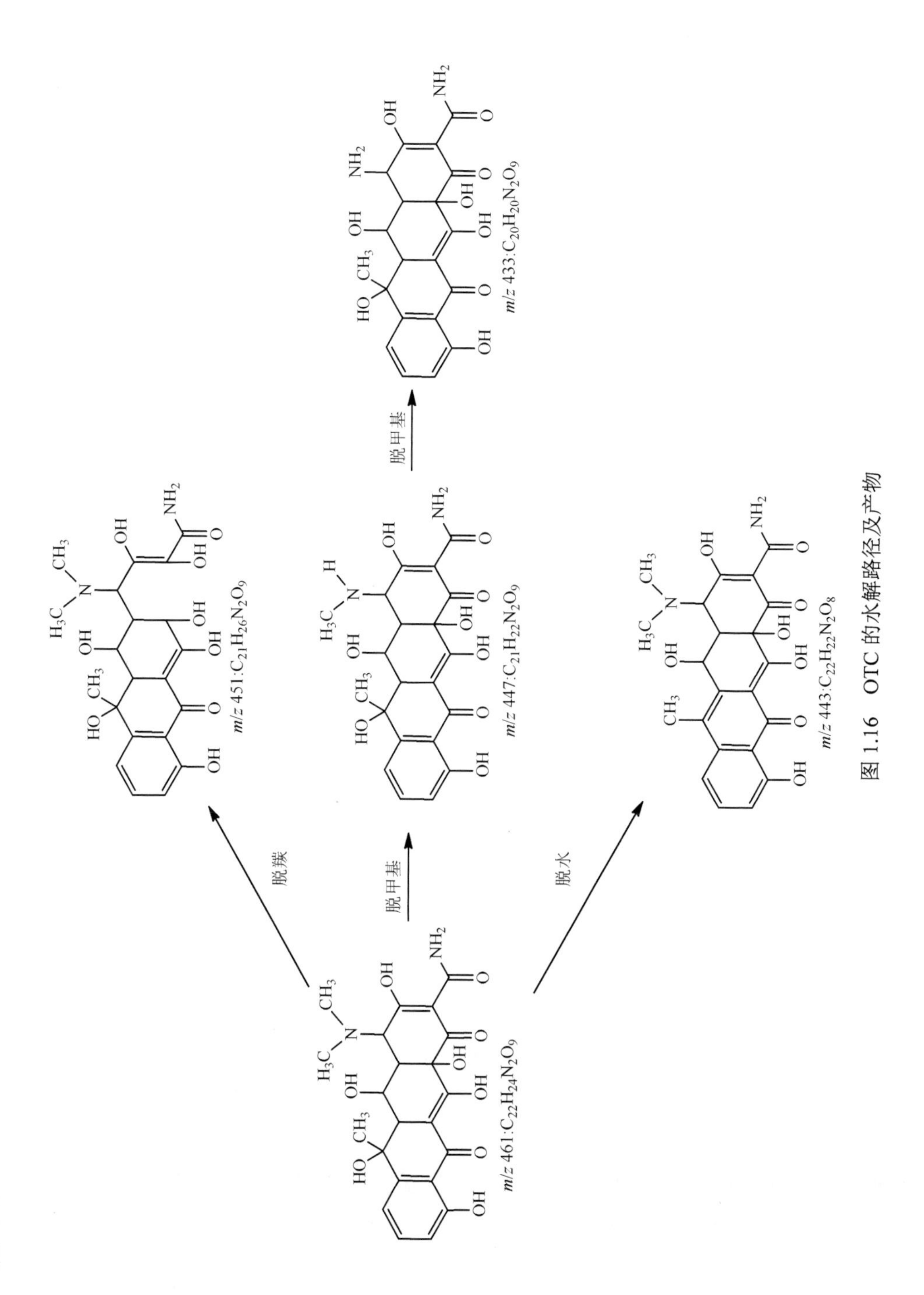

图 1.16　OTC 的水解路径及产物

脱羰作用：发生在A环，Liu等（2016a）对OTC的UV光照射试验研究也有所报道，土霉素在C1～C12a经历了α裂解形成了双自由基形式的中间产物，由于该产物的不稳定随后丢失羰基形成另一双自由基，该自由基最终闭环形成了*m/z* 433脱羰基产物，C1～C12a（sp^3杂化）的能量比C1～C2（sp^2杂化）要低，土霉素可以通过CO脱除和闭环作用在C1～C12a处发生裂解产生双自由基中间体，在羟基酶的作用下进一步反应，使得C2羟基化得到*m/z* 451。

脱甲基作用：脱甲基作用发生在C4位置二甲氨基部分，由*m/z* 381到*m/z* 353。据报道，OTC在紫外光照射或者羟基自由基的作用下，会发生脱甲基作用（Khan et al.，2014）。

（2）OTC微生物降解路径

土霉素在降解菌存在下分别经过脱甲基、脱氢、脱羰基和脱氨基等作用而去除。OTC微生物降解通过UPLC/Q-TOF/MS检测分析出3条路径（图1.17），其中主要发生了以下作用。

脱氨基作用：脱氨基发生在C2位置，使得C2位置连接酰胺基脱去氨基，然后与C3位置所连的羟基发生酯化反应失去一分子水得到*m/z* 443。马来酰胺酸脱氨基酶（Ami）是恶臭假单胞菌微生物降解尼古丁中起重要作用的活性物质，它的作用是将马来酰胺酸降解为马来酸和氨（Wu et al.，2014）。

羟基化和烯醇-酮异构化（烯酮异构化）：发生烯酮异构化作用，是因为烯醇的活性更高而不稳定，容易转化成较稳定的酮式结构。在羟基酶作用下双酮结构不稳定，C11a易被羟基化，得到*m/z* 465、*m/z* 483，在酚羟基酶作用下得到*m/z* 467、*m/z* 481。在酚羟基酶的调节下，苯酚发生邻位羟基化。施氏假单胞菌OX1的酚羟化酶（PH）能够将苯酚和甲酚异构体邻位羟基化成对应的儿茶酚。

母体分子OTC *m/z* 461通过脱羰基生成*m/z* 433，C2被羟化酶羟基化形成*m/z* 450。C10位置在酚羟基酶的作用下发生邻位羟基化，得到*m/z* 467的降解产物。然后进一步发生邻位羟基化和烯醇-酮异构化作用产生稳定的物质*m/z* 483。由*m/z* 467在C6位置失去一分子水，分子量减少18，得到*m/z* 449，重复上一步的邻位羟基化和烯醇-酮异构化作用产生稳定的化合物*m/z* 465。在C9位置发生羟基化得到*m/z* 481的降解产物。假单胞菌可分泌氢化酶，在氢化酶作用下可产生*m/z* 463和*m/z* 437。此外，*m/z* 435是脱羰形成的。微生物中含有一种金属酶，它的主要功能是发生$H_2 \rightleftharpoons 2H^+ + 2e^-$的可逆催化反应，这与微生物的能量代谢有关。

图1.18所示为*m/z* 443的二级质谱图及其降解路径图。母体分子*m/z* 443先失去C2位置的酰胺基，得到*m/z* 399的化合物，然后C5进一步失去一分子H_2O，*m/z*减少18，生成*m/z* 381。C4位置脱去甲基生成*m/z* 353，然后发生脱氨基作用，生成*m/z* 337，同时还有微量*m/z* 325脱羰基产物的生成。

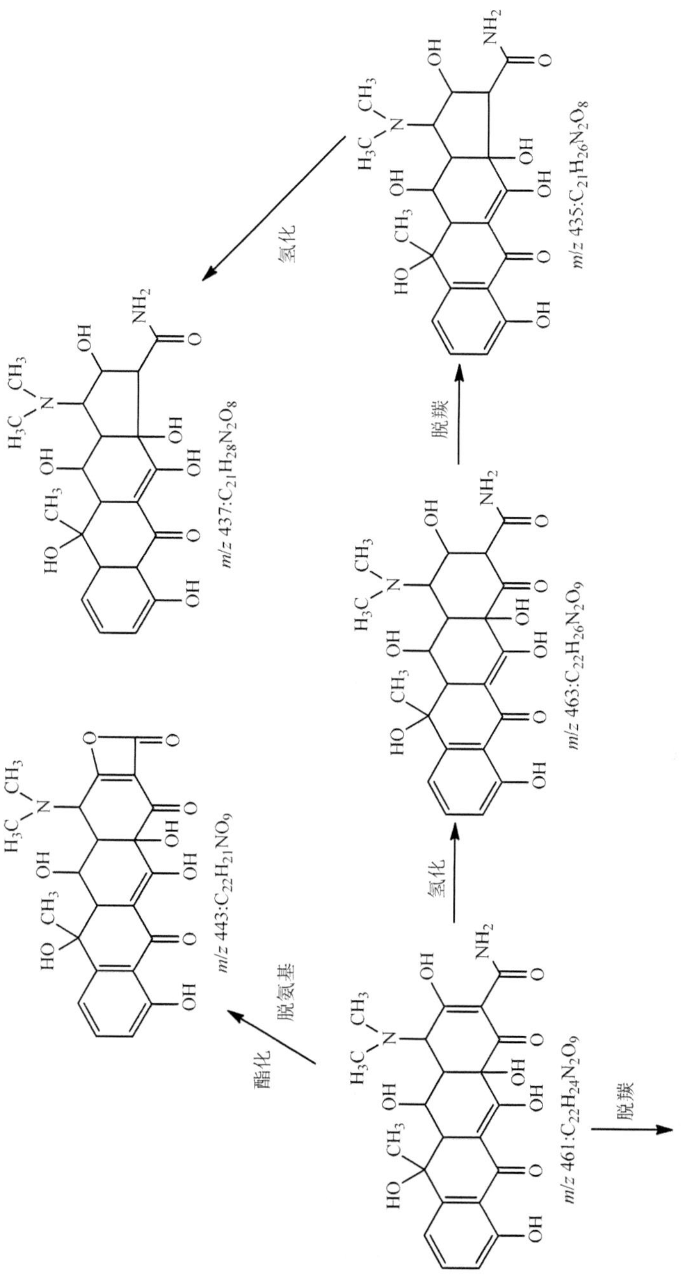

m/z 461:$C_{22}H_{24}N_2O_9$

脱羧

氢化

m/z 463:$C_{22}H_{26}N_2O_9$

脱羧

m/z 435:$C_{21}H_{26}N_2O_8$

氢化

m/z 437:$C_{21}H_{28}N_2O_8$

酯化

脱氨基

m/z 443:$C_{22}H_{21}NO_9$

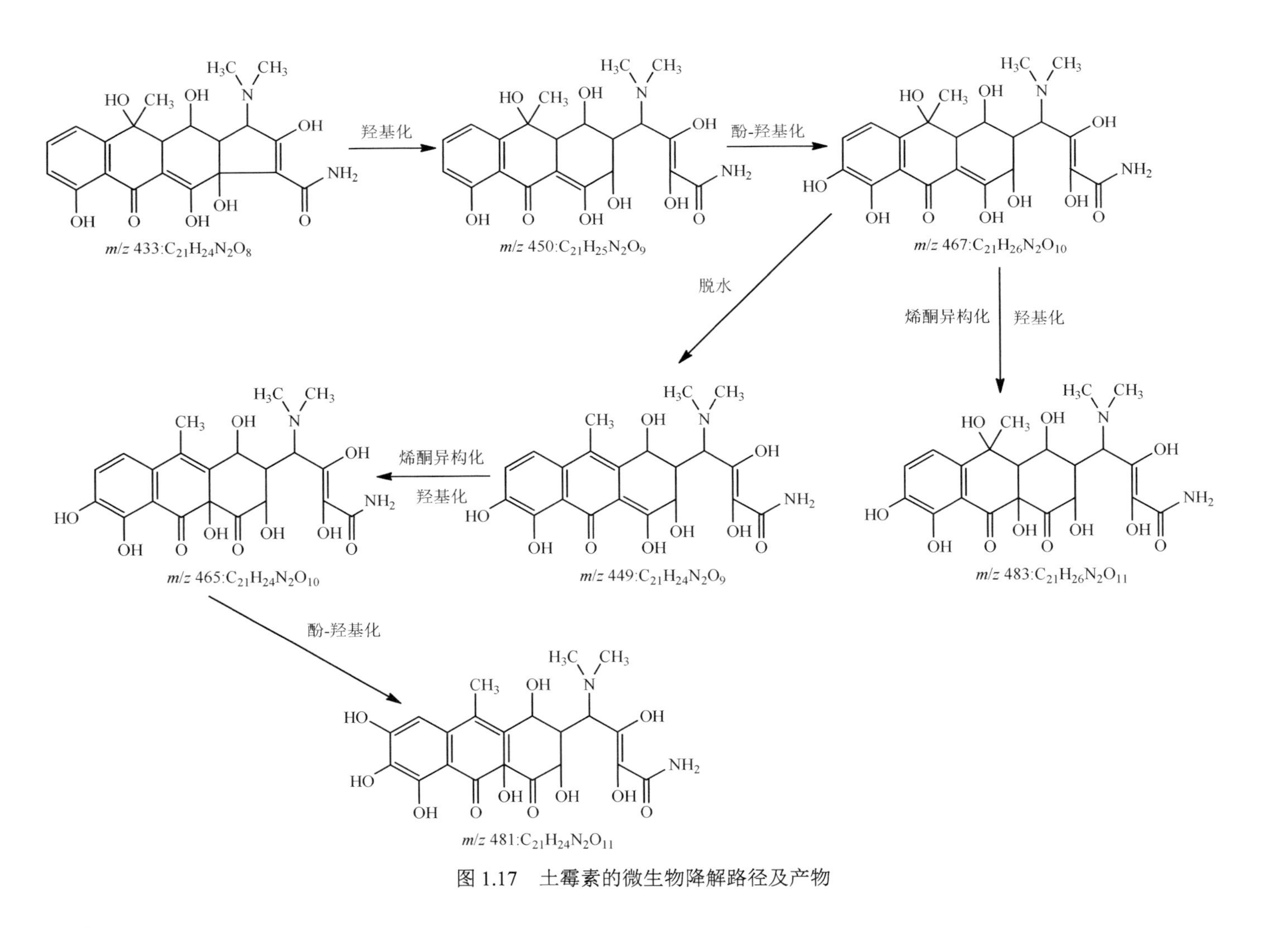

图 1.17 土霉素的微生物降解路径及产物

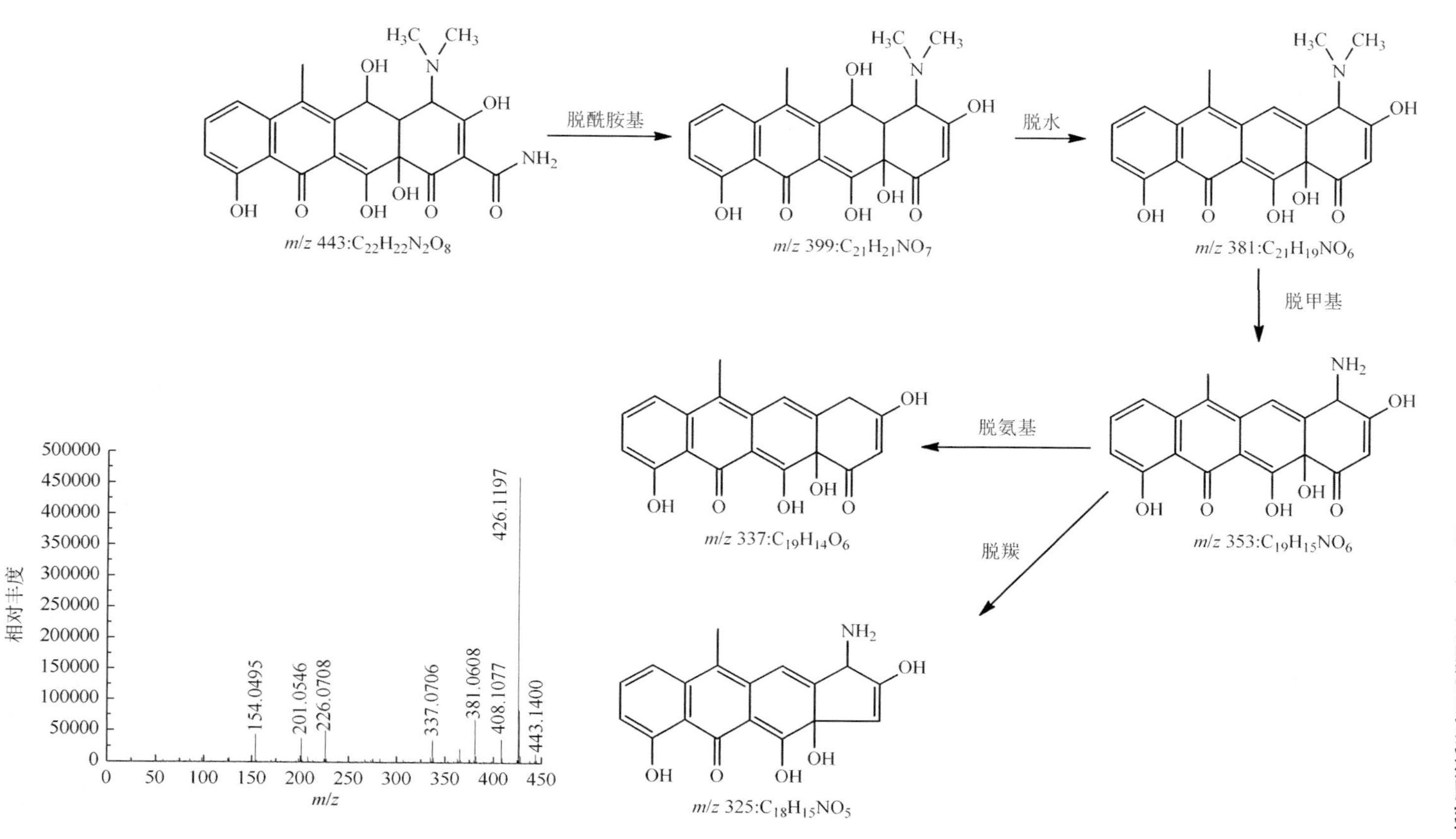

图 1.18　*m/z* 443 二级质谱图及其降解路径图

图 1.19 为 *m/z* 437 的二级质谱图及其降解路径图。由图可知母体物质的转化路径主要包括脱甲基、脱氨基和还原作用。首先，*m/z* 437 在 C4 位置上脱甲基，生成 *m/z* 409。然后，在 C2 位置连接的酰胺基中失去氨基，形成闭环化合物 *m/z* 375。最后还原失去氧原子得到 *m/z* 359。

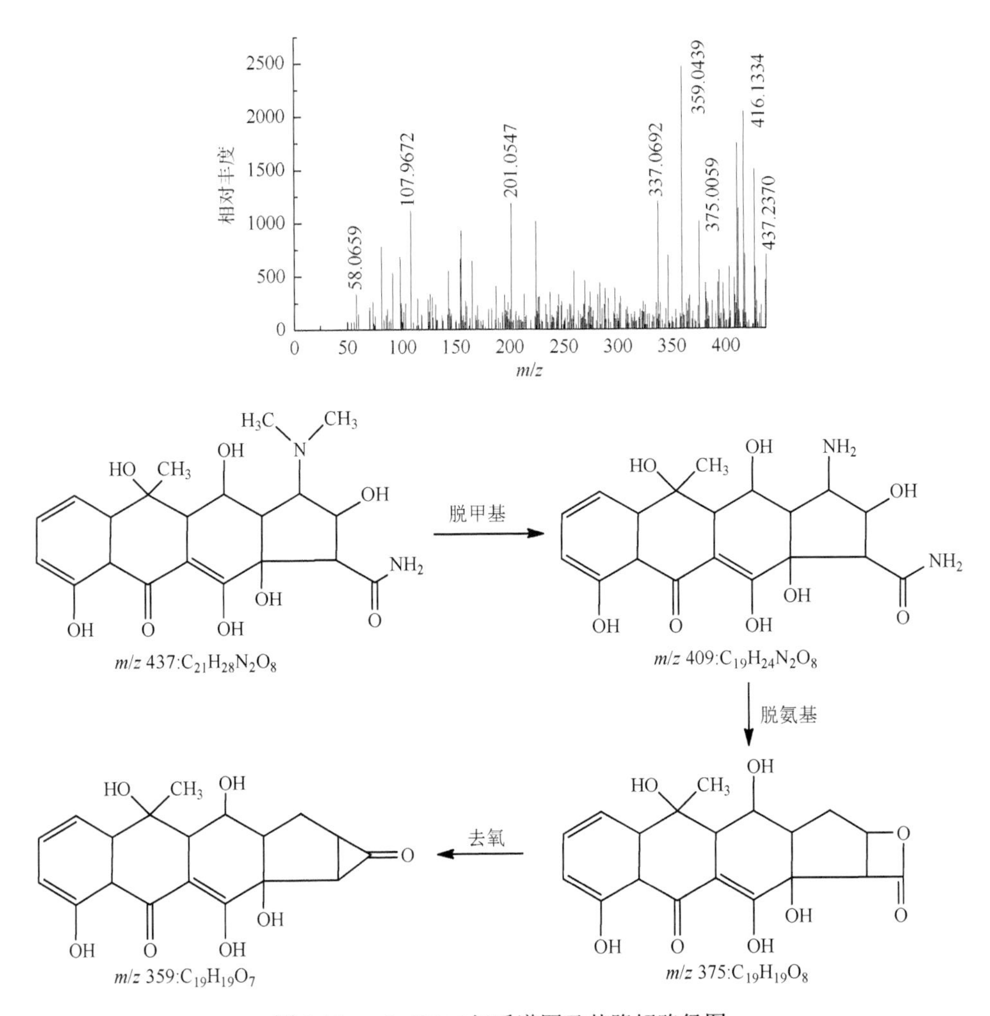

图 1.19　*m/z* 437 二级质谱图及其降解路径图

1.2.3　土壤中土霉素的微生物降解机理及影响因素

1. 试验设计与研究方法

本试验供试土壤为潮土，取自中国农业科学院昌平南口试验基地 0～20cm 耕层土壤，土壤样品风干后过 2 mm 筛供培养试验使用。土壤的理化特性见表 1.5。

表 1.5　土壤的理化性质

土壤类型	pH	总碳（g/kg）	总氮（g/kg）	电导率（μS/cm）
潮土	7.89	1.68	1.84	130

T4 菌对土壤中 OTC 的降解：试验设置 3 个处理，处理 1 为 10 mg/kg OTC + 未灭菌土，处理 2 为 10 mg/kg OTC + T4 + 灭菌土，处理 3 为 10 mg/kg OTC + T4 + 未灭菌土，每个处理重复 3 次。在开始试验前，将土壤含水量调节为最大田间持水量的 50%，置于生化培养箱中恒温（25±1）℃活化一周。取含有 10 mg/kg OTC 的土壤 100 g，置于 250 mL 的棕色反应瓶中，分为两部分，一部分反应瓶置于高温灭菌锅中 121℃灭菌 30 min，称之为灭菌土壤。另一部分未经灭菌处理的土壤称为非灭菌土壤。然后取活化好的 T4 菌液 10 mL，5000 r/min 离心 10 min，弃上清液，将离心后的菌物加入反应瓶中。将反应瓶置于（25±1）℃的生化培养箱中进行恒温暗培养。用超纯水调节土壤含水量，使其为土壤最大田间持水量的 50%，瓶口用塑料薄膜封好，在中央扎几个小孔，以利于通气。反应期间，用称量差减法来维持土壤湿度，每隔一天用超纯水调节土壤含水量并通气，分别于培养的第 0 d、1 d、3 d、5 d、7 d 取样。

样品中土霉素的提取方法：土壤样品经冷冻干燥后研磨过 60 目筛，Na_2EDTA-McIlvaine 作为提取剂，取 2 g 土壤样品，加入提取剂 5 mL，超声时间 8 min，提取三次。上清液用 HLB 固相萃取小柱纯化，无水 CH_3OH 洗脱。具体如下：①6 mL 无水 CH_3OH 和 8 mL 的上清液活化 HLB 柱；②加入上清液，全部通过 HLB 柱后用 12 mL 超纯水冲洗 HLB 小柱；③用 10 mL 无水 CH_3OH 进行洗脱，收集洗脱液。将收集的洗脱液旋蒸至近干，加入 1 mL ACN 和 NaH_2PO_4（15∶85，*v/v*）混合液，超声 10 min，用 0.22 μm 尼龙微孔滤膜过滤，利用 HPLC 测定。

土霉素的定量检测用高效液相色谱法（HPLC），色谱条件为：色谱柱（2.1mm×50mm，35μm），流动相 ACN∶0.05 mol/L NaH_2PO_4 = 15∶85（*v/v*，pH 2.5），柱温为 25℃，流速为 1 mL/min，检测波长 350 nm。

定性分析用超高压液相色谱-飞行时间质谱测定（UPLC-Q-TOF）。条件：色谱柱（2.1 mm×50 mm，3.5 μm），流动相 A：0.1%（*v/v*）甲酸溶液，B：0.1%（*v/v*）甲酸的 ACN 溶液，线性梯度洗脱：B 在最初的 5 min 内从 5%增加到 90%，保持 1 min，然后在接下来的 0.1 min 内返回到 5% B。流速：0.2 mL/min，进样量 5 μL，柱温 30℃，质谱（*m/z* 30～500）采用正离子模式通过电喷雾电离（ESI）进行分析，干燥气体温度为 350℃，干燥气流量为 7 L/min，碰撞能量为 25eV。

（1）底物浓度对 T4 降解土霉素的影响

试验设置 5 个 OTC 浓度，分别是 2.5 mg/kg、10 mg/kg、25 mg/kg、50 mg/kg、

100 mg/kg，每个处理重复 3 次。研究方法与 1.2.2 小节相同。

（2）温度对 T4 降解土霉素的影响

温度梯度设置 4 个，分别为 25℃、30℃、35℃和 40℃。每个处理重复 3 次。在开始试验前，将土壤的湿度调节到最大田间持水量的 50%，置于生化培养箱中恒温（25±1）℃活化一周。取含有 2.5 mg/kg OTC 的土壤 100 g，将其置于 250 mL 的棕色反应瓶中。然后将活化好的 T4 菌液 10 mL 在 5000 r/min 下离心 10 min，将 T4 菌渣加入反应瓶中。用超纯 H_2O 调节反应样品的含水量为其最大田间持水量的 50%，混合均匀，用塑料薄膜封好瓶口，在中央扎几个通气小孔。将反应瓶分别置于 25℃、30℃、35℃和 40℃的生化培养箱中进行暗培养，其他操作同 1.2.2 小节。分别于培养的第 0 d、1 d、3 d、5 d、7 d 取样。

（3）培养时间对 T4 降解土霉素的影响

选取以上最优降解条件，来研究培养时间对微生物降解 OTC 的影响。设置 2 个处理，分别为 OTC 和 OTC + T4，每个处理重复 3 次。在开始试验前，将土壤湿度调节为最大田间持水量的 50%，置于生化培养箱中恒温（25±1）℃活化一周。取含有 2.5 mg/kg 土霉素的土壤 100 g，将其置于 250 mL 的棕色反应瓶中。然后将活化好的 T4 菌液 10 mL 在 5000 r/min 下离心 10 min，将 T4 菌渣加入反应瓶中。将反应瓶置于生化培养箱中进行暗培养，避免 OTC 发生光降解。反应过程中，为了维持土壤含水量固定，用称量差减法，每隔一天补充水分并通气一次，分别于培养的第 0 d、1 d、7 d、14 d、21 d、28 d、35 d、42 d、49 d、56 d、63 d 取样并检测 OTC 浓度。

同时，采用 DNA 提取试剂盒（Mobio，美国）对第 0 d、14 d、35 d 和 63 d 的土壤样品进行 DNA 提取，并进行 16S rDNA 测序。DNA 提取步骤如下：

1）取 200～300 mg 固体组织于破碎管中，或 2 mL 液体组织离心后的沉淀，加入 750 μL 缓冲液 SL1（SL1 buffer）和 150 μL 缓冲液 SX（SX buffer）后机器研磨 5 min。

2）置于恒温混匀器，65℃裂解 13 min。

3）裂解完成后，12000 r/min 离心 10 min，将提取液加入装有试剂 SL3 的离心管中，混匀，–20℃孵育 5 min。

4）4℃，12000 r/min 离心 10 min，取上清液加入抑制剂去除柱（inhibitor removal column）中，室温 12000 r/min 离心 2 min。

5）滤出液加 250 μL 缓冲液 SB（SB buffer）混匀后，转入连接柱（binding column），室温 12000 r/min 离心 2 min。

6）分别加 700 μL 试剂 SW1 和 SW2 洗涤后，加入 100 μL 洗脱液 SE，室温孵育 5 min，室温 12000 r/min 离心 5 min 洗脱 DNA。

7）将提取的DNA采用高通量测序方法进行16S rDNA测序。

2. T4菌对土壤中土霉素的降解

不同处理的土壤中OTC的降解情况如图1.20所示。两种处理的土壤（一种是灭菌土，另一种是未灭菌土）进行为期7 d的土壤培养试验。结果表明，在灭菌土壤中，T4对OTC的微生物降解率较低，仅有9.64%。然而，在未进行灭菌的土壤中，OTC的微生物降解率为16.38%。造成这样的原因有可能是T4菌与土壤环境中的其他微生物有协同作用，这种协同作用促进OTC的降解（Cao et al., 2017）。

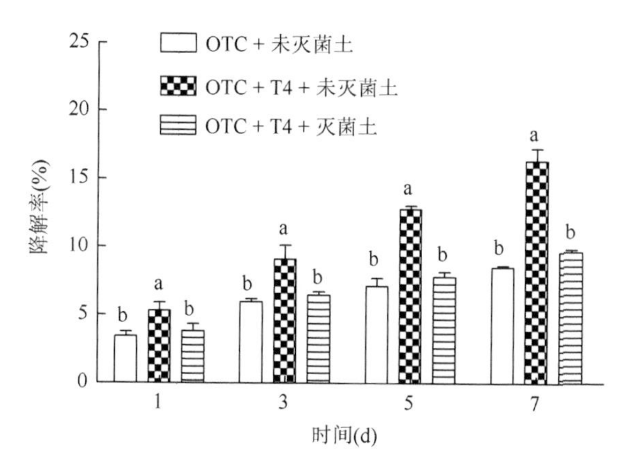

图1.20　不同土壤类型对OTC降解的影响

3. 初始浓度对T4降解OTC的影响

不同的OTC初始浓度下，OTC的降解情况如图1.21所示，不同浓度OTC的降解率大小顺序为2.5 mg/kg＞10 mg/kg＞25 mg/kg＞50 mg/kg＞100 mg/kg，初始浓度为2.5mg/kg的处理降解效果最好，可达到18.48%。初始浓度为100 mg/kg时，土霉素的降解效果最差，降解率仅为5.35%。这表明T4菌对土壤中高浓度OTC降解并没有显著促进作用，而是有利于低浓度OTC的降解。本试验的研究结论与之前的相关研究一致：在土壤中低浓度的抗生素有助于土壤微生物的生长，反之，高浓度的抗生素能够抑制土壤微生物的生长，并且高浓度的OTC能够杀死细菌，对细菌产生毒害作用，使得土壤环境中的微生物活性下降。据报道，将从土壤中提取的微生物群落暴露于含有OTC的生理盐水中，土壤微生物群落多样性随OTC浓度升高明显下降。

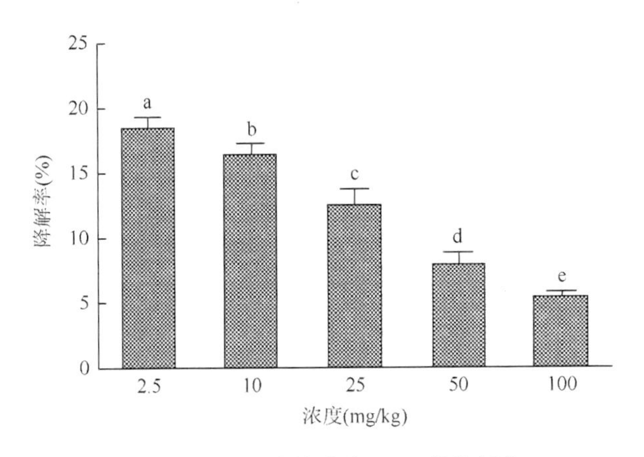

图 1.21 不同底物浓度 OTC 的降解率

4. 温度对 OTC 降解的影响

不同温度下 OTC 的降解情况如图 1.22 所示，各温度下微生物降解率大小顺序为 30℃＞25℃＞35℃＞40℃。25℃和 30℃培养条件下，OTC 的降解率分别为 18.48%和 22.43%；35℃和 40℃培养条件下，OTC 的降解率分别为 13.22%和 10.34%。造成这种现象的原因可能是 25℃和 30℃最接近室温，所以降解效果良好，这和水溶液温度对 T4 菌降解 OTC 的结果有一定的差异。温度对微生物的新陈代谢有很明显的调控作用。不同温度条件下，OTC 在土壤中的降解速率是不同的，温度升高时土壤中的微生物活性下降，T4 菌和其他微生物的协同作用减弱。这与堆肥系统刚好相反，在粪便堆肥的体系中，升高温度可以促进 OTC 的降解，可能是因为高温的条件下耐高温微生物活性较高（Zhang et al.，2014）。除此之外，还有可能是 OTC 在热降解的同时，微生物驱动的生物降解也可能表现出较强的作用，这也是堆肥过程中 OTC 得到高效去除的一个关键因素。

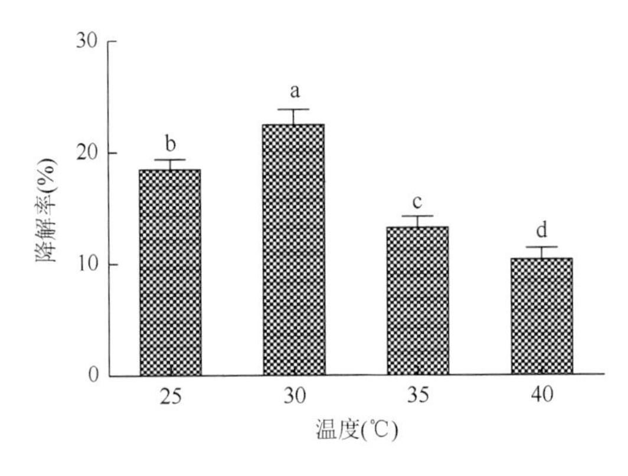

图 1.22 不同温度下 OTC 的降解率

5. 培养时间对微生物降解 OTC 的影响

随着培养时间的延长，OTC 在土壤中降解率变化情况如图 1.23 所示。反应前期，OTC 的去除率逐渐上升，第 7～42 d OTC 的降解率增加了 36.25 个百分点。反应后期 OTC 的降解率增长缓慢，出现平稳趋势，第 49～63 d 降解率增加了 6.85 个百分点。也有相似的报道指出 OTC 的降解主要发生在前期。与土壤不同，OTC 在猪粪堆肥的高温期降解率就能达到 100%（Wang et al.，2015）。堆肥系统中微生物多样性丰富，且存在着热降解（Wu et al.，2014），由于 OTC 自身存在热不稳定性，所以在堆肥高温期较容易被去除。OTC 的去除率在土壤中没有在粪便堆肥过程中高，可能是由于土壤中对 OTC 降解的协同微生物没有堆肥过程中多。此外，温度也是降解 OTC 的关键影响因素，堆肥过程中会出现很大的温度变化，最高温度可达到 55℃，而本研究中土壤温度变化幅度较小。

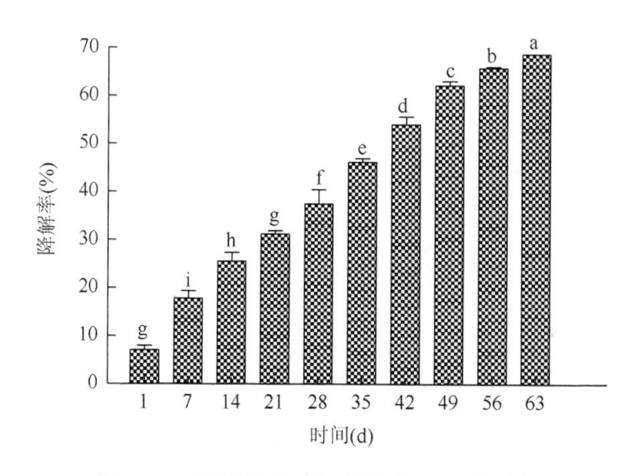

图 1.23　不同培养时间土壤中 OTC 的降解

6. OTC 微生物降解过程中土壤微生物群落的变化

土壤中抗生素的吸附、迁移、转化、降解等与土壤有机质、pH 及土壤类型等有关。微生物与抗生素之间的影响是相互的。微生物可以降解抗生素，但是抗生素的含量也会反过来制约着微生物的生长。抗生素的降解速率与微生物活性有关，抗性菌活性和多样性的增强不仅可以降低抗生素的有效性，而且能促进抗生素的降解（Pan et al.，2016），不同培养时间微生物群落的变化如图 1.24 和图 1.25 所示。

未添加 T4 对照组土壤在培养初始主要的优势菌群为变形菌门 24.36%，绿弯菌门 18.06%，厚壁菌门 11.71%，拟杆菌门 10.48%，酸杆菌门 8.89%。随着培养时间延长，主要优势菌变形菌门基本保持不变，占绝大多数。培养后期，拟杆菌的数目增加了 17.04 个百分点，酸杆菌增加了 6.53 个百分点，芽单胞菌增加

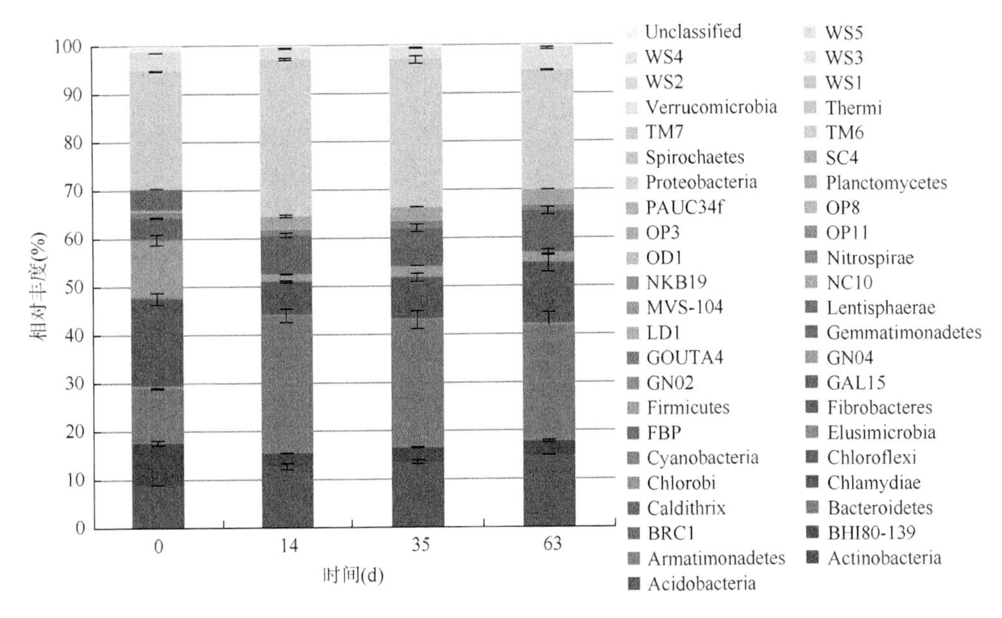

图 1.24　未添加 T4 土壤中微生物群落在门水平的变化情况

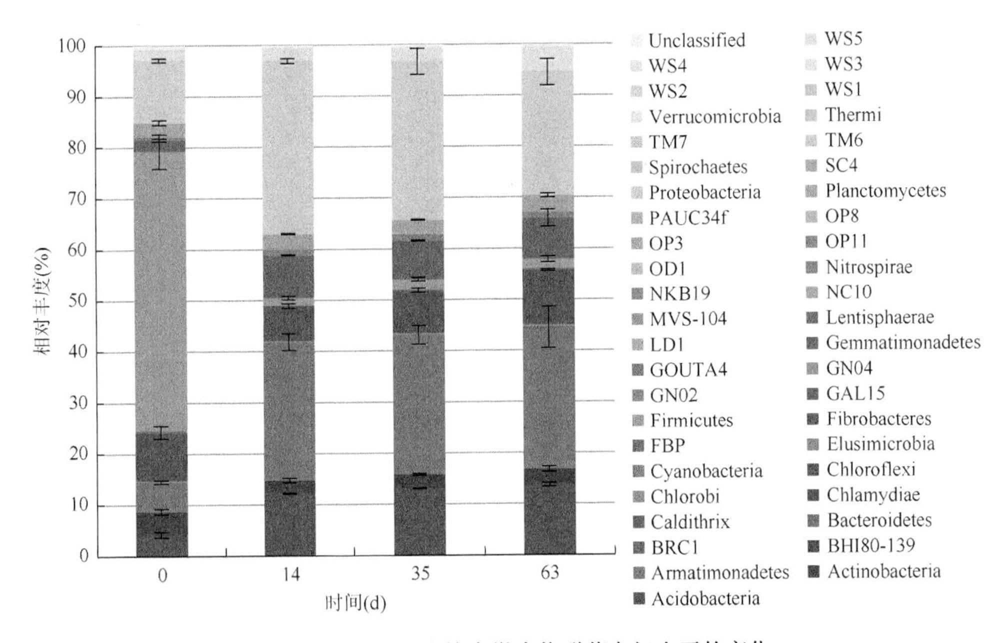

图 1.25　添加 T4 土壤中微生物群落在门水平的变化

了 4.16 个百分点，厚壁菌门下降了 9.67 个百分点。添加 T4 处理组土壤在培养起始的主要优势菌群为厚壁菌门 54.78%，变形菌门 12.17%，绿弯菌门 9.44%。培养后期，拟杆菌的数目逐渐增多，增加了 20.72 个百分点，酸杆菌门增加了

9.45个百分点，芽单胞菌增加了5.83个百分点，变形菌门增加了11.99个百分点，厚壁菌门下降了52.88个百分点。

由以上数据表明，土壤中加入T4菌影响微生物群落的结构。未添加T4对照组中OTC对变形菌门基本没有影响，但是在添加了T4菌后土壤中变形菌门增加了11.99个百分点。这可能是因为T4菌的加入造成了变形菌门的传播。试验中拟杆菌门、酸杆菌门和芽单胞菌均增加，未添加T4土壤中分别增加了17.04个百分点、6.53个百分点和4.16个百分点，添加T4菌处理组分别增加了20.72个百分点、9.45个百分点和5.83个百分点。添加T4处理组明显较未添加T4对照组增加得多，可能是因为土壤中的这些微生物对OTC产生抗性，也有可能是因为T4菌和上述微生物具有协同作用，在T4的作用下，上述微生物对OTC的抗性增强。未添加T4对照组厚壁菌门下降了9.67个百分点，添加T4处理组下降了52.88个百分点，可能是由于OTC能够将土壤中的厚壁菌门杀死，导致其相对丰度下降，添加T4处理组比未添加T4对照组下降得更快，也有可能是T4菌与其产生拮抗作用。绿弯菌门在两个处理中均保持基本不变。OTC在土壤中的降解是多种微生物的联合作用，T4菌的加入促进了这些微生物的联合降解作用。环境中很多污染物很难被单一菌株降解，需要多种微生物联合降解。据报道，在微生物电解池厌氧反应器中可以把硝基苯转化为毒性更低、可被微生物降解的苯胺，和非生物电极对比，在有混菌的阴极附近，硝基苯降解效果更好（Zhang et al.，2015）。

7. 土壤中OTC降解路径

在整个反应过程中未添加T4对照组和添加T4处理组土壤中各种产物离子的变化如图1.26所示。在两组试验中主要监测到的代谢产物分子离子有*m/z* 481、*m/z* 473、*m/z* 443、*m/z* 437、*m/z* 429、*m/z* 427和*m/z* 413。由于没有标准品，所以用相对含量来表示产物分子离子的数目。未添加T4对照组中各种副产物的变化如图1.26（a）所示，母体OTC *m/z* 461随着反应的进行，其相对含量一直减少。其中*m/z* 413、*m/z* 429、*m/z* 443、*m/z* 427代谢物在前7 d内的含量逐渐增多，中期下降，后期又呈增加的趋势。*m/z* 437和*m/z* 481代谢物在前14 d内保持增加，14～28 d其相对含量改变量很小，反应后期出现先下降后上升，与*m/z* 429和*m/z* 473代谢物的改变刚好相反。*m/z* 443代谢物在反应后期呈现一直减少且趋向平稳的变化。反应过程中几种产物之间互相转化造成这种变化相反的趋势。添加T4处理组中各种代谢产物的变化如图1.26（b）所示。检测到的主要产物离子与对照组一样，但是变化趋势不尽相同。母体离子*m/z* 461和*m/z* 443、*m/z* 437和*m/z* 427的数目逐渐减少，*m/z* 429、*m/z* 473、*m/z* 481均增多。*m/z* 429是OTC在碳酸根自由基$CO_3^-\cdot$的作用下的降解产物（Liu et al.，2016b）。在UV/H_2O_2系统中，OTC

的降解路径中包括 *m/z* 481 和 *m/z* 413 这两种降解产物（Liu et al.，2016c）。*m/z* 473 和 *m/z* 427 之前并未有过报道，*m/z* 437 在水体中被检测到。

微生物降解 OTC 的降解路径如图 1.27 所示。主要发生的反应类型有脱水、脱甲基、脱氨基，同时还有苯酚羟化酶和氧化酶的作用。有 2 条可能的降解路径，一条是 *m/z* 461 在 C6 和 C5a 失去一分子 H_2O，形成双键，生成 *m/z* 443 的中间产物。C4 位置所连的 N 是吸电子性，而甲基是供电子基团，所以使得 C4 位置不稳定脱去两分子甲基得到 *m/z* 429 和 *m/z* 415。Yuan 等（2011）也报道了土霉素的光解试验中会有脱甲基反应的发生。Halling-Sørensen 等（2003）在土壤间隙水中也同样检测到脱甲基产物 4-epi-*N*-desmethyl-OTC 和 *N*-desmethyl-OTC。C5 和 C4a 脱去一分子水得到 *m/z* 397，C4 再脱去氨基得到 *m/z* 382。另一条降解路径是 *m/z* 443 在 C5 和 C4a 失去一分子 H_2O，*m/z* 减少 18，得到 *m/z* 425，苯酚羟化酶的作用使得 D 环 C10 位置的邻位羟基化，得到中间产物 *m/z* 441（Wang et al.，2018c）。然后在加氧酶的作用下，C10 和 C9 位置发生环裂解，将羟基氧化成羧基，得到 *m/z* 473 的降解产物。据报道，四环素在含有肠道菌群的废弃物降解中，加氧酶可以使苯环的邻位或间位断裂，发生裂解反应（Cai et al.，2018）。

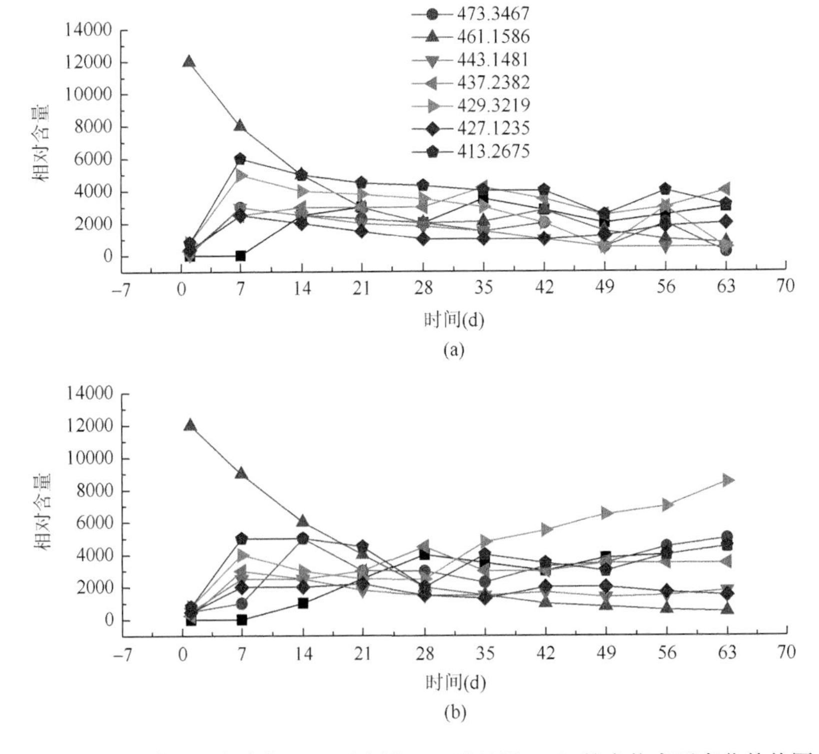

图 1.26 未添加 T4 空白组（a）和添加 T4 试验组（b）的产物离子变化趋势图

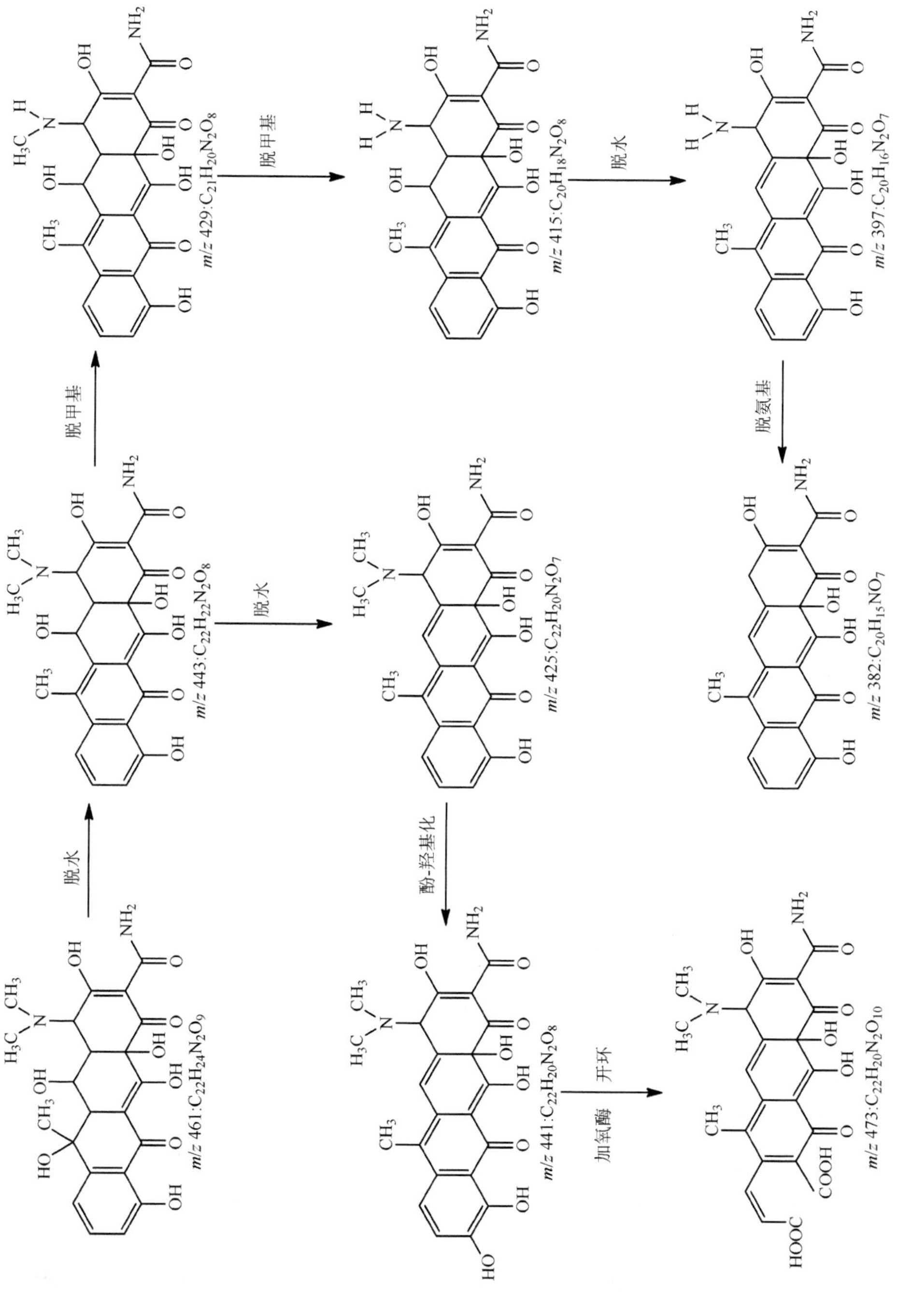

m/z 461: $C_{22}H_{24}N_2O_9$

脱水

m/z 443: $C_{22}H_{22}N_2O_8$

脱甲基

m/z 429: $C_{21}H_{20}N_2O_8$

脱甲基

m/z 415: $C_{20}H_{18}N_2O_8$

脱水

m/z 397: $C_{20}H_{16}N_2O_7$

脱氨基

m/z 382: $C_{20}H_{15}NO_7$

脱水

m/z 425: $C_{22}H_{20}N_2O_7$

酚-羟基化

m/z 441: $C_{22}H_{20}N_2O_8$

加氧酶　开环

m/z 473: $C_{22}H_{20}N_2O_{10}$

图 1.27　土壤中 OTC 的微生物降解路径

1.3 大环内酯类抗生素降解菌的筛选及降解特性

泰乐菌素（Tylosin），也被称作泰乐霉素或泰农，是1959年由美国科学家在进行一株被称为弗氏链霉菌（*Streptomyces fradiae*）的研究当中所获得的一种大环内酯类抗生素。泰乐菌素为一种白色板状结晶，微溶于水，呈碱性，结构见图1.28。目前，随着泰乐菌素的广泛应用和大量生产，有很大一部分含有泰乐菌素的固体废弃物（如畜禽粪便和泰乐菌素生产菌渣等）未经处理就通过各种途径进入土壤及水体等环境，对环境中微生物群落结构造成了影响，尤其是会诱导环境中耐药基因的产生，最终对环境和人类健康造成污染。因此，筛选能够有效降解泰乐菌素的微生物菌株并将其应用于环境中泰乐菌素的处理是非常有必要的。

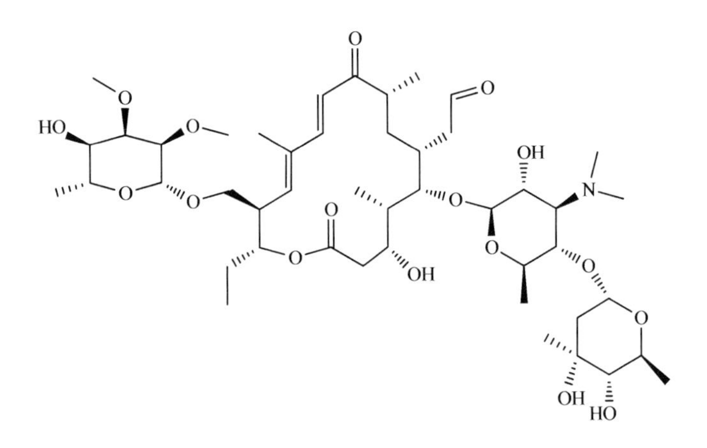

图1.28　泰乐菌素的结构

1.3.1 泰乐菌素优势降解菌株的筛选

1. 抗性菌株的初筛、分离纯化及降解菌株的驯化

（1）培养基配制

1）牛肉膏蛋白胨培养基：蛋白胨5 g，牛肉膏3 g，氯化钠5 g，琼脂18 g，蒸馏水1000 mL，用1 mol/L氢氧化钠调节pH至7.0～7.2后灭菌。

2）富集培养基：灭菌的牛肉膏蛋白胨液体培养基中加入浓度为100 mg/L的泰乐菌素母液。

3）无机盐培养基：氯化铵1 g，磷酸二氢钾0.5 g，磷酸氢二钾1.5 g，硫酸镁0.2 g，氯化钠1 g，琼脂20 g，蒸馏水1000 mL，调节pH至7.0，高压灭菌。

4）筛选培养基：灭菌液体无机盐培养基中加入浓度为 100 mg/L 的泰乐菌素母液。

（2）接种

筛选用17株微生物菌种购买于中国农业微生物菌种保藏管理中心（ACCC），编号依次为 D、H、Q、R、K、G、M、V、A、B、S、Z、E、W、I、P、X。将菌株接种到牛肉膏蛋白胨培养基中，在 500 mL 棕色瓶中加入 100 mL 接有菌种牛肉膏蛋白胨液体培养基，于 30℃、150 r/min 条件下培养，培养 2 d 之后取 1 mL 上清液加入泰乐菌素添加量为 100 mg/L 的富集培养基中，在 500 mL 棕色瓶中加入 100 mL 液体富集培养基，于 30℃、150 r/min 条件下培养，7 d 为一周期，采用梯度平板技术进行筛选，涂布于添加有 100 mg/L 泰乐菌素的牛肉膏蛋白胨固体培养基上，筛选出耐泰乐菌素的菌株，并反复进行划线分离，直到菌落为纯种为止。

根据泰乐菌素添加量的不同，将筛选培养基分为 4 个梯度，每个梯度设 3 个重复，泰乐菌素添加量分别为 50 mg/L、100 mg/L、200 mg/L、400 mg/L。筛选出的菌株先接种于含有 50 mg/L 泰乐菌素的筛选培养基（以抗生素为唯一碳源）进行菌株驯化，并逐步提高泰乐菌素浓度，直到筛选出能在泰乐菌素添加量为 400 mg/L 的筛选培养基中生长的菌株。

（3）菌株的降解效率测定

将筛选出的降解菌株接种到泰乐菌素添加量为 100 mg/L 的液体无机盐培养基中（500 mL 棕色三角瓶装液 100 mL），置于恒温摇床中，于 30℃、150 r/min 条件下培养 7 d，同时以不接菌的培养液作空白对照，以消除水解、光照等其他因素对泰乐菌素降解的影响，每个处理重复 3 次，定时取样测定泰乐菌素的含量，并据此求其降解率，从而筛选出降解能力强的高活性优势菌株。泰乐菌素含量的测定方法采用高效液相色谱串联质谱法（HPLC-MS/MS），具体方法如下。

吸取 1 mL 培养液 10000 r/min 离心 10 min，将上清液吸出，并加入 3 mL EDTA-McIlvaine 缓冲液和 1 mL 正己烷，涡旋 30 s，超声 5 min，10000 r/min 离心 10 min，将所得的上清液吸取 1 mL 用 0.22 μm 的针筒式微孔滤膜过滤到 1 mL 的棕色样瓶中待测。

1）色谱条件：流动相为 0.1%甲酸水溶液（A）和乙腈（B），流速为 0.4 mL/min，柱温 40℃，进样体积 20 μL，检测波长为 285 nm。洗脱程序：0～10 min，62%的 0.1%甲酸水溶液（A），38%的乙腈（B）。

2）质谱条件：采用正离子电喷雾离子源 ESI^+模式，脱溶剂气温度 350℃，脱溶剂气流量 10 L/min，雾化气、脱溶剂气、锥孔气气体为氮气，检查方式为多反应监测（MRM）模式。定性和定量的离子及其碰撞能量等质谱条件见表 1.6。

表 1.6　泰乐菌素的定性和定量离子质谱条件

母离子 m/z	子离子 m/z	驻留时间（s）	锥孔电压（V）	碰撞能量（eV）
916.1	174.2	15	30	35

3）泰乐菌素降解率计算公式：

$$降解率(\%)=[(C_{t_0}-C_{t_n})-(C_{k_0}-C_{k_n})]\times 100/[C_{t_0}-(C_{k_0}-C_{k_n})]$$

式中，C_{t_0} 为实验组的抗生素初始浓度；C_{t_n} 为 n 天后实验组的抗生素浓度；C_{k_0} 为空白对照的抗生素初始浓度；C_{k_n} 为 n 天后空白对照的抗生素浓度。

（4）降解泰乐菌素优势菌株

不同菌株对泰乐菌素的降解效果如图 1.29 所示，将单个纯化菌株分别接种到筛选培养基中，培养 7 d 后测定泰乐菌素含量，验证其降解效果。结果表明，添加了 100 mg/L 泰乐菌素的液体培养基对菌株富集培养筛选驯化之后，17 种菌株均有生长，这 17 种菌株对泰乐菌素均有一定的降解效果。大部分菌株的降解率比较高，基本上达到了 50%以上，降解效果明显。其中 A、B 两种菌株对泰乐菌素的降解率超过了 70%，要高于其他菌株，分别达到了 71.13%和 70.36%。因此选取 A、B 两株优势菌作为目的菌株进行研究，并对菌株 A、B 做进一步的降解特

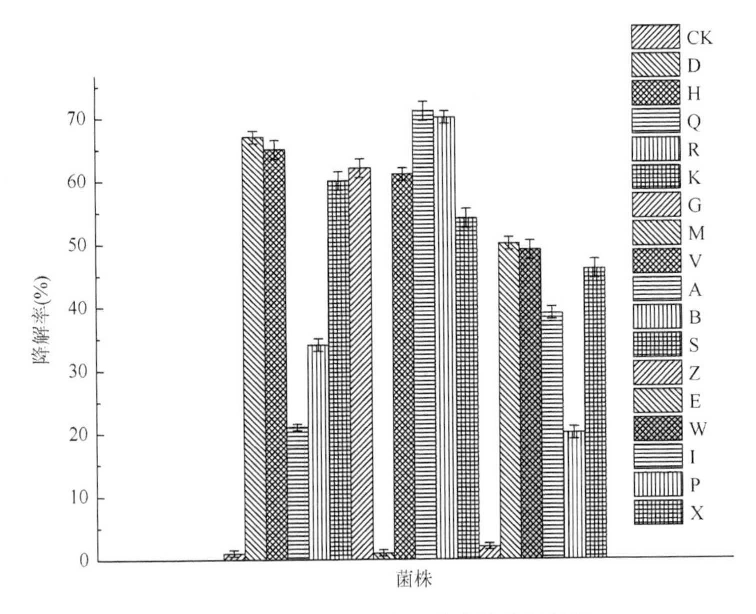

图 1.29　不同菌株对泰乐菌素的降解效果

性研究。另外，在筛选驯化菌株的过程中也发现，有些菌株虽然可以在富集培养基中生长，而且转接到筛选培养基之后能够生长，对泰乐菌素也具有降解作用，然而其生长不是特别明显。

2. 降解菌降解特性

（1）试验设计与研究方法

1）培养基浓度优化：温度 30℃，转速 150 r/min，泰乐菌素含量为 100 mg/L，pH 为 7，菌株 A 和 B 的接种量各 1%，装液量 100 mL，培养液浓度梯度 1/1、1/5、1/10、1/15、1/20 无机盐培养基（MM），培养 7 d。每个处理设置 3 个重复，同时每种培养基设置 3 个空白对照。

2）初始浓度优化：温度 30℃，转速 150 r/min，pH 为 7，菌株 A 和 B 接种量各 1%，装液量 100 mL，1/1 MM 培养液，泰乐菌素初始浓度梯度 50 mg/L、100 mg/L、200 mg/L 和 400 mg/L，培养 7 d。每个处理设置 3 个重复，同时每种泰乐菌素浓度设置 3 个空白对照。

3）温度优化：转速 150 r/min，装液量 100 mL，1/1 MM 培养液，泰乐菌素含量为 50 mg/L，菌株 A 和 B 接种量各 1%，pH 为 7，温度梯度 20℃、30℃、35℃、40℃、45℃、50℃和 60℃，培养 7 d。每个处理设置 3 个重复，同时每个温度设置 3 个空白对照。

4）转速优化：1/1 MM 培养液，泰乐菌素含量为 50 mg/L，菌株 A 和 B 接种量为 1%，pH 为 7，培养温度 30℃，转速梯度 90 r/min、110 r/min、130 r/min、150 r/min、170 r/min、190 r/min 和 210 r/min，培养 7 d。每个处理设置 3 个重复，同时每个转速设置 3 个空白对照。

5）pH 优化：转速为 150 r/min，培养温度 30℃，1/1 MM 培养液，泰乐菌素含量为 50 mg/L，菌株 A 和 B 接种量为 1%，装液量为 100 mL，pH 梯度为 3、4、5、6、7、8、9 和 10，培养 7 d。每个处理设置 3 个重复，同时每个 pH 设置 3 个空白对照。

6）接种量优化：温度 30℃，转速 150 r/min，pH 为 7，装液量为 100 mL，1/1 MM 培养液，泰乐菌素含量为 50 mg/L，接种量梯度为 1%、2.5%、5%、10%，培养 7 d。每个处理设置 3 个重复，同时设置 3 个空白对照。

（2）培养基浓度对降解菌降解泰乐菌素的影响

由图 1.30 可知，培养基浓度和泰乐菌素的降解密切相关。可以看出，随着培养基浓度的不断降低，菌株 A 和 B 对泰乐菌素的降解效果呈现不断下降的趋势，当培养基浓度为 1/1 时，A 菌、B 菌对泰乐菌素的降解率分别为 71.54%和 70.65%，A + B 复合菌对泰乐菌素的降解相比 A、B 单一菌株有明显促进作用，降解率高达

97.36%。因此，选择 1/1 的培养基浓度作为菌株 A 和 B 去除泰乐菌素的优化培养基条件。

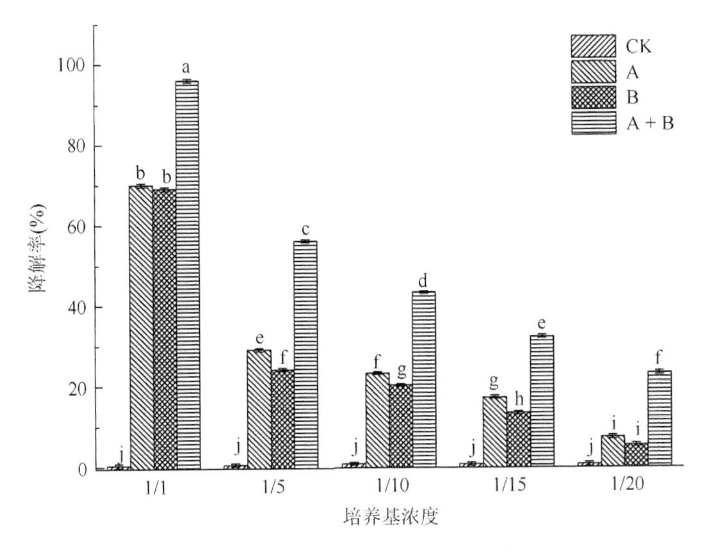

图 1.30　培养基浓度对降解菌降解能力的影响

（3）泰乐菌素初始浓度对降解菌降解泰乐菌素的影响

泰乐菌素不同初始浓度对泰乐菌素降解率的影响如图 1.31 所示。由图 1.31 可知，低浓度（50～200 mg/L）泰乐菌素对降解率的影响不明显，但是当浓度高达 400 mg/L 时，降解率较低，甚至达不到 50%。泰乐菌素浓度在 50 mg/L 时，A 菌和 B 菌对泰乐菌素的降解率分别为 71.63%和 70.73%。A + B 复合菌对于泰乐菌

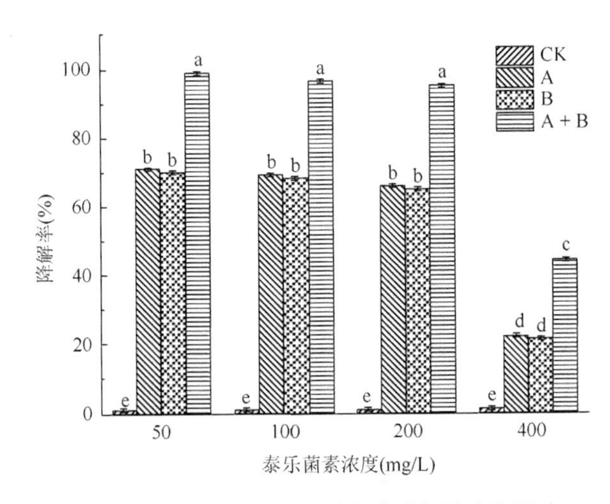

图 1.31　泰乐菌素浓度对降解菌降解能力的影响

素的降解在各个浓度下都体现出了协同效应，其在低浓度（50～200 mg/L）条件下的降解率也高于浓度达到400 mg/L时的降解率，在50 mg/L时A+B复合菌对泰乐菌素的降解率最高，为98.69%。所以选择低浓度（50～200 mg/L）作为优化的泰乐菌素浓度，其中50 mg/L泰乐菌素的降解率较其他处理高，因此后续选取泰乐菌素的浓度为50 mg/L来进行研究。

（4）温度对降解菌降解泰乐菌素的影响

不同温度对泰乐菌素降解率的影响如图1.32所示。随着温度的不断升高，泰乐菌素的降解率呈现出先逐渐上升，并维持相对稳定，而后又不断下降的趋势。菌株A和B在30℃、35℃和40℃条件下对泰乐菌素的降解率较高，达到70%以上，30℃时降解率最高，分别为71.46%和70.63%。另外，A+B复合菌对泰乐菌素的降解也有同样的变化趋势，并且其对泰乐菌素的降解相互之间有促进作用，在30℃时降解率最高，达到98.56%。当温度高于45℃，泰乐菌素的去除率随着温度的升高而降低。因此选择30～40℃为优化条件，综合考虑降解率和成本，优先选择30℃为优化培养温度。

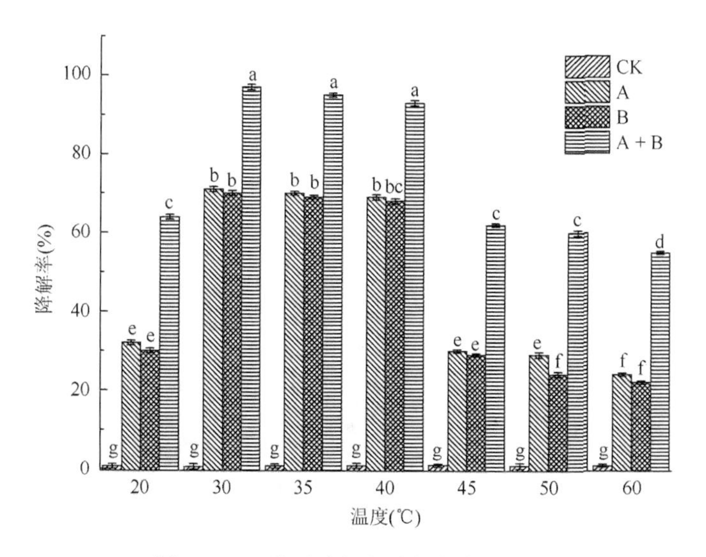

图1.32　温度对降解菌降解能力的影响

（5）转速对降解菌降解泰乐菌素的影响

由图1.33可看出，在A菌、B菌和A+B复合菌三种条件下，转速对泰乐菌素降解效果影响普遍较小，呈现出先升高后下降的变化规律。相比之下，当转速为150 r/min时，A菌、B菌对泰乐菌素的降解率达到最高，分别为71.64%和70.56%，A+B复合菌对泰乐菌素的降解率也达最高97.39%，这表明A菌、B菌之间具有互相促进的作用。

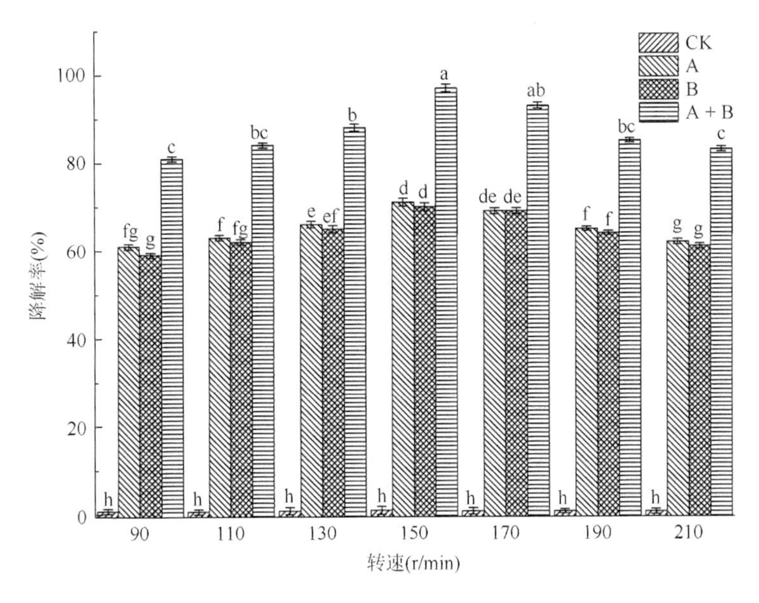

图 1.33　转速对降解菌降解能力的影响

（6）初始 pH 对降解菌降解泰乐菌素的影响

由图 1.34 可以看出，菌株 A 和 B 以及 A+B 复合菌在培养基初始 pH 为 6～10 时对泰乐菌素的降解效果较好且相对稳定。当初始 pH 为 3～7 时，随着 pH 的升高，菌株 A 和 B 以及 A+B 对泰乐菌素的降解效果升高，降解率最高分别为 71.27%、

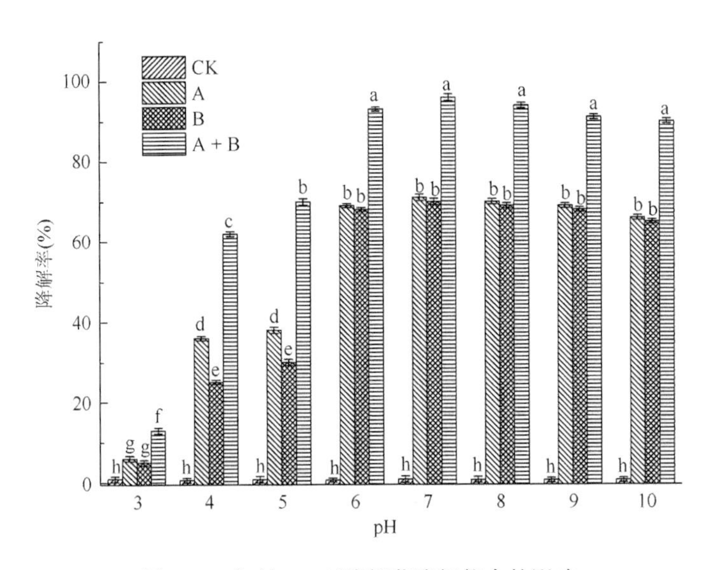

图 1.34　初始 pH 对降解菌降解能力的影响

70.02%和 97.87%，可见菌株 A 和 B 之间可相互促进对泰乐菌素的降解。优选的初始 pH 范围为 6～10，而 pH 为 7 时，降解率更高，因此选择 pH 7 为优化条件。

（7）接种量对降解菌降解泰乐菌素的影响

由图 1.35 可知，接种量对泰乐菌素的去除影响差异较小，随着接种量的升高，菌株 A、B 以及 A+B 复合菌对泰乐菌素的降解率升高，但是提升非常缓慢，综合考虑降解率和时间成本，选择 1%的接种量作为菌株 A、B 及 A+B 复合菌降解泰乐菌素的接种量。

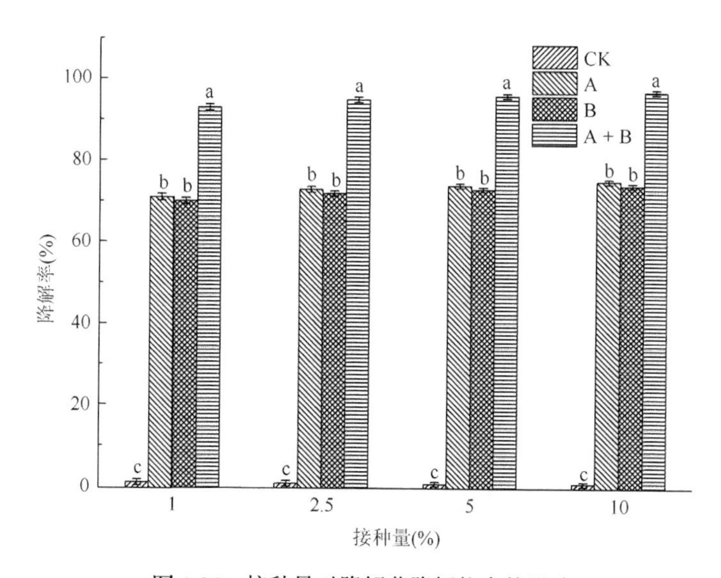

图 1.35　接种量对降解菌降解能力的影响

综上所述，菌株 A、B 及 A+B 对泰乐菌素降解优化条件是：培养基浓度 1/1，泰乐菌素浓度 50 mg/L，温度 30℃，转速 150 r/min，pH 为 7，接种量 1%。

1.3.2　泰乐菌素菌渣中降解菌的筛选和鉴定

1. 试验设计与研究方法

（1）泰乐菌素降解菌的分离和验证

菌株的分离纯化：从泰乐菌素生产药厂采取泰乐菌素菌渣样品，称取 10 g 样品放入锥形瓶内，倒入 90 mL 磷酸盐溶液，将锥形瓶置于摇床中，30℃、150 r/min 振荡 2 h，取出后放置片刻。在无菌条件下，采用梯度稀释法将浸出液分别稀释到 10^{-5}、10^{-6}、10^{-7}，吸取 100 μL 涂布到含有 50 mg/L 泰乐菌素的牛肉膏蛋白胨培养基中，在 30℃恒温条件下培养 3 d。然后挑选单菌落进行驯化，在驯化的过程中，依次提高泰乐菌素的浓度，变化范围从 50 mg/L 到 200 mg/L。根据微生物生长速度、形状等特征，挑取微生物在各种类型的培养基上重复数次划线，直到有单菌落出现，保存在 4℃冰箱中。从泰乐菌素菌渣中筛选出 4 株具有泰乐菌素降解功能的细菌，将这 4 种菌株分别命名为 TYL1、TYL2、TYL3 和 TYL4。将分离纯化得到的细菌分别在牛肉膏蛋白胨液体培养基中进行活化，活化到对数增长期取 1 mL 菌液（3.0×10^8 CFU/mL）接种到含有 100 mL 无机盐培养基（NH_4Cl 1 g，NaCl 1 g，K_2HPO_4 1.5 g，KH_2PO_4 0.5 g，$MgSO_4$ 0.2 g，蒸馏水 1 L，pH 调至 7.0）的 250 mL 锥形瓶中。以上所有操作都在超净工作台中进行，以避免在操作过程中被其他微生物污染。将反应瓶用锡纸包裹以避光，置于转速为 150 r/min、温度为 30℃的恒温摇床中反应，取样时间分别为 0 d、1 d、3 d、5 d、7 d。试验在避光的条件下进行，以确保没有发生光降解。

（2）泰乐菌素的检测方法

样品处理：取 5 mL 样品添加 8 mL 乙腈和 8 mL 正己烷，混合 1 min，超声 3 min，5000 r/min 离心 10 min，过 0.22 μm 滤膜待测。检测条件：色谱条件为色谱柱 Sunfire C_{18}（150 mm×4.6 mm，3.5 μm，Waters，USA）；流动相为 0.1%甲酸（A）∶水（B）= 70∶30；流速为 1.0 mL/min；柱温 40℃；紫外检测器，检测波长为 285 nm；进样体积为 10 μL。

2. 泰乐菌素降解菌降解能力

分离到的 4 株细菌对泰乐菌素的降解能力如图 1.36 所示。除空白组以外，处理组对泰乐菌素的去除具有显著性差异。随培养时间延长，泰乐菌素的去除率逐

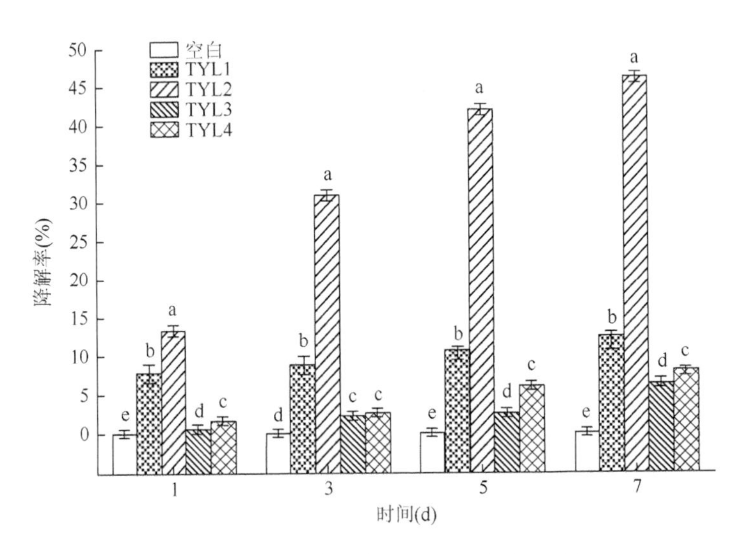

图 1.36　所筛选 4 株细菌对泰乐菌素的降解效果

渐提高，在第7 d时4株细菌对泰乐菌素的降解率分别为12.36%、46.15%、6.35%和7.96%，与第1 d相比，降解率分别提高了4.61个百分点、32.87个百分点、5.35个百分点、6.35个百分点。TYL2对泰乐菌素的降解能力明显强于其他菌株，第7 d时泰乐菌素的降解达到46.15%。因此选取TYL2降解菌作为进一步研究的对象。

3. 泰乐菌素降解菌TYL2的鉴定

（1）泰乐菌素降解菌TYL2的形态鉴定

将筛选的菌落纯化后，用接种环挑取少量的菌落通过平板涂布法划线涂布到培养基中，盖上培养皿盖，标注样品编号、日期放置在35℃培养箱中培养2 d，观察平板上形成单个菌落后拍照［图1.37（a）］。如图所示菌落呈圆形，乳白色，外表光滑，边缘整齐又不通透，菌落直径为2～4 mm。为了观察降解菌在显微镜下形态，用夹子将载玻片放到酒精灯上烤片刻，冷却后在载玻片上滴一滴无菌水；用无菌竹签从刚培养好的培养基中挑取少量的菌落，均匀涂抹到无菌水上，形成均匀的薄层即可；涂布均匀后自然风干，使载玻片不断地在酒精灯上来回通过大约3次即可，滴入结晶紫溶液1 min后冲洗掉；再滴入革兰氏碘液1 min后冲洗掉，用纸吸去载玻片上的残留水滴，滴加95%的乙醇脱色，约30 s，水洗；最后用沙黄试剂再染1 min冲洗掉，等待表面没有水后用油镜观察菌落形态，如图1.37（b）所示，油镜下观察到菌株TYL2的微观形态呈杆状。菌株TYL2的生理生化特征如表1.7所示。

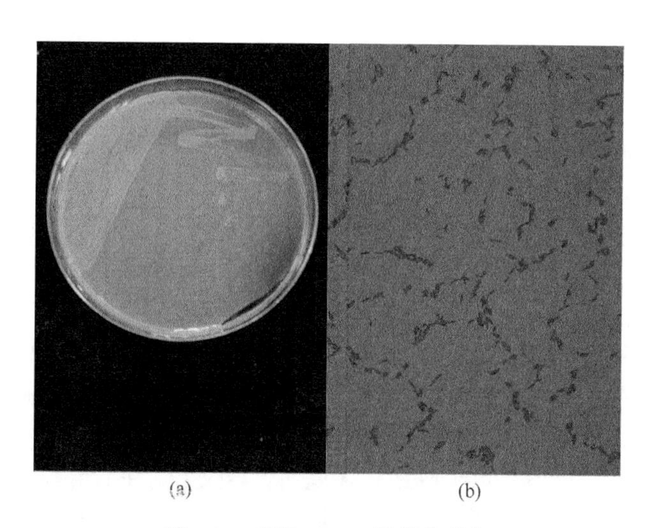

图1.37　菌株TYL2的菌落形态

（a）为宏观形态；（b）为TYL2菌悬液被稀释到10^7，在100倍油镜下观察到的显微形态

表 1.7 菌株 TYL2 生理生化鉴定

项目	阴/阳性	结果	项目	阴/阳性	结果
过氧化氢酶	+	可产生过氧化氢酶	2% NaCl	–	在 2% NaCl 条件下不能生长
V-P 反应	–	不产生乙酰甲基甲醇	5% NaCl	–	在 5% NaCl 条件下不能生长
柠檬酸盐	+	可利用柠檬酸盐作为碳源	pH 5.5	–	在 pH 5.5 环境下不能生长
水解淀粉	–	不可以水解淀粉	pH 9.0	–	在 pH 9.0 环境下不能生长
葡萄糖	–	不可以分解葡萄糖	15℃	–	在 15℃环境下不能生长
氧化酶	–	不存在细胞色素氧化酶	50℃	+	在 50℃环境下能生长

注：“+”表示阳性；“–”表示阴性。

（2）TYL2 的 16S rDNA 鉴定

在超净工作台中用无菌竹签挑取少量纯化后的菌体，悬着于 100 μL 无菌 ddH_2O 中，加热煮沸 10 min，立刻放在–20℃冰箱里 30 min 后，12000 r/min 离心 1 min，取上清液作模板进行 PCR 扩增。细菌 16S rDNA 引物为 27F（5'-AGAGTTTGATCMTGGCTCAG-3'）和 1492R（5'-TACGGYTACCTTGTTACGACTT-3'），反应体系为：10×Ex Taq 缓冲液，5.0 μL；2.5 mmol/L dNTP 混合物，4.0 μL；10p Primer 1，2.0 μL；10 μmol/L Primer 2，2.0 μL；5U/μL Ex Taq，0.5 μL；模板，2.0 μL；ddH_2O，34.5 μL；总体积，50 μL。

扩增条件为：

预变性 94℃　　3 min

变性 94℃　　30 s

退火 54℃　　30 s

延伸 72℃　　1 min 30 s

（变性、退火、延伸：24 个循环）

然后将制备好的 PCR 扩增片段进行 16S rDNA 测序，所得的结果放在 NCBI（National Center of Biotechnology Information）数据库中比对，结果显示，菌株 TYL2 与波茨坦短芽孢杆菌（*Brevibacillus borstelensis*）的相似性很高，同源性达到 99%，在分子系统发育分类学上属于波茨坦短芽孢杆菌。

（3）泰乐菌素降解菌 TYL2 的生长曲线

降解菌株 TYL2 在 35℃培养 54 h 后其生长曲线如图 1.38 所示。从图 1.38 可知，在 0～9 h 内细菌浓度处于缓慢增长阶段，说明这个时期的微生物可能需要适应环境而生长缓慢，此阶段为第一个时期迟缓期；在第二个时期对数期阶段，表现在 9～27 h，细菌 TYL2 由于已适应环境而迅速增长。生长环境不同，菌株生长速率也不同，图 1.38 中的结果与先前的一些研究中报道的细菌的对数期基本在 5～30 h 之间相似（Liu et al.，2015）。细菌活性时间长，才能加快抗生素降解。菌株 TYL2 的稳定期大概是在 27～42 h；而衰亡期在 42～54 h。

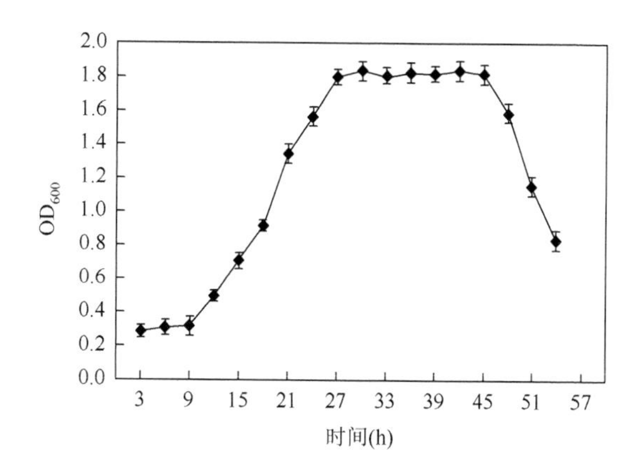

图 1.38　菌株 TYL2 的生长曲线

4. 降解条件的优化

（1）温度对泰乐菌素降解的影响

温度通常被认为是影响所有细菌生长的生态生理参数最关键的条件。为了获得 TYL2 降解泰乐菌素的优化温度，在 1.3.1 小节试验条件下，不同温度对菌株 TYL2 的降解效果如图 1.39 所示。由图可知，温度对 TYL2 降解泰乐菌素的能力有显著的影响，温度从 25℃依次提高到 45℃，泰乐菌素的去除率先升高后下降。在 35℃时，菌株 TYL2 对泰乐菌素的降解率达到最高，该阶段的去除率为 66.05%，这可能是温度不同使得细菌体内的代谢发生异常改变并且对酶也有显著的调整作用。当温度超过最适范围后，会导致微生物蛋白质变性，酶活性和微生物活性下降。高温可以加速物质的运输，然而，过高的温度也可能导致细菌分泌的蛋白质变性，以及使酶丧失作用功能。温度为 25～30℃时，泰乐菌素的降解率明显比 35℃时低，这可能是由于细胞代谢随着温度的变化而迅速变化，在较低温度下激活的一种关键酶被破坏抑制了 TYL2 的生长速度。

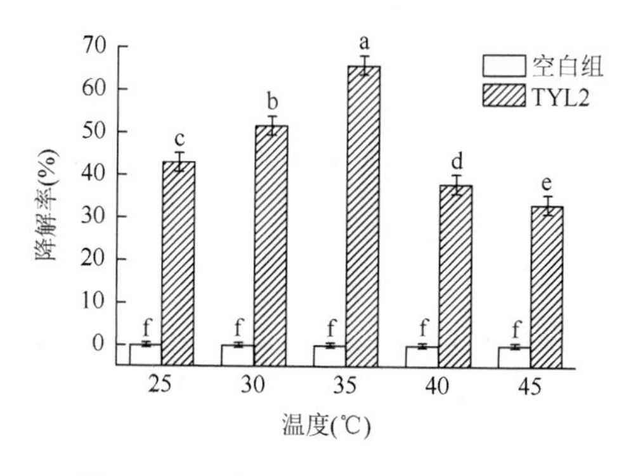

图 1.39　温度对泰乐菌素降解的影响

（2）转速对泰乐菌素降解的影响

摇床转速是影响降解菌 TYL2 在培养基中生长情况的主要决定因素之一。在35℃恒温培养条件下，不同转速下泰乐菌素的降解速率如图 1.40 所示，当转速从 90 r/min 提高到 150 r/min，降解率从 54.97%提高到 75.80%，但转速超过 150 r/min 后降解速率开始减慢，在达到 200 r/min 时降解率减少至 48.87%。其他研究也得出类似的结果，起初降解速率随着转速的加快而增加，微生物的生物量也随之增加（Liu et al.，2016a）。这可能是因为 TYL2 是一种需氧微生物，它以泰乐菌素为唯一促进生长的碳源，需要消耗大量的氧气。而转速的提高可以将周围的分子氧快速溶解到水里，为微生物提供足够的 O_2。TYL2 降解泰乐菌素的过程是一个好氧过程，随着转速的增加，溶解氧含量也会增加，TYL2 的生长速率也增加，最终加快了泰乐菌素的降解速率。在转速达到 150 r/min 时，溶解氧也逼近临界点，此刻的降解能力是最高的。当转速继续增加时，溶解氧含量不再增加，降解率开始下降，此时可能会引起细菌损伤甚至死亡，或者改变细菌的结构。因此，降解菌 TYL2 去除泰乐菌素的最佳转速为 150 r/min。

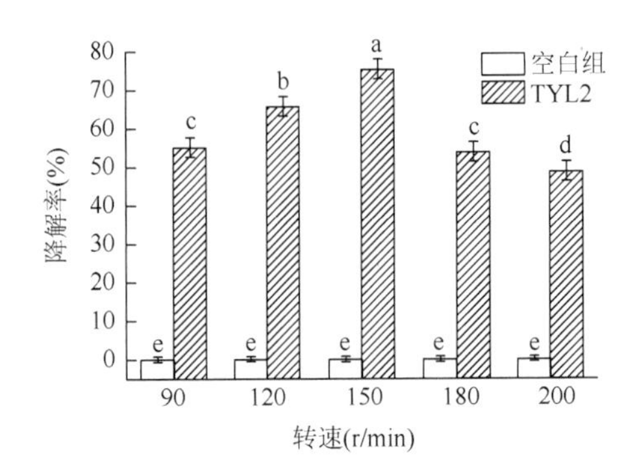

图 1.40　转速对泰乐菌素降解的影响

（3）泰乐菌素的初始浓度对泰乐菌素降解的影响

培养基的基础物质是影响微生物生长速率的条件之一。不同初始浓度的泰乐菌素对 TYL2 降解泰乐菌素效果的影响见图 1.41，在 25 mg/L 条件下，泰乐菌素的去除率为 75.14%，是所有处理中去除率最高的。在 50 mg/L 和 100 mg/L 处理中，泰乐菌素的去除率分别为 58.88%和 45.89%，TYL2 的降解效果随着泰乐菌素浓度的升高而降低，特别是在 150 mg/L 时，降解率降至 31.39%。其原因可能是高浓度的底物抑制了微生物的生长，泰乐菌素作为降解过程中唯一的碳源，在 25 mg/L 时，泰乐菌素可以给微生物提供足够的营养物质，TYL2 的繁殖速率逐渐增加，才能使去除效果最佳。而高浓度下泰乐菌素超出微生物的耐受范围并具有较高的毒性，抑制微生物的生长，并且当底物浓度过高时，降解过程中会出现较长的延迟期，降解菌的生长速率缓慢，降解过程中 pH 也显著下降。本研究也证实了泰乐菌素浓度与降解菌 TYL2 降解效果呈负相关。因此，选择泰乐菌素浓度为 25 mg/L 作为菌株 TYL2 去除泰乐菌素的最佳底物初始浓度。

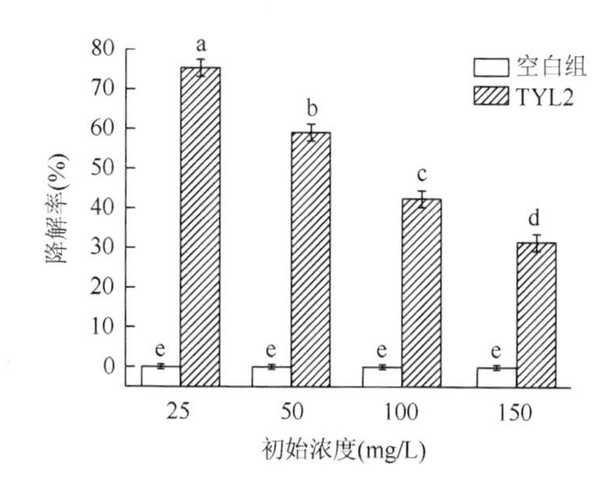

图 1.41　初始浓度对泰乐菌素降解的影响

（4）培养基 pH 对泰乐菌素降解的影响

pH 是降解过程中的一个关键因素，它不仅影响降解菌的生长速度，而且影响抗生素和菌株的稳定性。在不同 pH（5.0～11.0）培养条件下 TYL2 对泰乐菌素的降解影响见图 1.42。在 pH 为 5.0～7.0 范围内降解菌 TYL2 繁殖良好，导致泰乐菌素的降解速率也因为初始 pH 的增大而加快，此时，当 pH 为 7.0 时菌株 TYL2 降解率达到最大，为 73.70%。当培养基初始 pH 超过 7.0 时，TYL2 对泰乐菌素的去除能力随着 pH 的提高而降低。菌株 TYL2 在不同 pH 处理中泰乐菌素的降解率大小依次为 pH 7.0（73.70%）＞pH 9.0（56.90%）＞pH 5.0（34.56%）＞pH 11.0（23.51%）。当初始 pH 为酸性或碱性时，降解效果显著降低，这可能是因为 pH 会改变微生物质膜表面的电荷性质，以及生物膜对某些小分子的渗透性，从而阻碍菌株对物质的吸附能力和转化速度。降解菌 TYL2 的增长率在酸性或碱性条件下被抑制，分泌的酶被还原或水解，代谢物也可能发生改变，导致泰乐菌素的降解率降低。除此之外，在酸性或碱性条件下，泰乐菌素的结构不稳定，易水解转化为其他物质，降解困难，降解速率降低。因此，每个菌株都有自己的适宜 pH 范围，以达到最佳的降解能力。并且 Pawar 等（2015）表示在土壤修复中，pH 为 7.5 时降解效果最好，真菌对酸性土壤 pH 更耐受，细菌对中性土壤 pH 更耐受，因此菌株 TYL2 也在一定程度上适用于土壤生物修复。本研究选择 pH 7.0 作为菌株 TYL2 去除泰乐菌素的最佳初始 pH。

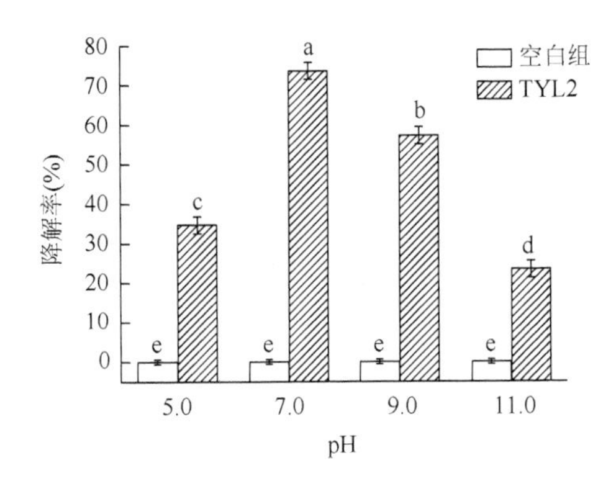

图 1.42　pH 对泰乐菌素降解的影响

（5）接种量对泰乐菌素降解的影响

接种菌体多少是引起降解速率变化的关键因素。不同接种量对泰乐菌素去除的影响如图 1.43 所示，菌株 TYL2 在接种量为 2×10^8 CFU/mL、6×10^8 CFU/mL、1×10^9 CFU/mL、1.4×10^9 CFU/mL 和 2×10^9 CFU/mL 时的降解率分别是 46.3%、62.27%、69.06%、74.18%和 65.43%。泰乐菌素的最大降解速率出现在接种量为 1.4×10^9 CFU/mL 时，这可能是因为细菌数目的提高缩短了对数期（Yuan et al., 2011），加快了泰乐菌素的降解。TYL2 接种量变大，使得它们之间进行种群互助来加快适应新环境。然而，接种量的继续添加，导致降解效果更差，是由于泰乐菌素作为唯一的碳源使得微生物之间存在竞争关系，导致生物量和代谢能力的降低对泰乐菌素的降解产生了消极影响。实际环境处理结果与本研究相同，接种量较小，导致降解过程延迟；接种规模的增大可以缩短污染物降解时间，降低其他细菌的生长机会。接种规模过大会使氧气等条件受限，污染物的降解效率不会提高（Xie et al., 2015）。

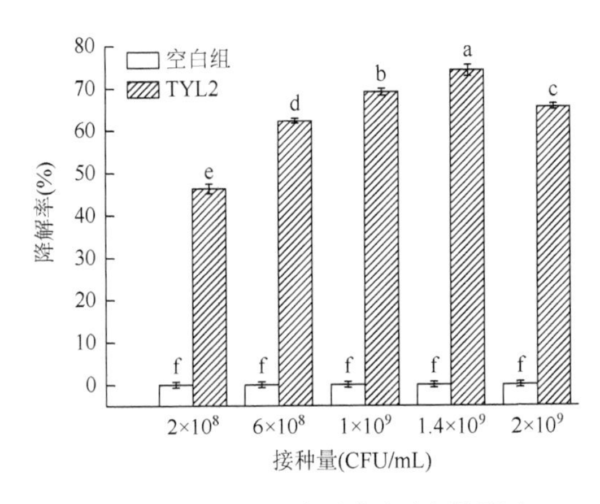

图 1.43　接种量对泰乐菌素降解的影响

1.3.3 降解菌与不同基质的复合及微生态制剂制备

1. 试验设计与研究方法

1）降解菌在基质上的吸附动力学：本试验研究了 35℃、pH 7 条件下 TYL2 在不同基质上的吸附动力学。分别称量 1 g 谷糠、锯末、麸皮、蛭石、麦饭石于 100 mL 三角瓶中，在高压灭菌锅中灭菌。在无菌操作下加入 1 mL（平板计数为 2×10^8 CFU/mL）降解菌菌液，再加入 Tris-HCl 缓冲液至 20 mL，在 35℃、150 r/min 条件下振荡吸附后取出，分别加入 3 mL 分离液，然后于 4℃、4000 r/min 条件下离心 15 min。将上层透明液体倒入玻璃管里，滴入 2 mL 6.25 mol/L 的 NaOH 溶液，水浴加热水解 20 min，冷却，过滤。吸取 1 mL 裂解液，加 5 mL 考马斯亮蓝，在 595 nm 下检测蛋白质含量。每个试验设置一个空白组，每个处理重复 3 次。

2）基质粒径对吸附的影响：为了研究不同粒径基质对细菌吸附的影响，分别称量 1 g 过 20 目、40 目、60 目、80 目、100 目筛的五种基质于 100 mL 锥形瓶中（20 目麦饭石除外），高压灭菌。在无菌操作下加入相同浓度的降解菌悬液，再加入 Tris-HCl 试剂至 20 mL，在 35℃、150 r/min 条件下吸附 1 h 后静置，各加入 3 mL 的分离液，在 4℃、4000 r/min 条件下离心 15 min，将上清液倒入玻璃管里，添入 2 mL 6.25 mol/L NaOH，水浴加热水解 20 min，冷却，过滤，过滤液用于测定蛋白质含量。每个处理重复 3 次。

3）温度对吸附的影响：设置温度处理为 4℃、25℃、30℃、35℃、40℃和 45℃，每个处理重复 3 次。其他操作同上。

4）基质对降解菌的解吸：称取 1 g 吸附效果最好和最差的吸附剂分别于 100 mL 锥形瓶中，高压灭菌。在无菌操作下加入 1 mL（平板计数为 2×10^8 CFU/mL）降解菌菌液，再加入 Tris-HCl 缓冲液至 20 mL，在 35℃、150 r/min 条件下振荡吸附后取出，分别加入 3 mL 的分离液，操作过程同上。再往离心管中加入等量的蒸馏水，在摇床中振荡，用上述提取上清液的方法提取出解吸后的上清液，测定蛋白质含量。每个处理重复 3 次。

5）干燥温度对微生物制剂中有效菌数的影响：选择谷糠为载体，将降解菌与谷糠相结合，在温度为 35℃、菌液 pH 为 7 的条件下培养，菌悬液∶谷糠 = 2∶1（*v*/*m*）。干燥温度设置为 60℃、65℃、70℃、75℃、80℃，每个处理重复 3 次。试验结束后检测活菌数。

2. 泰乐菌素降解菌 TYL2 在基质上的吸附动力学

基质对细菌的吸附必须要求二者充分接触融合到一起，吸附时间的长短是主要影响原因之一。TYL2 在基质上的吸附动力学结果见图 1.44。随着时间的延长，5 种基质对细菌的吸附量逐渐增加。在 20 min 左右时，蛭石和麦饭石对降解菌的吸附几乎达到最大吸附值，此时的吸附量分别为 22.64 μg/mL 和 14.70 μg/mL；在 30 min 左右时，谷糠、锯末、麸皮对 TYL2 的吸附也到达最大饱和量，在接下来的 20 min 内，基质的吸附能力开始达到动态平衡。Zhao 等（2017）对嗜酸乳杆菌（*Lactobacillus acidophilus*）在凹凸棒石上的吸附进行探讨，结果同本试验相似，凹凸棒石对 *Lactobacillus acidophilus* 的吸附能力在 20 min 时几乎达到最大值，此后吸附量保持平稳状态。在研究大肠杆菌（*Escherichia coli*）在三种矿物上附着的试验中也得到相似结果，在 15 min 保持平稳，后随着时间的延长吸附量变化不大（Farahat et al.，2009）。

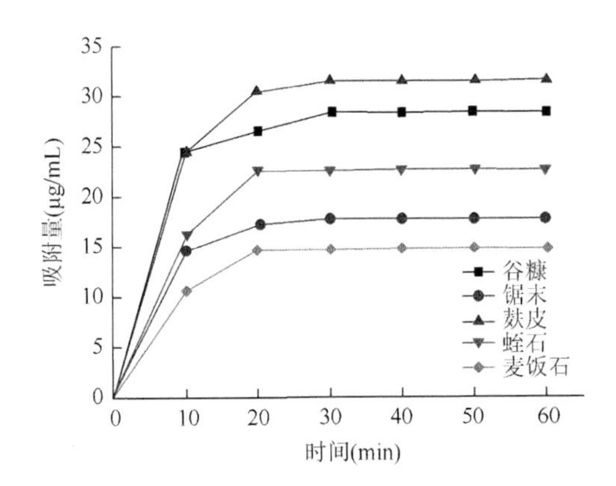

图 1.44　降解菌 TYL2 在 5 种基质上的吸附动力学

本试验采用动力学一阶模型表达反应过程：

$$\ln(Q_e - Q_t) = \ln Q_e - kt$$

式中，k 为一阶表观吸附速率常数；t 为吸附时间（h）；Q_e 为吸附平衡时吸附量（μg/mL）；Q_t 为任意时刻 t 时的吸附量（μg/mL）。吸附的相关参数见表 1.8。

表 1.8　降解菌 TYL2 在 5 种基质上的动力学方程常数

基质类型	k（h^{-1}）	R^2	Q_e（μg/mL）
谷糠	0.19152	0.99786	28.33
麸皮	0.15101	0.99966	31.57

续表

基质类型	k（h^{-1}）	R^2	Q_e（μg/mL）
锯末	0.168	0.99996	17.75
麦饭石	0.13308	0.99574	14.70
蛭石	0.13728	0.99543	22.64

表 1.8 中得到的相关参数表明，降解菌在谷糠、麸皮、锯末、麦饭石、蛭石上的反应过程均符合一级动力学方程，R^2 均在 0.995 以上，均达到显著水平（$P<0.05$）。常数 k 体现的是吸附速率的大小，从常数 k 的大小可以看出菌株 TYL2 附着强弱为：谷糠＞锯末＞麸皮＞蛭石＞麦饭石，这可能是由于不同基质的比表面积大小不同。在振荡初始阶段基质表皮暴露的凹凸位点较多，彼此结合速度快，之后外表的凹凸位点被占据，吸附速度缓慢，最后几乎没有合适的结合位点存在，导致后面反应速度保持平衡。

3. 基质粒径对吸附的影响

不同粒径的基质对泰乐菌素降解菌吸附的试验结果如图 1.45 所示。由于麦饭石的最大颗粒在 40 目以上，所以在试验中并没有对麦饭石 20 目进行研究。从图 1.45 可以看出不同类型的基质吸附降解菌蛋白质含量不同，最终的结合能力也是各有差异。不同颗粒大小的条件下，锯末在 40 目时吸附量达到最大，为 27.08 μg/mL；谷糠、蛭石、麸皮、麦饭石都是在 60 目时达到最大值，分别为 30.50 μg/mL、23.24 μg/mL、22.32 μg/mL 和 21.77 μg/mL。5 种基质对泰乐菌素降解菌的吸附量随筛目增加呈先增加后下降的趋势。导致这种结果的可能原因是受基质表面特征的影响，包括矿物组成等，类型各异的基质表面结构和理化特征不同，

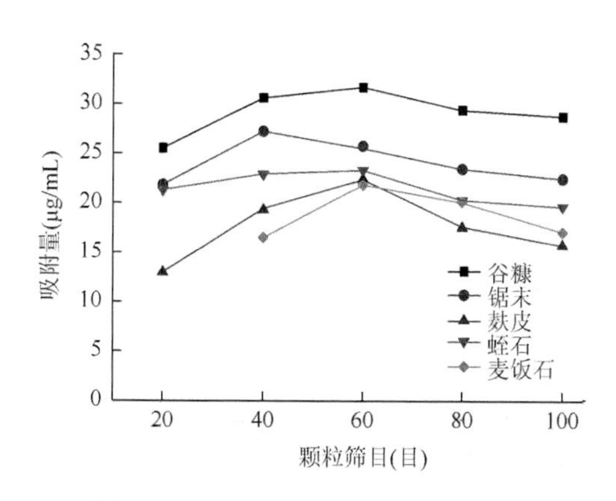

图 1.45　基质颗粒大小对吸附的影响

最终导致吸附的效果存在差别。细菌与基质接触面越大，两者相互作用的特异性和非特异性越高。Zhang 等（2011）研究发现大肠杆菌在纳米吸附时与其大小、粗糙程度以及组成成分有关；还发现颗粒越小，接触面积越大，氢键所含数量也越多。此外，当吸附量达到一定程度，吸附剂表面的矿物成分可能会对吸附起到抑制作用，导致吸附量下降（Wu et al.，2012）。

4. 温度对吸附的影响

从图 1.46 中可以看出，5 种基质的吸附量最初都是随着温度升高呈现上升的趋势，达到最大吸附量后开始下降。锯末、谷糠和蛭石在 35℃时达到最大吸附量，此时的吸附量分别为 48.37 μg/mL、40.60 μg/mL 和 28.28 μg/mL；麦饭石在 25℃时达到最大吸附量，为 21.53 μg/mL；麸皮的最大吸附温度是 30℃，吸附量为 15.61 μg/mL。基质和微生物结合的过程会产生大量的热能，再加上外界温度的变化，对吸附会造成影响。有研究人员认为，细菌对固体表面的吸附程度受细菌生理状态的影响，细菌的旺盛代谢促进了其吸附能力（Jiang et al.，2007）。温度的变化会影响细胞活性的高低，本试验中锯末、谷糠和蛭石的最大吸附量出现在 35℃，这也是细菌生长的最适温度。这可能是因细菌代谢旺盛使得吸附达到最佳状态。麦饭石和麸皮的最高吸附量处在不同的温度，这可能是由于温度影响了细菌和基质表面活性官能团，最终体现在吸附能力上有所差异。

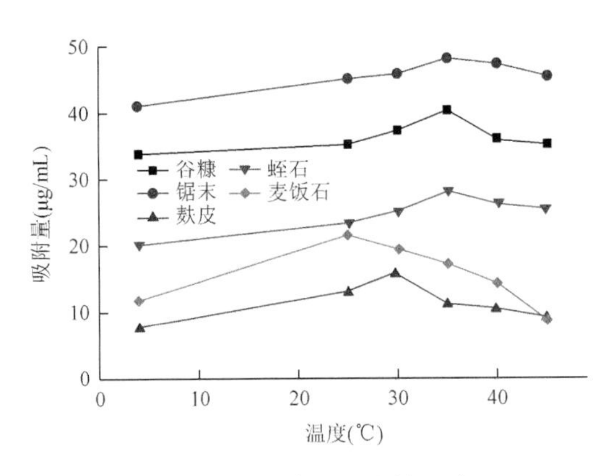

图 1.46　温度对吸附的影响

5. 基质对降解菌的解吸

图 1.47 所示为不同时间段泰乐菌素降解菌在 5 种基质表面的解吸情况。可以看出降解菌在不同基质表面的解吸程度不同，但相似的是基质表面的吸附量都随时间的延长逐渐减少。谷糠在 1 h 内对降解菌的吸附量从 31.9 μg/mL 下降到 30.1 μg/mL，

解吸量并不是很多，而麦饭石的吸附量则从 7.6 μg/mL 下降到 6.5 μg/mL。在 1 h 的解吸过程中，5 种基质的解吸率分别为 29.9%（谷糠）、43%（锯末）、45.9%（麸皮）、61.7%（蛭石）和 62.5%（麦饭石）。从解吸率可以看出，五种吸附剂解吸能力的大小顺序为麦饭石＞蛭石＞麸皮＞锯末＞谷糠。结果表明，在这 5 种吸附剂中，谷糠与降解菌的结合最强，而麦饭石与降解菌的结合最弱。有研究发现固体物质和微生物之间是非静电互相结合（如氢键），发生解吸时，这些弱键可能会发生断裂，解吸率较高。因此，可以选择谷糠作为与 TYL2 结合的基质。

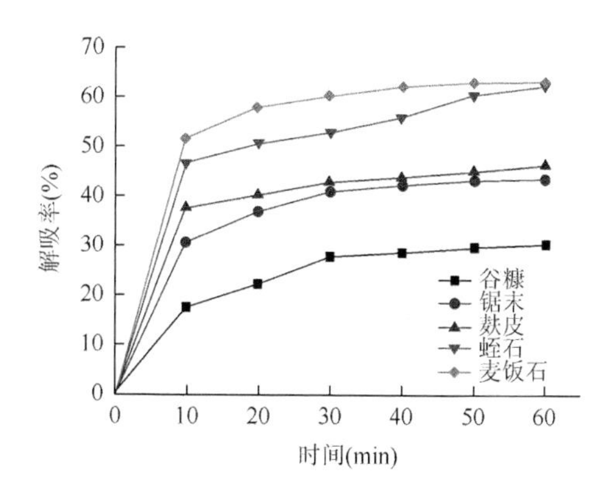

图 1.47　不同时间对 5 种基质的解吸

6. 干燥温度对微生物制剂产品中活菌数的影响

微生物制剂制备过程中，干燥温度是影响产品中活菌数的关键因子。为此，研究了干燥温度对产品中活菌数的影响情况。如图 1.48 所示，干燥温度为 65℃时，

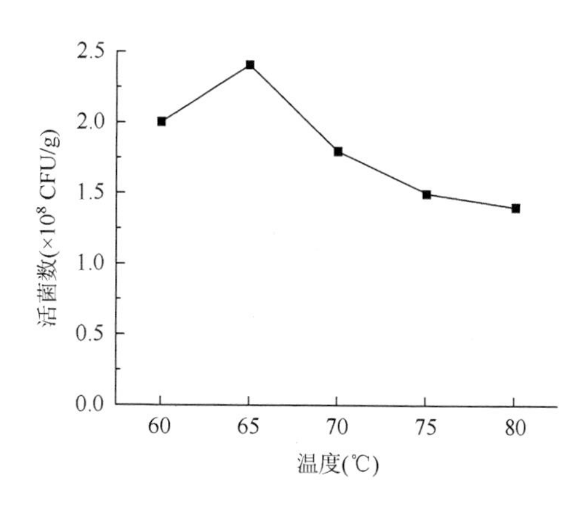

图 1.48　不同干燥温度对产品中活菌数的影响

产品中活菌数最大，为 2.4×10^8 CFU/g。而其他温度条件下产品中的活菌数分别为 2×10^8 CFU/g（60℃）、1.8×10^8 CFU/g（70℃）、1.5×10^8 CFU/g（75℃）和 1.4×10^8 CFU/g（80℃），这可能是因为温度过高会使降解菌代谢失活甚至死亡，而且从上面的结果可以看出，温度也对谷糠有影响。虽然温度越高干燥所用的时间越短，但为了保持活菌数，宜选择 65℃为干燥温度。

1.4 氨基糖苷类抗生素降解菌的筛选及降解特性

氨基糖苷类（aminoglycosides）抗生素是由两个或三个氨基糖分子和一个非糖部分（称为苷元）的氨基环醇通过醚键连接而成的抗细菌类药物。天然来源的氨基糖苷类抗生素包括由链霉菌属培养液中提取获得的链霉素、卡那霉素、妥布霉素、新霉素、大观霉素等，由小单孢菌属培养液中提取获得的庆大霉素、西索米星、小诺米星等。其中庆大霉素是一种由中国独立自主研发的氨基糖苷类抗生素，由棘孢小单孢菌、绛红小单孢菌等发酵产生的多组分化合物（图 1.49，表 1.9），能与细菌核糖体 30 S 亚基结合，从而阻断细菌蛋白质的合成。庆大霉素由于具备较强的杀菌能力而被广泛应用于临床治疗以及畜牧业中畜禽的疾病防治。但是庆大霉素的大量生产和使用使得大量的抗生素生产产生的药渣废水、畜禽养殖场含有庆大霉素的未充分处理的畜禽粪便等大量进入环境，因此而导致的庆大霉素耐药问题日益显现。为了减少环境中庆大霉素残留的危害，关于环境中的庆大霉素的去除技术的研究迫在眉睫。

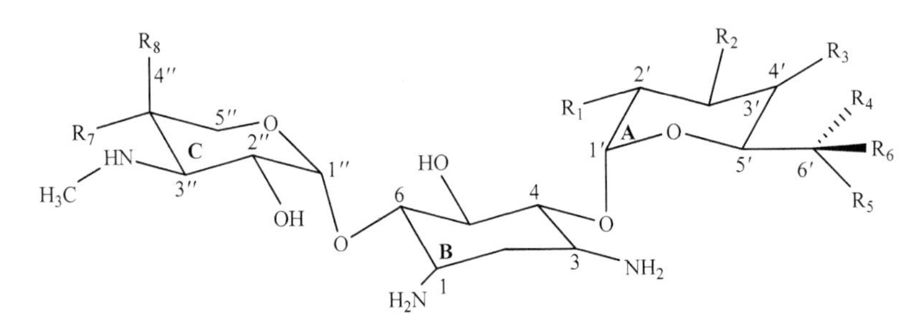

图 1.49 庆大霉素的分子结构式

表 1.9 庆大霉素各组分官能团

庆大霉素组分	*M*	R_1	R_2	R_3	R_4	R_5	R_6	R_7	R_8
C1	477	NH_2	H	H	H	$NHCH_3$	CH_3	CH_3	OH
C1a	449	NH_2	H	H	H	NH_2	H	CH_3	OH
C2	463	NH_2	H	H	H	NH_2	CH_3	CH_3	OH
C2a	463	NH_2	H	H	CH_3	NH_2	H	CH_3	OH

1.4.1 庆大霉素降解真菌的筛选和鉴定

1. 庆大霉素降解真菌的分离和效果验证

从山东某抗生素药厂采集庆大霉素生产过程中的发酵罐污泥、厌氧罐污泥、好氧罐污泥和车间废渣，放入白色塑料罐中。所有塑料罐密封，并用冰袋保藏运至实验室作为庆大霉素降解菌筛选材料。利用涂布平板法从分离介质中分离纯化出真菌：用挑针挑取适量样品点接在马丁氏培养基上（蛋白胨 5 g，磷酸氢二钾 1 g，硫酸镁 0.5 g，琼脂 18 g，葡萄糖 20 g，0.1%孟加拉红水溶液 3.3 mL，2%去氧胆酸钠溶液 20 mL，蒸馏水 1 L；灭菌后倒平板时每 100 mL 培养基中再加 0.3 mL 1%链霉素溶液），在 30℃的恒温培养箱中培养 7 d。7 d 后挑取形态各异的真菌点接在改良马丁氏培养基（蛋白胨 5 g，酵母粉 2 g，葡萄糖 20 g，磷酸氢二钾 1 g，硫酸镁 0.5 g，蒸馏水 1 L，pH 6.2～6.6；MMB）上进行纯化，在 30℃的恒温培养箱中培养 7 d 后重复该过程，得到纯化的真菌后将其转接到斜面 MMB 培养基上在 4℃的冰箱中保存。

庆大霉素降解能力评估：将分离保存的真菌接种到固体土豆培养基（即 1 L 的液体土豆培养基加入 20 g 琼脂并摇匀，在 121℃高温高压下灭菌 30 min，等冷却到 50℃左右倒平板；PDA），在 30℃的恒温培养箱中培养 5 d，然后分别接种到含有 100 mL 1/10 液体土豆培养基（土豆去皮，切成块，称取 200 g 加水，121℃灭菌煮沸 30 min，用纱布过滤，滤液加葡萄糖 20 g，补足水至 1 L；LPD）、无机盐培养基（氯化铵 1 g，磷酸二氢钾 0.5 g，磷酸氢二钾 1.5 g，硫酸镁 0.2 g，氯化钠 1 g，蒸馏水 1 L，pH 7；MSM）的 250 mL 锥形瓶中，加入庆大霉素标准品，使其含量为 100 mg/L，在恒温摇床中培养（30℃，150 r/min）。同时以不接种真菌的培养基为空白对照（排除外部环境对庆大霉素浓度的影响），每个处理设置 3 个平行。分别在第 7 d、14 d、21 d、28 d 提取培养液测定庆大霉素的含量以计算庆大霉素去除率。去除率计算公式如下：

$$去除率(\%)=[(C_{t_0}-C_{t_n})-(C_{k_0}-C_{k_n})]\times 100/[C_{t_0}-(C_{k_0}-C_{k_n})]$$

式中，C_{t_0} 为实验组的庆大霉素初始浓度；C_{t_n} 为 n 天后实验组的庆大霉素浓度；C_{k_0} 为空白对照的庆大霉素初始浓度；C_{k_n} 为 n 天后空白对照的庆大霉素浓度。

通过该平板分离的方法共获得 8 株真菌（FZC1～FZC8）。这 8 株真菌不能在 MSM 中生长，对 MSM 中的庆大霉素含量没有显著影响，表明这 8 株真菌均不能将庆大霉素作为唯一碳源生长。但是，这 8 株真菌在 1/10 LPD 中对庆大霉素是有去除能力的（图 1.50），去除率为 10.1%～76.1%，其中 FZC3 对庆大霉素的去除率最高，且去除率增长随着培养时间的推移而逐渐变小。其中大部分（53.5%）的庆大霉素在前 7 d 被去除，第 2 周和第 3 周的去除率分别为 12.0%和 8.0%，第 4 周去除率仅有 2.6%。因此，选择 FZC3 进行之后的优化试验，培养时间为 7 d。

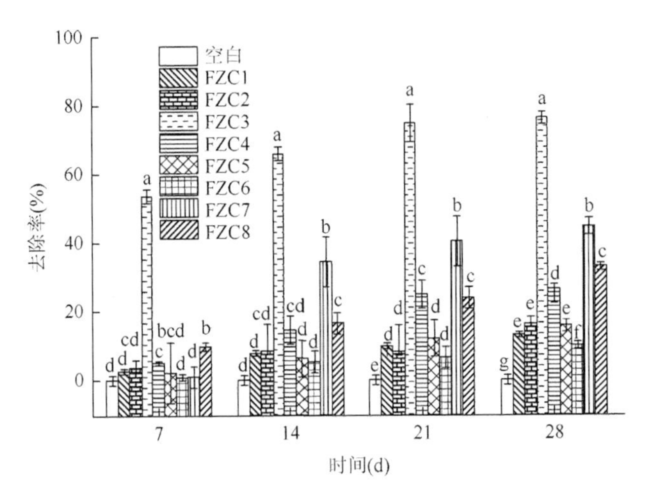

图 1.50　不同真菌在含 100 mg/L 庆大霉素的 1/10 LPD 中对庆大霉素的去除率

2. 真菌的鉴定

（1）真菌 ITS 的鉴定

1）DNA 的提取方法。

①在水浴锅中加适量的蒸馏水，使水面足够离心管温浴，打开水浴锅将温度设为 65℃，将 CTAB 抽提液置于 65℃水浴锅中。②在研钵（包括研锤）中加入一勺（适量）液氮使其预冷，刮取适量菌丝于研钵，迅速加入一勺液氮并迅速研磨成粉末状后，把粉末转入 1.5 mL 或 2.0 mL 离心管中。③1.5 mL 离心管中加入 650 μL CTAB 抽提液（2 mL 离心管中可加入 1 mL CTAB 抽提液，以下步骤可根据需要按比例加入各种试剂），上下颠倒数次使之混合均匀，于 65℃水浴保温 0.5～1 h。④加入等体积（650 μL）的酚∶氯仿∶异戊醇（25∶24∶1，*v/v/v*），轻缓颠倒混匀 10 min；也可以从 4℃冰箱中加入 325 μL Tris 饱和酚，再加入 325 μL 氯仿∶异戊醇（24∶1，*v/v*）。⑤11000 r/min 离心 15 min，用黄枪头将上清液轻缓转入另一离心管中，最多保留 600 μL 上清液，弃沉淀。⑥在上清液中加入等体积（650 μL）氯仿∶异戊醇（24∶1，*v/v*），轻缓颠倒混合均匀 10～20 min。⑦11000 r/min 离心 15 min，用黄枪头将上清液轻缓转入另一离心管中，最多保留 500 μL 上清液，弃沉淀。在上清液中加入等体积氯仿∶异戊醇（24∶1，*v/v*），

轻缓颠倒混合均匀。⑧11000 r/min 离心 15 min，用黄枪头将上清液（约 400 μL）轻缓转入另一离心管中，加入 1 mL 预冷的无水乙醇（4℃冰箱中 20 min）。⑨挑取絮状沉淀放入另一离心管，若无法挑取则采用 12000 r/min 离心 15 min，去上清液，留沉淀 DNA。

2）凝胶电泳检测。

①在 DNA 沉淀中加入等体积预冷的 70%乙醇（4℃冰箱中）洗两次。②弃上清液，倒置干燥。③溶于适量的 TE 缓冲液（50～100 μL）中 4℃过夜，使其充分溶解。④3 μL 产物与 1 μL 溴酚蓝混合，用 0.8%的琼脂糖凝胶电泳检测。

3）PCR 扩增。

将提取的基因组 DNA 进行 ITS 序列扩增，用于扩增的 PCR 反应引物为正向引物 ITS1（5'-TCCGTAGGTGAACCTGCGG-3'）和反向引物 ITS4（5'-TCCTCCGCTTATTGATATGC-3'）。PCR 扩增体系如下：2.0 μL 浓度为 50 ng/μL 的模板 DNA，5.0 μL 的 10×Ex Taq 缓冲液，4.0 μL 的 2.5 mmol/L dNTP Mix（混合核苷酸），1.0 μL 浓度为 10 μmol/L 的正向引物，1.0 μL 浓度为 10 μmol/L 的反向引物，0.5 μL 的 Ex Taq 酶，加入无菌去离子水 36.5 μL，形成 50 μL 的扩增体系。扩增条件：95℃预变性 5 min；之后 95℃变性 30 s，55℃退火 30 s，72℃延伸 1.5 min，经 30 个循环；72℃延伸 10 min，产物 4℃保存。

4）将 PCR 扩增获得的片段进行 ITS 测序。

对所获得的序列在 NCBI 找到相似度最近的菌序列，并将序列提交至 Genebank 获得序列号，然后利用 MEGA v6.0 进行系统发育树的建立，以此来确定各个菌株的种类。

8 株真菌（FZC1～FZC8）获得的 Genebank 注册序列号分别是 KU498042、KU498043、KU170490、KU498045、KU498044、KU498046、KU498047 和 KU498048，所构建的系统发育树如图 1.51 所示。根据序列对比结果等，8 株真菌分别被确定为青霉菌（FZC1）、链格孢菌（FZC2）、土曲霉（FZC3）、枝顶孢菌（FZC4）、白地霉（FZC5 和 FZC6）、踝节菌属（FZC7）和地丝菌属（FZC8）。

（2）庆大霉素高效去除真菌 FZC3 表形特征结果分析

将 FZC3 点接到 PDA，在 30℃下培养 5 d。然后将 FZC3 分别点接（3 点）到酵母提取物培养基（硝酸钠 3 g，磷酸氢二钾 1 g，氯化钾 0.5 g，硫酸镁 0.5 g，硫酸铁 0.5 g，酵母粉 5 g，蔗糖 30 g，琼脂 20 g，蒸馏水 1 L；CYA）、麦芽提取物培养基（麦芽浸出粉 10 g，琼脂 20 g；MEA）和肌酸蔗糖培养基（肌酸 3 g，蔗糖 30 g，氯化钾 0.5 g，硫酸镁 0.5 g，硫酸铁 0.01 g，磷酸氢二钾 1.3 g，溴甲酚紫 0.5 g，琼脂 20 g，蒸馏水 1 L，pH 为 8.0 左右；CREA）平板上，分别在 25℃和 37℃条件下培养 7 d（避光），分别对三种培养基上的 FZC3 进行菌落形态观察。然后从 MEA 培养基上挑取少许 FZC3 放在载玻片上，用乳酸浸没，再滴加一滴酒

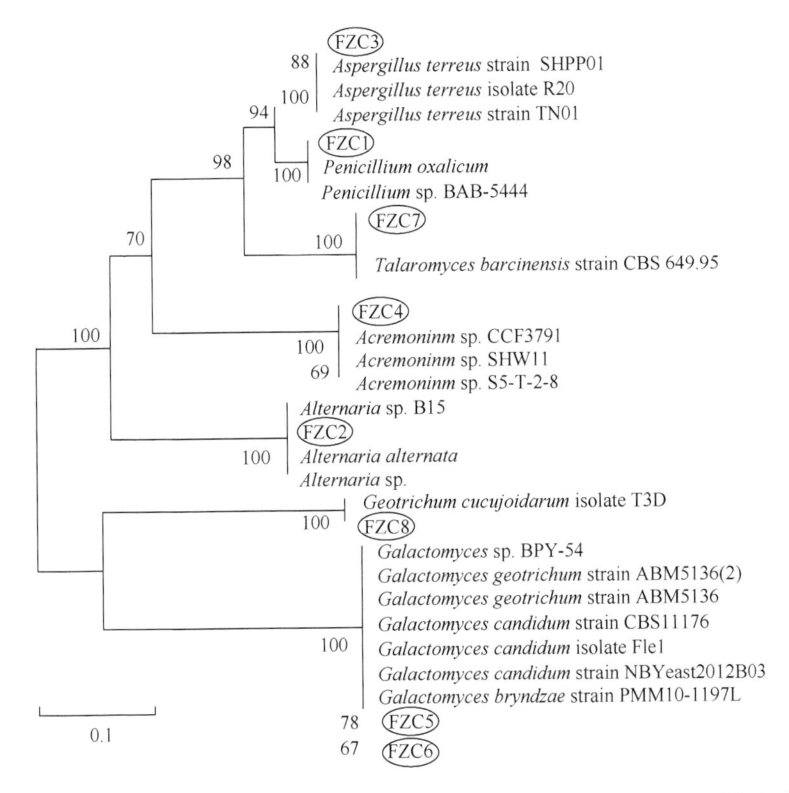

图 1.51　基于分离出的 8 株真菌和其相关菌株的 ITS 序列临近法构建的系统发育树

精去除气泡和多余的孢子，然后盖上盖玻片在显微镜下对其进行微观形态学观察。如图 1.52 所示，（a）～（c）为 FZC3 在 25℃培养 7 d 后的菌落形态［（a）CREA；（b）MEA；（c）CYA］；（d）～（f）为 FZC3 在 37℃培养 7 d 后的菌落形态［（d）CREA；（e）MEA；（f）CYA］；（g）～（i）为 FZC3 在 37℃培养 14 d 后的菌落形态［（g）CREA；（h）MEA；（i）CYA］；（j）～（l）为 FZC3 在 MEA 培养基上于 37℃条件下培养 7 d 后的微观形态图。FZC3 在 CREA 培养基上于 25℃和 37℃的条件下培养 7 d 后菌落呈现白色毛绒状，直径分别为 0.8～1.2 cm 和 1.6～2.0 cm。在 MEA 培养基上 25℃的条件下培养 7 d 后菌落呈现白色，直径为 1.6～2.8 cm；在 37℃条件下菌落呈棕色层理状，直径为 2.6～2.9 cm。在 CYA 培养基上 25℃和 37℃的条件下培养 7 d 后菌落呈扇形状，半径分别为 2.8～3.1 cm 和 4.0～4.2 cm。FZC3 在 MEA 上培养 7 天后的微观形态显示，FZC3 的分生孢子头为透明球形，直径为 2.5～3.0 μm；孢子梗无色，壁光滑，直径为 2.5～4.5 μm；囊泡直径为 6.5～9.0 μm。这些性状都与土曲霉的性状相似。综合分子生物学和形态特征确定 FZC3 为土曲霉。

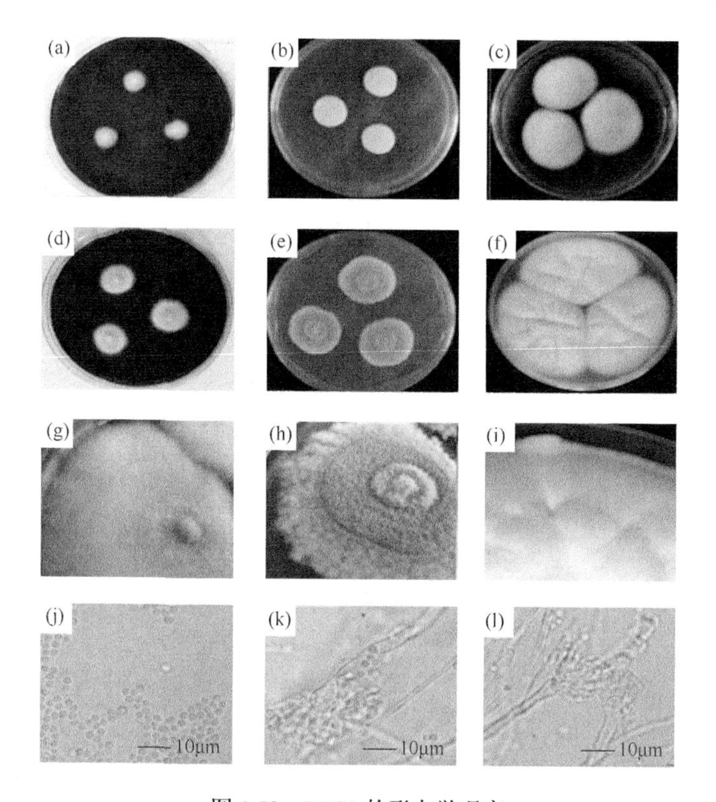

图 1.52　FZC3 的形态学观察

3. FZC3 对庆大霉素的降解特性

（1）试验设计与研究方法

1）培养基浓度的优化：温度 30℃，转速 150 r/min，庆大霉素 100 mg/L，pH 6.0，装液量为 100 mL，真菌 FZC3 接种量为 5×10^8 孢子/mL，培养液浓度梯度为 1/1 LPD、1/5 LPD、1/10 LPD、1/15 LPD、1/20 LPD 培养基，并设无机盐培养基处理，每个处理设置 3 个重复，同时每种培养基设置三个空白对照（CK）。干物质量测定方法：将特定时间的培养液倒入有 0.45 μm 滤膜的布氏漏斗内，用真空泵抽滤，过滤液用来测定其中庆大霉素的含量。而所得的湿润的 FZC3 将被放入已知干重的坩埚中在 60℃的烘箱中烘干至恒重，称量 FZC3 干物质重量和坩埚总重，求出 FZC3 干物质量。

2）庆大霉素初始浓度的优化：温度 30℃，转速 150 r/min，pH 6.0，真菌 FZC3 接种量为 5×10^8 孢子/mL，装液量为 100 mL，培养液浓度为 1/1 LPD 的培养液，庆大霉素梯度为 50 mg/L、100 mg/L、200 mg/L 和 400 mg/L，每个处理设置 3 个重复，同时每种庆大霉素浓度设置三个空白对照（CK）。

3）转速的优化：为了研究转速对 FZC3 去除庆大霉素效果的影响，设置了 7 个转速处理，分别为 90 r/min、110 r/min、130 r/min、150 r/min、170 r/min、190 r/min 和 210 r/min，每个处理重复 3 次。

4）接种量的优化：为了研究接种量对真菌降解庆大霉素的影响，设置温度 30℃、转速 150 r/min、pH 6.0、装液量为 100 mL，浓度为 1/1 LPD 的培养液，庆大霉素含量为 50 mg/L，接种量梯度处理为 5×10^2 孢子/mL、5×10^4 孢子/mL、5×10^6 孢子/mL、5×10^8 孢子/mL，每个处理设置 3 个重复，同时设置空白对照（CK）。

5）温度的优化：温度处理设置 7 个，分别为 20℃、30℃、35℃、40℃、45℃、50℃和 60℃，每个处理重复 3 次。培养条件为转速 150 r/min、pH 6.0、装液量为 100 mL，浓度为 1/1 LPD 的培养液，庆大霉素含量为 50 mg/L。

6）pH 的优化：pH 处理设置 9 个，分别为 3、4、5、6、7、8、9、10 和 11，每个处理重复 3 次。培养条件为温度 35℃、转速 150 r/min、pH 6.0、装液量为 100 mL，培养液浓度为 1/1 LPD，庆大霉素含量为 50 mg/L，接种量为 5×10^8 孢子/mL。

7）FZC3 对庆大霉素的降解特性：吸附和降解是微生物修复的两种方式。为了验证 FZC3 去除庆大霉素的途径（吸附或降解），在上述优化条件下培养 FZC3，总计 30 个 250 mL 的锥形瓶。分别在开始培养后 24 h、48 h、60 h、72 h、84 h、96 h、108h、120 h、144 h 和 168 h 取三个培养液，培养液倒入有 0.45 μm 滤膜的布氏漏斗内，用真空泵抽滤，用 0.22 μm 的滤膜过滤滤液并检测其庆大霉素含量（C_3）。将获得的过滤物重新用 100 mL 的 0.02 mol/L 三氟乙酸溶解，在 150 r/min 的振荡箱中振荡 2 h（已证明 2 h 足够），然后用 0.22 μm 的滤膜过滤浸出液，检测庆大霉素含量（C_4）。去除率（R）、吸附率（A）和降解率（D）的计算公式如下：

$$R=[(C_1-C_3)-(C_1-C_2)]/C_1\times100\%=(C_2-C_3)/C_1\times100\%$$

$$A=C_4/(C_2-C_3)\times100\%$$

$$D=R-A$$

式中，C_1 为庆大霉素的初始含量；C_2 为一定时间后空白中庆大霉素含量；C_3 为一定时间后接种 FZC3 的培养液中庆大霉素含量；C_4 为解吸液中庆大霉素含量。

（2）培养基浓度对 FZC3 降解庆大霉素的影响

培养基浓度是影响 FZC3 去除庆大霉素的重要因素。比较了不同培养基浓度下庆大霉素去除效果［图 1.53（a）］、FZC3 生物量［图 1.53（b）］和培养基最终 pH［图 1.53（c）］。当培养基从 1/1 稀释到 1/20 时，庆大霉素去除率由 91% 降低到 40%，FZC3 的生物量由 0.84 g/100 mL 降低到 0.03 g/100 mL，而最终的

pH 由 6.0 降到 4.7。真菌的生长通常会使介质 pH 降低，而稀释后的培养基对 pH 的缓冲能力变小，因此稀释后的培养液 pH 降低效果更为显著，这也可能在一定程度上影响了低浓度培养液中 FZC3 对庆大霉素的去除效果。考虑到庆大霉素在被 FZC3 去除的过程中将使介质 pH 降低，从而加大大规模处理庆大霉素污染物的难度，因此调节反应过程中的 pH 是非常必要的。

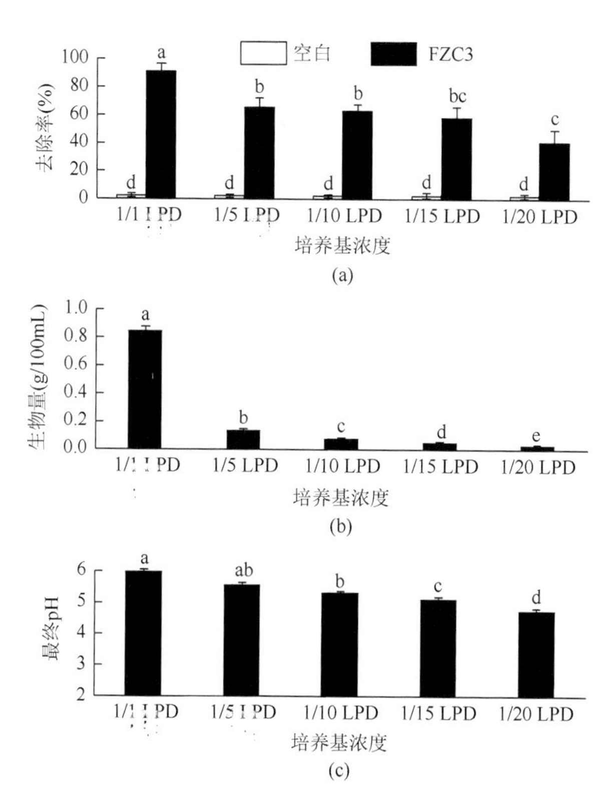

图 1.53　培养基浓度对庆大霉素去除效果（a）、FZC3 生物量（b）和培养基 pH（c）的影响

（3）庆大霉素初始浓度对 FZC3 降解庆大霉素的影响

如图 1.54（a）所示，庆大霉素初始浓度对庆大霉素去除率的影响较大。庆大霉素初始浓度较低时，庆大霉素去除率能达到 90%以上；庆大霉素浓度为 200 mg/L 时，去除率为 88%；当庆大霉素初始浓度为 400 mg/L 时，庆大霉素的去除率骤降至 44%。FZC3 生物量和庆大霉素去除率有着相同的变化趋势［图 1.54（b）］，可能是高浓度庆大霉素对 FZC3 有一定的毒性，影响了真菌的代谢，抑制了生长。由图 1.54（c）可知，庆大霉素初始浓度也会明显影响培养液 pH。庆大霉素浓度为 100 mg/L 和 200 mg/L 的培养液在 7 d 之后，pH

分别为 6.5 和 6.3，而庆大霉素浓度为 50 mg/L 和 400 mg/L 的培养液在 7 d 之后 pH 分别为 5.9 和 4.8。

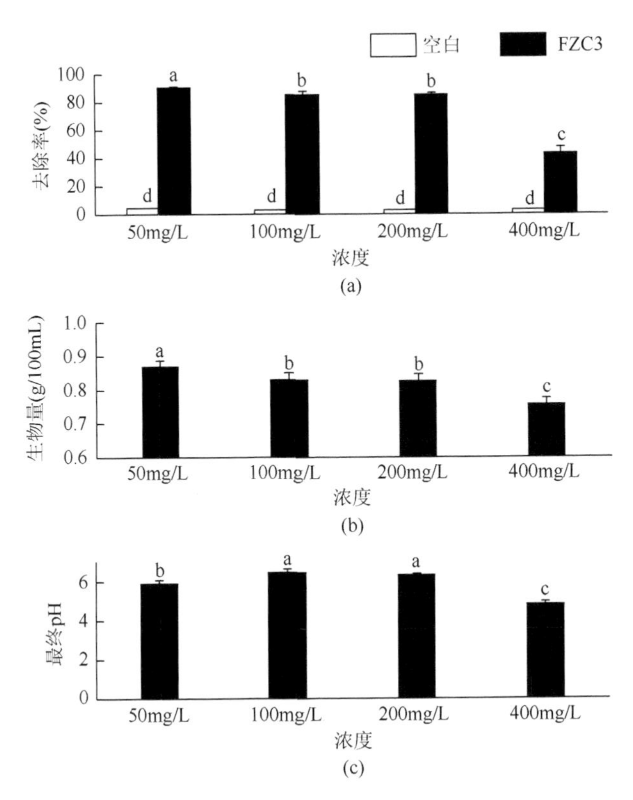

图 1.54 庆大霉素浓度对庆大霉素去除效果（a）、FZC3 生物量（b）和培养基 pH（c）的影响

（4）转速对 FZC3 降解庆大霉素的影响

当转速由 90 r/min 上升到 150 r/min 时，庆大霉素的去除率由 87.1%上升到 96.3%［图 1.55（a）］，真菌生物量由 0.79 g/100 mL 上升到 0.95 g/100 mL［图 1.55（b）］，但是转速为 170 r/min 和 190 r/min 时去除率和生物量又有所降低，转速为 210 r/min 时，去除率又上升到 95.6%。图 1.55（c）也表明转速对培养液的 pH 有明显影响，说明转速对庆大霉素的真菌修复作用具有明显的影响。已经有研究表明，转速可以通过影响微生物与培养基的接触情况和提高溶解氧来影响液体发酵过程中真菌的生长状况，同时对真菌复杂的物理和生物化学过程有重要的影响（Hamzah et al.，2012）。

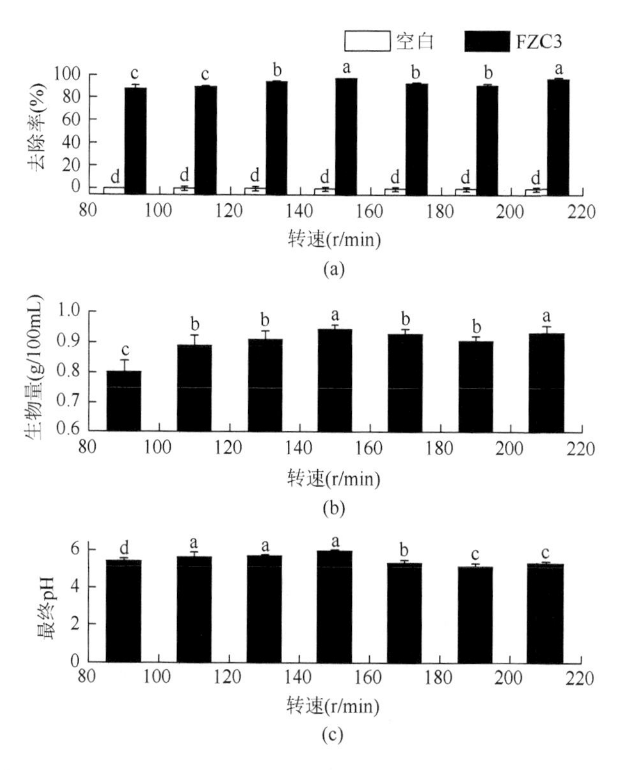

图 1.55　转速对庆大霉素去除效果（a）、FZC3 生物量（b）和培养基 pH（c）的影响

（5）接种量对 FZC3 降解庆大霉素的影响

由图 1.56(a)可以看出，在第 3 d 时接种量为 5×10^8 孢子/mL、5×10^6 孢子/mL、5×10^4 孢子/mL 和 5×10^2 孢子/mL 的处理去除率分别为 56.9%、40.4%、18.9% 和 7.3%。随着培养时间的延长，各个处理之间庆大霉素去除率差异逐渐缩小。本试验表明，接种量越大，FZC3 生物量越大［图 1.56（b）］，庆大霉素去除率效果也越好，在培养初期效果尤甚。而接种量对培养液中 pH 的变化没有明显影响［图 1.56（c）］。

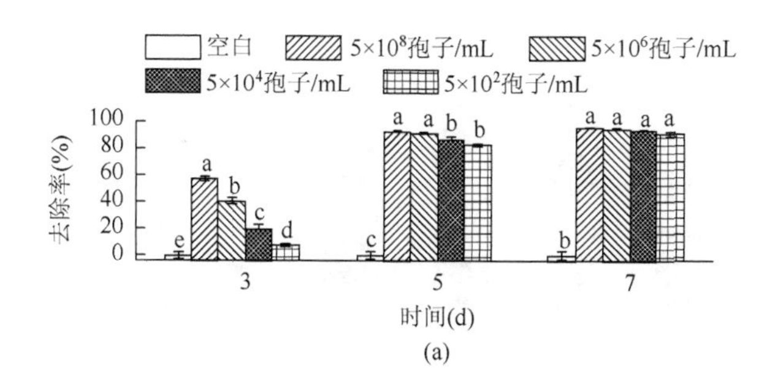

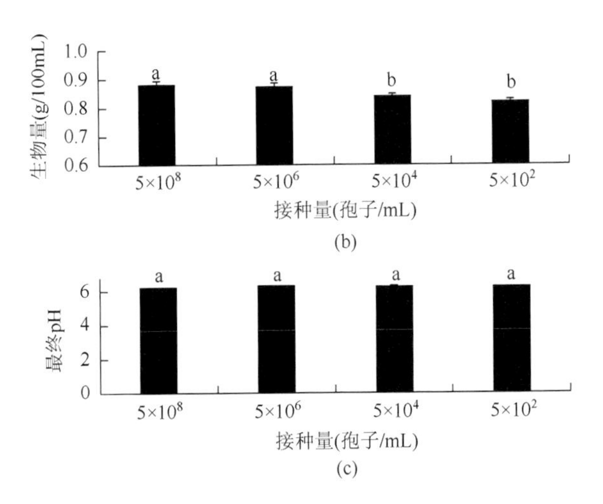

图 1.56　接种量对庆大霉素去除效果（a）、FZC3 生物量（b）和培养基 pH（c）的影响

（6）温度对 FZC3 降解庆大霉素的影响

温度通常被认为是影响微生物生长和生理生态参数的最重要因素。如图 1.57 所示，在第 3 d 时庆大霉素的去除率在 30℃达到最高（61.8%）；第 5 d 和第 7 d 时庆大霉素的去除率在 35℃达到最高，分别为 92.1%和 97.5%［图 1.57（a）]。当温度高于45℃时FZC3 的生长很明显受到影响，庆大霉素去除也很少[图 1.57(b)]。

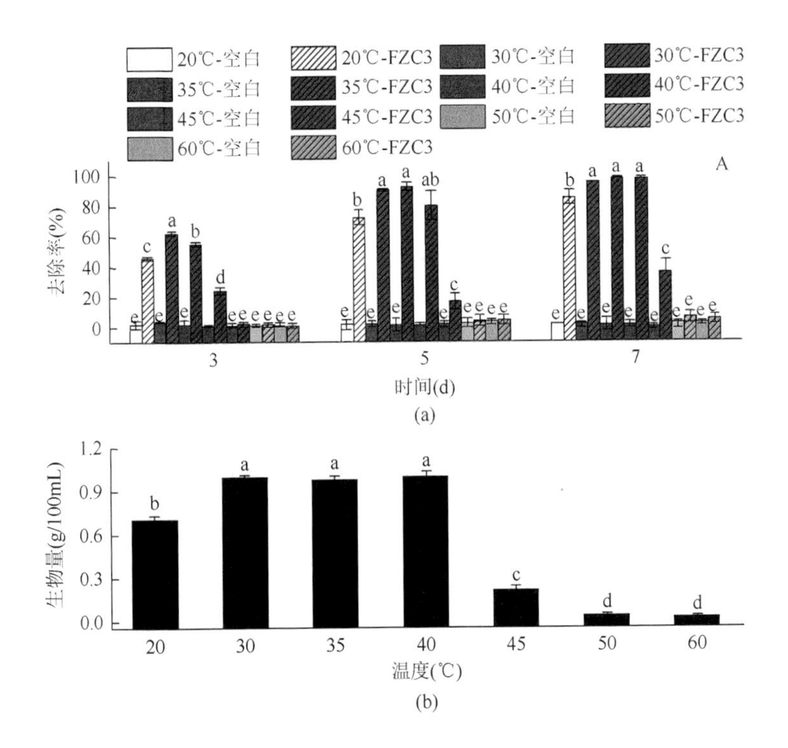

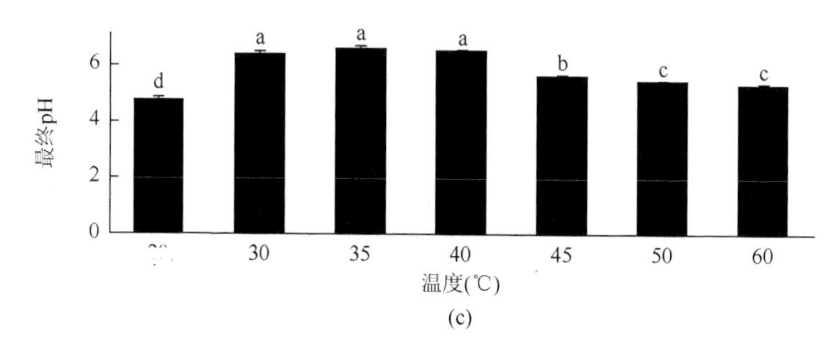

(c)

图 1.57 温度对庆大霉素去除效果（a）、FZC3 生物量（b）和培养基 pH（c）的影响

（7）pH 对 FZC3 降解庆大霉素的影响

初始 pH 及其变化是培养过程中影响真菌生长和酶分泌的一个重要参数。由图 1.58（a）可知初始 pH 为 6～10 时，庆大霉素去除率在 3 d 和 7 d 时去除率分别达到 60%和 90%以上。虽然 FZC3 在初始 pH 为 9 和 10 时生长较慢，生物量在第 7 d 只能达到 0.87 g/100 mL 和 0.77 g/100 mL［图 1.58（b）］，但是这两个处理仍然保持较高的庆大霉素去除率，分别为 91.0%和 92.0%。相比于碱性环境，酸性环境对 FZC3 的生长和庆大霉素的去除有较大的影响。虽然初始 pH 为 3 和 4 的处理中 FZC3 在第 7 d 的生物量基本相同，但是初始 pH 为 4 的处理中庆大霉素去除率明显比初始 pH 为 3 的处理大，这表明较低的初始 pH 对生物量的影响大于对降解酶或者吸附位点的影响。这也表明生物量并不是唯一决定庆大霉素去除率的因素。当初始 pH 为 5 时，庆大霉素去除率在第 3 天明显低于中碱性的处理，但是随着 FZC3 逐渐适应，去除率逐渐升高，到了第 7 d 达到 90.3%，与中碱性处理没有明显差别，说明 FZC3 对 pH 5 具有较强的适应性。如图 1.58（c）所示，在初始 pH 大于 6 的处理中，其 pH 在培养 24 h 后骤降到大约 5 左右，最终 pH 又逐渐变化到 6～6.5 左右。综上可以说明 FZC3 对碱性具有较强的适应能力，比较适合应用于庆大霉素污染物的处理。

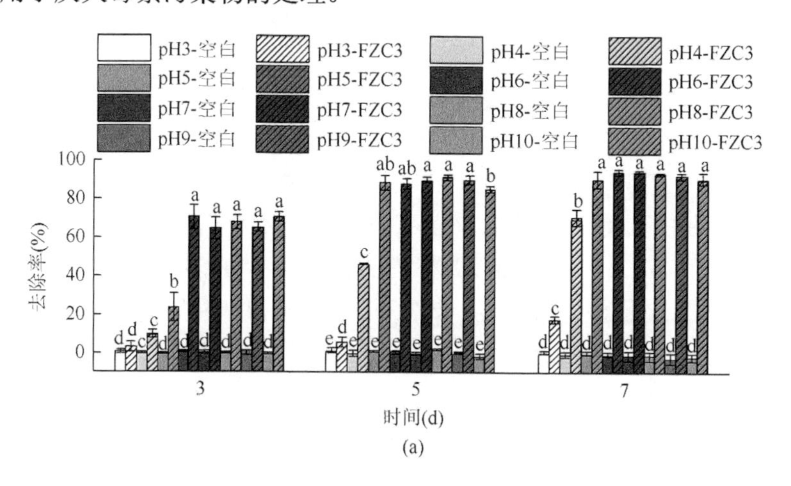

(a)

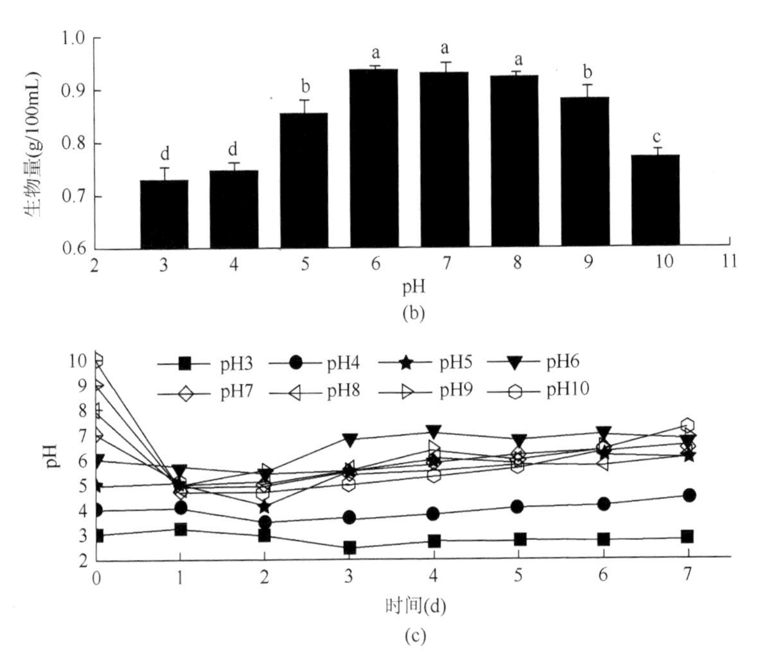

图 1.58　初始 pH 对庆大霉素去除效果（a）、FZC3 生物量（b）和培养基 pH（c）的影响

（8）FZC3 对庆大霉素的降解特性

在本试验中，空白溶液中的 pH 和庆大霉素浓度均没有明显变化，表明庆大霉素的去除是由于 FZC3 的生长，而不是因为与培养基的相互作用。由图 1.59（a）可知，FZC3 是通过吸附和降解两种途径来去除庆大霉素的。在第 84 h 时，大部分（77%）庆大霉素被去除，这与 FZC3 的生长趋势一致，二者都是在之后逐渐趋于平缓。在 96 h 之前，庆大霉素吸附和降解都是逐渐升高，并且是吸附占主导地位，但是之后吸附量逐渐降低，而降解占主导地位。这主要是因为真菌指数生长阶段，生物量增长快，提供了大量的吸附位点，被吸附的庆大霉素不能及时降解。但是当 FZC3 生长变缓慢时，溶液中的庆大霉素浓度也由于去除作用减少，这时吸附速度变缓慢，吸附量变少，降解速度仍然基本保持不变，降解量一直增加，在第 7 d 时降解量达到了吸附量的 3.3 倍。如图 1.59（b）所示，低浓度的庆大霉素（50 mg/L）在前 72 h 会略微影响 FZC3 的生长，但是随着真菌的生长和庆大霉素的降解，在后期处理中 FZC3 的生物量和空白的生物量基本达到一致。Migliore 等（2012）将糙皮侧耳在含有 50 mg/L 四环素的培养基中培养，和空白比较有着同样的生长趋势。在高浓度（400 mg/L）的庆大霉素处理中 FZC3 的生长受到严重抑制，并且 FZC3 需要更长的时间才能进入指数生长时期。

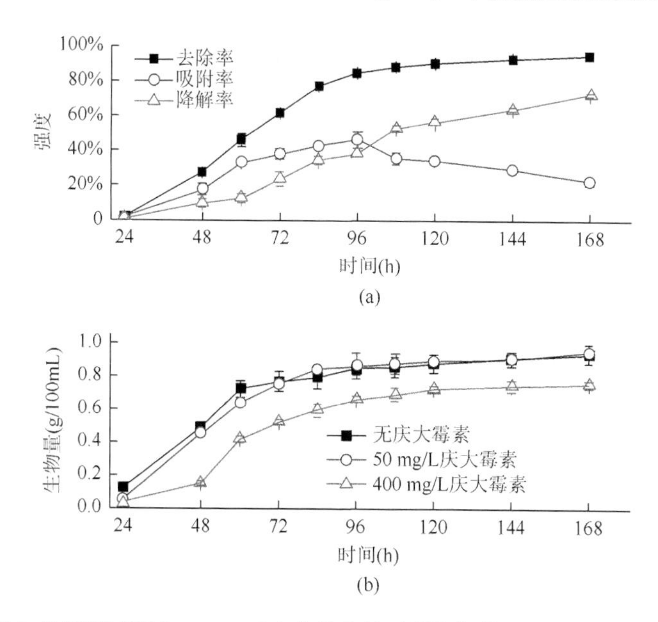

图 1.59　在 168 h 的发酵过程中 FZC3 对庆大霉素的吸附降解状况（a）和生物量（b）的变化

1.4.2　庆大霉素降解细菌菌群的驯化和降解特性

1. 庆大霉素降解细菌菌群的驯化

取不同来源的样品（庆大霉素生产过程中的发酵罐污泥、厌氧罐污泥、好氧罐污泥和车间废渣）10 g 分别溶解于含有 90 g 无菌水的 250 mL 三角瓶中，再加入适量的玻璃珠，在恒温振荡培养箱中振荡 5～10 min，使样品充分打散，然后取出药渣浸出液备用。取上述药渣浸出液 5 mL 加入 95 mL 含有庆大霉素的液体牛肉膏蛋白胨培养基（牛肉膏 3 g，NaCl 5 g，蛋白胨 5 g，蒸馏水 1 L，pH 7.0 左右；BEP）中，置于 30℃、150 r/min 的恒温振荡摇床中培养驯化。驯化分为四个周期（表 1.10），经过逐次投加庆大霉素并减少营养物质含量的方式，庆大霉素浓度从 50 mg/L 依次增加到 200 mg/L，以筛选出具有良好降解庆大霉素能力的微生物复合菌群，以不接入菌样为空白对照，每个处理设置 3 个重复。将驯化前和驯化后的菌群分别以 1%的接种量接入庆大霉素含量为 100 mg/L 的 1/5 BEP 培养基中，同时还将驯化后的菌群以 1%的接种量接入庆大霉素含量为 100 mg/L 的无机盐培养基（NH_4Cl 1 g，NaCl 1 g，K_2HPO_4 1.5 g，$MgSO_4$ 0.2 g，蒸馏水 1 L，pH 7.0；MSM）中，再放于 30℃、150 r/min 恒温振荡培养箱中培养 7 d，检测庆大霉素的浓度变化。

表 1.10　庆大霉素去除菌群驯化方案

周期	编号	接入菌种	培养基成分
第一周期	对照 1	—	完全 BEP 培养基 + 50 mg/L 庆大霉素
	1-1	池中发酵罐污泥（QD1）	
	2-1	厌氧罐污泥（QD2）	
	3-1	好氧罐污泥（QD3）	
	4-1	车间废渣（QD4）	
第二周期	对照 2	—	1/2 BEP 培养基 + 100 mg/L 庆大霉素
	1-2	1-1	
	2-2	2-1	
	3-2	3-1	
	4-2	4-1	
第三周期	对照 3	—	1/5 BEP 培养基 + 150 mg/L 庆大霉素
	1-3	1-2	
	2-3	2-2	
	3-3	3-2	
	4-3	4-2	
第四周期	对照 4	—	1/10 BEP 培养基 + 200 mg/L 庆大霉素
	1-4	1-3	
	2-4	2-3	
	3-4	3-3	
	4-4	4-3	

通过计算“复合菌群”对庆大霉素的去除率，来考察驯化前、后菌群对庆大霉素的去除效果，以及在两种不同培养基下菌群对庆大霉素的去除效果。其间，每一个处理又以不接入菌液（不加药渣浸出液的含等量庆大霉素的液体 BEP 和 MSM）为空白对照，每一个处理进行 3 次重复。去除率按照以下公式进行计算：

$$去除率(\%)=[(C_{t_1}-C_{t_2})-(C_{k_1}-C_{k_2})]\times100/[C_{t_1}-(C_{k_1}-C_{k_2})]$$

式中，C_{t_1} 为实验组庆大霉素初始浓度；C_{t_2} 为 7 d 后处理庆大霉素浓度；C_{k_1} 为空白对照的庆大霉素初始浓度；C_{k_2} 为 7 d 后空白对照的庆大霉素浓度。

结果显示这 4 种微生物群落均不可在 MSM 培养基中生长，但都可在含庆大霉素的 1/5 BEP 培养基中生长。由图 1.60 可知，在液体 1/5 BEP 中，驯化前来自“车间废渣”的菌群（即驯化前 QD4）对庆大霉素具有较高的去除率，达到

30%以上；而在驯化后来自“厌氧罐污泥”和“车间废渣”的菌群（驯化后QD2和驯化后QD4）对庆大霉素具有较高的去除率，均可达到30%以上；其中来自“车间废渣”的菌群QD4，无论是驯化前还是驯化后，对庆大霉素均具有显著的降解能力。可见，来自菌群QD4的某些菌株在庆大霉素的降解能力方面具有较强的环境适应能力。所以把驯化后的QD4（AMQD4）作为下一步条件优化的菌群。

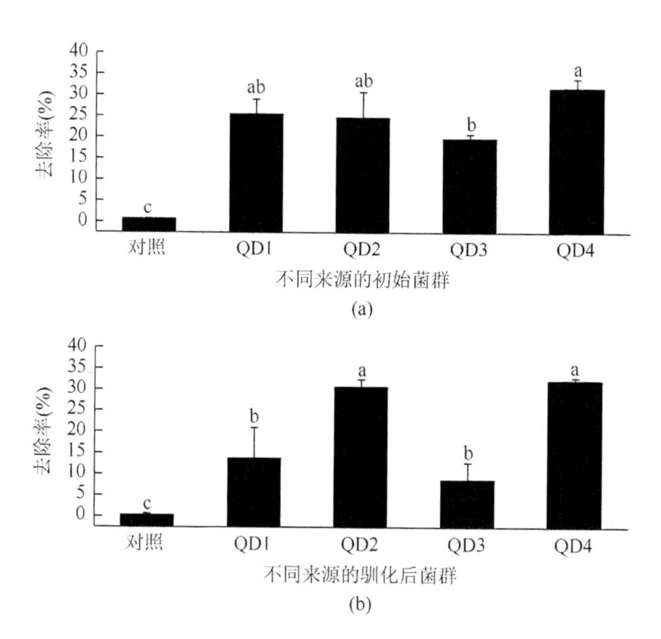

图1.60　不同菌群对庆大霉素的去除率的影响

2. 庆大霉素高效去除菌群降解条件优化

（1）试验设计与研究方法

1）培养基浓度优化：温度30℃，转速150 r/min，庆大霉素含量为100 mg/L，pH为6，接种量为1%，培养液浓度梯度为1/1BEP、1/5BEP、1/10BEP、1/15BEP、1/20BEP培养基，每个处理设置3个重复，同时每种培养基设置3个空白对照（CK）。

2）庆大霉素初始浓度优化：温度30℃，转速150 r/min，pH为6，接种量为1%，装液量为100 mL/250 mL锥形瓶，1/5 BEP培养基，庆大霉素浓度梯度为50 mg/L、100 mg/L、200 mg/L和400 mg/L，每个处理设置3个重复，同时每种庆大霉素浓度设置3个空白对照（CK）。

3）转速优化：1/5 BEP培养基，庆大霉素含量为50 mg/L，接种量为1%，pH

为 6，温度 30℃，装液量为 100 mL/250 mL 锥形瓶，转速梯度为 90 r/min、110 r/min、130 r/min、150 r/min、170 r/min、190 r/min、210 r/min。每个处理设置 3 个重复，同时每个转速设置 3 个空白对照（CK）。

4）接种量优化：1/5 BEP 培养基，温度 30℃，转速 110 r/min、pH 为 6，装液量为 100 mL/250 mL 锥形瓶，庆大霉素含量为 50 mg/L，接种量梯度为 1%、2.5%、5%和 10%，每个处理设置 3 个重复，同时设置空白对照（CK）。

5）初始 pH 优化：转速 110 r/min，温度 30℃，1/5 BEP 培养基，庆大霉素含量为 50 mg/L，接种量梯度为 2.5%，装液量为 100 mL/250 mL 锥形瓶，pH 梯度为 4、5、6、7、8、9、10，每个处理设置 3 个重复，同时每个 pH 设置 3 个空白对照（CK）。

6）温度优化：1/5 BEP 培养基，转速为 110 r/min，装液量为 100 mL/250 mL 锥形瓶，庆大霉素含量为 50 mg/L，接种量为 2.5%，pH 为 8，温度梯度为 20℃、30℃、35℃、40℃、45℃、50℃、60℃。每个处理设置 3 个重复，同时每个温度设置 3 个空白对照（CK）。

7）盐浓度优化：1/5 BEP 培养基，转速为 110 r/min，温度为 40℃，pH 为 8，庆大霉素含量为 50 mg/L，接种量为 2.5%，装液量为 100 mL/250 mL 锥形瓶。盐浓度梯度为 0 mg/L、1 mg/L、3 mg/L 和 5 mg/L。每个处理设置 3 个重复，同时每个盐浓度设置 3 个空白对照（CK）。

8）装液量优化：不添加 NaCl 的 1/5 BEP 培养基，转速为 110 r/min，温度为 40℃，pH 为 8，庆大霉素含量为 50 mg/L，接种量为 2.5%，装液量为 60 mL/250 mL、80 mL/250 mL、100 mL/250 mL、120 mL/250 mL、140 mL/250 mL 和 160 mL/250 mL。每个处理设置 3 个重复，同时每个装液量设置 3 个空白对照（CK）。

（2）培养基浓度对 AMQD4 降解庆大霉素的影响

培养基浓度会显著影响 AMQD4 对庆大霉素的去除效果（$P<0.05$）。由图 1.61（a）可知，当培养基浓度为 1/5 BEP 时，AMQD4 对庆大霉素的去除率达到最高，为 38.4%，随着培养基的稀释，去除率显著降低。另外，培养 7 d 后随着培养基由 1/1 BEP 稀释到 1/20 BEP，培养液 pH 由 9.1 下降到 7.9［图 1.62（a）］，OD_{600} 由 4.00 下降到 0.12［图 1.63（a）］。因此 OH^-的分泌可能与生物量有关。

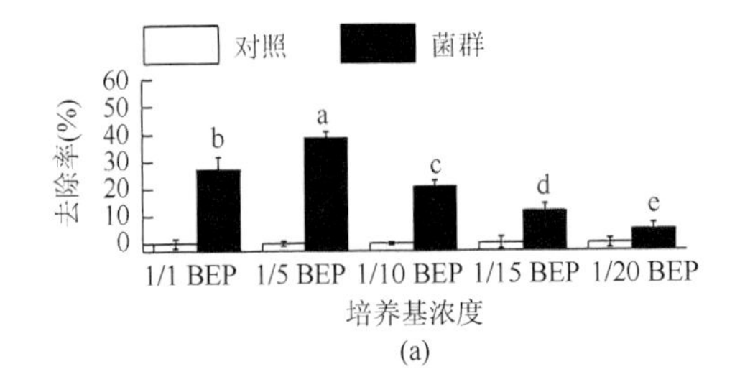

(a)

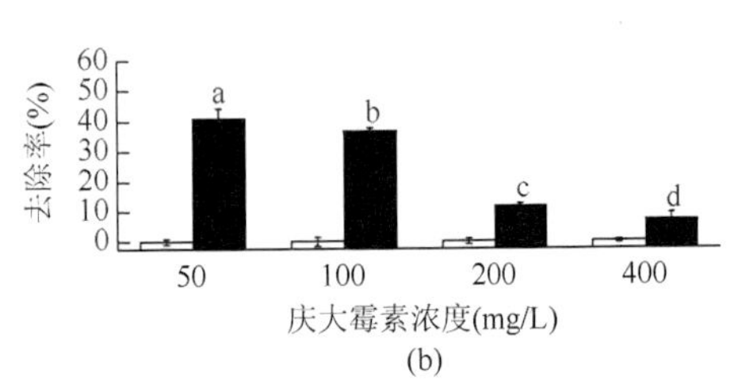

(b)

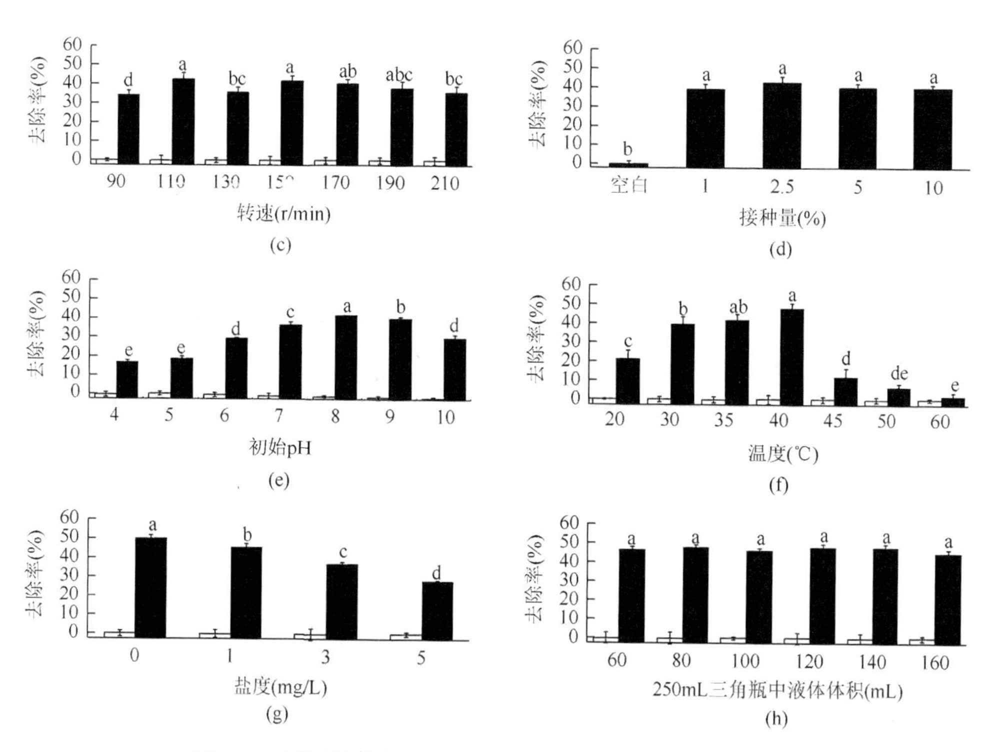

图1.61　不同培养条件对AMQD4去除庆大霉素效果的影响

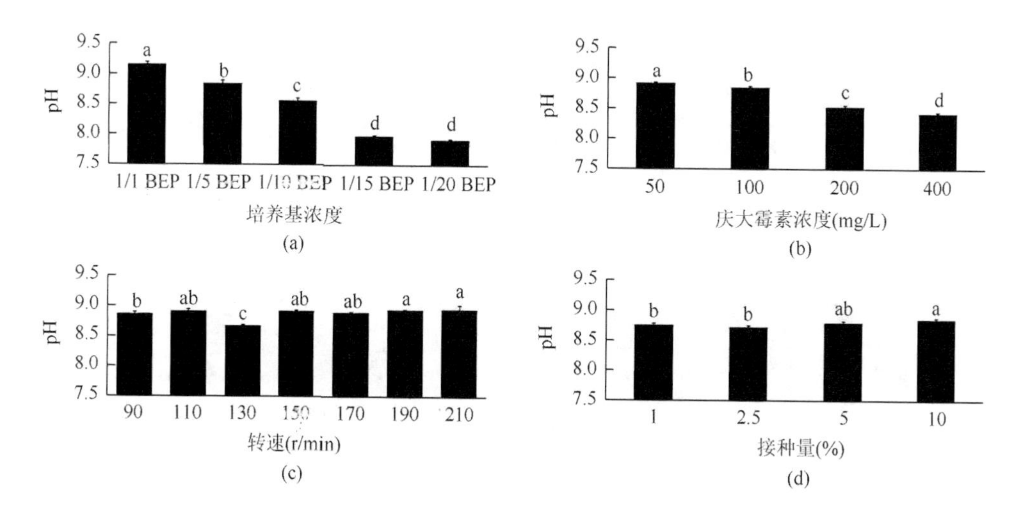

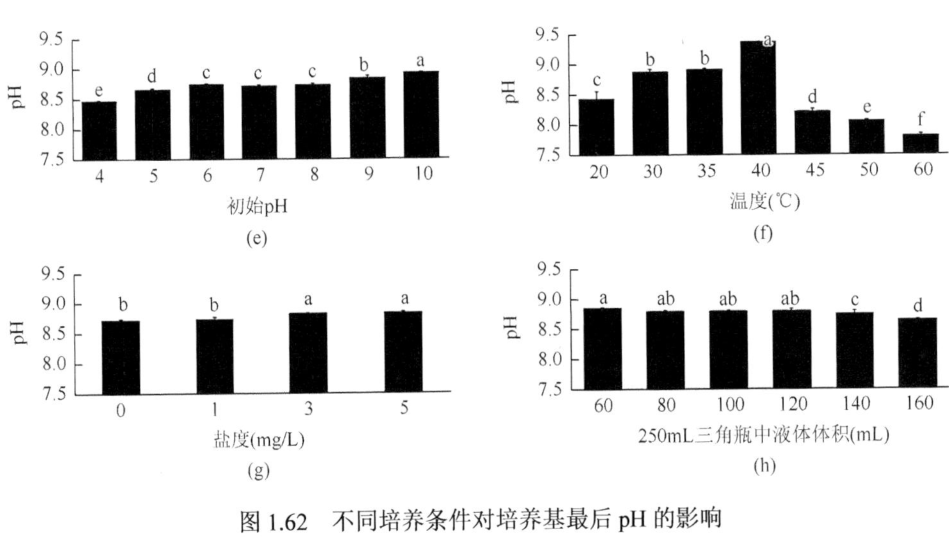

图 1.62　不同培养条件对培养基最后 pH 的影响

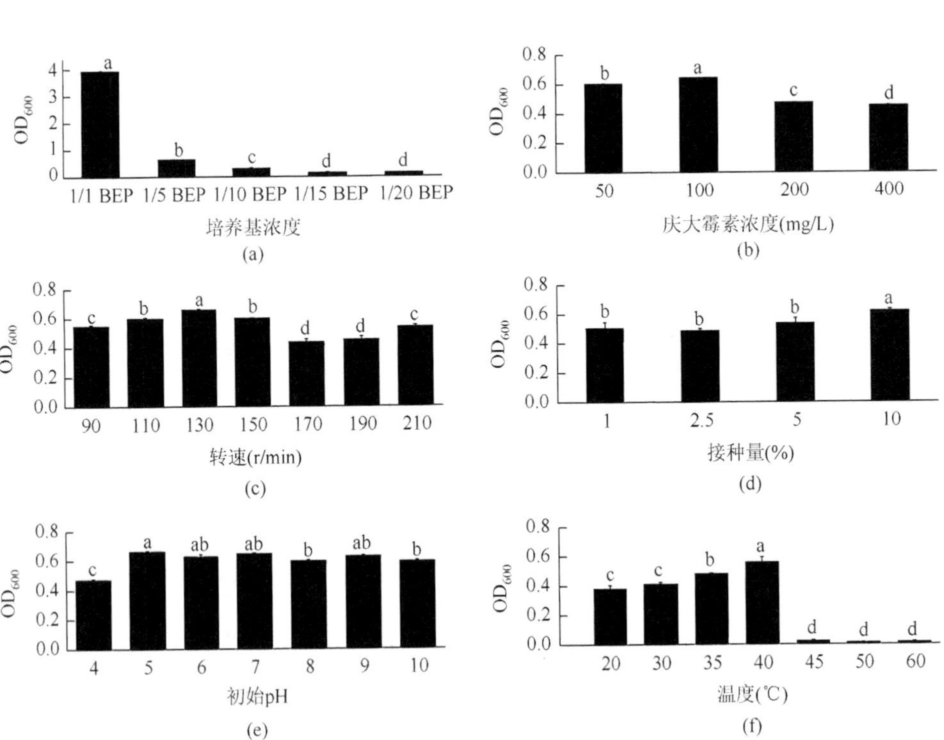

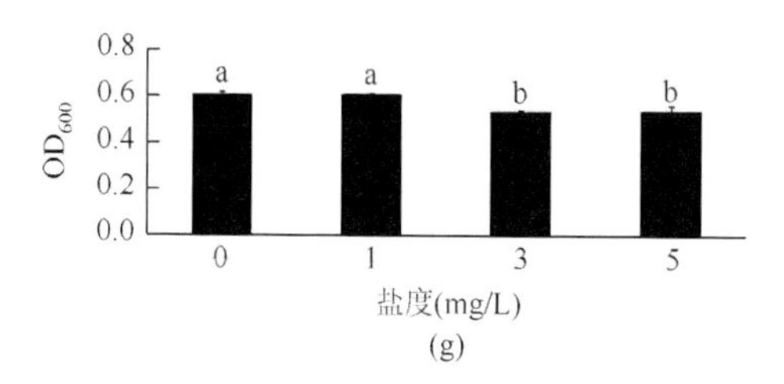

(g)

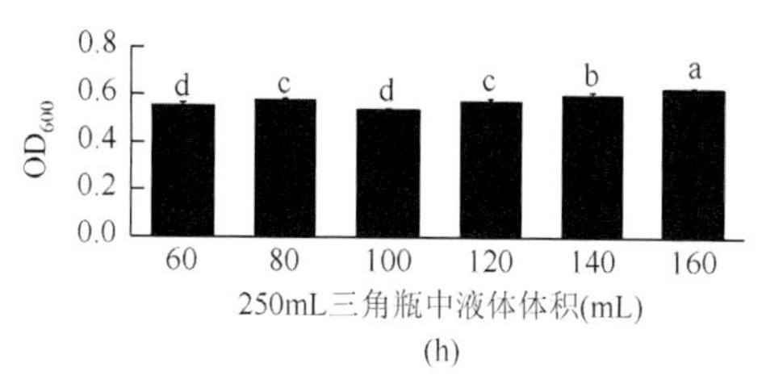

(h)

图 1.63 不同培养条件对微生物生长的影响

（3）庆大霉素初始浓度对 AMQD4 降解庆大霉素的影响

由图 1.61（b）可以看出，庆大霉素初始添加浓度对 AMQD4 去除培养液中庆大霉素的效果也是有显著影响的（$P<0.05$）。当庆大霉素初始添加浓度为 50～400 mg/L 时，庆大霉素去除率由 40.8%降低到 7.0%。当庆大霉素添加量为 100 mg/L 时，OD_{600} 达到最大 0.64，而庆大霉素初始添加浓度为 400 mg/L 时 OD_{600} 只有 0.45［图 1.63（b）］。这可能是由于添加高浓度的庆大霉素会在一定程度上影响微生物的生长以及相关酶类的分泌，从而影响了庆大霉素的去除。

（4）转速对 AMQD4 降解庆大霉素的影响

转速也会明显影响庆大霉素的去除效果（$P<0.05$）。由图 1.61（c）可知，当转速为 110 r/min 和 150 r/min 时，AMQD4 对庆大霉素具有较高的去除率，分别为 42.4%和 41.8%，而转速为 210 r/min 时去除率只有 35.6%。但是当转速为 210 r/min 时 pH 达到最大，为 8.95［图 1.62（c）］，OD_{600} 则较小，为 0.54［图 1.63（c）］。考虑高转速时能耗更高，因此选择 110 r/min 为其优化转速。

（5）接种量对 AMQD4 降解庆大霉素的影响

虽然接种量为 2.5%（2.05×10^{9} CFU/mL）时，庆大霉素的去除率达到最高，但是和其他接种量的处理差异并不显著［图 1.61（d）］。由图 1.62（d）和 1.63（d）可知，接种量为 10%时，培养液 pH 和 OD_{600} 值均达到最大，分别为 8.84 和 0.62；接种量为 2.5%时，二者最小，分别为 8.71 和 0.48。

（6）初始 pH 对 AMQD4 降解庆大霉素的影响

如图 1.61（e）所示，当初始 pH 由 4 上升到 8 时，庆大霉素的去除率显著升高，然后随着初始 pH 由 8 上升到 10 时，庆大霉素去除率又显著降低（$P<0.05$）。而随着初始 pH 由 4 上升到 10，最终 pH 由 8.4 上升到 8.9［图 1.62（e）］。但是 AMQD4 生长最好的是初始 pH 为 5 的处理［图 1.63（e）］。因此 AMQD4 可以在一个较大的 pH 范围内保证高效的生长，但是其在碱性条件下对庆大霉素的去除效果较好。这与 Jyoti 等（2014）利用缺陷短波单胞菌降解甲基对硫磷时得到的结果相似，这可能是因为参与污染物降解的酶类在偏碱性的环境下活性更高，也可能是因为庆大霉素属于偏碱性物质，在降解过程中需要消耗 H^+，导致 pH 有所升高。

（7）温度对 AMQD4 降解庆大霉素的影响

当培养温度由 20℃上升到 60℃时，庆大霉素去除率先升高后降低［图 1.61（f)］。去除率在 40℃时达到最高 47.4%，是 20℃时的 2.4 倍。培养液 pH 变化趋势与庆大霉素去除率变化趋势相似，在 40℃达到最大值 9.4，在 60℃达到最小值 7.8［图 1.62（f)］。OD_{600} 值也随温度变化明显，当温度由 20℃上升到 40℃时，OD_{600} 由 0.38 上升到 0.56，温度为 45℃时则骤降为 0.02［图 1.63（f)］。这说明 AMQD4 具有嗜常温的特性，高温抑制了细菌的生长，从而使其失去了对庆大霉素的去除能力。

（8）盐浓度对 AMQD4 降解庆大霉素的影响

培养基中盐浓度也会明显影响庆大霉素的去除率，盐浓度越低，庆大霉素去除率越高，同时 OD_{600} 也越大［图 1.61（g）和图 1.63（g)］。在不添加 NaCl 的情况下庆大霉素去除率达到 49.8%。另外，盐浓度越高，培养液最终 pH 越高，能达到 8.8［图 1.62（g)］。这可能是由于高盐浓度影响了微生物的代谢，进而影响了庆大霉素的代谢和 pH。

（9）装液量对 AMQD4 降解庆大霉素的影响

由图 1.61（h）可知，装液量对庆大霉素的去除效果没有明显影响。随着装液量的提升，AMQD4 培养 7 d 后培养基 pH 逐渐降低，而 OD_{600} 值逐渐升高［图 1.62（h）和图 1.63（h)］。

（10）庆大霉素组分对 AMQD4 降解庆大霉素的影响

另外由于庆大霉素是多种有效物质的混合物，其中混合物的种类也会影响其去除效果。由图 1.64 可知，庆大霉素的 C1a 和 C2a 组分更容易被 AMQD4 去除，而另外两种组分则较难被去除。由图 1.49 和表 1.9 可知，C1a 和 C2a 的 R_6 官能团都是—H，而 C1 和 C2 的都是—CH_3，因此 R_6 官能团对庆大霉素的微生物降解很重要，而且庆大霉素的降解可能从 C（6′）位置开始。

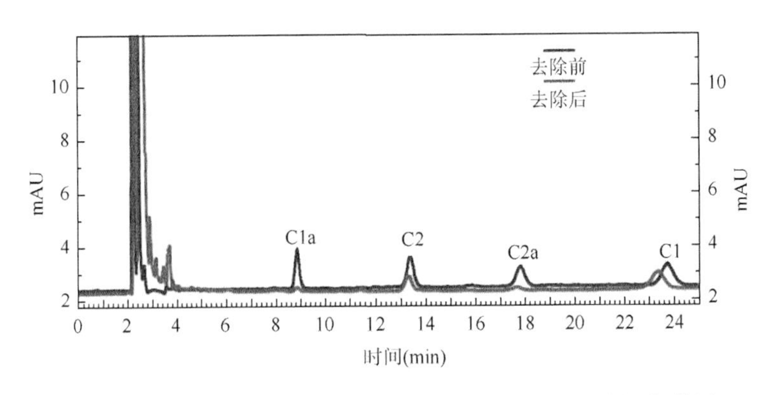

图 1.64　50 mg/L 的庆大霉素被 AMQD4 去除前后的液相色谱图

3. 高效庆大霉素去除菌群对庆大霉素生产废水的处理效果

（1）试验设计与研究方法

试验设置 4 个处理，分别为：①原污水灭菌后不加菌（SSWA）；②原污水灭菌后加菌（SSA）；③原污水不灭菌不加菌（USWA）；④原污水不灭菌加菌（USA）。每个处理设置 3 个重复。培养条件：30℃，pH 为原污水 pH（6.5 左右），转速 110 r/min，接种量为 2.5%，装液量为 150 mL/250 mL。7 d 之后测定各个处理中庆大霉素的含量以及 OD_{600} 值。降解率计算方法：

$$降解率(\%) = (C_1 - C_7) / C_1 \times 100$$

式中，C_1 为开始时各处理的庆大霉素浓度；C_7 为 7 d 后各处理的庆大霉素浓度。

（2）去除菌群对庆大霉素生产废水的处理效果

图 1.65 为 AMQD4 对污水中庆大霉素去除效果及其生物量的影响。由图 1.65 可以看出，灭菌后的污水在添加 AMQD4 7d 后的庆大霉素去除率能达到 57.0%，OD_{600} 值也达到 5.05。未灭菌的污水若不添加 AMQD4，7 d 后其庆大霉素降解率为 25.9%，OD_{600} 值为 2.92。未灭菌的污水若添加 AMQD4，7 d 后其庆大霉素降解率为 47.7%，OD_{600} 值为 1.80。因此原污水中的微生物菌群本来就有去除庆大霉素的能力，但是 AMQD4 能使其庆大霉素降解率提高 21.8 个百分点。并且通过比较处理 USWA 和处理 SSA、USA 的 OD_{600} 值，发现虽然 AMQD4 和原污水中微生物菌群对彼此的生长有明显的抑制作用，但是 AMQD4 的添加始终能够提高污水中庆大霉素的去除能力。

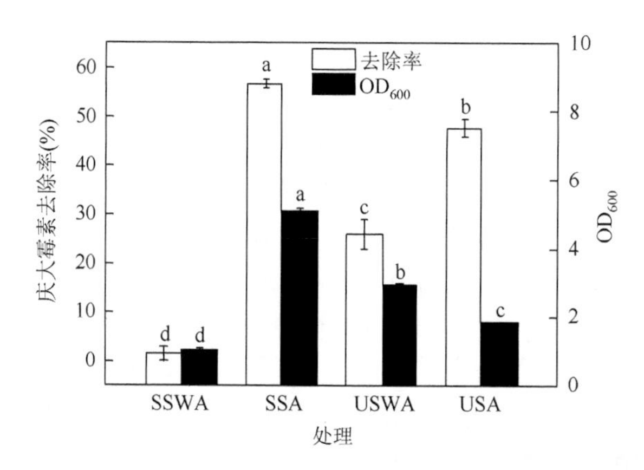

图 1.65　AMQD4 对庆大霉素污水中庆大霉素的去除效果

1.4.3 庆大霉素单一降解菌的分离和鉴定

1. 单菌的分离和鉴定

（1）细菌的分离纯化

取 1.4.2 中去除率较高的复合菌群 1 mL 分别稀释得梯度 10^{-1}、10^{-2}、…、10^{-7}。然后将 10^{-5}、10^{-6}、10^{-7} 涂布于含 50 mg/L 的庆大霉素的 BEP 平板上，在 30℃的恒温培养箱中培养 48 h，对生长出的不同菌分别进行划线分离得到纯化菌种（BZC1、BZC3、BZC5 和 BZC6），并在 4℃冰箱保存。

（2）单菌的 16S rDNA 鉴定

用无菌牙签挑取少量已纯化菌体重悬于 100 μL 无菌 ddH_2O 中，然后在沸水浴中煮沸 10 min，立即置于–20℃冰箱 30 min，12000 r/min 离心 1 min，使用时取上清液作模板。反应引物为 27F（5'-AGAGTTTGATCCTGGCTCAG-3'）和 1492R（5'-GGTTACCTTGTTACGACTT-3'）用于 16S rDNA 部分片段的扩增，将引物稀释成 10 μmol/L 的工作液。PCR 反应体系：27F（10 μmol/L）1 μL，1492R（10 μmol/L）1 μL，2×PCR MM 12.5 μL，Templet（菌体的粗裂解液）3 μL，ddH_2O 12.5 μL。反应条件：

预变性 94℃	5 min	
变性 94℃	1 min	30 个循环
复性 55℃	1 min	
延伸 72℃	1 min	
最后延伸 72℃	10 min	

将 PCR 扩增获得的片段进行 16S rDNA 测序。对所获得的序列在 NCBI 找到相似度最近的菌的序列，并将序列提交至 Genebank 获得序列号，然后利用 MEGA 6.0 进行系统发育树的建立，以此来确定各个菌株的种类。

将 BZC1、BZC3、BZC5 和 BZC6 进行 16S rDNA 测序，然后将得到的序列递交到 NCBI Genebank 数据库，获得序列注册号：KU984707、KU306965、KU984708 和 KU984709。然后利用 NCBI BLAST 和 EzTaxon 进行相似序列搜索，用 MEGA 6.0 以临近法构建系统发育树。如图 1.66 所示，所分离的 4 株菌分别是普罗维登斯菌（BZC1）、缺陷短波单胞菌（BZC3）、产碱杆菌（BZC5）和无色杆菌（BZC6）。对四株菌的庆大霉素降解能力验证结果如图 1.67 所示，其中 BZC3 的庆大霉素降解能力最高，达到 50%以上。

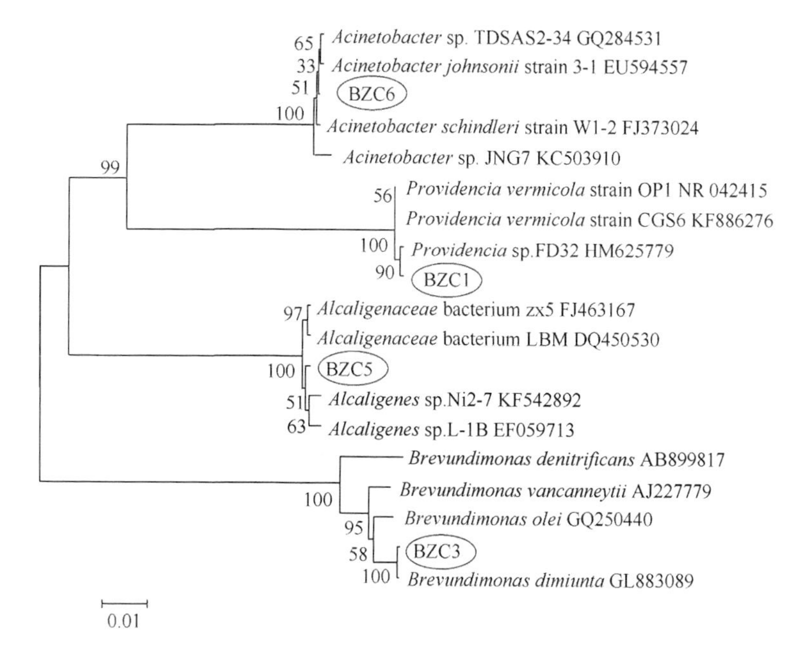

图 1.66　基于分离出的 4 株细菌和其相关菌株的 16S rDNA 序列临近法构建的系统发育树

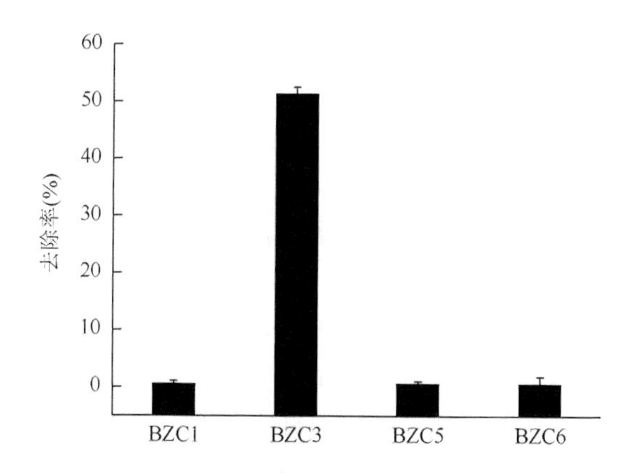

图 1.67　分离出的单菌对庆大霉素的去除效果

（3）高效去除细菌 BZC3 的进一步鉴定

接下来对庆大霉素降解效果最好的 BZC3 进行菌落形态的观察、菌体形态的观察和脂肪酸的测定。如图 1.68 和图 1.69 所示，BZC3 菌体呈革兰氏染色阴性，杆状，无芽孢；菌落乳白色，边缘整齐。BZC3 与短波单胞菌属中的不同菌种建立的系统发育树见附录。因此，BZC3 鉴定为缺陷短波单胞菌。

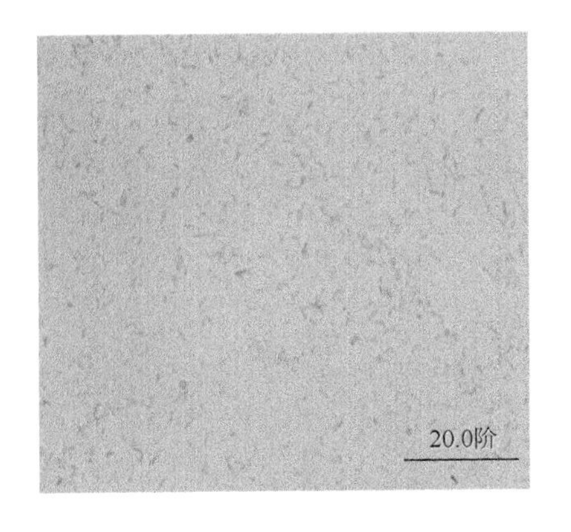

图 1.68　BZC3 在光学显微镜下的菌体形态

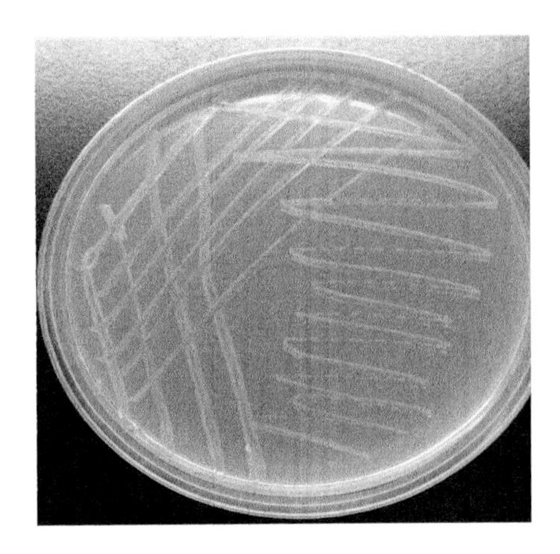

图 1.69　BZC3 的菌落形态

2. 高效去除细菌 BZC3 的吸附降解特性研究

（1）菌种的制备

接种分离的 BZC3 于 BMP 培养基中，置于 30℃、转速为 150 r/min 的摇床中培养 24 h，然后吸取 1 mL 菌液于 1.5 mL 离心管中在 4℃、10000 r/min 的条件下离心，倾倒上清液，获得菌体待用。

（2）BZC3 在 1/5 BEP 培养基中对庆大霉素的降解和吸附

本研究中庆大霉素的浓度设置为约 50 mg/L。吸取无菌的 1/5 BEP 9.95 mL 于 50 mL 的离心管中，然后加入 0.05 mL 的 10 mg/mL 庆大霉素溶液，充分混匀，即得到含 50 mg/L 庆大霉素的 1/5 BEP 培养基。取准备好的 BZC3 菌体利用上述含有庆大霉素的培养液吹打多次，将细菌沉淀尽数转移到培养液中（相当于接种量为 10%）。然后用灭菌封口膜（透气，隔菌）将离心管封口，放置于恒温振荡培养箱（40℃，110 r/min）中培养。以不加 BZC3 的处理作为空白对照，同时将经过高温灭菌处理的 BZC3 以相同方式添加到含有庆大霉素的相应的 1/5 BEP 培养基中作为灭活对照。另外添加 BZC3 于不添加庆大霉素的 1/5 BEP 培养基中作为无庆大霉素对照。分别在第 0 d、1 d、2 d、3 d、4 d、5 d、6 d、7 d 对培养液中的庆大霉素含量、细菌对庆大霉素的吸附量、pH 和细菌浓度等进行测定。具体操作步骤：吸取上述离心管中菌液 3 mL，利用分光光度计测定 OD_{600} 值。将剩余的菌悬液在 4℃、8000 r/min 的条件下离心 10 min，分别获得菌体沉淀和上清液。吸取 1 mL 上清液，用 0.22 μm 的滤膜过滤后对其中庆大霉素含量进行检测（N_1），剩余上清液用于 pH 的检测。然后用 1 mL 0.02 mol/L 的三氟乙酸溶液（甲醇水）浸泡菌体，涡旋振荡 30 s，并在 4℃、12000 r/min 的条件下离心 5 min，分别获得菌体沉淀和上清液。然后将上清液过 0.22 μm 的滤膜并对其中的庆大霉素含量进行检测(N_2)，即为 BZC3 对庆大霉素的胞外吸附量。为了检测胞内吸附量，用 1 mL 0.02 mol/L 的三氟乙酸溶液（甲醇水）继续浸泡菌体，利用超声波破碎仪对细胞进行破碎，从而提取细胞内庆大霉素，然后将破碎液中的庆大霉素过 0.22 μm 滤膜并对庆大霉素的含量进行检测（N_3），即为胞内吸附量。则吸附率$(A) = (N_2 + N_3)/500$；降解率$(D) = 1-N_1\times 10/500-A$。

按照以上方法对 BZC3 在 1/1BEP 培养基中对庆大霉素去除效果进行测定，试图验证单菌 BZC3 在 1/5 BEP 对庆大霉素的去除率是否大于在 1/1 BEP 中的去除率。

因为胞内吸附作用太弱，因此本试验统计了 BZC3 对庆大霉素的总吸附量。如图 1.70 显示，BZC3 对庆大霉素的去除主要是活细胞起作用，灭活细胞对庆大霉素没有降解作用，吸附作用仅为 2.8%～3.1%。活性 BZC3 对庆大霉素的去除在第 7 d 能达到 75.3%。其中降解作用是主要途径，并且超过 50%的庆大霉素的降解发生在 1～3 d 之间，之后其降解量依然逐渐升高。活菌在培养第 1 d 对庆大霉素吸附量为 0.7%，第 2 d 吸附量高达 13.9%，第 3 d 则下降到 4.3%，之后变化不是很明显。图 1.71 显示，前 3 d 庆大霉素对 BZC3 的生长影响明显，但之后 BZC3 适应了庆大霉素的存在，生物量基本不受影响。由图 1.72 可知，庆大霉素的添加还会对培养液中 pH 有影响，当不添加庆大霉素时，培养液 pH 逐渐升高，而加入庆大霉素后，BZC3 的培养液中 pH 基本不变。

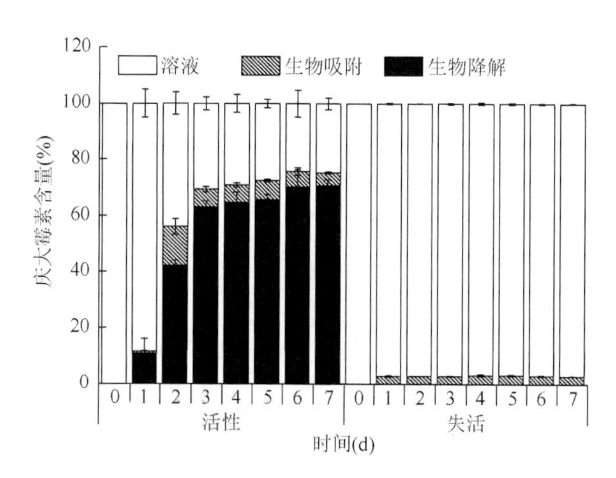

图 1.70　活性 BZC3 和失活 BZC3 在 1/5BEP 培养基中对庆大霉素的吸附降解效果

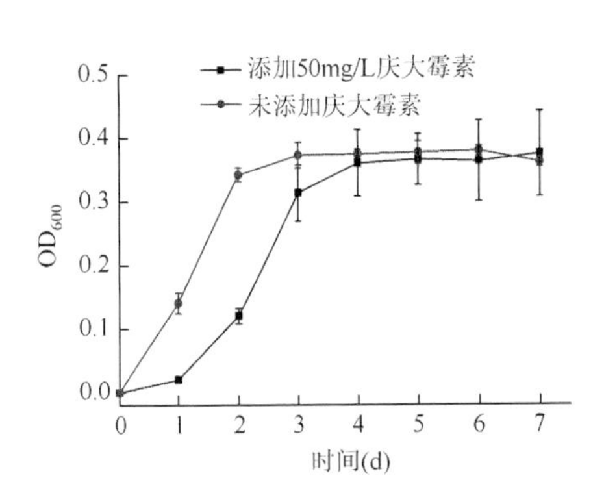

图 1.71　在 1/5 BEP 培养基中添加庆大霉素对 BZC3 生长的影响

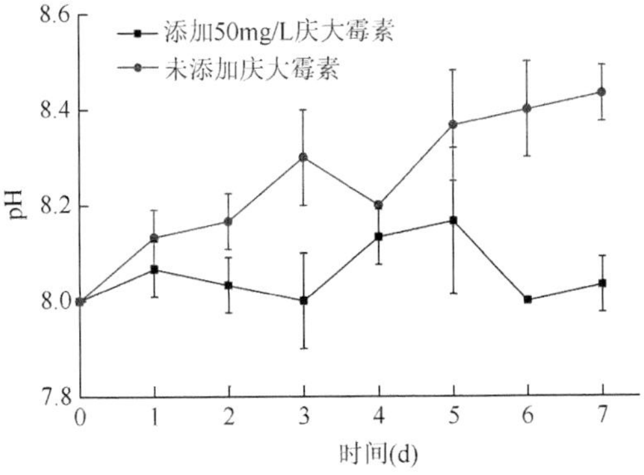

图 1.72　在 1/5 BEP 培养基中添加庆大霉素对 BZC3 培养液 pH 的影响

另外，BZC3 在 1/1 BEP 培养基中对庆大霉素的去除效果和 BZC3 生长状况如图 1.73 所示。通过与 1/5 BEP 中庆大霉素去除效果和细菌生长比较状况发现，BZC3 在低浓度（1/5BEP）的培养基中生物量（OD_{600} = 0.37）不如高浓度（1/1 BEP）大（OD_{600} = 1.95），但是去除效果更好，能达到 75.3%，而在 1/1 BEP 培养基中去除率只有 47.5%。另外在吸附降解试验中其去除率大于之前的去除率，可能是因为纯化菌的接种量不同。

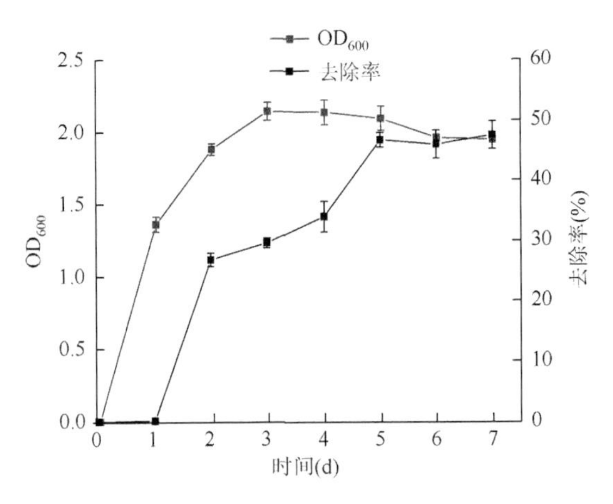

图 1.73　BZC3 在含有 50 mg/L 庆大霉素的 1/1 BEP 培养基中的生长和对庆大霉素的去除状况

主要参考文献

陈建发，刘福权. 2014. 微电解生物滤池等耦合处理抗生素类混合工业废水. 现代化工，34（2）：120-125.

杜向党，阎若潜，沈建忠. 2004. 氯霉素类药物耐药机制的研究进展. 动物医学进展，25（2）：29-31.

冯福鑫，许旭萍，程群星，等. 2013. 四环素高效降解酵母菌 *Trichosporon mycotoxinivorans* XPY-10 降解特性. 环境工程学报，7（12）：4779-4785.
郭喜丰，肖广全，马丽莉，等. 2014. 超声波降解四环素类抗生素废水. 环境工程学报，8（4）：1503-1509.
胡秀虹，黄剑. 2013. 阿维菌素降解菌 AWI-12 的筛选与分类鉴定. 西南农业学报，26（2）：583-586.
胡秀虹，李景壮，叶胜蓝，等. 2012. 一株阿维菌素降解菌 AW1-18 的筛选与分类鉴定. 生物技术通报，10：223-228.
李慧. 2013. 四环素类抗生素（TCs）在活性污泥系统中的去除特性研究. 泰安：山东农业大学.
李荣，管晓进，陈荣宗，等. 2009. 阿维菌素降解菌株 AW70 的分离鉴定及降解特性研究. 土壤，41（4）：607-611.
刘力嘉，谢丽，张作义，等. 2011. 泰乐菌素高效降解菌的筛选及降解特性研究. 农业环境科学学报，30（5）：1027-1030.
罗卉丽，陈姗姗，杨宏伟，等. 2015. 35 株多重耐药嗜麦芽窄食单胞菌的 β-内酰胺酶耐药基因分布研究. 检验医学与临床，10（12）：2839-2844.
罗玉，黄斌，金玉，等. 2014. 污水中抗生素的处理方法研究进展. 化工进展，33（9）：2471-2477.
马丽莉. 2012. 超声波-SBR 处理含抗生素、激素猪场废水研究. 重庆：西南大学.
马志强，马玉龙，谢丽，等. 2012. 微生物法降解药渣中残留四环素的试验研究.环境科学与技术，35（1）：46-49.
毛菲菲，刘畅，何梦琦，等. 2013. 红霉素降解菌的筛分及其降解特性的研究. 环境科学与技术，36（7）：9-12.
孟应宏，冯瑶，黎晓峰，等. 2018. 土霉素降解菌筛选及降解特性研究. 植物营养与肥料学报，3：720-727.
潘丽萍. 2008. 大环内酯类抗生素耐药的流行状况和机制. 现代医学，36（5）：370-372.
秦莉，高茹英，李国学，等. 2009. 外源复合菌系对堆肥纤维素和金霉素降解效果的研究. 农业环境科学学报，28（4）：820-823.
世界卫生组织. 2015. 2014 年全球抗生素耐药性评估报告：103-108.
王艳. 2013. 药渣中残留泰乐菌素的微生物降解途径及其降解产物研究. 银川：宁夏大学.
王志强，张长青，王维新. 2011. 土霉素降解菌的筛选及其降解特性研究. 中国兽医科学，41（5）：536-540.
魏艳丽，李纪顺，扈进冬，等. 2013. 降解阿维菌素耐高温菌株 AZll 的分离及降解特性. 山东科学，26（4）：16-19.
许晓玲. 2008. 红霉素、四环素降解菌的筛选、鉴定及其降解性能研究. 杭州：浙江大学.
闫彩虹. 2011. 三株阿维菌素高效降解菌的筛选、鉴定及降解特性研究. 扬州：扬州大学.
曾焱华，吴移谋. 2003. 细菌对大环内酯类抗生素耐药的机制及控制策略. 国外医学，26（4）：18-22.
张传领，葛玉梅，沈丽芳，等. 2014. 同时产 ESBLS 和 AMPC 酶志贺菌临床菌株的分离及鉴定. 中华微生物学和免疫学杂质，34（4）：251-255.
张红娟. 2010. 抗生素菌渣堆肥化处理研究. 郑州：郑州大学.
周旋，吴良欢，戴锋. 2017. 土壤温度和含水量互作对抑制剂抑制氮素转化效果的影响. 农业工程学报，33：106-115.
Abou-Raya S H，Shalaby A R，Salama N A，et al. 2013. Effect of ordinary cooking procedures on tetracycline residues in chicken meat. Journal of Food & Drug Analysi，21：80-86.
Ahmed M B M，Rajapaksha A U，Lim J E，et al. 2015. Distribution and accumulative pattern of tetracyclines and sulfonamides in edible vegetables of cucumber，tomato，and lettuce. Journal of Agricultural and Food Chemistry，63（2）：398-405.
Alyamani E J，Khiyami M A，Booq R Y，et al. 2015. Molecular characterization of extended-spectrum beta-lactamases（ESBLs）produced by clinical isolates of Acinetobacter baumannii in Saudi Arabia. Annals of Clinical Microbiology and Antimicrobials，14：1-9.
Bora A，Hazarika N K，Shukla Sanket K，et al. 2014. Prevalence of bla（TEM），bla（SHV）and bla（CTX-M）genes in clinical isolates of *Escherichia coli* and *Klebsiella pneumoniae* from Northeast India. Indian Journal of Pathology and Microbiology，57（2）：249-254.

Cai M M，Ma S T，Hu R Q，et al. 2018. Systematic characterization and proposed pathway of tetracycline degradation in solid waste treatment by *Hermetia illucens* with intestinal microbiota. Environment Pollution，242（Pt A）：634-642.

Cao J，Wang C，Dou Z X，et al. 2017. Hyphospheric impacts of earthworms and arbuscular mycorrhizal fungus on soil bacterial community to promote oxytetracycline degradation. Journal of Hazardous Materials，341：346-354.

Cazes M D，Belleville M P，Petit E，et al. 2014. Design and optimization of an enzymatic membrane reactor for tetracycline degradation. Catalysis Today，236：146-152.

Cheng D M，Liu X H，Wang L，et al. 2014. Seasonal variation and sediment-water exchange of antibiotics in a shallower large lake in NorthChina. Science of Total Environment，476：266-275.

Crane M，Watts C，Boudard T. 2006. Chronic aquatic environmental risks from exposure to human pharmaceuticals. Science of the Total Environment，367（1）：23-41.

Dias G V，Bohrer L F，Oliveira F B，et al. 2015. Detection and characterization of multidrug-resistant enterobacteria bearing aminoglycoside-modifying gene in a university hospital at Rio de Janeiro，Brazil，along three decades. Biomedica，35（1）：117-124.

Dolar D，Gros M，Rodriguez M S，et al. 2012. Removal of emerging contaminants from municipal wastewater with an integrated membrane system MBR-RO. Journal of Hazardous Materials，2012，239：64-69.

Erickson B D，Elkins C A，Mulli L B，et al. 2014. A metallo-beta-lactamase is responsible for the degradation of ceftiofur by the bovine intestinal bacterium Bacillus cereus P41. Veterinary Microbiology，172（3-4）：499-504.

Farahat M，Hirajima T，Sasaki K，et al. 2009. Adhesion of Escherichia coli onto quartz，hematite and corundum：Extended DLVO theory and flotation behavior. Colloids and Surfaces B：Biointerfaces，74：140-149.

Fraqueza，M J. 2015. Antibiotic resistance of lactic acid bacteria isolated from dry-fermented sausages. International Journal of Food Microbiology，212：76-88.

Garcia Galan M J，Diaz-Cruz M S，Barcelo D. 2012. Removal of sulfonamide antibiotics upon conventional activated sludge and advanced membrane bioreactor treatment. Analytical and Bioanalytical Chemistry，404（5）：1505-1515.

Guo R X，Xie X D，Chen J Q. 2015. The degradation of antibiotic amoxicillin in the Fenton-activated sludge combined system. Environmental Technology，36（7）：844-851.

Halling-Sørensen B，Sengeløv G，Ingerslev F，et al. 2003. Reduced antimicrobial potencies of oxytetracycline，tylosin，sulfadiazin，streptomycin，ciprofloxacin，and olaquindox due to environmental processes. Archives of Environmental Contamination and Toxicology，44：7-16.

Hamzah A，Abu Zarin M，Hamid A A，et al. 2012. Optimal physical and nutrient parameters for growth of trichoderma virens UKMP-1M for heavy crude oil degradation. Sains Malaysiana，41：71-79.

Herzog B，Lemmer H，Horn H，et al. 2013. Characterization of pure cultures isolated from sulfamethoxazole-acclimated activated sludge with respect to taxonomic identification and sulfamethoxazole biodegradation potential. BMC Microbiology，13（276）.

Hoseinia M，Safaria G H，Kamani H，et al. 2013. Sonocatalytic degradation of tetracycline antibiotic in aqueous solution by sonocatalysis. Toxicological and Environmental Chemistry，95（10）：1680-1689.

Hu Z H，Liu Y L，Chen G W，et al. 2011. Characterization of organic matter degradation during composting of manure-straw mixtures spiked with tetracyclines. Bioresource Technology，102（15）：7329-7334.

Huang M，Tian S，Chen D，et al. 2012. Removal of sulfamethazine antibiotics by aerobic sludge and an isolated *Achromobacter* sp. S-3. Journal of Environmental Sciences，24（9）：1594-1599.

Jiang D，Huang Q，Cai P，et al. 2007. Adsorption of Pseudomonas putida on clay minerals and iron oxide. Colloids and Surfaces B：Biointerfaces，54：217-221.

Jyoti S，Goel A K，Gupta K C. 2014. Optimization of process parameters for *Pseudomonas diminuta*，*P. putida* and *P. aeruginosa* for biodegradation of methyl parathion. International Journal of Pharma and Bio Sciences，5：592-603.

Khan J A，He X，Shah N S，et al. 2014. Kinetic and mechanism investigation on the photochemical degradation of atrazine with activated H_2O_2， $S_2O_8^{2-}$ and HSO_5^- . Chemical Engineering Journal，252：393-403.

Kim K R，Owens G，Ok Y S，et al. 2012. Decline in extractable antibiotics in manure-based composts during composting. Waste Management，32（1）：110-116.

Lastre-Acosta A M，Cruz-Gonzalez G，Nuevas-Paz L，et al. 2015. Ultrasonic degradation of sulfadiazine in aqueous solutions. Environment Science Pollution Resource，22（2）：918-925.

Lin B，Lyu J，Lyu X J，et al. 2015. Characterization of cefalexin degradation capabilities of two *Pseudomonas* strains isolated from activated sludge. Journal of Hazardous Materials，282：158-164.

Liu Y Q，He X X，Duan X D，et al. 2016c. Significant role of UV and carbonate radical on the degradation of oxytetracycline in UV-AOPs：Kinetics and mechanism. Water Research，95：195-204.

Liu Y Q，He X X，Fu Y S，et al. 2016b. Degradation kinetics and mechanism of oxytetracycline by hydroxyl radical-based advanced oxidation processes. Chemical Engineering Journal，284：1317-1327.

Liu Y W，Chang H Q，Li Z J，et al. 2016a. Gentamicin removal in submerged fermentation using the novel fungal strain *Aspergillus terreus* FZC3. Scientific Reports，6：35856.

Liu Z R，Ling B D，Zhou L M，2015. Prevalence of 16S rRNA methylase，modifying enzyme，and extended-spectrum beta-lactamase genes among *Acinetobacter baumannii* isolates. Journal of Chemotherapy，27（4）：207-212.

Lob S H，Biedenbach D J，Badal R E，et al. 2015. Antimicrobial resistance and resistance mechanisms of *Enterobacteriaceae* in ICU and non-ICU wards in Europe and North America：SMART 2011-2013. Journal of Global Antimicrobial Resistance，3（3）：190-197.

Matongo S，Birungi G，Moodley B，et al. 2015. Pharmaceutical residues in water and sediment of Msunduzi River，KwaZulu-Natal，South Africa. Chemosphere，134：133-140.

Michalska A D，Anna D，Sacha P T，et al. 2014. Prevalence of resistance to aminoglycosides and fluoroquinolones among *Pseudomonas aeruginosa* strains in a University Hospital in Northeastern Poland. Brazilian Journal of Microbiology，45（4）：1455-1458.

Migliore L，Fiori M，Spadonim A，et al. 2012. Biodegradation of oxytetracycline by *Pleurotus ostreatus* mycelium：A mycoremediation technique. Journal of Hazardous Materials，215：227-232.

Mitchell S M，Ullman J L，Bary A，et al. 2015. Antibiotic degradation during thermophilic composting. Water Air Soil Pollution，226（2）.

Mohammadi S，Sekawi Z，Monjezi A，et al. 2014. Emergence of SCCmec type Ⅲ with variable antimicrobial resistance profiles and spa types among methicillin-resistant *Staphylococcus aureus* isolated from healthcare-and community-acquired infections in the west of Iran. International Journal of Infectious Diseases，25：152-158.

Müller E，Schussler W，Horn H，et al. 2013. Aerobic biodegradation of the sulfonamide antibiotic sulfamethoxazole by activated sludge applied as co-substrate and sole carbon and nitrogen source. Chemosphere，92（8）：969-978.

Oliver A，Mulet X，Lopez C C，et al. 2015 The increasing threat of *Pseudomonas aeruginosa* high-risk clones. Drug Resistance Updates，21-22：41-59.

Pan M，Chu L M. 2016. Adsorption and degradation of five selected antibiotics in agricultural soil. Science of the Total Environment，545-546：48-56.

Pan X，Qiang Z M，Ben W W. 2013. Effects of high-temperature composting on degradation of antibiotics in swine manure. Journal of Ecology and Rural Environment，29（1）：64-69.

Pawar R M. 2015. The effect of soil pH on bioremediation of polycyclic aromatic hydrocarbons（PAHS）. Journal of Bioremediation & Biodegradation，6：291.

Pennacchio A，Varriale A，Esposito M G，et al. 2015. A rapid and sensitive assay for the detection of benzylpenicillin（PenG）in milk. PLoS One，10（7）：e0132396.

Prieto A，Moder M，Rodil R，et al. 2011. Degradation of the antibiotics norfloxacin and ciprofloxacin by a white-rot fungus and identification of degradation products. Bioresource Technology，102（23）：10987-10995.

Qiu G L，Song Y H，Zeng P，et al. 2013. Characterization of bacterial communities in hybrid upflow anaerobic sludge blanket（UASB）-membrane bioreactor（MBR）process for berberine antibiotic wastewater treatment. Bioresource Technology，142：52-62.

Rezaei F，Kalantar D，Delfani S，et al. 2015. Characterization co-existence of AmpC，MBLs，TEM and SHV type of beta-lactamases in clinical strains of *Escherichia coli* and *Klebsiella pneumoniae* isolated from hospitals of Khorramabad，Iran. Tropical Medicine and International Health，20（S1）：295-295.

Selvam A，Zhao Z Y，Li Y C，et al. 2013. Degradation of tetracycline and sulfadiazine during continuous thermophilic composting of pig manure and sawdust. Environmental Technology，34（16）：2433-2441.

Selvi A，Salam J A，Das N. 2014. Biodegradation of cefdinir by a novel yeast strain，*Ustilago* sp. SMN03 isolated from pharmaceutical wastewater. World Journal of Microbiology and Biotechnology，30（11）：2839-2850.

Shen L，Yuan X，Shen W H，et al. 2014. Positive impact of biofilm on reducing the permeation of ampicillin through membrane for membrane bioreactor. Chemosphere，97：34-39.

Sun L R，Yu W T，Ma Q，et al. 2016. Quantitative analysis of amoxicillin，its major metabolites and ampicillin in eggs by liquid chromatography combined with electrospray ionization tandem mass spectrometry. Food Chemistry，192：313-318.

Teruya M，Hiroshi H，Hiroyuki K，et al. 2006. Bacterial degradation of antibiotic residues in marine fish farm sediments of Uranouchi Bay and phylogenetic analysis of antibiotic-degrading bacteria using 16S rDNA sequences. Fisheries Science，72（4）：811-820.

Tseng S P，Wang S F，Cheng Y，et al. 2015. Characterization of fosfomycin resistant extended-spectrum β-lactamase-producing *Escherichia coli* isolates from human and pig in Taiwan. PLoS One，10（8）：e0135864.

Van de Klundert J A M，Vliegenthart J S. 1993. PCR detection of genes coding for aminoglycoside-modifying enzymes[M]//Persing D H，Smith T F，Tenover F C，et al. 1993. Diagnostic Molecular Microbiology，Washington DC：American Society for Microbiology：547-552.

Vergalli J, Dumont E, Pajović J, et al. 2018. Spectrofluorimetric quantification of antibiotic drug concentration in bacterial cells for the characterization of translocation across bacterial membranes. Nature Protocol，13：1348-1354.

Wang J，Hao C L，Huang H J，et al. 2018a. Acetic acid production by the newly isolated *Pseudomonas* sp. CSJ-3. Brazilian Journal of Chemical Engineering，35：1-9.

Wang J，Shen X L，Wang J，et al. 2018c. Exploring the promiscuity of phenol hydroxylase from *Pseudomonas stutzeri* OX1 for the biosynthesis of phenolic compounds. ACS Synthetic Biology，7：1238-1243.

Wang J，Zhou B Y，Ge R J，et al. 2018b. Degradation characterization and pathway analysis of chlortetracycline and oxytetracycline in a microbial fuel cell. RSC Advances，8：28613-28624.

Wang X K，Wang Y N，Li D L，et al. 2013. Degradation of tetracycline in water by ultrasonic irradiation. Water Science and Technology，67（4）：715-721.

Wei H，Li J，Gao Y，et al. 2013. Enhancement of chloromethane on ultrasonic degradation of levofloxacin. Journal of Northwest A & F University-Natural Science，41（3）：147-152.

Wen X H，Jia Y N，Li J X，et al. 2009. Degradation of tetracycline and oxytetracycline by crude lignin peroxidase prepared from *Phanerochaete chrysosporium*：A white rot fungus. Chemosphere，75（8）：1003-1007.

Wen X H，Jia Y N，Li J X，et al. 2010. Enzymatic degradation of tetracycline and oxytetracycline by crude manganese peroxidase prepared from *Phanerochaete chrysosporium*. Journal of Hazardous Materials，177（1-3）：924-928.

Wu G，Chen D D，Tang H Z，et al. 2014. Structural insights into the specific recognition of N-heterocycle biodenitrogenation-derived substrates by microbial amide hydrolases. Molecular Microbiology，91：1009-1021.

Wu X F，Wei Y S，Zheng J X，et al. 2011. The behavior of tetracyclines and their degradation products during swine manure composting. Bioresource Technology，102（10）：5924-5931.

Xie Y H，Pan Y H，Bai B，et al. 2015. Degradation performance and optimal parameters of two bacteria in degrading nonylphenol. Journal of Computational and Theoretical Nanoscience，12：2657-2663.

Xu J，Sheng G P，Ma Y，et al. 2013. Roles of extracellular polymeric substances（EPS）in the migration and removal of sulfamethazine in activated sludge system. Water Research，47（14）：5298-5306.

Xu Y G，Yu W T，Ma Q，et al. 2015. Occurrence of（fluoro）quinolones and（fluoro）quinolone resistance in soil receiving swine manure for 11 years. Science of Total Environment，530：191-197.

Xuan R，Arisi L，Wang Q，et al. 2010. Hydrolysis and photolysis of oxytetracycline in aqueous solution. Journal of Environmental Science and Health，Part B，45：73-81.

Yang S F，Lin C F，Lin Y C，et al. 2011. Sorption and biodegradation of sulfonamide antibiotics by activated sludge：Experimental assessment using batch data obtained under aerobic conditions. Water Research，45（11），3389-3397.

Yoon Y K，Cheong H W，Pai H，et al. 2011. Molecular analysis of a prolonged spread of Klebsiella pneumoniae co-producing DHA-1 and SHV-12 β-lactamases. Journal of Microbiology，49（3）：363-368.

Yuan F，Hu C，Hu X，et al. 2011. Photodegradation and toxicity changes of antibiotics in UV and UV/H_2O_2 process. Journal of Hazardous Materials，185：1256-1263.

Zhang J X，Zhang Y B，Quan X，et al. 2015. Bio-electrochemical enhancement of anaerobic reduction of nitrobenzene and its effects on microbial community. Biochemical Engineering Journal，94：85-91.

Zhang W，Stack A G，Chen Y，et al. 2011. Interaction force measurement between E. coli cells and nanoparticles immobilized surfaces by using AFM. Colloids and Surfaces B：Biointerfaces，82：316-324.

Zhang Y Y，Tang H Q，Zhou Q，et al. 2014. Effect of temperature and metal ions on degradation of oxytetracycline in different matrices. Journal of Environmental Protection，5：672-680.

Zhao H，Zhou J L，Zhang J. 2015. Tidal impact on the dynamic behavior of dissolved pharmaceuticals in the Yangtze Estuary，China. Science of Total Environment，536：946-954.

Zhao Y P，Jiang C，Yang L，et al. 2017. Adsorption of Lactobacillus acidophilus on attapulgite：Kinetics and thermodynamics and survival in simulated gastrointestinal conditions. LWT-Food Science and Technology，78：189-197.

Zhou L J，Ying G G，Liu S，et al. 2013. Occurrence and fate of eleven classes of antibiotics in two typical wastewater treatment plants in South China. Science of the Total Environment，452：365-376.

Zhou X，Qiao M，Wang F H，et al. 2017. Use of commercial organic fertilizer increases the abundance of antibiotic resistance genes and antibiotics in soil. Environmental Science & Pollution Research，24：701-710.

第 2 章

典型兽用抗生素猪粪-水分配及其分配系数定量化

畜禽粪便中检出频率较高的三类抗生素分别是四环素类（TCs）、氟喹诺酮类（FQs）和磺胺类（SAs）（Hua et al.，2017；Li et al.，2013）。这些抗生素伴随着粪肥的施用不断进入土壤中，并最终进入水体环境，造成地表水和地下水污染（Bailey et al.，2016）。因此，更好地了解抗生素在畜禽粪便中的吸附情况，以及抗生素在畜禽粪便与其他介质之间的分配情况，对于有效缓解或消除环境中残留的抗生素具有十分重要的意义。一旦抗生素进入土壤环境，畜禽粪便抗生素吸附行为将显著影响抗生素是保留在畜禽粪便基质上还是转移到土壤甚至水体环境。抗生素在畜禽粪便与水相间的分配程度常被认为是决定其环境命运的关键指标（Berthod et al.，2016）。抗生素在这两相间的分配通常用分配系数（K_d）来描述，K_d 被定义为畜禽粪便和水相中物质平衡浓度的比值：

$$K_d(\mathrm{L/kg})=\frac{C_{\mathrm{man}}}{C_{\mathrm{aq}}} \tag{2.1}$$

抗生素在畜禽粪便中的吸附行为不仅取决于抗生素的化学结构，还取决于畜禽粪便的理化特性及其相互作用。文献中关于 K_d 值的研究已经明确指出，对于许多抗生素而言，仅从其亲脂性出发无法预测其在土壤、沉积物和污泥等固体介质上的吸附趋势（Srinivasan，2013）。这一结果可能与抗生素的特定化学结构或者官能团有关，它能与金属离子结合并形成氢键。因此，在相关的 pH 条件下必须仔细考虑。例如，在畜禽粪便上金霉素和泰乐菌素吸附量随着 pH 的增加而减少（Singh，2016）。此外，固相介质的理化参数（如有机质含量和金属离子浓度）对抗生素的吸附有显著影响（Vaz，2016）。同时，畜禽粪便有效吸附位点数量及比表面积都会影响抗生素的吸附程度。尽管有上述研究基础，但是关于确定抗生素在畜禽粪便中 K_d 值的相关研究甚少，究其原因主要是由于该分析过程时间和经济成本较高。因此，开发一种有效的定量估算模型来预测各种抗生素的畜禽粪便-水分配系数 K_d 具有重要意义。目前对抗生素 K_d 定量预测模型的研究主要集中在基于土壤的系统上。例如，建立了阳离子、中性/两性离子和阴离子等多物种模型，以预测不同 pH 条件下抗生素（包括 SAs 和 TCs）在黏土、针铁矿等土壤主要成分中的吸附系数（Guo et al.，2016；Vithanage et al.，2014）。在此基础上，Gong 等（2012）采用 23 种我国土壤样品和 13 种土壤理化参数构建了 3 个模型，能够分别预测 3 种抗生素土壤-水之间的 K_d 值。因此，在模型开发中必须将理化参数作为自变量来量化抗生素在肥料中的吸附潜力。

本章假设畜禽粪便与抗生素具有较强的结合潜力，不同理化性质的畜禽粪便具有不同的吸附潜力。因此，本章主要目标是：①确定 3 种典型兽用抗生素的猪粪-水分配系数（K_d）；②采用偏最小二乘法（PLS）开发基于猪粪理化性质的抗生素 $\lg K_d$ 定量预测模型；③基于开发的模型阐明抗生素与猪粪之间的作用机理。

2.1 猪粪收集及其特征

2.1.1 猪粪收集与理化性质分析

本研究从北京市 6 个区（房山、怀柔、顺义、通州、大兴和延庆）集约化养猪场采集的大量预实验猪粪样品中选取了具有代表性的 24 个样品，这些样品来自妊娠母猪、断奶仔猪和育肥猪。所选取猪粪样品中均未检出 OTC、CIP 和磺胺甲基嘧啶（SM1）或者 3 种抗生素浓度低于方法检测限（MDL）（Ho et al.，2013）。新鲜的猪粪样品经风干（15～20℃）、混合、研磨和筛分（0.85 mm），然后对样品 12 种理化性质进行分析（表 2.1）。

样品 pH 在猪粪∶水为 1∶10（*w*/*v*）（0.01 mol/L $CaCl_2$）的悬浊液中采用 pH 计进行分析。采用 TOC 分析仪（Shimadzu TOC-vcph/CPN，日本）测定总有机碳（TOC）和总有机氮（TON）。从猪粪∶水（1∶10，*w*/*v*）悬浊液提取可溶性有机碳（SOC）和氮（SON），采用 TOC 分析仪测定。采用连二亚硫酸钠-柠檬酸钠-碳酸氢钠（DCB）从猪粪样品中提取游离铁氧化物（DCB-Fe）和铝氧化物（DCB-Al），并用电感耦合等离子体发射光谱法（ICP-OES，Spectro Arcos，德国）进行测定。用 0.1 mol/L $BaCl_2$ 提取猪粪样品中 K、Na、Ca、Mg，用 ICP-OES 进行分析。采用 $BaCl_2$ 强制交换法测定了猪粪样品（1.0 g）的阳离子交换容量（cation exchange capacity，CEC）。

表 2.1　24 个猪粪样品理化性质

No.	pH	TOC（%）	TON（%）	SOC（%）	SON（%）	DCB-Fe（g/kg）	DCB-Al（g/kg）	K（g/kg）	Na（g/kg）	Ca（g/kg）	Mg（g/kg）	CEC（cmol/kg）
1	8.13	38.32	3.03	20.54	1.14	1.355	0.155	14.82	1.94	2.11	6.98	52.2
2	6.5	41.4	3.1	14.39	1.35	0.419	0.13	25.13	0.65	1.56	7.26	32.9
3	8.31	41.46	3.7	31.11	1.76	0.986	0.124	21.73	1.08	4.14	7.22	57.7
4	6.08	36.15	3.39	8.83	0.69	1.719	0.169	24.34	0.69	4.96	6.47	65.8
5	6.57	38.69	2.71	14.38	0.92	1.977	0.149	17.02	1.71	3.30	7.19	66.6
6	6.85	40.33	4.03	24.2	2.18	2.264	0.188	19.63	1.09	2.93	6.53	48.2
7	6.13	37.28	3.48	14.15	1.33	5.165	0.365	21.2	0.77	2.52	5.51	45.7
8	6.04	35.79	2.51	7.99	0.46	2.468	0.262	11.26	1.00	1.42	5.88	47.2
9	6.88	39.5	4.13	22.54	2.38	1.42	0.126	24.34	1.43	5.17	6.51	47.1
10	7.83	38.86	3.17	21.33	2.19	1.471	0.126	25.65	2.00	1.63	6.70	53.0
11	8.07	39.42	2.95	18.38	1.88	2.74	0.163	20.42	2.12	1.39	7.08	33.9
12	6.32	36.86	3.27	18.06	1.46	3.815	0.266	10.48	1.15	1.00	7.12	28.5
13	5.96	36.26	2.94	8.77	0.62	2.022	0.159	13.36	1.88	1.49	6.45	56.9
14	7.53	39.63	3.68	20.87	2.07	3.698	0.167	30.00	1.27	5.75	0.67	33.4
15	7.01	39.45	3.72	27.24	2.54	2.051	0.392	19.37	1.33	1.25	6.64	33.2
16	6.22	40.47	3.11	14.04	1.27	0.877	0.209	22.25	0.90	1.74	5.22	41.3
17	6.23	40.07	2.87	12	0.88	1.22	0.354	15.71	1.07	2.43	5.29	37.8
18	6.67	44.36	3.64	23.75	2.43	2.351	0.304	15.19	2.65	12.19	5.12	61.7
19*	7.51	37.68	3.81	17.84	2.04	1.823	0.184	28.77	0.56	4.10	6.35	29.3
20*	6.65	41.27	4.07	24.62	2.15	1.72	0.34	15.97	1.81	2.12	6.63	34.6
21*	7.02	38.19	3.34	15.52	1.42	2.75	0.328	19.9	0.93	2.23	6.2	37.1
22*	6.33	38.66	3.47	25.18	2.23	1.005	0.13	23.03	1.88	2.58	6.34	46.5
23*	6.26	39.29	3.24	12.89	0.84	4.208	0.311	21.73	0.60	1.36	6.95	37.8
24*	6.46	36.22	4.11	10.84	1.13	1.716	0.200	24.6	1.18	4.40	5.87	58.0

* 表示检验集。

2.1.2　猪粪特征

如表 2.1 所示，不同猪粪样品的理化特性存在较大差异。猪粪样品的 pH 在 5.96～8.31 之间变化。TOC 和 SOC 含量范围分别为 35.79%～44.36%和 8.83%～31.11%，这也证实了猪粪样品中有机元素含量极其丰富。这一结果可能是由猪粪中未消化的饲料所含成分（如蛋白质、脂类和碳水化合物等）引起的（Tsai et al.，2012）。此外，TON 和 SON 含量变化范围分别为 2.51%～4.13%和 0.46%～2.54%，其含量相对高于农作物秸秆和林业废弃物等生物质残留物（Pasangulapati et al.，2012）。导致这一现象的原因可能是猪粪中高蛋白质含量，而蛋白质含量多少又取决于饲料、猪的品种及养殖区域等。

猪粪样品主要无机元素为 Ca、Mg、Na 和 K，这一结果表明猪粪适宜好氧堆肥处理。这些元素可能以氧化物或碳酸盐形式存在，也可能与有机质结合以金属配合物形式存在。这些数据表明在不考虑其他有害因素的情况下，猪粪因含有大量的 Ca、K、Mg 营养元素和 Fe 等微量元素，可以直接作为肥料被资源化利用。猪粪的组成取决于两个方面：动物的肠道功能和健康程度以及饲料的物理、化学和生物特性。例如，从断奶仔猪采集的 $9^{\#}$猪粪样品中 TON、K 和 Mg 含量较高，而 CEC 处于中等浓度，这可能是由断奶仔猪饲料中粗蛋白质和赖氨酸的较高补给所致；与此相反，从育肥猪收集的 $17^{\#}$猪粪样品 TON、DCB-Fe、Na、Ca 和 CEC 浓度较低；从妊娠母猪采集的 $18^{\#}$猪粪样品中含有高浓度的 CEC、DCB-Fe、Na 和 Ca，这可能是由妊娠期母猪饲料中添加了大量的微量元素所致。此外，相较于土壤样品，猪粪样品中的 C、N、K 等主要营养元素含量明显增加（Dong et al.，2014）。然而，猪粪样品中微量营养元素（如 DCB-Fe 和 DCB-Al 等）浓度与土壤样品相似（Ngole-Jeme and Ekosse，2015）。

2.2　抗生素猪粪-水分配系数

2.2.1　受试模型抗生素

本研究所选 3 种抗生素 OTC、CIP 和 SM1 分属于 TCs、FQs 和 SAs。它们广泛应用于畜禽养殖业中，在我国不同地区猪粪样品中均有发现，其检出浓度范围可达 10～354 mg/kg（Wang et al.，2017）。一般认为，溶液 pH 对于诸如抗生素类离子型有机污染物（ionic organic contaminants，IOCs）的解离具有较大的影响，解离程度是影响其吸附过程的重要因素（Soori et al.，2016）。不同 pH 条件下，3

种抗生素由于具有多个不同 pK_a 值的解离基团而呈现复杂的解离模式（图 2.1）。

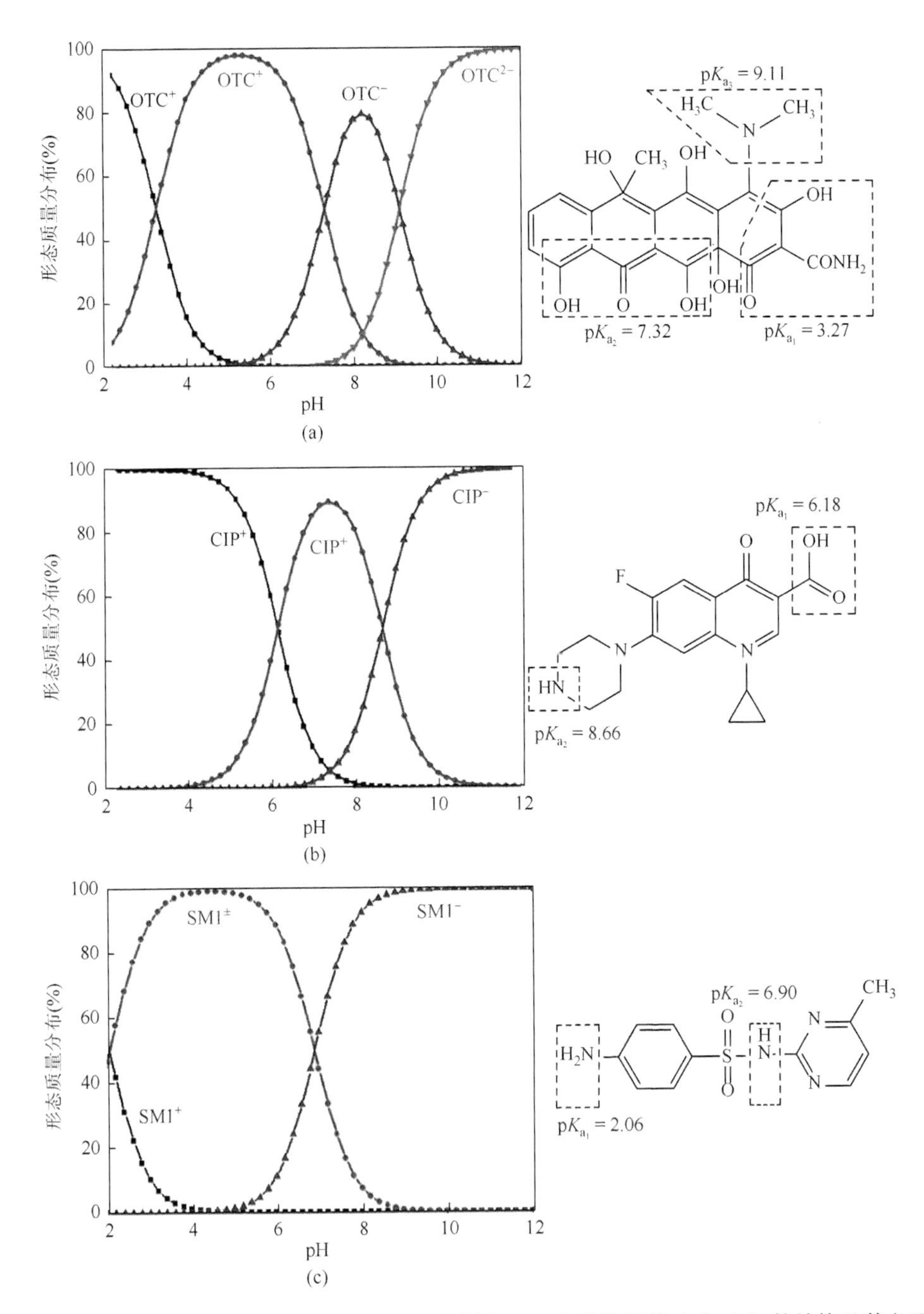

图 2.1　不同 pH 水溶液中土霉素（a）、环丙沙星（b）和磺胺甲基嘧啶（c）的结构及其主要解离形态分布

例如，离子方程式（2.2）～式（2.4）描述了 OTC 存在的 3 个酸碱解离反应及其 4 种解离形态（H_3OTC^+、$H_2OTC^{\pm}$、$HOTC^-$和 OTC^{2-}）：

$$H_3OTC^+ \xrightleftharpoons{K_{a_1}} H_2OTC + H^+, \quad K_{a_1} = \frac{[H_2OTC][H^+]}{[H_3OTC^+]} \tag{2.2}$$

$$H_2OTC^{\pm} \xrightleftharpoons{K_{a_2}} HOTC^- + H^+, \quad K_{a_2} = \frac{[HOTC^-][H^+]}{[H_2OTC^{\pm}]} \tag{2.3}$$

$$HOTC^- \xrightleftharpoons{K_{a_3}} OTC^{2-} + H^+, \quad K_{a_3} = \frac{[OTC^{2-}][H^+]}{[HOTC^-]} \tag{2.4}$$

利用式（2.5）～式（2.8）可以计算得到 OTC 各解离形态所占的百分比，具体如下：

$$\alpha_{[H_3OTC^+]}(\%) = \frac{[H^+]^3}{[H^+]^3 + K_{a_1}[H^+]^2 + [H^+]K_{a_1}K_{a_2} + K_{a_1}K_{a_2}K_{a_3}} \times 100 \tag{2.5}$$

$$\alpha_{[H_2OTC^{\pm}]}(\%) = \frac{K_{a_1}[H^+]^2}{[H^+]^3 + K_{a_1}[H^+]^2 + [H^+]K_{a_1}K_{a_2} + K_{a_1}K_{a_2}K_{a_3}} \times 100 \tag{2.6}$$

$$\alpha_{[HOTC^-]}(\%) = \frac{[H^+]K_{a_1}K_{a_2}}{[H^+]^3 + K_{a_1}[H^+]^2 + [H^+]K_{a_1}K_{a_2} + K_{a_1}K_{a_2}K_{a_3}} \times 100 \tag{2.7}$$

$$\alpha_{[OTC^{2-}]}(\%) = \frac{K_{a_1}K_{a_2}K_{a_3}}{[H^+]^3 + K_{a_1}[H^+]^2 + [H^+]K_{a_1}K_{a_2} + K_{a_1}K_{a_2}K_{a_3}} \times 100 \tag{2.8}$$

根据式（2.5）～式（2.8）计算，绘制了不同 pH 条件下 OTC 解离形态分布［图 2.1（a）］。采用上述方法，同样绘制了 CIP 和 SM1 解离形态分布［图 2.1（b）和图 2.1（c）］。对于 OTC 和 CIP，当 $pH < pK_{a_1}$ 时主要以阳离子形态存在，$pK_{a_1} < pH < pK_{a_2}$ 时主要以两性离子形态存在，$pH > pK_{a_2}$ 时主要以阴离子形态存在。SM1 形态随着 pH 增加，首先主要是阳离子（$pH < pK_{a_1}$），然后转变为中性分子（$pK_{a_1} < pH < pK_{a_2}$），最后是阴离子（$pH > pK_{a_2}$）（Figueroa-Diva，2012）。

2.2.2　吸附试验设计与研究方法

采用 OECD guideline 106 对 3 种兽用抗生素的猪粪吸附进行批量平衡实验（OECD，2000）。采用 0.01 mol/L $CaCl_2$ 水溶液模拟土壤溶液的自然离子强度条件，0.01 mol/L $CaCl_2$ 作为生物活性抑制剂。通过预实验确定了不同猪粪/水溶液比率下的最佳吸附条件，如初始 pH、温度和平衡时间等。准确称取 1.0 g 猪粪样品于 50 mL 玻璃离心管中，加入 25.0 mL 用 1.5 mmol/L NaN_3 和 0.01 mol/L $CaCl_2$ 配制的一系列初始浓度的抗生素溶液。在 250 r/min 和（25±2）℃优化条件下避光振荡 48 h 使吸附体系达到充分平衡，测定 OTC、CIP 和 SM1 的吸附等温线。对照组（不含猪粪，只含有抗生素标准溶液）用于评估抗生素在实验过程中的稳定性和离心管壁对抗生素的吸附能力。所有实验重复 3 次，结果表明，实验过程中抗生素损失较小，对实验不会造成影响。吸附实验结束后，混悬液 6000 r/min 条件下离心 10 min，上清液经 0.22 μm 玻璃纤维滤膜过滤，然后使用液相色谱串联质谱（LC-MS/MS）测定目标抗生素的液相浓度。

2.2.3 抗生素分析

本研究采用高效液相色谱串联质谱法（HPLC-MS/MS）检测液相中 3 种抗生素含量。HPLC 采用 Agilent 1200 高效液相色谱系统（Agilent Technologies，USA），样品分离采用 Sunfire C_{18} 色谱柱（3.5 μm，150 mm×4.6 mm，Waters，USA）。HPLC 条件设定为：柱温 40℃，流速 0.4 mL/min，进样量 5 μL。流动相由含 0.1%（*v/v*）甲酸水溶液（A）和乙腈（B）组成，经优化后的梯度洗脱过程为：0 min，8% B；0～12 min，线性增加至 55% B；12～13 min，线性下降至 8% B；13～16 min，8% B。质谱分析采用 Agilent 6410 三重四极杆质谱分析仪，电喷雾离子源（ESI），阳离子，多反应检测模式（MRM），质谱优化参数如表 2.2 所示。

表 2.2　OTC、CIP 和 SM1 HPLC-MS/MS 检测质谱参数

抗生素	母离子(*m/z*)	子离子(*m/z*)	驻留时间（ms）	碎裂电压（V）	碰撞能（eV）
OTC	461.3	443.2[a]/426.1	80	140	10/20
CIP	332.2	288.2[a]/245.2	80	125	13/22
SM1	265.1	172.1[a]/156.0	80	120	15/15
[b]Tetracycline-d6	450.2	416.6[a]/433.3	80	120	20/15
[b]Norfloxacin-d5	325.0	281.5[a]/307.1	80	120	10/15
[b]Sulfadiazine-d4	360.1	162.1[a]/166.1	80	100	10/10

a 量化离子；
b 同位素内标。

由于畜禽粪便组成较为复杂，基质效应影响较大。相对于外标法而言，内标法受基质效应影响较小，定量结果重现性强，相对标准偏差小。因此，抗生素测定采用内标法定量，以减少基质效应对测定结果的影响。选择氘代四环素（tetracycline-d6，TC-d6）、氘代诺氟沙星（norfloxacin-d5，NOR-d5）和氘代磺胺嘧啶（sulfadiazine-d4，SDZ-d4）分别作为 OTC、CIP 和 SM1 的内标物质，运用相对响应因子（relative response factors，RRF）矫正测定抗生素的浓度值（Cheng et al.，2017）：

$$\mathrm{RRF}=\frac{\text{抗生素响应值}/\text{抗生素的量}}{\text{内标物响应值}/\text{内标物的量}} \tag{2.9}$$

2.2.4　三种抗生素猪粪-水分配系数

由于抗生素在畜禽粪便中的吸附行为是影响抗生素在自然环境中迁移转化的主要因素，因此确定抗生素在猪粪和水相间的 K_d 值至关重要。表 2.3 总结了 24 个猪粪中 OTC、CIP 和 SM1 的 K_d 实测值，从中可看出 3 种抗生素在 24 个猪粪样品中的 K_d 实测值存在显著差异。OTC 的 K_d 实测值变化范围为 2600～16520 L/kg，CIP 为 1435～4550 L/kg，SM1 为 1250～2193 L/kg。对于 OTC，K_d 实测值变化范围接近文献报道数据（8766～10642 L/kg）（王阳和章明奎，2011）。然而，对于猪粪中 CIP 和 SM1 的 K_d 值则没有相关报道，所以未做比较。从表 2.3 所示 K_d 实测值计算所得，24 个猪粪样品中 OTC、CIP 和 SM1 的 K_d 实测值相对标准偏差（relative standard deviation，RSD）分别为 38%、30%和 15%。这些结果表明，猪粪理化性质变化对抗生素吸附有非常显著的影响。不同抗生素 K_d 值存在明显的梯度差异。例如，4#猪粪样品中 OTC、CIP 和 SM1 的 K_d 值分别为 9817 L/kg、4111 L/kg 和 1849 L/kg；而 13#猪粪样品中，OTC、CIP 和 SM1 的 K_d 值分别为 16520 L/kg、4550 L/kg 和 2193 L/kg。这一结果进一步证明，不同类型的抗生素（如 TCs、FQs 和 SAs）在畜禽粪便上的吸附能力存在较大差异。OTC 和 CIP 较高的 K_d 值，表明这两种类型的抗生素较易累积在猪粪上。

表 2.3　24 个猪粪样品中 OTC、CIP 和 SM1 的 lg K_d 实测值和预测值

No.	Obs.[a] K_d（L/kg）			lg K_d（L/kg）								
	OTC	CIP	SM1	OTC			CIP			SM1		
				Obs.	Pred.[b]	Res.[c]	Obs.	Pred.	Res.	Obs.	Pred.	Res.
1	2924	1714	1250	3.466	3.502	−0.036	3.234	3.241	−0.007	3.097	3.125	−0.028
2	7798	2649	1633	3.892	3.931	−0.039	3.423	3.492	−0.069	3.213	3.240	−0.027
3	2600	1435	1334	3.415	3.416	−0.001	3.157	3.160	−0.003	3.125	3.081	0.044
4	9817	4111	1849	3.992	4.019	−0.027	3.614	3.571	0.043	3.267	3.285	−0.018
5	7691	2679	1614	3.886	3.884	0.002	3.428	3.476	−0.048	3.208	3.235	−0.027
6	6887	2679	1556	3.838	3.828	0.010	3.428	3.398	0.030	3.192	3.190	0.002
7	9247	3508	1871	3.966	4.013	−0.047	3.545	3.541	0.004	3.272	3.264	0.008
8	10740	3606	2080	4.031	4.027	0.004	3.557	3.577	−0.020	3.318	3.287	0.031

续表

No.	Obs.[a] K_d（L/kg）			lg K_d（L/kg）								
	OTC	CIP	SM1	OTC			CIP			SM1		
				Obs.	Pred.[b]	Res.[c]	Obs.	Pred.	Res.	Obs.	Pred.	Res.
9	6730	3192	1503	3.828	3.843	–0.015	3.504	3.408	0.096	3.177	3.195	–0.018
10	5358	1726	1400	3.729	3.633	0.096	3.237	3.291	–0.054	3.146	3.140	0.006
11	3334	2317	1371	3.523	3.582	–0.059	3.365	3.274	0.091	3.137	3.135	0.002
12	8072	2570	1633	3.907	3.952	–0.045	3.410	3.493	–0.083	3.213	3.239	–0.026
13	16520	4550	2193	4.218	4.049	0.169	3.658	3.585	0.073	3.341	3.290	0.051
14	5636	1888	1371	3.751	3.689	0.062	3.276	3.330	–0.054	3.137	3.161	–0.024
15	6427	2570	1556	3.808	3.795	0.013	3.410	3.364	0.046	3.192	3.169	0.023
16	8810	3443	1919	3.945	3.992	–0.047	3.537	3.529	0.008	3.283	3.258	0.025
17	8750	3508	1750	3.942	3.978	–0.036	3.545	3.534	0.011	3.243	3.263	–0.020
18	7362	2317	1570	3.867	3.871	–0.004	3.365	3.428	–0.063	3.196	3.200	–0.004
19*	5649	1849	1400	3.752	3.717	0.035	3.267	3.348	–0.081	3.146	3.172	–0.026
20*	7379	4111	1738	3.868	3.869	–0.001	3.614	3.417	0.197	3.24	3.199	0.041
21*	6209	2056	1445	3.793	3.808	–0.015	3.313	3.416	–0.103	3.16	3.206	–0.046
22*	7870	2931	1596	3.896	3.941	–0.045	3.467	3.455	0.012	3.203	3.213	–0.010
23*	8650	3192	1626	3.937	3.964	–0.027	3.504	3.520	–0.016	3.211	3.259	–0.048
24*	7798	2612	1849	3.892	3.948	–0.056	3.417	3.512	–0.095	3.267	3.258	0.009

a Obs. 表示实测值；

b Pred. 表示预测值；

c Res. 表示实测值和预测之间的残差；

* 检验集。

相比之下，SM1 在猪粪中的结合潜力相对较弱。抗生素在猪粪上不同的吸附能力也进一步导致了这 3 种抗生素在好氧堆肥过程中不同的削减效果（Pan and Chu，2016）。吸附力强可延长抗生素与畜禽粪便之间的接触时间，进而降低 OTC 和 CIP 的生物有效性（Pan and Chu，2016）。此外，吸附作用及抗生素扩散，使抗生素迁移到微生物较难进入的畜禽粪便介质的微孔甚至纳米孔隙中，暂时阻止了微生物对 OTC 和 CIP 的吸收或降解（Ge et al.，2015；Jechalke et al.，2014），通过这种暂时储存延长了畜禽粪便中 OTC 和 CIP 的停留时间。SAs 与畜禽粪便之间弱的相互作用，意味着将畜禽粪便作为肥料进入自然环境中的 SAs 更易迁移到土壤和水体环境中（Domínguez et al.，2014）。

2.3　PLS 预测模型开发

2.3.1　统计分析与模型开发

猪粪上所吸附抗生素浓度是通过对照组抗生素液相浓度减去吸附实验抗生素液相浓度计算所得（Gong et al.，2012）：

$$C_{\text{man}} = \frac{(C_{\text{b}} - C_{\text{aq}}) \times V_{\text{aq}}}{m_{\text{man}}} \tag{2.10}$$

式中，C_{man}为猪粪吸附抗生素浓度（mg/kg）；C_{aq}为吸附平衡后液相中抗生素浓度（mg/L）；C_b为对照组液相中抗生素浓度（mg/L）；V_{aq}为液相体积（L）；m_{man}为受试猪粪干重（kg）。

初步实验结果表明，虽然这些抗生素浓度在较宽的浓度范围内（达到实际环境中很少出现的高浓度水平）的等温线呈现非线性，但 3 种抗生素的吸附等温线符合 Freundlich 模型［式（2.11）］。

$$\lg C_{\text{man}} = \lg K_{\text{F}} + \frac{1}{n}\lg C_{\text{aq}} \tag{2.11}$$

式中，K_F（y 轴截距）为 Freundlich 吸附系数；$1/n$（斜率）为线性回归计算得出的 Freundlich 指数。当 $1/n = 1$ 时，式（2.11）转化为线性分配式［式（2.1）］。吸附等温线所呈现出的较宽浓度范围强调了所选污染物吸附行为趋势及多重吸附机理。如果将等温线限制在相对较低的浓度水平，在 n～1 范围内等温线方程趋近于线性方程，K_d值趋于一个常数（Radian et al.，2015）。然而，这一抗生素浓度水平也比本研究中使用的抗生素最高初始浓度要高许多，进而 3 种抗生素吸附等温线主要位于线性范围内（图 2.2～图 2.4）。因此，线性范围内等温线确定的 K_d值更适合实际情况。

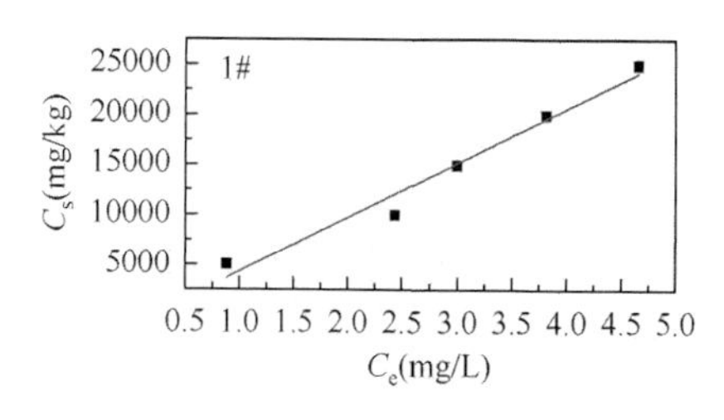

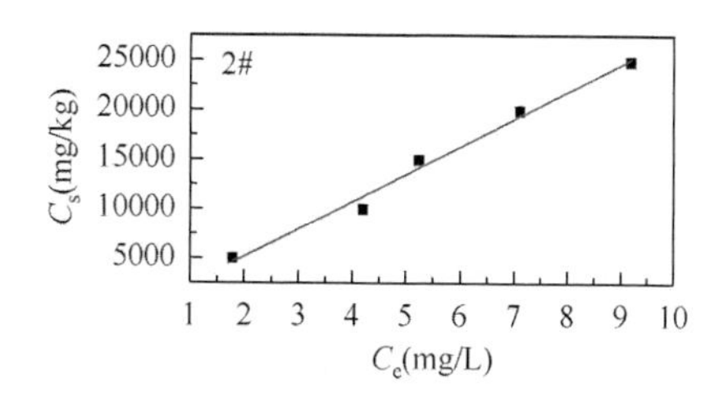

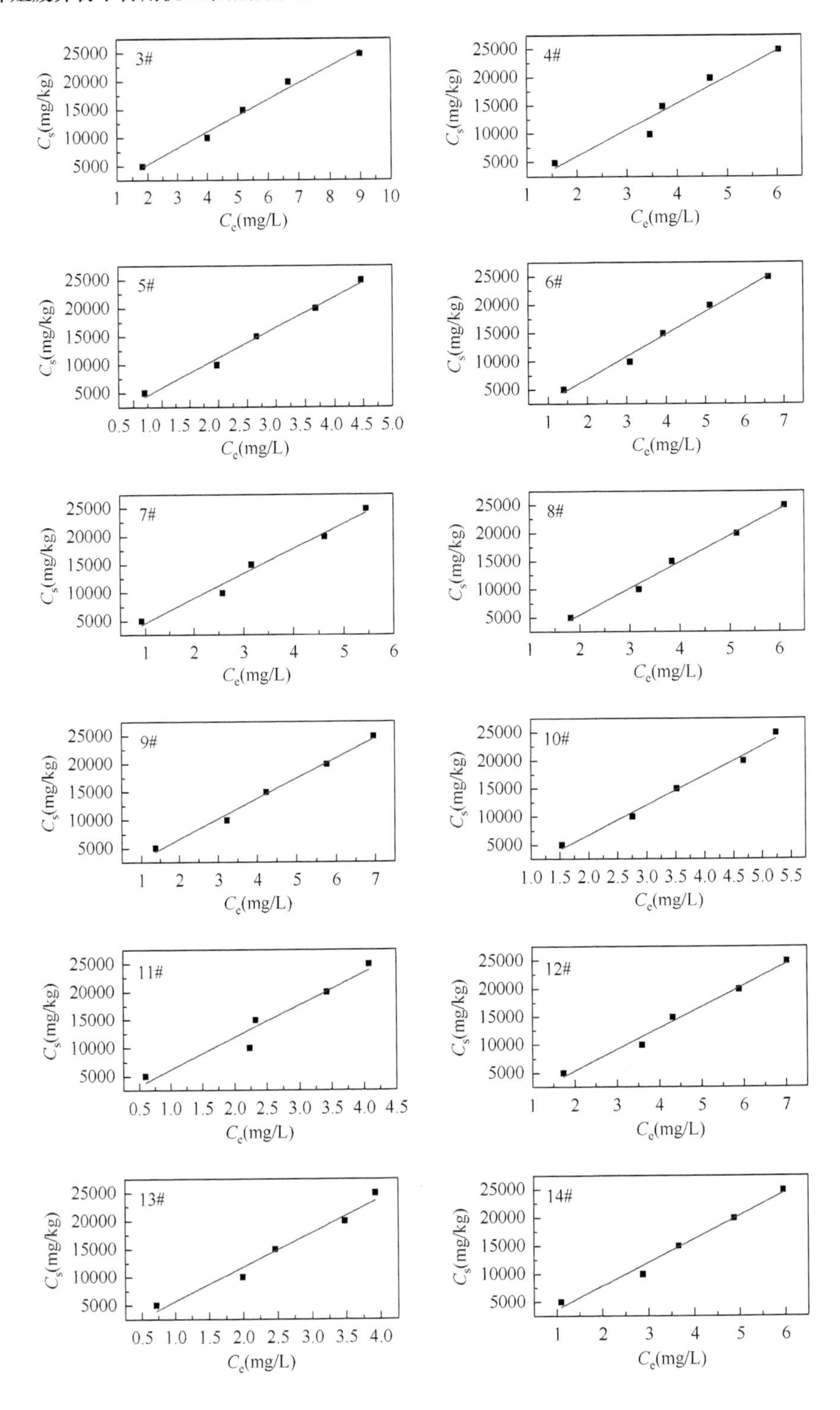

3#
4#
5#
6#
7#
8#
9#
10#
11#
12#
13#
14#
C_s(mg/kg)
C_e(mg/L)

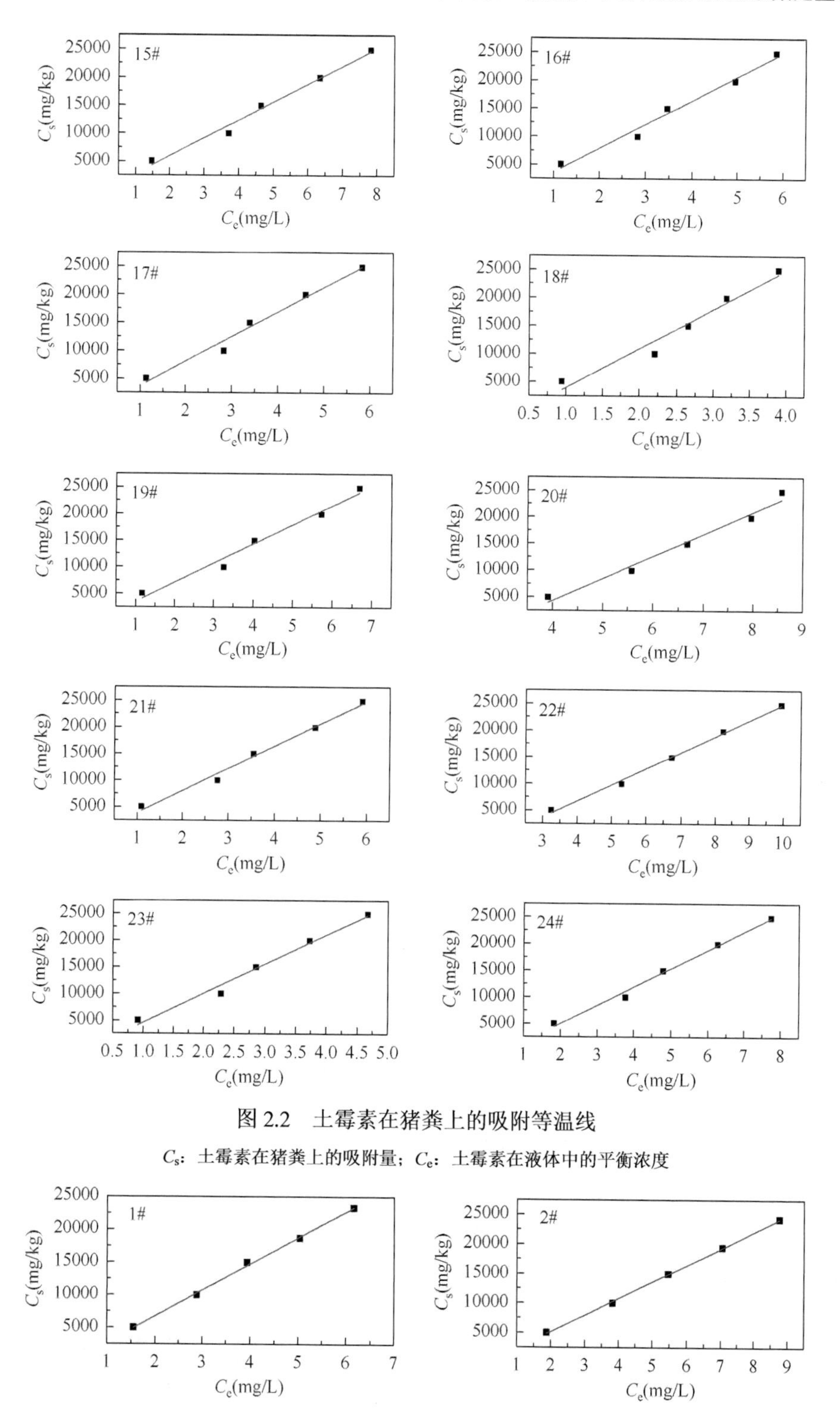

图 2.2　土霉素在猪粪上的吸附等温线

C_s：土霉素在猪粪上的吸附量；C_e：土霉素在液体中的平衡浓度

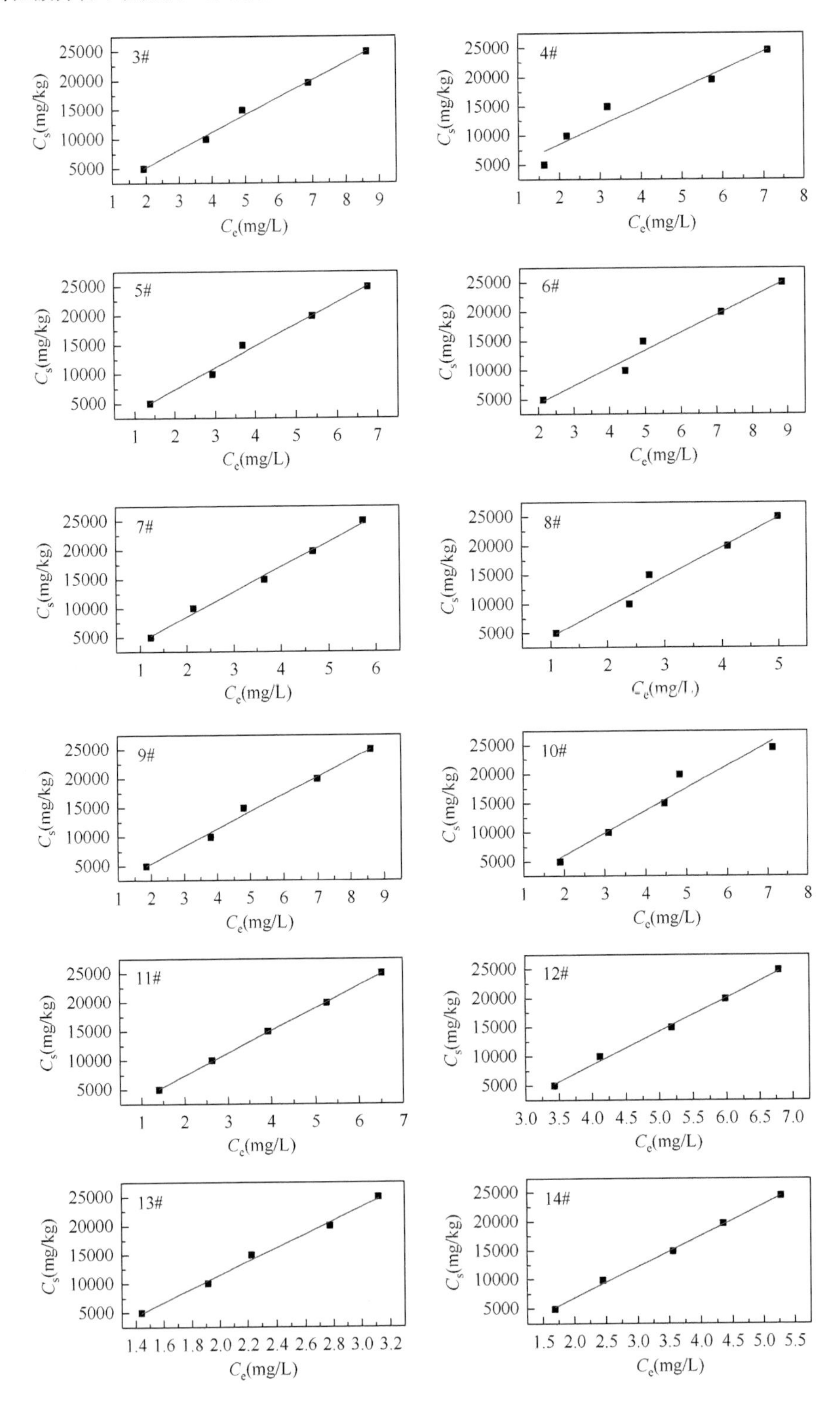
3#
4#
5#
6#
7#
8#
9#
10#
11#
12#
13#
14#
C_s(mg/kg)
C_e(mg/L)

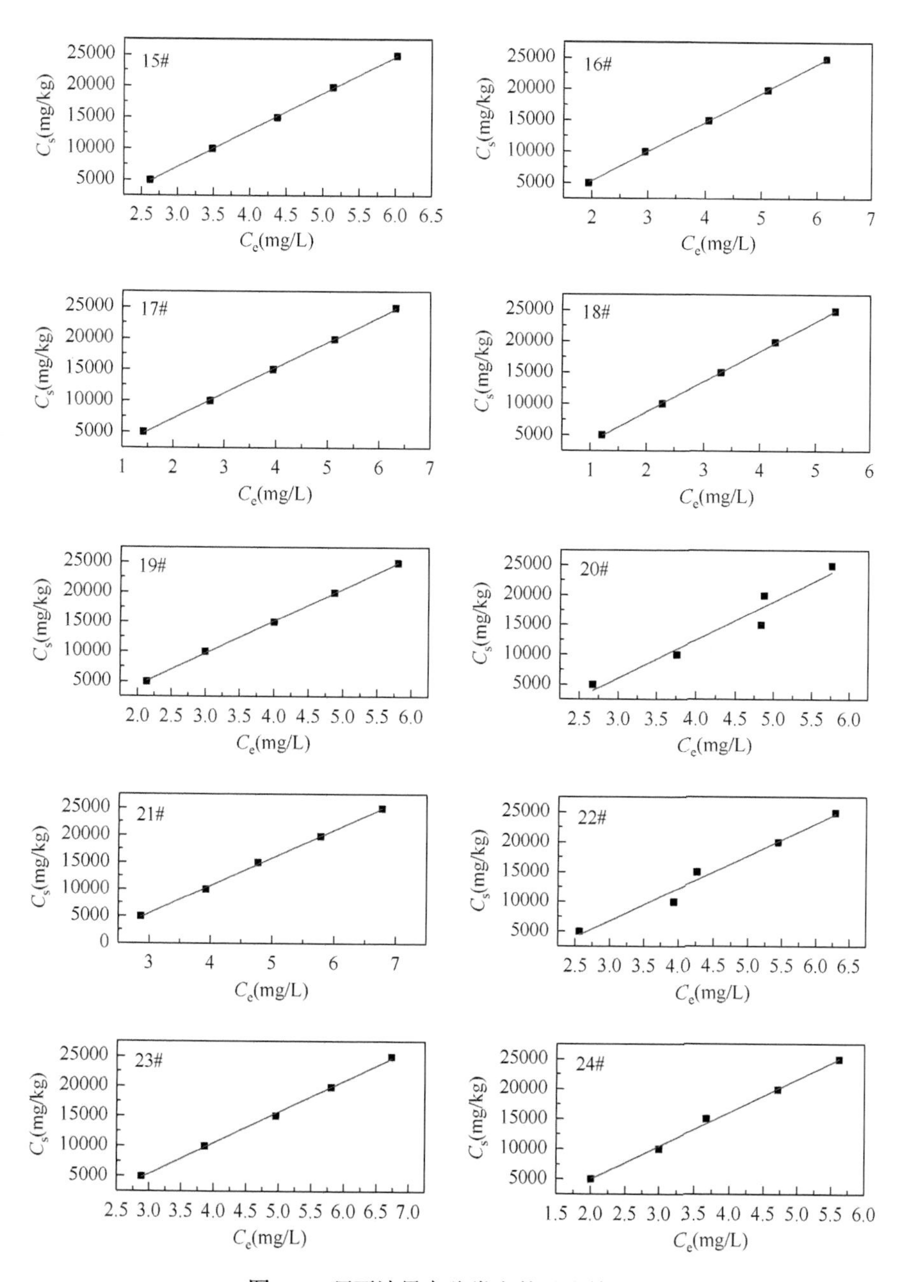

图 2.3　环丙沙星在猪粪上的吸附等温线

C_s：环丙沙星在猪粪上的吸附量；C_e：环丙沙星在液体中的平衡浓度

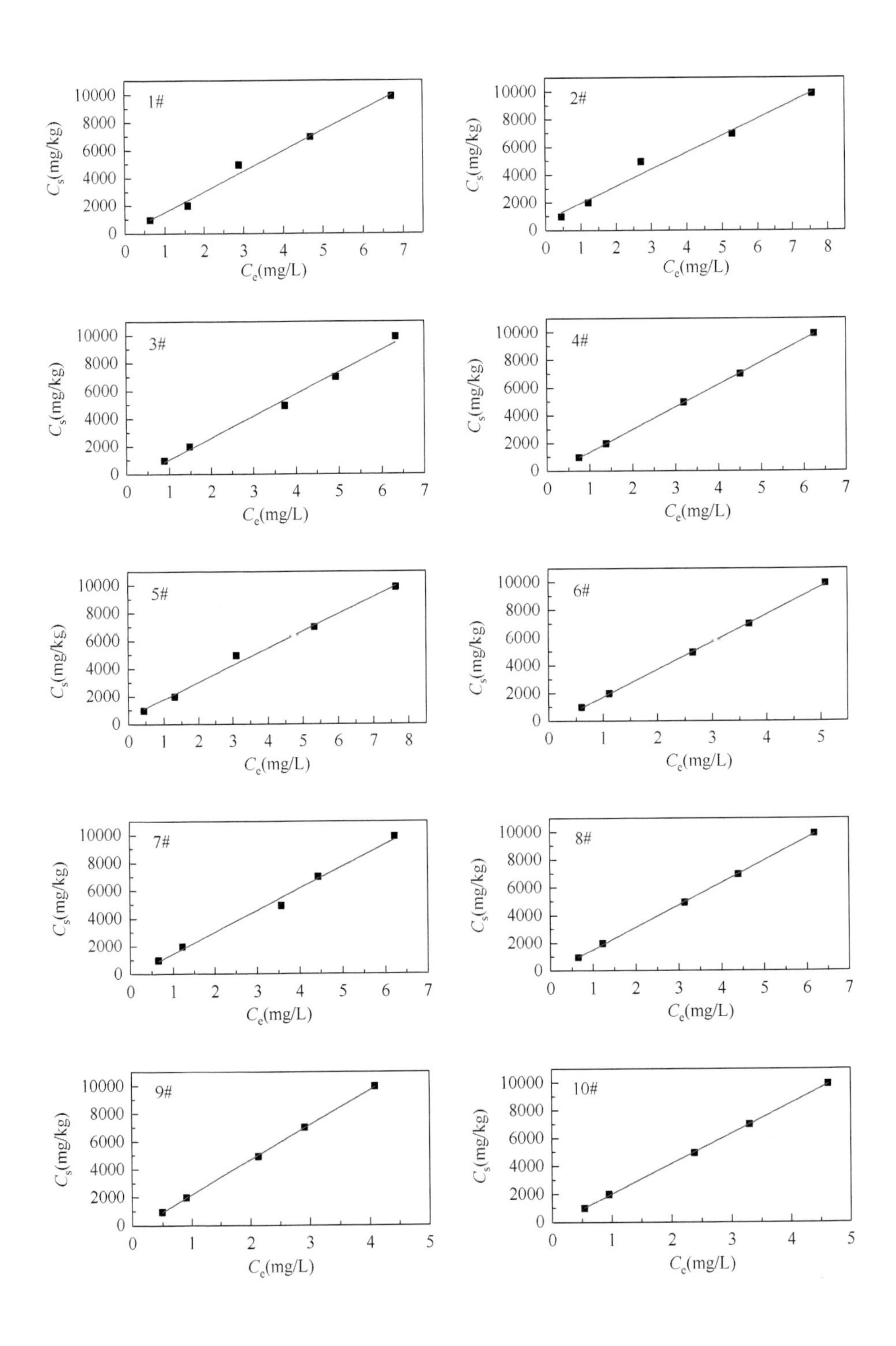
1#
2#
3#
4#
5#
6#
7#
8#
9#
10#
C_s(mg/kg)
C_e(mg/L)

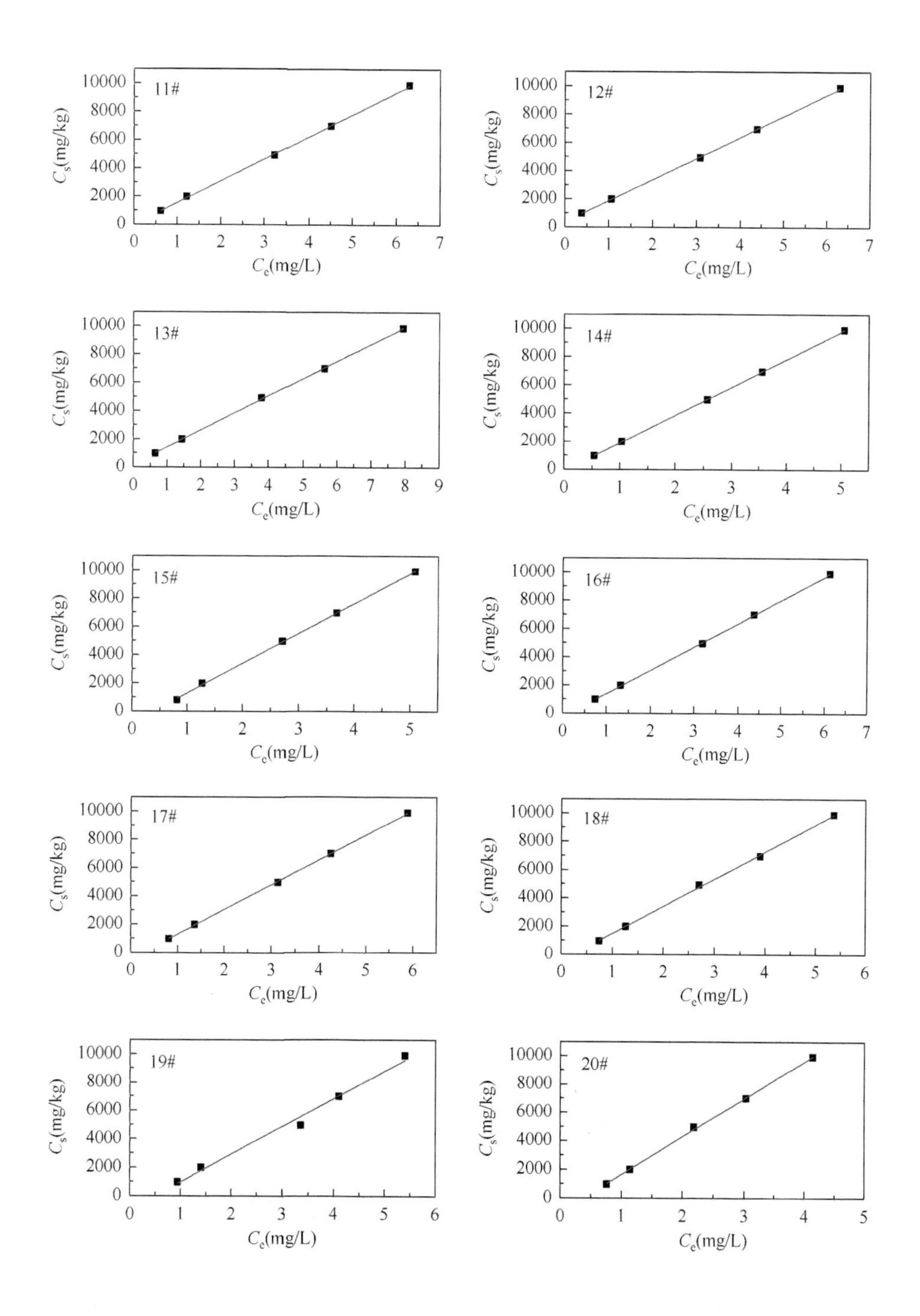
11#
12#
13#
14#
15#
16#
17#
18#
19#
20#
C_s(mg/kg)
C_e(mg/L)
0
2000
4000
6000
8000
10000

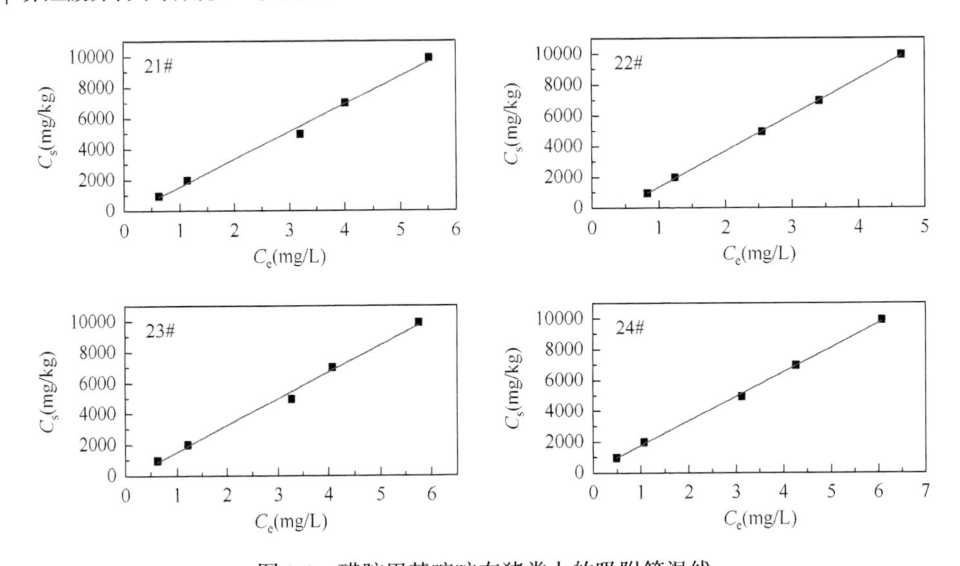

图 2.4 磺胺甲基嘧啶在猪粪上的吸附等温线

C_s：磺胺甲基嘧啶在猪粪上的吸附量；C_e：磺胺甲基嘧啶在液体中的平衡浓度

如表 2.3 所示，将 24 个猪粪样品随机分为两个子集，一组 18 个样品（75%）作为训练集，另一组 6 个样品（25%）构成检验集（Fu et al.，2016）。训练集用于开发模型，检验集用于评估开发模型的性能。

以猪粪理化性质为自变量，应用 Simca 13.0 软件（Umetrics，Umea，Sweden）中的 PLS 模块在缺省设置条件下对抗生素的猪粪-水分配系数（K_d）进行建模，构建猪粪理化性质和抗生素猪粪-水分配系数（$\lg K_d$）的函数关系（Gong et al.，2012）。PLS 中变量重要性投影值（VIP）是一个重要参数，它代表了猪粪（数据矩阵 X 轴）的每个理化变量对 $\lg K_d$（结果矩阵 Y 轴）的影响，所以那些 VIP 较大（>1）的参数对模型结果的影响高于平均值。因此，这些参数也是决定 $\lg K_d$ 的最重要因素。

模型的稳健性和预测能力主要通过以下指标进行评价：A 代表 PLS 中主成分的个数，$R^2_{X(\text{cum})}$ 和 $R^2_{Y(\text{cum})}$ 分别代表所提取的成分所能解释的自变量 R^2_X 或因变量 R^2_Y 的总方差的比例，Q^2_{cum}（累计交叉验证系数）表示所提取的所有 PLS 成分所能解释的因变量方差的比例，R^2 是拟合值和实测值之间的相关系数，P 表示模型显著性水平，SD 表示标准偏差等。一般情况下，当 Q^2_{cum} 大于 0.5 时，所建模型具有可靠性，可以进行预测。除 SD 外，其余参数均由 PLS 分析直接给出结果。SD 计算公式如下：

$$\text{SD}=\sqrt{\frac{1}{n_{\text{tr}}-A-1}\sum_{i=1}^{n_{\text{tr}}}[\lg K_{\text{d}}(\text{obs.})_i-\lg K_{\text{d}}(\text{pred.})_i]^2} \tag{2.12}$$

式中，$\lg K_d$（obs.）和 $\lg K_d$（pred.）分别为训练集中 $\lg K_d$ 的实测值和预测值；

n_{tr} 为训练集中实测值的个数；i 为训练集中不同的猪粪样品；A 为 PLS 主成分个数。

构建模型的可靠性通过外部验证系数（Q_{ext}^2）来评价（Guan and Liu，2019），计算公式如下：

$$Q_{ext}^2 = 1 - \frac{\sum_{i=1}^{n_{ext}} [\lg K_d(\text{obs.})_i - \lg K_d(\text{pred.})_i]^2}{\sum_{i=1}^{n_{ext}} [\lg K_d(\text{obs.})_i - \lg K_d(\text{obs.})_{tr}^{ave}]^2} \tag{2.13}$$

式中，$\lg K_d$（obs.）和 $\lg K_d$（pred.）分别为检验集中 $\lg K_d$ 的实测值和预测值；n_{ext} 为检验集中实测值的个数；i 为检验集中不同的猪粪样品；$\lg K_d(\text{obs.})_{tr}^{ave}$ 为整个训练集 $\lg K_d$（obs.）的平均值。

2.3.2 PLS 预测模型

通过 PLS 回归分析，建立了 $\lg K_d$ 实测值和 12 个猪粪理化性质之间的最优函数关系，构建了 OTC、CIP 和 SM1 的 $\lg K_d$ 值预测模型。在 PLS 分析过程中，模型中引入的相互作用的描述符可能导致预测结果较差，因此，必须排除相互作用的描述符并选择最优模型。VIP 值的定义是为了表明独立变量对模型的重要性。VIP 值最小的变量与 $\lg K_d$ 最为无关，因此，在优化过程中在开发下一个模型时，应该删除这个变量。模型优化过程中生成了许多模型，但只有拥有最高的 $R_{y(cum)}^2$ 和 Q_{cum}^2 的模型才被选为最佳模型。构建的 OTC、CIP 和 SM1 预测模型如下：

$$\lg K_{d(OTC)} = 5.42 - 2.25\times10^{-1}\ \text{pH} - 7.81\times10^{-3}\ \text{SOC} + 6.58\times10^{-2}\ \text{SON} - 1.90\times10^{-3}\ \text{Ca} \tag{2.14}$$

$$\lg K_{d(CIP)} = 4.39 - 1.28\times10^{-1}\ \text{pH} - 6.38\times10^{-3}\ \text{SOC} + 1.63\times10^{-2}\ \text{SON} \tag{2.15}$$

$$\lg K_{d(SM1)} = 3.65 - 5.76\times10^{-2}\ \text{pH} + 4.42\times10^{-3}\ \text{TON} - 3.48\times10^{-3}\ \text{SOC} \tag{2.16}$$

对于 OTC 预测模型，由包括 pH、SOC、SON 和 Ca 在内的 4 个重要畜禽粪便理化参数组成［式（2.14）］；CIP 模型由 pH、SOC 和 SON 组成［式（2.15）］；SM1 模型由 pH、SOC 和 TON 组成［式（2.16）］。表 2.4 列出了 3 个模型的 VIP 值及其他模型参数。

表 2.4　OTC、CIP 和 SM1 模型统计参数

模型	$R_{X(cum)}^2$ [a]	$R_{Y(cum)}^2$ [b]	A[c]	Eig[d]	Q_{cum}^2 [e]	R^2[f]	SD[g]	P[h]	VIP[i]					Q_{ext}^2 [j]
									pH	TON	SOC	SON	Ca	
OTC	0.973	0.918	3	2.42/0.935/0.542	0.868	0.912	0.064	4.37×10^{-10}	1.396		1.018	0.865	0.515	0.822

续表

模型	$R^2_{X(\text{cum})}$ [a]	$R^2_{Y(\text{cum})}$ [b]	A[c]	Eig.[d]	Q^2_{cum} [e]	R^2[f]	SD[g]	P[h]	VIP[i]					Q^2_{ext} [j]
									pH	TON	SOC	SON	Ca	
CIP	0.964	0.841	2	2.37/0.519	0.761	0.831	0.059	8.67×10^{-8}	1.178		0.968	0.822		0.743
SM1	0.964	0.856	2	2.07/0.817	0.822	0.847	0.027	3.79×10^{-8}	1.239	0.629	1.034			0.827

a $R^2_{X(\text{cum})}$ 表示提取成分所能解释自变量 R^2_X 的总方差比例；

b $R^2_{Y(\text{cum})}$ 表示提取成分所能解释自变量 R^2_Y 的总方差比例；

c A 表示 PLS 中主成分的个数；

d Eig.表示特征值，即 X 变量的个数乘以 R^2_X；

e Q^2_{cum} 表示累计交叉验证系数，表示所提取的所有 PLS 成分所能解释的因变量方差的比例；

f R^2 表示拟合值和实测值之间的相关系数；

g SD 表示标准偏差；

h P 表示模型显著性水平；

i VIP 表示表现自变量在模型中重要性的参数；

j Q^2_{ext} 表示外部校验系数。

在 OTC 模型中，$R^2_{X(\text{cum})}$ 和 $R^2_{Y(\text{cum})}$ 分别代表了所有理化参数和 $\lg K_d$ 值的累积比例，可以用选定的主成分（PCs）来解释。如表 2.4 所示，OTC 模型中选择了 3 种有效主成分，分别解释了 X 轴和 Y 轴 97.3%和 91.8%的方差。Q^2_{cum} 为 0.868，远高于作为有效预测模型 0.5（$Q^2_{\text{cum}}>0.5$）的阈值。同样，CIP 模型和 SM1 模型也具有较高的 Q^2_{cum} 值，分别为 0.761 和 0.822。3 个模型都具有较低的 SD 值，变化范围从 0.027 到 0.064。这些结果表明，3 种模型具有良好的内部预测能力。此外，OTC、CIP 和 SM1 的 Q^2_{ext} 分别为 0.822、0.743 和 0.827（表 2.4），这也表明这 3 个模型具有良好的外部预测能力。

为了评估预测模型中理化性质的重要性，表 2.4 总结了 3 个模型中畜禽粪便理化参数的 VIP 值。在 PLS 分析中，自变量 VIP 值越大（特别是大于或接近 1），越能解释模型中的因变量。OTC 模型中 pH（1.396）、SOC（1.018）和 SON（0.865）的 VIP 值较大，说明这 3 个因素在样本中的差异最能解释模型。同样，pH 和 SOC 在 CIP 模型和 SM1 模型中也发挥了重要作用。

以 3 个模型为基础，预测了 18 个猪粪样品的 $\lg K_d$ 值，所得 $\lg K_d$ 预测值与相应的实测值是一致的，这是因为实测值和预测值之间具有较小的残差（-0.028～0.169）。

基于上述 3 个模型，绘制了不同猪粪样品中 OTC、CIP、SM1 的 $\lg K_d$ 实测值和预测值之间的拟合曲线（图 2.5）。OTC、CIP 和 SM1 的 $\lg K_d$ 实测值和预测值聚集在 1∶1（95%置信区间）范围内。说明这 3 个模型能够较好地预测畜禽粪便中 OTC、CIP 和 SM1 的分配系数。较高的 R^2 值（$R^2\geqslant0.831$）和较低的 P 值（$P\leqslant3.79\times10^{-8}$）（表 2.4），也表明 3 个模型具有较高精准度。因此，经过相关验证后，这 3 个模型可以用于预测其他猪粪中抗生素的 lgK_d 值。图 2.6 所示为 OTC、CIP 和 SM1 的残差图，3 个模型绝大部分残差都落在±2SD 的范围内，同样也证明了 3 个预测模型所具有的较高精准度。

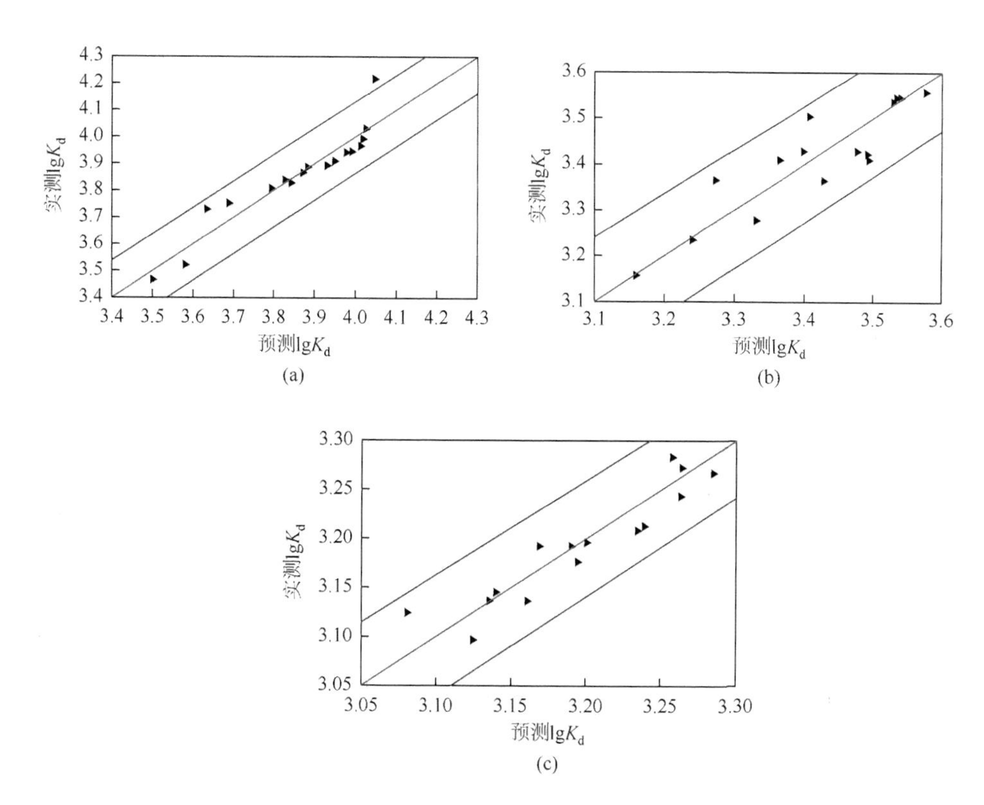

图 2.5　土霉素（a）、环丙沙星（b）和磺胺甲基嘧啶（c）模型 lgK_d 实测值与预测值的拟合关系（外边线代表 95%置信区间）

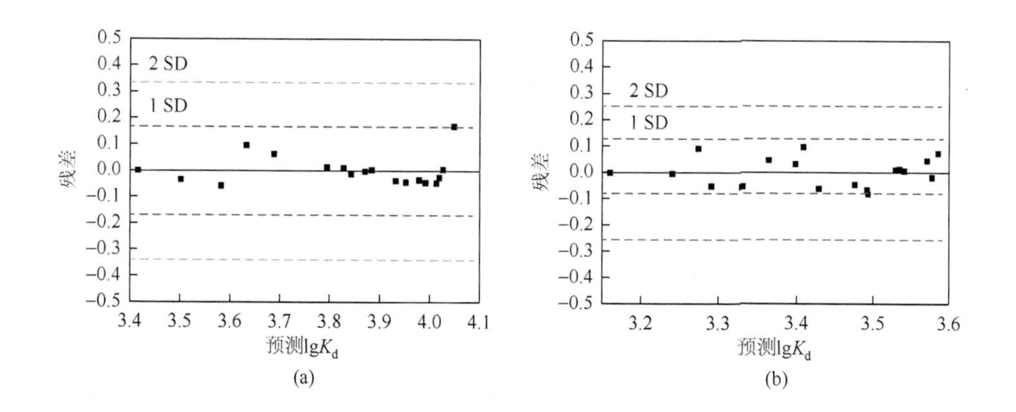

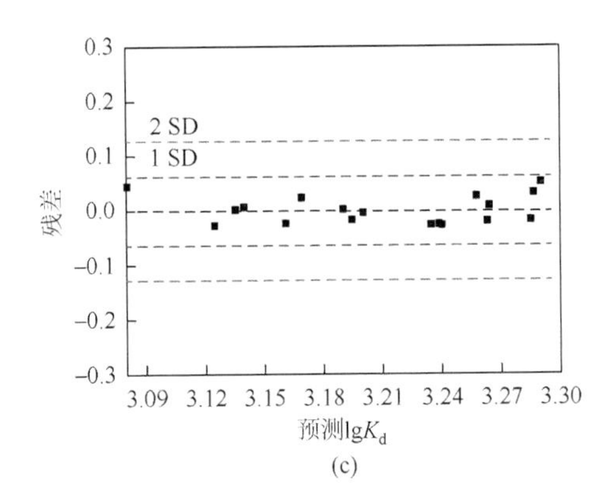

图 2.6　土霉素（a）、环丙沙星（b）和磺胺甲基嘧啶（c）的残差分析图

2.4　三种抗生素猪粪吸附机理

如表 2.4 所示，3 个模型 pH 变量的 VIP 值分别为 1.396、1.178 和 1.239，是所有被评估解释变量中的最大值。这一结果表明，3 种抗生素在猪粪和水相的分配过程中，pH 起着至关重要的作用。3 个预测模型［式（2.14）～式（2.16）］中变量 pH 的系数为负（-2.25×10^{-1}，OTC；1.28×10^{-1}，CIP；-5.76×10^{-2}，SM1），表明在较低的 pH 条件下，OTC、CIP 和 SM1 有向猪粪富集的趋势，3 种抗生素的吸附量随猪粪悬浊液中 pH 的升高而降低。

如图 2.1(a)所示，当 pH 从 5.86 上升到 8.31 过程中，OTC 存在形态从 H_3OTC^+ 或 $H_2OTC^\pm$ ($pK_{a_2}=7.32>pH>pK_{a_1}=3.27$) 变为 $HOTC^-$ ($pH>pK_{a_2}=7.32$)，从而降低了 OTC 的猪粪吸附。同样，随着 pH 从 5.86 增加到 8.31，CIP 优势态从 CIP^+ 和 $CIP^\pm$（6.18＜pH＜8.66）变为 CIP^-（pH＞8.66），而 SM1 优势态从 $SM1^\pm$（6.90＞pH＞2.06）变为 $SM1^-$（pH＞6.90）［图 2.1（b）和（c）］。pH 升高导致 CIP 和 SM1 在猪粪上吸附量的降低。

在碱性或强酸性（pH≤5.5）条件下，抗生素的吸附量较低，可能是由抗生素阴离子形态与表面富含负电荷的猪粪胶体颗粒之间静电排斥作用所引起（叶健清等，2016）。随着 pH 降低，抗生素主要存在形态逐渐转变为阳离子，静电吸附可能是影响抗生素吸附的主要因素。然而，在整个猪粪样品 pH 变化范围内（5.86～8.31），目标化合物主要以两性离子而不是阳离子物质存在（图 2.1）。因此，这 3 种抗生素吸附机理更可能是表面络合反应，而不是静电吸附。此外，抗生素吸附对 pH 的依赖性也表明，抗生素在猪粪上的吸附也包含阳离子交换，这与抗生素土壤吸附作用相一致。随着土壤 pH 升高，土壤吸附抗生素的能力降低（Gong et al.，2012）。

OTC 模型（1.018）、CIP 模型（0.968）、SM1 模型（1.034）SOC 的 VIP 值接近或大于 1（表 2.4），表明 SOC 在 OTC、CIP 和 SM1 猪粪样品吸附中起着重要作用。SOC 的系数为负值，表明 SOC 浓度增加可抑制 3 种抗生素在猪粪中的吸附，导致 $\lg K_d$ 值降低。产生这一现象的原因可能是增加了 SOC 竞争性吸附（Fu et al.，2015）。此外，Cu 和 Zn 等微量金属被广泛添加到饲料中，以促进集约化养殖场中猪的生长。这些元素以二价阳离子形式（M^{2+}，如 Cu^{2+}和 Zn^{2+}等）被排泄并积累在猪粪中（Meng et al.，2017）。畜禽粪便中抗生素与 M^{2+}进行阳离子桥联，形成 SOC-M^{2+}-OTC/CIP/SM1 三元复合物，也即在 pH 7 左右，M^{2+}可能是负电荷 SOC 和抗生素之间的桥梁。

如表 2.4 所示，SON 在 OTC 和 CIP 模型中的 VIP 值分别为 0.865 和 0.822，说明 SON 对 OTC 和 CIP 吸附有显著影响。一般来说，SON 主要成分包括铵态-N、氨基酸-N、氨基糖-N，尤其是占较大比例的氨基酸-N（Bao et al.，2008）。许多研究已表明，氨基酸-N 可以吸附到固体表面的阳离子交换位点，与金属离子形成金属配合物，但这种结合吸附能力弱，易被其他化合物攻击。因此，OTC 和 CIP 可以与氨基酸和其他 SON 物质竞争性地吸附在猪粪上，此时吸附的 SON 在这些抗生素连续吸附下会不断释放到溶液中，但必须进行深入研究，以明确 SON 对抗生素作用的潜在机制。此外，作为猪粪有机质重要组成部分，TON（包括蛋白质和氨基酸）与猪粪中无机矿物成分密切相关，因此对各种污染物的吸附必然有较大的贡献（Li et al.，2017；Shu et al.，2017；Zhang et al.，2017）。SM1 模型变量 TON 的 VIP 值和系数分别为 0.629 和 4.42×10^{-3}［表 2.4 和式（2.16）］，表明 TON 含量对 SM1 在猪粪中的吸附行为有较大影响。由式（2.16）可知 SM1 的 $\lg K_d$ 值与猪粪的 TON 含量成正比，增加猪粪中 TON 含量可以增强 SM1 对猪粪的吸附。

Ca 对猪粪的吸附能力也起着重要作用。对于 OTC 模型，变量 Ca 的 VIP 值和系数分别为 0.515 和 -1.90×10^{-3}，表明 Ca 对 OTC 在猪粪中的吸附能力也起着重要作用。这一结果可能是由于 OTC 和游离态 Ca^{2+}相结合，从而降低了猪粪样品对 OTC 的吸附。许多研究表明，OTC 很容易与 Ca 形成较强配合物。

本章通过 PLS 分析，利用 12 个具有代表性的猪粪理化参数成功地建立了 OTC、CIP 和 SM1 猪粪-水分配系数（$\lg K_d$）定量预测模型。较高的 Q^2_{cum} 和 Q^2_{ext} 与较低的 SD 值表明模型均有较高准确性；确定了影响抗生素在猪粪样品上吸附行为的主要理化参数，并对主要吸附机理进行了解释。此外，对于抗生素在猪粪上吸附机理的研究还需深入进行，明确不同吸附条件下的潜在机制，特别是对于可溶性有机氮（SON）的研究。

主要参考文献

王阳，章明奎. 2011. 畜禽粪对抗生素的吸持作用. 浙江农业学报，（2）：183-187.

叶健清，江鑫芊，王子涵，等. 2016. 土壤/沉积物吸附抗生素的机理及影响因素研究进展. 台州学院学报，38（6）：28-34.

Bailey C，Spielmeyer A，Hamscher G，et al. 2016. The veterinary antibiotic journey：Comparing the behaviour of sulfadiazine，sulfamethazine，sulfamethoxazole and tetracycline in cow excrement and two soils. Journal of Soils & Sediments，16：1690-1704.

Bao Y，Zhou Q，Yan L，et al. 2008. Dynamic changes of organic nitrogen forms during the composting of different manures. Acta Scientiae Circumstantiae，28：930-936.

Berthod L，Whitley D C，Roberts G，et al. 2016. Quantitative structure-property relationships for predicting sorption of pharmaceuticals to sewage sludge during waste water treatment processes. Science of the Total Environment，579：1512-1520.

Chen X Y，Wu L H，Cao X C，et al. 2013. An experimental method to quantify extractable amino acids in soils from southeast China. Journal of Integrative Agriculture，12：732-736.

Chen Y S，Zhang H B，Luo Y M，et al. 2012. Occurrence and assessment of veterinary antibiotics in swine manures：A case study in East China. Chinese Science Bulletin，57：606-614.

Cheng D M，Liu X H，Zhao S N，et al. 2017. Influence of the natural colloids on the multi-phase distributions of antibiotics in the surface water from the largest lake in North China. Science of the Total Environment，578：649-659.

Domínguez C，Flores C，Caixach J，et al. 2014. Evaluation of antibiotic mobility in soil associated with swine-slurry soil amendment under cropping conditions. Environmental Science and Pollution Research，21：12336-12344.

Dong W Y，Zhang X Y，Dai X Q，et al. 2014. Changes in soil microbial community composition in response to fertilization of paddy soils in subtropical China. Applied Soil Ecology，84：140-147.

Figueroa-Diva R A. 2012. Investigation of the sorption behavior of veterinary antibiotics to whole soils，organic matter and animal manure. Mansfield：University of Connecticut.

Fu H C，Guo W，Wang R Q，et al. 2015. Effect of dissolved organic matter from wheat straw or swine manure on the Cu adsorption in three Chinese soils. Soil & Sediment Contamination：An International Journal，24，624-638.

Fu Z Q，Chen J W，Li X H，et al. 2016. Comparison of prediction methods for octanol-air partition coefficients of diverse organic compounds. Chemosphere，148：118-125.

Ge J Y，Huang G Q，Huang J，et al. 2015. Mechanism and kinetics of organic matter degradation based on particle structure variation during pig manure aerobic composting. Journal of Hazardous Materials，292：19-26.

Gong W W，Liu X H，He H，et al. 2012. Quantitatively modeling soil-water distribution coefficients of three antibiotics using soil physicochemical properties. Chemosphere，89：825-831.

Guan X，Liu J. 2019. QSAR study of angiotensin Ⅰ-converting enzyme inhibitory peptides using SVHEHS descriptor and OSC-SVM. International Journal of Peptide Research & Therapeutics，25：247-256.

Guo X T，Yin Y Y，Yang C，et al. 2016. Remove mechanisms of sulfamethazine by goethite：The contributions of pH and ionic strength. Research on Chemical Intermediates，2：6423-6435.

Ho Y B，Zakaria M P，Latif P A，et al. 2013. Degradation of veterinary antibiotics and hormone during broiler manure composting. Bioresource Technology，131：476-484.

Hou J，Wan W N，Mao D Q，et al. 2015. Occurrence and distribution of sulfonamides，tetracyclines，quinolones，macrolides，and nitrofurans in livestock manure and amended soils of Northern China. Environmental Science & Pollution Research，22：4545-4554.

Hua W，Chu Y X，Fang C R. 2017. Occurrence of veterinary antibiotics in swine manure from large-scale feedlots in Zhejiang Province，China. Bulletin of Environmental Contamination & Toxicology，98：472-477.

Jechalke S，Heuer H，Siemens J，et al. 2014. Fate and effects of veterinary antibiotics in soil. Trends in Microbiology，22：536-545.

Jia A，Wan Y，Xiao Y，et al. 2012. Occurrence and fate of quinolone and fluoroquinolone antibiotics in a municipal sewage treatment plant. Water Research，46：387-394.

Li G，Wang B D，Sun Q，et al. 2017. Adsorption of lead ion on amino-functionalized fly-ash-based SBA-15 mesoporous molecular sieves prepared via two-step hydrothermal method. Microporous and Mesoporous Materials，252：105-115.

Li Y X，Zhang X L，Li W，et al. 2013. The residues and environmental risks of multiple veterinary antibiotics in animal faeces. Environmental Monitoring & Assessment，185：2211-2220.

Liu N，Wang M X，Liu M M，et al. 2012. Sorption of tetracycline on organo-montmorillonites. Journal of Hazardous Materials，225-226：28-35.

Meng J，Wang L，Zhong L B，et al. 2017. Contrasting effects of composting and pyrolysis on bioavailability and speciation of Cu and Zn in pig manure. Chemosphere，180：93-99.

Ngole-Jeme V M，Ekosse G I E. 2015. A comparative analyses of granulometry，mineral composition and major and trace element concentrations in soils commonly ingested by humans. International Journal of Environmental Research & Public Health，12：8933-8955.

OECD. 2000. OECD giuidline for testing of chemicals 106：Adsorption-desorption using a batch equilibrium method.

Ogle M. 2013. In meat we trust：An unexpected history of carnivore America. Boston：Houghton Mifflin Harcourt.

Pan B，Qiu M Y，Wu M，et al. 2012. The opposite impacts of Cu and Mg cations on dissolved organic matter-ofloxacin interaction. Environmental Pollution，161：76-82.

Pan M，Chu L M. 2016. Adsorption and degradation of five selected antibiotics in agricultural soil. Science of the Total Environment，s545-s546：48-56.

Pasangulapati V，Ramachandriya K D，Kumar A，et al. 2012. Effects of cellulose，hemicellulose and lignin on thermochemical conversion characteristics of the selected biomass. Bioresource Technology，114：663-669.

Radian A，Fichman M，Mishael Y. 2015. Modeling binding of organic pollutants to a clay-polycation adsorbent using quantitative structural-activity relationships（QSARs）. Applied Clay Science，116-117：241-247.

Selvam A，Zhao Z，Wong J W. 2012. Composting of swine manure spiked with sulfadiazine，chlortetracycline and ciprofloxacin. Bioresource Technology，126：412-417.

Shu D，Feng F，Han H L，et al. 2017. Prominent adsorption performance of amino-functionalized ultra-light graphene aerogel for methyl orange and amaranth. Chemical Engineering Journal，324：1-9.

Singh A K. 2016. Distribution，sorption and desorption of tylosin，chlortetracycline and their metabolites in pig manure. Journal of Agricultural Studies，4：65-100.

Soori M M，Ghahramani E，Kazemian H，et al. 2016. Intercalation of tetracycline in nano sheet layered double hydroxide：An insight into UV/VIS spectra analysis. Journal of the Taiwan Institute of Chemical Engineers，63：271-285.

Srinivasan P. 2013. Sorption，degradation and transport of veterinary antibiotics in New Zealand pastoral soils. Hamilton，New Zealand：University of Waikato.

Sukul P，Lamshöft M，Zühlke S，et al. 2008. Sorption and desorption of sulfadiazine in soil and soil-manure systems. Chemosphere，73：1344-1350.

Tsai W T，Liu S C，Chen H R，et al. 2012. Textural and chemical properties of swine-manure-derived biochar pertinent to its potential use as a soil amendment. Chemosphere，89：198-203.

Vaz S. 2016. Erratum to：Sorption behavior of the oxytetracycline antibiotic to two Brazilian soils. Chemical & Biological Technologies in Agriculture，3：14.

Vithanage M，Rajapaksha A U，Tang X，et al. 2014. Sorption and transport of sulfamethazine in agricultural soils amended with invasive-plant-derived biochar. Journal of Environmental Management，141：95-103.

Wang H，Chu Y X，Fang C R. 2017. Occurrence of veterinary antibiotics in swine manure from large-scale feedlot ts in Zhejiang Province，China. Bulletin of Environmental Contamination & Toxicology，98：472-477.

Zhang Y L，Lin S S，Dai C M，et al. 2014. Sorption-desorption and transport of trimethoprim and sulfonamide antibiotics in agricultural soil：Effect of soil type，dissolved organic matter，and pH. Environmental Science & Pollution Research，21：5827-5835.

Zhang Z Y，Li H Y，Liu H J. 2017. Insight into the adsorption of tetracycline onto amino and amino-Fe^{3+}functionalized mesoporous silica：Effect of functionalized groups. Journal of Environmental Sciences，65：171-178.

第3章

猪粪兽用抗生素好氧堆肥削减及微生物分子生态学机制

探明畜禽粪便中抗生素削减特征及影响因素，建立畜禽粪便抗生素好氧堆肥削减技术，从源头切断抗生素进入环境的途径，逐渐成了环境科学、农业科学等相关学科的研究热点，本章主要介绍了典型兽用抗生素在猪粪-水界面反应的转化过程及猪粪堆肥过程中的削减规律及技术等，旨在为猪粪中相应抗生素的削减提供依据。

3.1 畜禽粪便中兽用抗生素好氧堆肥削减方法的研究进展

3.1.1 畜禽粪便中兽用抗生素的污染水平

畜禽粪便中抗生素残留主要来源于未被动物机体吸收和代谢的部分。表 3.1 列举了国内外检测频率较高的四环素类、磺胺类、氟喹诺酮类和大环内酯类四大类兽用抗生素在不同畜禽粪便中的污染水平。整体而言，不同类型抗生素在畜禽粪便中的残留浓度遵循如下规律：四环素类＞氟喹诺酮类＞磺胺类＞大环内酯类（Li et al.，2015）。从各国畜禽粪便中兽用抗生素的残留情况对比结果看，除泰乐菌素（大环内酯类）和恩诺沙星（氟喹诺酮类）外，中国各种类型的兽用抗生素的残留浓度均高于世界其他国家（郭欣妍等，2014）。

表 3.1　不同类型动物粪便中兽用抗生素的浓度水平

分类	名称	浓度（mg/kg）	粪便种类	国家	参考文献
四环素类	四环素	0.11～43.5	冻干粪液	中国	Hu et al.，2010
		0.06～56.95	猪粪	中国	An et al.，2015
		0.26～57.95	猪粪	中国	Hua et al.，2017
		0.43～2.69	奶牛粪	中国	Li et al.，2013
		0.54～4.57	鸡粪	中国	Li et al.，2013

续表

分类	名称	浓度（mg/kg）	粪便种类	国家	参考文献
四环素类	四环素	0.32～30.55	猪粪	中国	Li et al.，2013
		14.1～41.2	猪粪	德国	Hamscher et al.，2005
		0.36～23	猪粪	奥地利	Martínez et al.，2007
	土霉素	0.08～183.50	冻干粪液	中国	Hu et al.，2010
		0.57～47.25	猪粪	中国	An et al.，2015
		ND.～15.68	猪粪	中国	Hua et al.，2017
		0.21～10.37	奶牛粪	中国	Li et al.，2013
		0.96～13.39	鸡粪	中国	Li et al.，2013
		0.73～56.81	猪粪	中国	Li et al.，2013
		0.21～29	猪粪	奥地利	Martínez et al.，2007
	金霉素	0.41～26.8	冻干粪液	中国	Hu et al.，2010
		1.24～143.97	猪粪	中国	An et al.，2015
		0.36～57.95	猪粪	中国	Hua et al.，2017
		0.61～1.94	奶牛粪	中国	Li et al.，2013
		0.57～3.11	鸡粪	中国	Li et al.，2013
		0.68～22.34	猪粪	中国	Li et al.，2013
		11.9	鸡粪	美国	Dolliver et al.，2008
		＜MQL～1.0	猪粪	德国	Hamscher et al.，2005
		0.119	猪粪	加拿大	Aust et al.，2008
		0.046	猪粪	澳大利亚	Martínze et al.，2007
磺胺类	磺胺甲噁唑	0.23～5.7	冻干粪液	中国	Hu et al.，2010
		0.02～18.00	猪粪	中国	An et al.，2015
		0.05～9.35	猪粪	中国	Hua et al.，2017
		0.22～1.02	奶牛粪	中国	Li et al.，2013
		0.25～7.11	鸡粪	中国	Li et al.，2013
		0.21～2.16	猪粪	中国	Li et al.，2013
	磺胺嘧啶	0.12～4.98	猪粪	中国	An et al.，2015
		0.68～46.37	猪粪	中国	Hua et al.，2017
		＜MQL～5.773	鸡粪	马来西亚	Ho et al.，2014
		＜MQL～11.3	猪粪	德国	Hamscher et al.，2005
	磺胺甲基嘧啶	0.07～4.59	猪粪	中国	An et al.，2015
		1.63～16.50	猪粪	中国	Hua et al.，2017

续表

分类	名称	浓度（mg/kg）	粪便种类	国家	参考文献
磺胺类	磺胺甲基嘧啶	0.13～8.7	猪粪	瑞士	Haller et al.，2002
	磺胺噻唑	ND.～2.6	猪粪	瑞士	Haller et al.，2002
	磺胺二甲嘧啶	0.05～1.95	猪粪	中国	An et al.，2015
		0.38～37.32	猪粪	中国	Hua et al.，2017
		0.10～0.11	奶牛粪	中国	Li et al.，2013
		0.14～0.89	鸡粪	中国	Li et al.，2013
		0.13～0.15	猪粪	中国	Li et al.，2013
		10.8	鸡粪	美国	Dolliver et al.，2008
		9.99	猪粪	加拿大	Aust et al.，2008
		0.091	鸡粪	澳大利亚	Martínze et al.，2007
		0.020	猪粪	澳大利亚	Martínze et al.，2007
氟喹诺酮类	环丙沙星	<LOD～4.3	冻干粪液	中国	Hu et al.，2010
		0.28～0.84	奶牛粪	中国	Li et al.，2013
		0.33～2.94	鸡粪	中国	Li et al.，2013
		0.31～0.96	猪粪	中国	Li et al.，2013
	恩诺沙星	0.46～4.17	奶牛粪	中国	Li et al.，2013
		0.33～15.43	鸡粪	中国	Li et al.，2013
		0.36～2.22	猪粪	中国	Li et al.，2013
		0.021～26.86	鸡粪	马来西亚	Ho et al.，2014
大环内酯类	泰乐菌素	0.22～0.28	奶牛粪	中国	Li et al.，2013
		0.23～0.34	鸡粪	中国	Li et al.，2013
		0.23～1.88	猪粪	中国	Li et al.，2013
		0.014～13.74	鸡粪	马来西亚	Ho et al.，2014
		3.7	鸡粪	美国	Zhao et al.，2010
		0.0124	猪粪	加拿大	Selvam et al.，2012b

注：ND. 表示未检出；MQL 表示方法定量限；LOD 表示检出限。

如表 3.1 所示，中国四环素类抗生素的残留水平为 ND.（未检出）～183.50 mg/kg，特别是土霉素和金霉素的污染水平最大值分别可以达到 183.50 mg/kg 和 143.97 mg/kg，四环素最高含量也可以达到 57.95 mg/kg；其他国家的变化范围为<MQL（方法定量限）～41.2 mg/kg。中国磺胺类抗生素在畜禽粪便中的残留量变化范围为 0.02～46.37 mg/kg，其中磺胺嘧啶和磺胺二甲嘧啶的最高残留量分别为 46.37 mg/kg 和

37.32 mg/kg，磺胺甲噁唑和磺胺甲基嘧啶最高残留浓度为 18.00 mg/kg 和 16.50 mg/kg；世界其他国家为＜MQL～11.3 mg/kg。中国氟喹诺酮类抗生素的残留水平变化范围为＜LOD（检出限）～15.43 mg/kg（恩诺沙星）；而马来西亚鸡粪样品中恩诺沙星的最高含量可以达到 26.86 mg/kg（Ho et al.，2014），超过了中国鸡粪样品中的最高含量。中国大环内酯类抗生素的残留浓度为 0.22～1.88 mg/kg；其他国家为 0.0124～13.74 mg/kg，其中马来西亚鸡粪样品中泰乐菌素的最高残留可达 13.74 mg/kg，高于中国和其他国家。由表 3.1 可知，虽然中国各地兽用抗生素的污染水平存在较大差异，但是均处于一个较高的残留水平，特别是四环素类抗生素。

此外，其他兽用抗生素也在畜禽粪便中有所检出，比如硝基呋喃类的呋喃唑酮（Pan et al.，2011）、双烯萜类的泰妙菌素（Hou et al.，2015）、大环内酯类的替米考星（Ho et al.，2014）和氯霉素类的甲砜霉素（Chen et al.，2012）等，其浓度最大可以达 136.9 μg/kg。相较于上述四大类常用兽用抗生素，这些抗生素在畜禽粪便中还处于相对较低的浓度水平。

3.1.2 好氧堆肥对畜禽粪便中兽用抗生素的去除

目前，中国每年有超过 8 万 t 的抗生素被用于规模化畜禽养殖场中，抗生素用药量的 30%～90%会随粪尿排出体外。因此，从源头上切断畜禽粪便中抗生素进入环境的途径意义重大。好氧堆肥作为一种主要的畜禽粪便处理方式在国内外应用广泛，通过堆肥可以使畜禽粪便养分成分更加稳定，更加有利于农作物养分吸收，同时还能改良土壤状况。

1. 好氧堆肥基本工艺与过程

好氧堆肥处理是在人工控制水分、碳氮比（C/N）和通风条件下，畜禽粪便内部温度逐渐升高，达到 60～70℃高温并且持续数天，通过好氧微生物作用，在杀灭畜禽粪便中有害病原体微生物、寄生虫、虫卵和杂草种子等的同时，对粪便中的有机物进行降解，使之矿质化、腐殖化和无害化的过程。好氧堆肥过程一般分为四个阶段：第一阶段是中温阶段（25～40℃），在这一阶段富含能量且易降解的物质充足，如碳水化合物和蛋白质，它们逐渐被真菌和放线菌等生物降解，通常称这些微生物为初级分解者。第二阶段是高温阶段（40～60℃），耐高温的有机体在这一阶段有较大的竞争优势，并逐渐在最后取代了几乎所有的中温微生物群。此阶段，分解作用的速度很快，并不断加速，直到温度达到最高。第三阶段是冷却阶段，当底物消耗达到一定量时，嗜热微生物的活力下降，温度也开始降低。第四阶段是腐熟阶段，经过这一阶段，堆肥物料不再进一步降解和产生臭味，养分成分更加稳定。目前，好氧堆肥方式大致分为自然堆肥、发酵槽堆肥和发酵塔堆肥。

（1）自然堆肥

自然堆肥是传统的堆肥方式，将基质堆积成条垛，利用好氧微生物将有机质降解，同时利用高温堆肥进行无害化处理。通常做法是将经过前处理的畜禽粪便和辅料堆成高为 1.5～2.5 m 的条形料堆，放置 15～20 d。在此期间，翻堆 1～2 次，此后静置堆放 3～5 个月即可完全腐熟，加入微生物发酵菌剂可大大缩短堆肥时间。具体的操作流程见图 3.1。

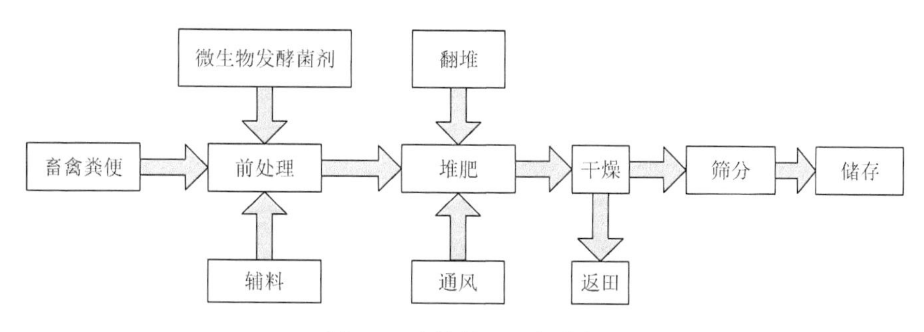

图 3.1　自然堆肥工艺流程

自然堆肥优点是成本低、设备简单、易于干燥和稳定性好，缺点是周期长、占地面积大、堆肥产生臭气影响环境和受天气影响大。本方法适合小型猪场和鸡场，以及大部分牛场和羊场。

（2）发酵槽堆肥

将新鲜畜禽粪便放入发酵槽中，调整含水率为 65%左右，使用搅拌机往复搅拌，并强制通风排湿。畜禽粪便一方面利用好氧微生物进行发酵，另一方面借助太阳能和风能得以干燥，经过 25 d 左右可以完成发酵腐熟过程。具体的操作流程见图 3.2。其中发酵槽的形式有跑道形、直线形和圆形，目前市场上大部分采用直线形，长 40～50 m，为了提高效率，大多采用并联式发酵槽，一般为 2～4 个槽子共用一套搅拌机械。

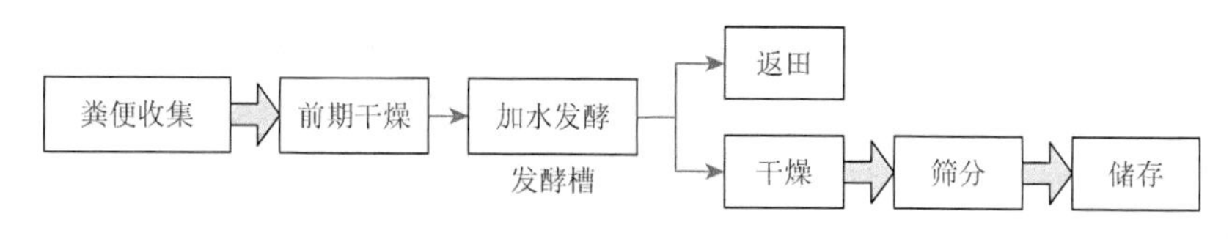

图 3.2　发酵槽堆肥工艺流程

发酵槽堆肥优点是受天气影响小、占地面积小、周期短和节省人力，缺点是成本高、操作难度大和需要进行机械的维护和更换。本方法适合大规模的养殖场。

（3）发酵塔堆肥

利用密闭型多层塔式发酵装置对畜禽粪便进行分层发酵，从顶层到底层一般有6层，顶层放置新鲜粪便，底层放置腐熟粪便，通过翻板滑动使物料逐层下移，在移动过程中完成发酵过程。具体的操作流程见图3.3。

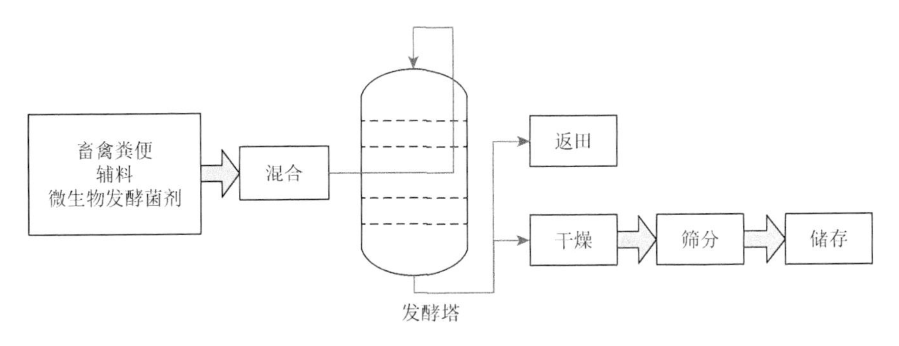

图3.3 发酵塔堆肥工艺流程

发酵塔堆肥方式占地面积很小，自动化程度高；发酵周期短，能耗低，不受天气影响；发酵在密闭的舱室中进行，臭气污染小。缺点是一次性投资大，设备后期维护和维修成本高。该方法适合大规模养猪场和养鸡场采用，尤其是自动化程度较高的养殖场。

2. 好氧堆肥过程中抗生素削减效果及影响因素

好氧堆肥作为稳定营养物质、减少畜禽粪便中的病原微生物和气味并完成畜禽养殖固废资源化再利用的一种有效方法，在某些特定条件下可以显著地减少兽用抗生素在粪便中的浓度。如上所述，自然堆肥法较为简单，应用广泛，前人对于好氧堆肥抗生素削减研究也主要采用实验室模拟条件下的自然堆肥削减方法进行，通过改变底物组成、翻堆、通气和添加外源菌剂等来调控并提高好氧堆肥畜禽粪便中抗生素的去除效率。表3.2总结了抗生素类型、初始浓度、添加方式、底物组成、堆肥温度、供氧方式等对畜禽粪便抗生素去除效果的影响。

表3.2 堆肥过程兽药抗生素在畜禽粪便中的去除

分类	名称	添加方式	初始浓度（mg/kg）	堆肥条件（底物组成；控温特点；供氧方式）	去除率(%)	堆肥时间（d）	降解速率常数（d^{-1}）	参考文献
四环素类	土霉素	单独添加	50（鲜重）	C/N = 30，含水率60%，猪粪 + 锯末；程序升温，＞50℃；人工翻堆	89.9	32		Wang et al., 2015
		单独添加	50（鲜重）	C/N = 30，含水率60%，猪粪 + 锯末（121℃高压灭菌 20 min）；程序升温，＞50℃；人工翻堆	40.9	32		Wang et al., 2015

续表

分类	名称	添加方式	初始浓度（mg/kg）	堆肥条件（底物组成；控温特点；供氧方式）	去除率（%）	堆肥时间（d）	降解速率常数（d^{-1}）	参考文献
四环素类	土霉素	饲喂添加	62.64	C/N＝40，含水率 60%，鸡粪＋废纸渣；自然升温，＞50℃；人工翻堆	74.3	20		Ravindran et al.，2016
		饲喂添加	62.64	C/N＝40，含水率（70±10）%，鸡粪＋废纸渣，蚯蚓	84.4	49		Ravindran et al.，2016
		单独添加	33	猪粪与秸秆按 10∶1 比例混合，含水率 65%；自然升温，＞50℃；间断通气	86.5	42		肖礼等，2016
		单独添加	33	猪粪与秸秆按 10∶1 比例混合，含水率 65%，白腐真菌菌剂；自然升温，＞50℃；间断通气	92.4	42		肖礼等，2016
	四环素	单独添加	10	C/N＝40，含水率 60%，猪粪＋锯末；恒定温度，55℃；人工翻堆（每 1 d）	91.6	42		Selvam et al.，2013
		单独添加	100	C/N＝25，含水率 57%，猪粪＋锯末；恒定温度，55℃；每天人工翻堆	92.5	42		Selvam et al.，2013
		混合添加	100	C/N＝25，含水率 57%，猪粪＋锯末；恒定温度，55℃；每天人工翻堆	91.6	42		Selvam et al.，2013
		单独添加	60	猪粪与秸秆按 10∶1 比例混合，含水率 65%；自然升温，＞50℃；间断通气	92.5	42		肖礼等，2016
		单独添加	60	猪粪与秸秆按 10∶1 比例混合，含水率 65%，白腐真菌菌剂；自然升温，＞50℃；间断通气	95.0	42		肖礼等，2016
	金霉素	饲喂添加	1.198	C/N＝25～30，含水率 55%～65%，牛粪＋苜蓿＋松树皮＋锯末；自然升温，＞50℃；静态通气	71	42	0.049	Ray et al.，2017
		饲喂添加	0.675	C/N＝25～30，含水率 55%～65%，牛粪＋苜蓿＋松树皮＋锯末；自然升温，＞50℃；动态翻堆	84	42	0.072	Ray et al.，2017
		混合添加	5	C/N＝～29，含水率约 55%，猪粪＋锯末；自然升温，＞50℃；通气 [0.5 L/(kg dw·min)]	100	21		Selvam et al.，2012b
		混合添加	50	C/N＝～29，含水率约 55%，猪粪＋锯末；自然升温，＞50℃；通气 [0.5 L/(kg dw·min)]	100	21		Selvam et al.，2012b
	金霉素＋差向金霉素	饲喂添加	113	C/N＝～25，含水率约 67%，牛粪＋秸秆＋木屑；自然升温，＞50℃；连续通气	98	30		Arikan et al.，2009
		饲喂添加	113	C/N＝～25，含水率约 67%，牛粪＋秸秆＋木屑；保持室温，约 25℃	40	30		Arikan et al.，2009
磺胺类	磺胺甲噁唑	单独添加	32（鲜重）	C/N＝30，含水率 60%，猪粪＋锯末；程序升温，＞50℃；人工翻堆	100	32		Wang et al.，2015

续表

分类	名称	添加方式	初始浓度（mg/kg）	堆肥条件（底物组成；控温特点；供氧方式）	去除率（%）	堆肥时间（d）	降解速率常数（d^{-1}）	参考文献
磺胺类	磺胺甲噁唑	单独添加	32（鲜重）	C/N＝30，含水率 60%，猪粪＋锯末，121℃高压灭菌 20 min；程序升温，＞50℃；人工翻堆	81.6	32		Wang et al.，2015b
		单独添加	24.03	C/N＝23，含水率 50%～60%，猪粪＋玉米秸秆；程序升温，＞50℃；每天人工翻堆	0.33	35		Liu et al.，2015
		单独添加	24.03	C/N＝23，含水率 50%～60%，猪粪＋玉米秸秆；室温，（10±2）℃；每天人工翻堆	0.08	35		Liu et al.，2015
		单独添加	24.03	C/N＝23，含水率 50%～60%，猪粪＋玉米秸秆，2000 mg Cu/kg（干重）；程序升温，＞50℃；每天人工翻堆	0.18	35		Liu et al.，2015
	磺胺嘧啶	单独添加	2	C/N＝25，含水率 57%，猪粪＋锯末；恒定温度，55℃；每天人工翻堆	100	42		Selvam et al.，2013
		单独添加	20	C/N＝25，含水率 57%，猪粪＋锯末；恒定温度，55℃；每天人工翻堆	100	42		Selvam et al.，2013
		混合添加	20	C/N＝25，含水率 57%，猪粪＋锯末；恒定温度，55℃；每天人工翻堆	100	42		Selvam et al.，2013
		混合添加	1	C/N＝～29，含水率约 55%，猪粪＋锯末；自然升温，＞50℃；通气[0.5 L/(kg dw·min)]	100	3		Selvam et al.，2012b
		混合添加	10	C/N＝～29，含水率约 55%，猪粪＋锯末；自然升温，＞50℃；通气[0.5 L/(kg dw·min)]	100	3		Selvam et al.，2012b
	磺胺甲基嘧啶	单独添加	22.75	C/N＝23，含水率 50%～60%，猪粪＋玉米秸秆；程序升温，＞50℃；每天人工翻堆	0.34	35		Liu et al.，2015
		单独添加	22.75	C/N＝23，含水率 50%～60%，猪粪＋玉米秸秆；室温（10±2）℃；每天人工翻堆	0.07	35		Liu et al.，2015
		单独添加	22.75	C/N＝23，含水率 50%～60%，猪粪＋玉米秸秆，2000 mg Cu/kg（干重）；程序升温，＞50℃；每天人工翻堆	0.23	35		Liu et al.，2015
		饲喂添加	1.200	C/N＝25～30，含水率 55%～65%，牛粪＋苜蓿＋松树皮＋锯末；自然升温，＞50℃；静态通气	97.0	42	0.188	Ray et al.，2017
		饲喂添加	0.992	C/N＝25～30，含水率 55%～65%，牛粪＋苜蓿＋松树皮＋锯末；自然升温，＞50℃；动态翻堆	98.0	42	0.149	Ray et al.，2017

续表

分类	名称	添加方式	初始浓度（mg/kg）	堆肥条件（底物组成；控温特点；供氧方式）	去除率（%）	堆肥时间（d）	降解速率常数（d^{-1}）	参考文献
氟喹诺酮类	环丙沙星	饲喂添加	1.85	90 kg 猪粪（鲜）+ 7 kg 锯末 + 6 kg 腐熟猪粪 + 8.1 kg 竹炭，含水率 61%；自然升温，＞50℃；人工翻堆（每 5 d）	98.9	45	0.085	Wang et al.，2016a
		饲喂添加	1.85	90 kg 猪粪（鲜）+ 7 kg 锯末 + 6 kg 腐熟猪粪，含水率 61%；自然升温，＞50℃；人工翻堆（每 5 d）	82.7	45	0.048	Wang et al.，2016a
		混合添加	1	C/N = ～29，含水率约 55%，猪粪 + 锯末；自然升温，＞50℃；通气[0.5 L/(kg dw·min)]	69.0	56		Selvam et al.，2012b
		混合添加	10	C/N = ～29，含水率 55%，猪粪 + 锯末；自然升温，＞50℃；通气[0.5 L/(kg dw·min)]	82.9	56		Selvam et al.，2012b
	恩诺沙星	单独添加	15	C/N = 20，含水率 6%，鸡粪 + 锯末；自然升温，＞50℃；人工翻堆	65.5	42	0.569	孟磊等，2015
		单独添加	30	C/N = 20，含水率 60%，鸡粪 + 锯末；自然升温，＞50℃；人工翻堆	60.6	42	0.630	孟磊等，2015
		单独添加	60	C/N = 20，含水率 60%，鸡粪 + 锯末；自然升温，＞50℃；人工翻堆	58.3	42	1.449	孟磊等，2015
大环内酯类	泰乐菌素	饲喂添加	0.0493	C/N = 25～30，含水率 55%～65%，牛粪 + 苜蓿 + 松树皮 + 锯末；自然升温，＞50℃；静态通气	62.0	42	0.047	Ray et al.，2017
		饲喂添加	0.0361	C/N = 25～30，含水率 55%～65%，牛粪 + 苜蓿 + 松树皮 + 锯末；自然升温，＞50℃；动态翻堆	86.0	42	0.223	Ray et al.，2017

注：dw 表示干重。

（1）抗生素类型、初始浓度及添加方式

不同类型兽用抗生素分子结构和理化性质不同，导致了其在堆肥底物上的吸附能力和对底物中微生物的抑制能力等存在差异，从而影响其在堆肥过程中的降解能力。Selvam 等（2012）比较了猪粪好氧堆肥过程中金霉素、磺胺嘧啶和环丙沙星的降解情况，金霉素和磺胺嘧啶分别于堆肥处理 21 d 和 3 d 内完全降解，而环丙沙星经过 56 d 仍有 17%～31%的残留，说明磺胺嘧啶和金霉素相对于环丙沙星更易被降解。而环丙沙星则表现为具有一定的持久性，这可能是抑制堆肥初期有机质降解的主要原因。此外，抗生素的初始浓度也可能对堆肥过程抗生素的降解产生不同的影响。孟磊等（2015）比较了 3 个浓度梯度（15 mg/kg、30 mg/kg 和 60 mg/kg）恩诺沙星在鸡粪堆肥过程中的降解情况，经过 42 d 堆肥处理，低浓度添加虽然去除率较高（65.5%），但是降解速率相比高浓度添加明显降低，说明抗生素初始浓度对于堆肥过程中抗生素降解速率具有较大影响。畜禽粪便中抗生素添加方式包括单独添加、多种混合添加和畜禽饲喂添加等，不同添加方式对堆肥过程中抗生素去除也存在不同的影响。Selvam 等（2012）比较了四环素和磺胺嘧啶单独添加和二者混合添加在猪粪堆肥过程中的削减差异，四环素单独添加去除率较混合添加略高；由于磺胺嘧啶降解速率较快，堆肥结束全部降解，两种添加方式的差异不明显。而对于环丙沙星饲喂添加去除率可达 82.7%（45 d），而堆肥前底物中添加环丙沙星去除率仅为 69%（56 d）（Selvam et al.，2012b）。

（2）堆肥温度

化学及生化反应都依赖于温度，因此温度是影响堆肥效果的重要因素。现在广泛认为好氧堆肥的温度变化可以分为四个阶段：中温阶段（也被称作起始阶段，25～40℃），高温阶段（40～60℃），冷却阶段（第二个中温阶段）和腐熟阶段。测量堆肥温度可以简单而快速地确定堆肥腐熟程度。通常来说，在合适的气温条件下，如果堆肥的温度与环境温度相近，说明堆肥产物已经高度腐熟而达到稳定。堆肥过程中，随着温度的升高，微生物活动也逐渐加强，同时也提高了对抗生素等有机污染物的降解能力。Liu 等（2015）采用人工程序控温进行高温堆肥，起始阶段：20～55℃（0～5 d）；高温阶段：55℃（6～10 d），55～50℃（11～13 d），50℃（14～16 d）；冷却腐熟阶段：50～20℃（17～35 d），并与室温（10±2）℃条件下的堆肥进行比较。结果发现，高温堆肥过程中磺胺甲基嘧啶和磺胺甲𫫇唑的降解速率常数分别是 0.34 d^{-1} 和 0.33 d^{-1}，明显高于经 35 d 室温堆肥，两者的降解速率常数分别为 0.08 d^{-1} 和 0.07 d^{-1}。Arikan 等（2009）比较了高温条件（正常堆肥自然升温）和低温条件下（保持室温）对金霉素及其差向异构体（CTC/ECTC）的去除效果。结果表明，高温和低温条件下 CTC/ECTC 去除率分别为 98%和 40%（30 d），低温条件下抗生素去除缓慢。由此可见，高温条件对于堆肥去除畜禽粪便中抗生素起着非常重要的作用。

（3）供氧方式

在堆肥中，一个最容易被技术和系统设计方案影响的因素就是堆肥中的氧气供应。如果堆肥过程中氧气含量过低，厌氧微生物活动将比好氧微生物活动强，就会发生厌氧发酵和无氧呼吸作用。因此，对系统进行稳定的氧气供应防止微生物的新陈代谢发生变化是十分重要的。通常，堆体中的氧气供应都是通过翻堆或者通气来完成。不同堆肥供氧方式对抗生素的削减效果存在一些差异。Ray 等（2017）对比了静态堆肥和动态翻堆两种供氧堆肥方式下金霉素、磺胺甲基嘧啶和泰乐菌素的降解情况。研究发现，动态翻堆 3 种抗生素的去除率变化范围为 86.0%～98.0%，明显高于静态通气的变化范围（62.0%～97.0%）；静态通气方式下抗生素的半衰期为 18.0～86.9 d，较动态翻堆条件下时间更长。Dolliver 等

(2008) 也对比了简单堆放、机械翻堆和通气加旋转筒翻堆 3 种堆肥方式下金霉素、磺胺二甲嘧啶、泰乐菌素和莫能菌素的去除情况。结果发现，机械翻堆的高温期和最高温度都明显大于简单堆放，通气旋转筒反应器式堆肥可将中温期缩短，迅速转为高温期并保持在 60℃以上。尽管 3 种方式最终对这 4 种抗生素的去除率相似，但简单堆放抗生素降解速率最慢，半衰期最长。

(4) 底物组成

在堆肥过程中，底物指用来堆肥的废弃物。和其他生物过程相类似，底物的物理和化学性质是堆肥过程可行性的决定因素。通常在畜禽粪便中添加秸秆、锯末、木屑和废纸渣等辅料来调节堆体碳氮比（C/N），有助于堆体自然升温和微生物数量及活性的提高，同时也促进了农业废弃物资源化综合利用。Qiu 等（2012）以不添加辅料为对照，研究了猪粪和鸡粪中添加稻草和锯末对堆肥过程中 4 种磺胺类抗生素（SAs）的削减作用。结果发现，添加稻草和锯末对 SAs 的去除率（93.15%～100%）较单独畜禽粪便堆肥（62.23%～100%）显著提高；而且添加稻草较添加锯末更容易被微生物利用，表现出了对 SAs 更大的去除率，其中，猪粪中不添加辅料、添加锯末和添加稻草对磺胺甲基嘧啶去除率分别为 83.61%、99.78%和 100%。Wang 等（2015b）研究发现底物正常条件和灭菌条件下土霉素和磺胺甲基嘧啶的堆肥降解存在显著差异，正常条件下土霉素和磺胺甲基嘧啶的去除率分别为 89.9%和 100%（32 d），而灭菌条件下土霉素和磺胺甲基嘧啶的去除率明显下降，分别为 40.9%和 81.6%（32 d）。因此，堆肥过程中通过辅料的添加来调整和强化微生物的种类和数量，这对加速堆肥进程、提高堆肥质量和增强抗生素去除效率起着非常重要的作用。此外，相关的研究也表明在堆体中添加其他调节剂也能加强堆肥对抗生素的去除效率，如外源菌、生物炭和金属离子等（Liu et al.，2015；肖礼等，2016）。堆肥过程中也可以引入蚯蚓进行有机质的消化分解。Ravindran 等（2016）研究了普通鸡粪堆肥和蚯蚓鸡粪堆肥对土霉素的去除影响。研究发现，虽然蚯蚓堆肥对土霉素的去除率（84.4%，49 d）较普通堆肥（74.3%，20 d）有所提高，但是堆肥时间却较普通堆肥延长了 29 d。

近年来，随着集约化畜牧业以及配合饲料工业的不断发展，畜禽养殖中抗生素使用量在不断增大，已经成为环境中抗生素污染物的重要来源。在当前无法全面禁止使用兽用抗生素来减少源头污染的背景下，从抗生素引入环境的第一步，即畜禽养殖废弃物入手研究其去除特征和机制，开发既能够强化抗生素的去除又能提高畜禽粪便资源化利用的综合技术体系具有非常重要的意义。

3.2 猪粪堆肥土霉素、环丙沙星和磺胺甲基嘧啶削减规律

四环素类（TCs）、氟喹诺酮类（FQs）和磺胺类（SAs）是我国常用且检出频

率较高的 3 类兽用抗生素。据报道，我国不同地区猪粪中环丙沙星（CIP）、磺胺甲基嘧啶（SM1）和土霉素（OTC）最高检出浓度分别可达 10 mg/kg、17 mg/kg 和 354 mg/kg（Hou et al.，2015；Wang et al.，2017）。由于我国生猪产量逐年递增，猪粪也已成为环境抗生素重要来源之一（Hou et al.，2015），此外，由于直接施用未处理猪粪作为肥料，农田很容易受到抗生素污染（Tang et al.，2015）。因此，迫切需要大量减少或切断抗生素通过猪粪施用进入环境中的通道。以往研究表明，好氧堆肥可以有效去除猪粪中残留的抗生素。Selvam 等（2012b）发现，分别经过 21 d 和 3 d 堆肥处理，堆体内金霉素和磺胺嘧啶可完全去除；但是却有 17%～31%的环丙沙星残留在堆体中。由于有机质对氟喹诺酮类抗生素具有较高的吸附性能，在猪粪高温堆肥样品中检测到诺氟沙星和氧氟沙星是主要抗生素，浓度分别可达 1192 μg/kg 和 1802 μg/kg，明显高于相应猪粪样品中含量（Xie et al.，2016）。当前研究主要以单独添加抗生素畜禽粪便堆肥削减为主，对于多种抗生素混合添加堆肥削减研究较少。

畜禽粪便中残留抗生素可以对抗生素耐药菌和 ARGs 产生选择性压力，这些细菌和 ARGs 可以通过多种途径进入环境，尤其是畜禽粪便农田施用（He et al.，2016；Tang et al.，2015）。由猪粪施用引起的这些相应 ARGs 传播已被频繁报道（He et al.，2016）。四环素类抗性基因（TRGs）包括编码核糖体保护蛋白（RPP）、外排泵蛋白（EFP）和酶灭活蛋白（EI），磺胺类抗性基因（SRGs）和氟喹诺酮类抗性基因（FRGs）在猪粪和粪肥改良土壤中普遍存在（Tang et al.，2015；Wang et al.，2015a）。这些 ARGs 除了通过细菌繁殖传播外，环境细菌间 ARGs 的水平转移（HGT）也发挥着重要作用。通过 HGT 的转移，可以在不同菌株、不同种属细菌中产生新抗生素耐药性，这可能是对人类健康和环境安全的潜在危害。

抗生素存在之所以会对 ARGs 产生选择性压力，是因为某些 ARGs 与抗生素浓度之间存在一定关系。研究也已表明，堆肥过程可以有效减少堆体内 ARGs 丰度（Selvam et al.，2012a；Wallace et al.，2018）。但也有研究表明，猪粪高温堆肥不能阻止 ARGs 扩增（Wang et al.，2015b）。然而，目前关于猪粪好氧堆肥过程中土霉素、磺胺嘧啶、环丙沙星及相关 ARGs 归趋所知甚少。探索这些抗生素与相关 ARGs 之间的动态关系，对有效减少堆肥过程中残留的抗生素和 ARGs 具有重要意义。

鉴于此，本节主要研究内容为：①探究不同抗生素添加方式对抗生素猪粪堆肥削减影响；②考察 C/N、含水量和供氧方式对堆肥的影响；③量化堆肥过程中三种抗生素相应 ARGs 的动态变化及与理化条件间的相互关系。研究旨在为猪粪中抗生素削减技术的建立提供依据。

3.2.1　堆肥试验设计与研究

猪粪样品收集于北京市大兴区一大型养猪场。将新鲜猪粪样品摊开，15～20℃风干至含水率＜30%，粉碎并通过 5 mm 筛网进行筛分。然后对所得＜5 mm 猪粪样品进行理化性质及抗生素含量分析。猪粪样品 pH 为 7.57，总有机碳（TOC）为 29.62%，总氮（TN）为 2.50%。所收集猪粪样品未检测到 CIP 和 SM1，而 OTC 含量低于方法定量限(MQL)。小麦秸秆和锯末 TOC 含量分别为 44.63%和 49.27%，TN 含量分别为 1.13%和 0.09%。

本节堆肥试验在北京市大兴区一有机肥厂进行。采用泡沫盒作为堆肥反应器（图 3.4）。将水分含量小于 30%的猪粪样品分别添加 OTC、SM1 和 CIP（抗生素单一添加处理）和混合添加（抗生素混合添加处理），两种浓度水平分别为：高浓度（200 mg/kg OTC、10 mg/kg SM1、10 mg/kg CIP 或 200 mg/kg OTC + 10 mg/kg SM1 + 10 mg/kg CIP）和低浓度（20 mg/kg OTC、1 mg/kg SM1、1 mg/kg CIP 或 20 mg/kg OTC + 1 mg/kg SM1 + 1 mg/kg CIP）。为了达到均匀分布，将目标抗生素水溶液通过手动喷雾器喷洒在猪粪上，并不断搅拌。然后，将添加抗生素猪粪样品置于避光通风条件下平衡 2 d，并在此期间定期搅拌。由于平衡过程中会有部分抗生素损失，因此正式堆肥前重新测定了堆肥过程中目标抗生素初始浓度。

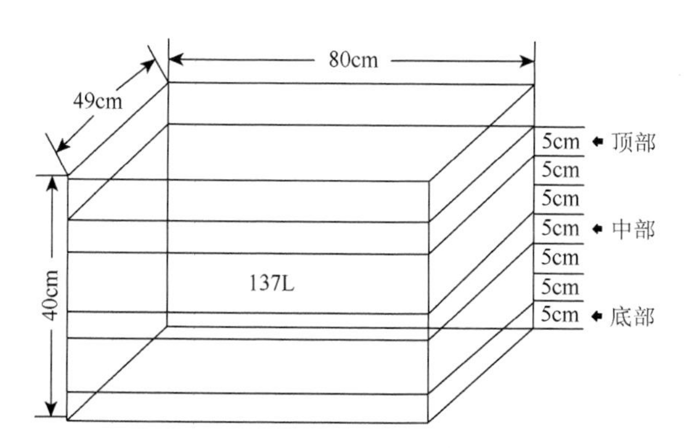

图 3.4　箱体尺寸、堆肥体积及取样位置（顶部、中部及底部）示意图

本试验共设置了 9 个处理。每一个处理将小麦秸秆（8.76 kg，dw）和锯末(3.75 kg，dw)与猪粪(15 kg，dw)均匀混合，C/N 和含水率分别调节至～25 和～55%。然后将这些混合均匀的堆肥底物置于泡沫箱中，堆体体积约为 137 L。每个处理重复 3 次。考虑到堆肥产品的未来使用，堆肥过程中堆体内水分不进行连续调节。堆肥处理周期为 42 d，第一周每天翻堆 1 次，第一周后每 2 d 翻堆 1 次，以

保持好氧条件和材料的均匀性。堆肥过程中，采用土壤温度记录仪（ZRD-20T，杭州泽大仪器有限公司，浙江）连续检测堆体温度。如图 3.4 所示，分别在第 0 d、3 d、5 d、7 d、17 d、21 d、28 d 和 42 d，从箱体底部、中部和顶部各取 3 个样品，充分搅拌后制备堆肥混合样品。每个混合堆肥样品一分为三：一部分用于即时测量含水率、pH 和小麦种子发芽指数（GI）；一部分是冷冻干燥后进行 TOC、TN 和抗生素分析；其余样品储存在–80℃超低温冰箱中用于 ARGs 丰度分析。

采用温度记录仪每天记录 4 次堆体温度。采用失重法，在 105℃下烘干新鲜混合堆肥样品至恒重，测定含水率。采集的混合堆肥样品先经冷冻干燥，用球磨仪研磨并过 1 mm 筛后进行理化性质分析。pH 采用 Mettler-Toledo SevenEasy pH 计对堆肥样品（堆肥样品∶水 = 1∶10，*w/v*）悬浊液进行测定。采用 Walkley-Black 法和 Kjeldhal 法分别测定堆肥样品总有机碳（TOC）和总氮（TN）浓度。

按照 Wang 等（2015b）提供的方法测定 GI，用小麦种子（*Triticum aestivum* L.）作为试验种子。将采集的新鲜堆肥混合样品 4.0 g 加入 40 mL 杀菌水中，用旋涡仪充分混合后，于 28℃避光条件下 200 r/min 振荡 24 h，然后 2000×*g* 离心 10 min。然后，将 5 mL 浸提液（上清液）移入内衬两张滤纸的无菌塑料培养皿（*Ø* 90 mm）中。空白对照采用无菌水。取 10 粒饱满小麦种子均匀排布在浸满浸提液或无菌水的滤纸层上，在 28℃条件下培养 48 h。GI 计算公式如下：

$$\text{种子发芽率}(\%)=\frac{\text{供试种子的发芽数}}{\text{供试种子数}}\times 100 \tag{3.1}$$

$$\text{GI}(\%)=\frac{\text{浸提液种子发芽率}\times\text{浸提液种子总根长}}{\text{对照种子发芽率}\times\text{对照种子总根长}}\times 100 \tag{3.2}$$

样品处理和抗生素检测：采用 Ho 等（2013）所述方法提取并分析了堆肥样品中 OTC、CIP 和 SM1 含量。准确称取 1.0 g 冻干样品置于 10 mL 离心管中，加入各自内标（100 ng）搅拌均匀后放置 4 h。然后量取 5 mL 提取缓冲液［MeOH∶ACN∶0.1 mol/L EDTA∶McIlvaine 缓冲液（pH 4）= 30∶20∶25∶25］置于堆肥样品中，旋涡混合 30 s 后，放入超声波水浴中超声萃取 10 min。离心管在 4000 r/min 离心机中于 4℃下离心 10 min，将上清液倒入 500 mL 棕色玻璃瓶中。将管底部沉积样品按照上述步骤再提取两次，将上清液合并后用超纯水稀释至 500 mL，加入 4 mL Na_2EDTA（5%，*w/v*）溶液，H_3PO_4（30%，*v/v*）调节 pH 至 2.0～2.5。然后将提取液联通固相萃取装置，采用 Oasis HLB 固相萃取柱（Waters，500 mg，6 mL）富集并净化。富集完成后，用 10 mL 超纯水淋洗 HLB 固相萃取柱并在氮气保护下干燥大约 1 h，用 10 mL 甲醇洗脱。最后，取 1 mL 洗脱液经 0.22 μm 疏水性聚四氟乙烯膜过滤后，置于 2 mL 棕色进样瓶，并保存于–20℃冰箱中（<1 周），待 HPLC-MS/MS 上机分析。

抗生素检测采用 Agilent 1200 高效液相色谱系统（Agilent Technologies，USA），连接 Sunfire C_{18} 色谱柱（3.5 μm，150 mm×4.6 mm，Waters，USA），串联 Agilent 6410 三重四极杆质谱分析仪配备电喷雾离子源（ESI），多反应离子检测模式（MRM）检测提取液中抗生素含量。

具体检测方法及仪器参数详见 2.2.3 节。

色谱梯度淋洗条件为：以含 0.1%甲酸的水溶液（A）和含 0.1%甲酸的乙腈溶液（B）为流动性进行梯度洗脱，流速为 0.2 mL/min，进样量为 10 μL。经优化后的梯度洗脱过程如下：0～5 min，100%至 90%（A）；5～8 min，线性梯度洗脱至 70%（A）；8～11 min，线性梯度洗脱至 40%（A）；11～20 min，线性梯度洗脱至 70%（A）；20～25 min，线性梯度洗脱至 90%（A）；最后 5 min，线性梯度洗脱回到 100%（A）。

质谱条件如下：离子源温度和脱溶剂温度分别为 100℃和 300℃，毛细管电压为 3.0 kV，氮气作为雾化气与脱溶剂气，其流量分别为 25 L/h 和 630 L/h。第一级四极质谱仪采用母离子扫描方式，碰撞气为氩气（3.6×10^{-3} mbar）。驻留时间为 100 ms/离子对。保留时间和其他质谱参数列于表 3.3。

表 3.3　保留时间和其他液质联用质谱参数

抗生素名称	保留时间（min）	母离子质荷比（*m/z*）	子离子质荷比（*m/z*）（%丰度）
四环素	9.73	445	427（100），410（75）
土霉素	9.69	461	426（100），443（30）
磺胺噻唑	13.36	256	156（100），108（16）
磺胺甲基嘧啶	13.82	279	156（100），204（20）
磺胺嘧啶	11.61	251	92（100），108（90）
红霉素	14.12	716	539（100），522（70）
罗红霉素	14.35	837	158（100），697（30）
螺旋霉素	10.09	843	231（100），422（10）
氧氟沙星	9.28	362	318（100），261（10）
诺氟沙星	9.90	320	302（100）

采用稳定同位素标记内标（NOR-d5、SDZ-d4、TC-d6）配合相对响应因子（RRF）测定并量化目标抗生素的浓度。采用目标抗生素对猪粪基质进行加标回收率研究。利用采集来的空白猪粪样品（无抗生素残留）配制不同浓度的加标样品，

然后按照上述方法提取后进行检测。回收率的计算是通过比较检测响应（DR）和加入等量浓度抗生素于 10 mL 甲醇洗脱液中的 DR。DR 通过内标物峰面积和目标化合物峰面积计算。

方法检测限（MDL）是通过在空白猪粪样品中添加已知浓度目标抗生素，而后进行上述预处理后，按照上述抗生素检测方法重复测试 7 次，以仪器信噪比（S/N）介于 2.5～5 之间来确定。MDL 的计算如式（3.3）所示：

$$\mathrm{MDL} = t_{(n-1,1-\alpha=0.99)} \times \mathrm{SD} \tag{3.3}$$

式中，$t_{(n-1,1-\alpha=0.99)}$ 为 99%置信水平下 Student-t 值，以及 n–1 自由度下标准偏差估计值（7 次重复，$t = 3.14$）；n 为重复次数；SD 为重复检测标准偏差。而方法定量限（MQL）则为相同条件下 10 倍 SD。

此外，为了监控可能的干扰源，进行了程序空白实验。除了没有目标抗生素或没有堆肥样品外，按照与堆肥样品相同程序制备程序空白。表 3.4 列出了堆肥样品中 3 种抗生素的回收率、方法检测限（MDL）和方法定量限（MQL）。

表 3.4　堆肥样品中 3 种抗生素的回收率、方法检测限（MDL）和方法定量限（MQL）

抗生素	R^2	回收率（%）（RSD）（$n = 4$）				MDL（μg/kg dw）	MQL（μg/kg dw）
		10 ng/g	50 ng/g	100 ng/g	500 ng/g		
土霉素	0.998	78（8）	83（5）	89（4）	84（7）	4.3	13.7
环丙沙星	0.997	70（10）	75（5）	74（7）	86（10）	3.7	10.8
磺胺甲基嘧啶	0.999	62（17）	68（12）	73（10）	78（11）	2.4	7.6

所有样品分析 3 次平行值，程序空白（无目标抗生素或堆肥样品制备）监控可能干扰源，检测结果相对标准偏差小于 10%。采用一阶动力学方程拟合 3 种抗生素削减动力学模型：

$$\frac{\mathrm{d}C}{\mathrm{d}t} = -kC \tag{3.4}$$

式中，C 为 t 时刻目标抗生素浓度；k 为速率常数。使用 $t_{1/2} = \ln 2/k$ 计算抗生素半衰期（$t_{1/2}$）。

3.2.2　堆肥效果评估

好氧堆肥是一个微生物发酵过程，所以它会受到微生物系统中各种环境因素影响。堆体中影响微生物生长及繁殖的环境因素包括温度、pH、水分含量以及底物（即所含的基本营养元素），这些影响因素共同决定了有机质降解速度和程度。这些因素总体越接近于最优条件，堆肥速度就会越快。好氧堆肥是微生物氧化降解混合有机物质的过程，是一个放热过程，这个放热过程可产生相当大的能量，但其中只有 40%～50%的能量可以被微生物用来合成 ATP，剩余的能量都以热的形式损失。大量的热造成堆体温度不断上升，因此堆体温度是指示堆肥质量和堆肥顺利进行的关键指标之一。如图 3.5（a）所示，根据堆肥温度变化，将整个堆肥过程分为 4 个阶段：中温阶段（20～40℃，第 0～1 d），高温阶段（35～65℃，第 2～6 d），冷却阶段（第二个中温阶段，65～40℃，第 7～21 d）和后腐熟阶段（40～25℃，第 22～42 d）。总营养元素平衡最重要的一点就是有机碳和氮总量之比（C/N）。如图 3.5（b）所示，随着堆肥时间进行，各处理 C/N 逐渐降低，在高温阶段下降较快。这是因为微生物对含碳化合物的矿化作用，使碳以 CO_2 形式损失。堆肥结束时，堆肥不同处理 C/N 约为 20，说明堆肥腐熟较完全（Wang et al.，2015b）。2 种 SM1 处理 C/N（～16）较其他处理要低，表明这 2 种处理细菌活性和生物量都比真菌要高（Malik et al.，2016；Wang et al.，2015b）。水对于所有微生物活动都是必不可少的，并且整个堆肥循环中都需要适当的水。高速产热使得蒸发散热在堆肥过程中带走了大量的水分。随着堆肥过程的进行，堆体含水率不断下降。堆肥结束时，堆体含水率在 34.1%～41.9%（*w/w*）之间变化［图 3.5（c）］，可有效抑制微生物活性，进而达到堆肥稳定。所有处理 pH 均在 5 d 内由 7.78 降至 6.02，然后又在后续 37 d 逐渐升高至 8.5 左右［图 3.5（d）］。

GI 是反映堆肥腐熟度的实用指标（Wang et al.，2015b）。如图 3.5（e）所示，所有处理 GI 在第 3 d 达到最小值，其变化范围为 43.4%～51.5%，表明高温期不能完全消除堆体中有害物质，从而抑制了小麦种子萌发。堆肥结束时，9 种处理 GI 均高于 80%，表明各处理堆体腐熟程度较好。3 种抗生素混合添加的 2 个处理（混合-高浓度，GI 85.5%；混合-低浓度，GI 81.9%）及低浓度单独添加 CIP（GI，85.4%）相较于对照组（GI，87.6%）对种子萌发有轻微抑制作用。对于其他抗生素也有类似试验结果（Selvam et al.，2012b）。同时，抗生素添加并没有延缓堆肥过程，这与之前试验结果一致（Wang et al.，2015b）。

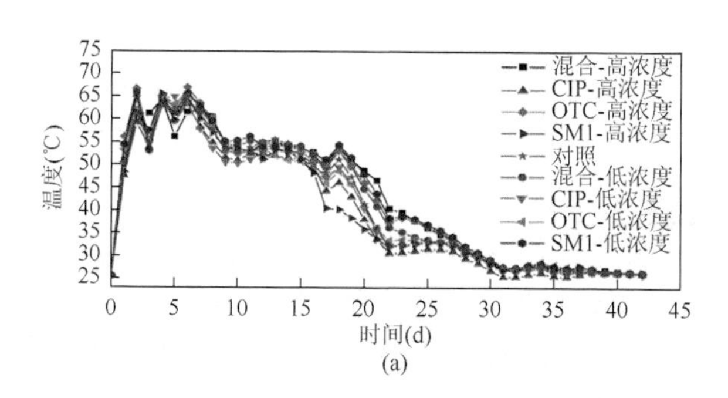

(a)

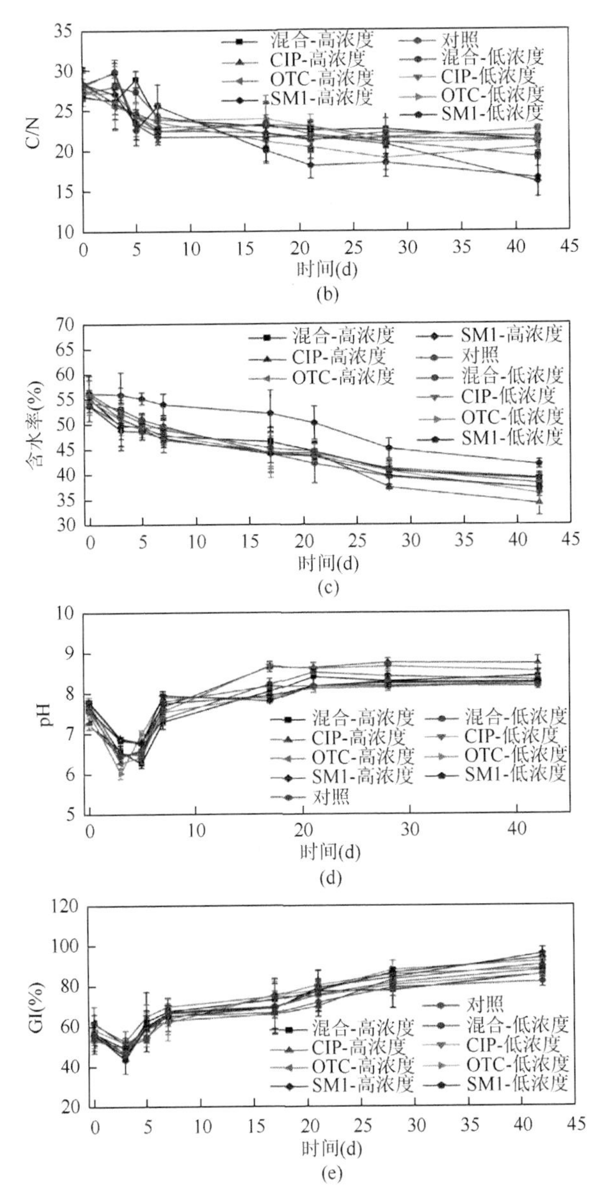

图 3.5　堆肥过程中温度（a）、C/N（b）、含水率（c）、pH（d）和 GI（e）的变化

（误差条高度表示为±标准偏差，$n=3$）

3.2.3　堆肥中抗生素削减规律

对照组样品未检测到 CIP 和 SM1，而 OTC 浓度低于 MQL，说明收集的猪粪样品中这些抗生素本底浓度较低。整体而言，对于 CIP，4 种不同处理（单独-高

浓度、单独-低浓度、混合-高浓度和混合-低浓度）抗生素削减模式相似。堆肥前期（0～7 d），CIP 浓度急剧下降，随后逐渐减缓并趋于平衡［图 3.6（a）］。CIP 的削减动力学如表 3.5 所示，混合添加条件下 CIP 的削减速度相对较快。堆肥结束时，CIP 的削减百分比[$\Delta m_{0\sim42\mathrm{d}}$(%)]在低浓度单独添加处理下明显低于其他 3 种处理。Selvam 等（2012a）报道了经 56 d 猪粪堆肥（仅以锯末为辅料）后，初始浓度为 1 mg/kg 和 10 mg/kg 的 CIP 去除率分别为 69.0%和 82.9%。

OTC 削减模式与 CIP 相似。堆肥 42 d 后，OTC 削减率达 91.8%～96.0%［图 3.6（b）和表 3.5］，表明无论是单独存在于猪粪中，还是与其他抗生素共存，OTC 都能在堆肥过程中有效地削减。Wu 等（2011）报道了初始浓度为 1.6 mg/kg 的 OTC 在堆肥 52 d 后削减了 92%，这与本研究结果非常吻合。通常情况下，OTC 和 CIP 对微生物群落及活性有抑制作用。因此，OTC 和 CIP 生物降解受到一定程度的抑

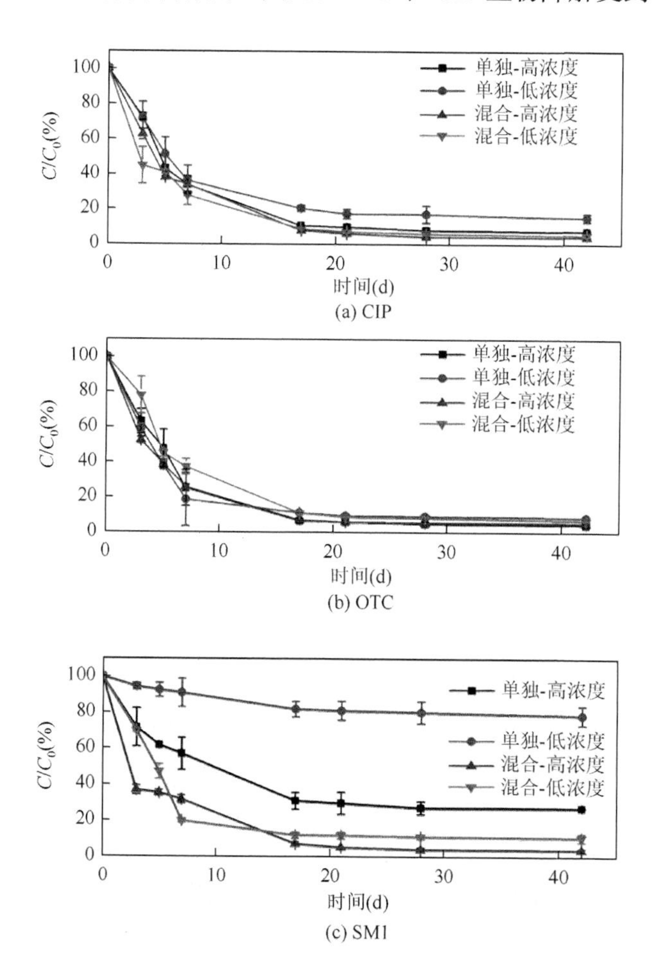

图 3.6　猪粪堆肥过程中环丙沙星（a）、土霉素（b）和磺胺嘧啶（c）浓度的变化

表 3.5　猪粪堆肥过程中 3 种抗生素初始浓度及抗生素削减情况

抗生素		起始浓度（mg/kg）	$\Delta m^{a}_{0\sim42d}$(%)	$\Delta m_{0\sim21d}$(%)	k^{b}（d^{-1}）	R^2	$t_{1/2}{}^{c}$(d)
单独-CIP	高浓度	3.65±0.36	92.8±0.6	90.3±1.4	0.084±0.005	0.90～0.91	8±1
	低浓度	0.46±0.03	84.9±0.2	82.8±2.7	0.061±0.010	0.88～0.89	12±3
单独-OTC	高浓度	77.00±6.30	96.0±0.8	94.4±0.1	0.103±0.008	0.90～0.90	7±1
	低浓度	6.87±0.07	91.8±0.4	90.9±0.4	0.084±0.003	0.84～0.92	8±1
单独-SM1	高浓度	4.44±0.13	72.8±0.3	70.3±6.1	0.043±0.007	0.88～0.87	17±4
	低浓度	0.46±0.01	21.4±1.2	18.8±1.3	0.008±0.001	0.90～0.92	88±16
混合-CIP	高浓度	3.56±0.01	96.0±1.3	94.1±0.3	0.102±0.005	0.91～0.93	7±1
	低浓度	0.44±0.02	94.8±0.9	92.9±0.9	0.094±0.007	0.88～0.91	7±1
混合-OTC	高浓度	79.00±4.30	93.5±0.5	91.6±0.2	0.085±0.003	0.88～0.92	8±1
	低浓度	6.90±0.59	95.0±0.4	94.4±0.2	0.098±0.010	0.91～0.93	7±7
混合-SM1	高浓度	4.42±0.32	96.2±0.9	94.8±0.2	0.104±0.003	0.90～0.94	7±1
	低浓度	0.45±0.03	89.3±2.4	88.2±1.9	0.075±0.008	0.83～0.88	9±1

a Δm 表示目标抗生素 21 d 和 42 d 削减百分数，$(\Delta m)(\%)=[(C_0-C_{21或42})/C_0]\times100$，其中，$C_0$ 和 $C_{21或42}$ 分别表示目标抗生素在 0 d 和 21/42 d 浓度水平；

b k 表示目标抗生素降解速率常数；

c $t_{1/2}$ 表示半衰期（$t_{1/2}=\ln2/k$）。

制。但在堆肥过程中，OTC 和 CIP 削减率较高。这一结果可能是由 OTC 和 CIP 在堆肥过程中降解方式不同造成。Wang 等（2015b）已经证明堆肥过程中 OTC 降解是通过非生物和生物方式相结合进行的。

与 CIP 和 OTC 相比，SM1 削减较少，尤其是在初始浓度较低的单独添加处理中［图 3.6（c）和表 3.5］。研究发现，磺胺类药物在生物降解之前，微生物适应性存在一个滞后期（6～50 d）（Pérez et al.，2005），且它们在畜禽粪便或海洋沉积物中降解缓慢或没有降解（Dolliver et al.，2008）。这些文献报道与本研究结果一致。然而，在 CIP 和 OTC 同时存在的情况下，好氧堆肥促进了猪粪样品中 SM1 的削减（表 3.5）。形成原因可能是由于 CIP 和 OTC 共存改变了堆体 C/N，进而促进了 SM1 被适应性微生物群落削减，但是具体原因有待进一步研究证实。Selvam 等（2012b）也报道了当堆体中同时添加了金霉素和环丙沙星后，经过堆肥处理磺胺嘧啶能够完全去除。

通过对 ln（C/C_0）和 t 进行线性拟合，回归系数（R^2）为 0.83～0.94（表 3.5），强线性回归表明 3 种抗生素在猪粪堆肥中的削减符合一级动力学模型［式（3.3）］（Ho et al.，2014）。除低浓度单独添加 SM1（$t_{1/2}=88$ d）外，其他处理中 3 种抗生素在堆肥过程中均表现为较快削减，$t_{1/2}$ 变化范围为 7～17 d（表 3.5）。总体而言，高水平添加抗生素处理获得的 3 种抗生素削减速率常数（k）大于低水平添加处理。这一结果与之前的研究结果一致（Selvam et al.，2013），即四环素在堆肥过程中的降解符合简单一级动力学模型，在初始浓度为 10 mg/kg 和 100 mg/kg 的猪粪处理中，$t_{1/2}$ 值分别为 11.75 d 和 11.23 d，k 值分别为 0.0507 d^{-1} 和 0.0527 d^{-1}。

3.2.4　堆肥中 ARGs 检测及行为特征

1. DNA 提取和实时荧光定量 PCR

根据土壤 DNA 提取试剂盒（Omega Bio-tek，Norcross，GA，USA）使用说明书从 0.2 g 堆肥样品中提取 DNA。DNA 浓度和纯度利用 NanoDrop2000 进行检测，采用 1%琼脂糖凝胶电泳检测 DNA 提取质量。每个样本 DNA 提取和分析均测定 3 次平行。提取 DNA 存储在−80℃超低温冰箱，直到 ARGs 定量分析。经过初步筛选，7 个四环素抗性基因（TRGs），包括 4 个 RPP（*tetM*、*tetO*、*tetQ* 和 *tetW*），2 个 EFP（*tetG* 和 *tetK*）和 1 个 EI（*tetX*）；4 个磺胺类抗性基因（SRGs），包括 *dfrA1*、*dfrA7*、*sul1* 和 *sul2*；2 个氟喹诺酮类耐药性基因（FRGs），包括 *qepA* 和 *qnrB*；连同 16S rDNA，采用实时荧光定量 PCR（qPCR）进行量化。qPCR 反应液（10 μL）包括 0.5 μL DNA 样品、0.75 μL 上/下游引物（表 3.6）、5 μL 荧光定量试剂盒即用型反应混合液（Rox）和 3 μL ddH_2O。qPCR 条件为：初始 95℃下保持 10 min，然后在 95℃下 40 个循环 30 s，在 60℃下 40 个循环 30 s，最后在 72℃下保持 10 min。

表 3.6　实时荧光定量 PCR（qPCR）引物

基因	正向引物	反向引物
tetG	TCAACCATTGCCGATTCGA	TGGCCCGGCAATCATG
tetK	CAGCAGTCATTGGAAAATTATCTGATTATA	CCTTGTACTAACCTACCAAAAATCAAAATA
tetM	CATCATAGACACGCCAGGACATAT	CGCCATCTTTTGCAGAAATCA
tetO	ATGTGGATACTACAACGCATGAGATT	TGCCTCCACATGATATTTTTCCT
tetQ	CGCCTCAGAAGTAAGTTCATACACTAAG	TCGTTCATGCGGATATTATCAGAAT
tetW	ATGAACATTCCCACCGTTATCTTT	ATATCGGCGGAGAGCTTATCC
tetX	AAATTTGTTACCGACACGGAAGTT	CATAGCTGAAAAAATCCAGGACAGTT
sul1	CAGCGCTATGCGCTCAAG	ATCCCGCTGCGCTGAGT
sul2	TCATCTGCCAAACTCGTCGTTA	GTCAAAGAACGCCGCAATGT
dfrA1	GGAATGGCCCTGATATTCCA	AGTCTTGCGTCCAACCAACAG
qnrB	GGMATHGAAATTCGCCACTG	TTYGCBGYYCGCCAGTCG
qepA	GCCGGTGATGCTGCTGA	CAGRAACAGCGCSCCSA
dfrA7	AAATGGCGTAATCGGTAATG	GTGAACAGTAGACAAATGAAT
16S	ACTCCTACGGGAGGCAGCAG	ATTACCGCGGCTGCTGG

qPCR 在 ABI VIIA™ 7 实时荧光定量 PCR 系统（Applied Biosystems，Life Technologies，Foster City，CA，USA）进行 ARGs 扩增和检测。将样品循环阈值（C_t）在 15～35，且扩增效率范围为 80%～120%的 3 个技术重复视为有效扩增，并将 3 个技术重复的平均 C_t 值用于进一步计算。通过将 16S rDNA 基因绝对拷贝数乘以该 ARG 相对拷贝数，计算出每个样本中每个 ARG 绝对丰度（absolute abundance，copies/g，dw）（Ouyang et al.，2015；Xie et al.，2016）。而各个 ARG 相对拷贝数（relative copy number）计算如下：

$$\text{相对拷贝数}=\frac{10^{(31-C_{t_{(\text{ARG})}})/(10/3)}}{10^{(31-C_{t_{(16\text{S})}})/(10/3)}} \tag{3.5}$$

式中，$C_{t_{(\text{ARG})}}$ 为 ARG 循环阈值；$C_{t_{(16\text{S})}}$ 为 16S rDNA 循环阈值。根据前期研究，使用 ABI VIIA™ 7 实时荧光定量 PCR 系统测定了 16S rDNA 绝对拷贝数（absolute copy number of 16S rDNA）（Ouyang et al.，2015）。用一个含有克隆和测序的 16S rDNA 基因片段（1.79×10^9）标准质粒作为 10 倍系列稀释后的 7 点构建标准曲线，进行外标计算（图 3.7）。qPCR 分析一式三份，采用 3 次 C_t 值的平均值进行 16S rDNA 拷贝数计算。然后，采用 16S rDNA 基因拷贝数计算 ARGs 绝对丰度。

为评价堆肥中 ARGs 行为特征（特别是削减情况），特定义了 ARGs 去除率（ER）：

$$(\text{ER})_{\text{RA}}(\%)=\left[\frac{(\text{RA}_{\text{D0}}-\text{RA}_{\text{D42}})}{\text{RA}_{\text{D0}}}\right]\times100 \tag{3.6}$$

$$(\text{ER})_{\text{AA}}(\%)=\left[\frac{(\text{AA}_{\text{D0}}-\text{AA}_{\text{D42}})}{\text{AA}_{\text{D0}}}\right]\times100 \tag{3.7}$$

式中，$(\text{ER})_{\text{RA}}$ 和 $(\text{ER})_{\text{AA}}$ 分别为目标 ARGs 相对丰度和绝对丰度去除率；RA_{D0} 和 RA_{D42} 分别为第 0 d（D0）和第 42 d（D42）目标 ARGs 相对丰度；AA_{D0} 和 AA_{D42} 分别为目标 ARGs 在第 0 d（D0）和第 42 d（D42）绝对丰度。

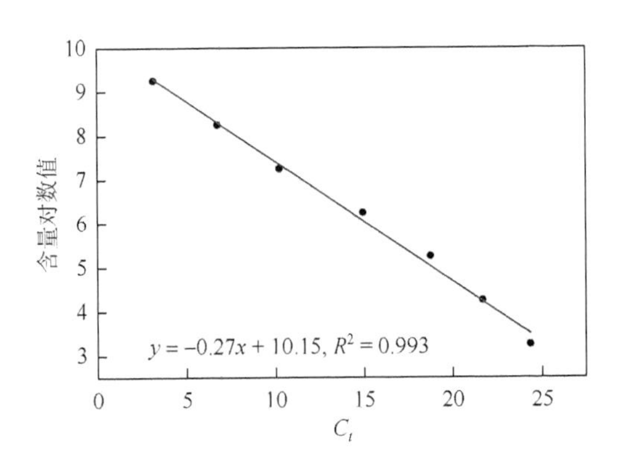

图 3.7 16S rDNA 标准曲线

2. 堆肥中 ARGs 行为特征

对照组和添加单一 OTC、CIP 和 SM1 以及混合物（OTC + CIP + SM1）不同处理中，目标 ARGs 在堆肥期间绝对丰度变化如图 3.8 所示。ARGs（包括 TRGs、SRGs 和 FRGs）绝对丰度在所有堆肥样品中的变化范围为：3.90×10^6～9.90×10^8copies/g dw。为了尽量减少不同样本间 DNA 提取差异影响，将 ARGs 绝对丰度归一化为 16S rDNA 基因绝对丰度，即相对丰度（图 3.9）。结果表明，在添加高浓度单一抗生素或混合抗生素堆肥样品中，目标 ARGs 相对丰度一般较高，但在添加 CIP 高低水平之间却表现出相反 FRGs 变化模式。此外，在某些情况下，与抗生素添加处理组相比，对照处理组某些基因拷贝数更高。因此，除了抗生素选择压力外，其他一些因素也可能影响 ARGs 丰度（参见图 3.8 及下述详细讨论）（Selvam et al.，2012a）。

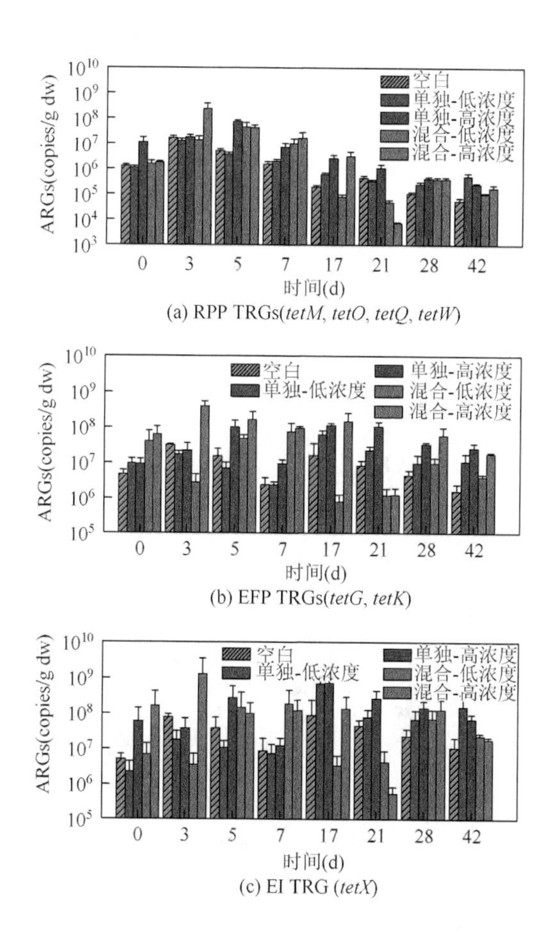

(a) RPP TRGs(*tetM*, *tetO*, *tetQ*, *tetW*)

(b) EFP TRGs(*tetG*, *tetK*)

(c) EI TRG (*tetX*)

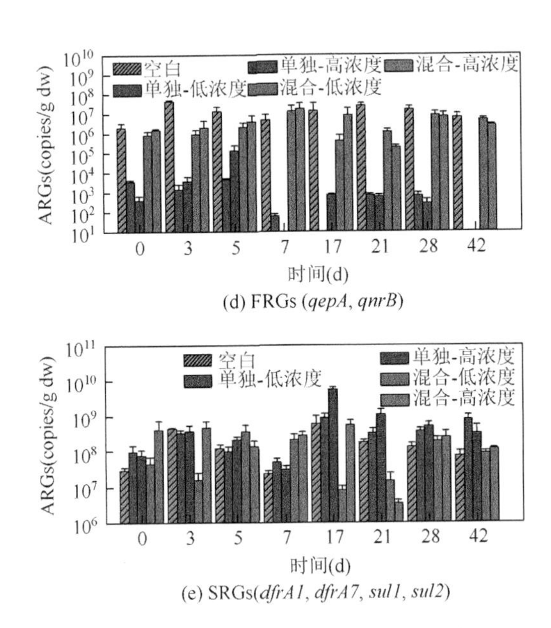

(d) FRGs (*qepA*, *qnrB*)

(e) SRGs(*dfrA1*, *dfrA7*, *sul1*, *sul2*)

图 3.8 ARGs 绝对丰度随堆肥时间的变化

第 0 d 代表 OTC、CIP 和 SM1 分别作为对照和不同处理的 ARGs 的初始绝对丰度（误差条高度表示±标准偏差，$n=3$）

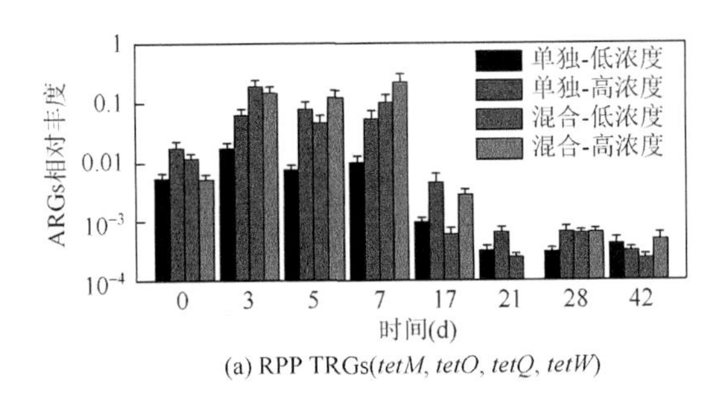

(a) RPP TRGs(*tetM*, *tetO*, *tetQ*, *tetW*)

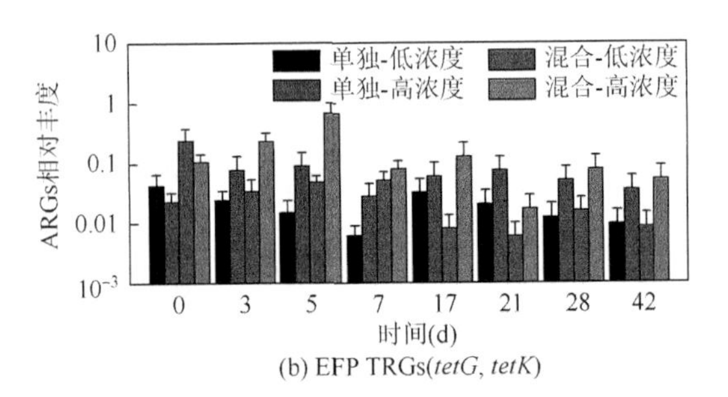

(b) EFP TRGs(*tetG*, *tetK*)

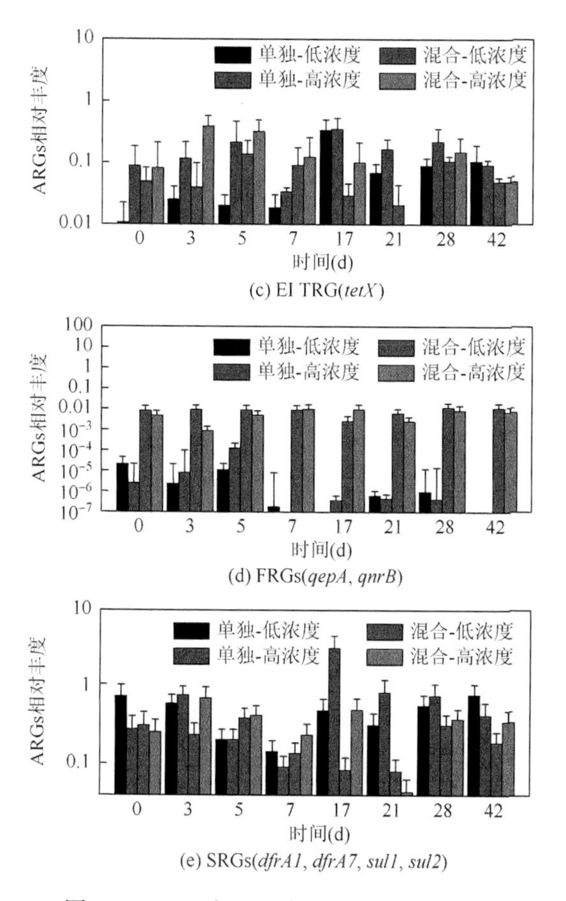

(c) EI TRG(*tetX*)

(d) FRGs(*qepA*, *qnrB*)

(e) SRGs(*dfrA1*, *dfrA7*, *sul1*, *sul2*)

图 3.9　ARGs 相对丰度随堆肥时间的变化

第 0 d 代表 OTC、CIP 和 SM1 分别作为对照和不同处理的 ARGs 的初始相对丰度
（误差条高度表示±标准偏差，$n=3$）

如图 3.9 所示，四环素类抗性基因（TRGs）中 RPP 基因（*tetM*、*teO*、*tetQ* 和 *tetW* 之和）相对丰度由中温期开始逐渐增大，高温期达到峰值，冷却期又急剧减小，到了腐熟期基本保持不变。这一结果表明，大量四环素耐药菌可能并不耐热，且 OTC 在高温期较大程度的降解降低了 OTC 对微生物的选择压力。在初始中温期和高温期，TRGs 中 EFP 基因（*tetG* 和 *tetK* 之和）和 EI 基因（*tetX*）及磺胺类抗性基因（SRGs：*dfrA1*、*dfrA7*、*sul1* 和 *sul2* 之和）与 RPP 基因变化趋势相似，但从第 7 d 开始进入冷却期后，这些 ARGs 随温度降低而增加，然后在腐熟期几乎保持不变。与 TRGs 和 SRGs 相比，FRGs（*qepA* 和 *qnrB*）相对丰度较低，说明堆体中细菌对氟喹诺酮类抗生素抗性较弱（Selvam et al.，2012a）。

与 RPP 基因相似，单一 CIP 添加处理中 FRGs（*qepA* 和 *qnrB* 之和）在初始中温期占主导地位，随后在冷却期逐渐下降，经腐熟期堆肥结束时已检测不到这两种 ARGs（图 3.9）。相比之下，整个堆肥阶段，混合抗生素（CIP + OTC + SM1）添加处理 FRGs 表现出与其他 ARGs 相似的行为特征。在本研究中，猪粪样品中 CIP 背景浓度低于可检测水平。然而，在所有时间点，对照组 FRGs 拷贝数比添加 CIP 处理组都要大。这与 Selvam 等（2012a）报道的研究结果相吻合。因此，除了 CIP 选择压力外，还有其他一些因素影响 FRGs 拷贝数，这也需要加强研究来揭示自然生态系统中抗性基因的维持和传播机制。值得注意的是，本研究中观察到 ARGs 在堆肥过程中行为特征与之前研究有所不同（Wang et al.，2015b）。本研究初始阶段将所需水分一次性添加到堆体中。随着时间推移，堆体含水率不断下降，在堆肥结束时仅在 34.1%～41.9%之间变化［图 3.5（c）］。相对较低的含水率和较高的产热率，能有效地阻止耐药菌存活（Zhang et al.，2018）。这可能导致 ARGs 行为特征与之前研究有所不同（Wang et al.，2015b）。

如表 3.7 所示，在大多数情况下，堆肥 42 d 后，包括 RPP 和 EFP 在内的 TRGs 及 FRGs 都能被有效去除，这表明高温堆肥作为一种去除猪粪堆肥中 ARGs 潜在处理方法的有效性。这一结果与以往研究一致，即高温堆肥可以有效地去除 RPP 和 EFP *tet* 基因（Selvam et al.，2012a）。与此相反，本研究高温堆肥引起了 *tetX* 和 SRGs 扩增，累积率(即负的ER值)分别高达6644.19%(单独OTC低浓度添加处理*tet*X)和3155.81%(单独 SM1 低浓度添加处理 *sul*2)。这与以前报道有所不同（Selvam et al.，2012a），这可能与堆肥过程中水分调节有关。在堆肥过程中，尤其是在堆肥后期，连续或频繁的水分调节可能会进一步影响物料中 ARGs 行为特征和生物活性的稳定(林辉等，2016)。

表 3.7　ARGs 第 0 d（D0）和第 42 d（D42）相对丰度（RA）和绝对丰度（AA）及对应的 RA 和 AA 的削减率（ER）

基因			RA_{D0}	RA_{D42}	$(ER)_{RA}(\%)^a$	AA_{D0}	AA_{D42}	$(ER)_{AA}(\%)^b$
四环素类编码核糖体保护蛋白基因（RPP）	高浓度抗生素单独添加处理	*tetM*	1.26×10^{-2}	8.94×10^{-5}	99.29	8.94×10^{6}	6.82×10^{4}	99.24
		tetO	9.39×10^{-4}	4.60×10^{-5}	95.10	4.24×10^{5}	3.30×10^{4}	92.22
		tetQ	5.88×10^{-4}	2.94×10^{-5}	95.00	3.22×10^{5}	2.05×10^{4}	93.63
		tetW	3.35×10^{-3}	1.55×10^{-4}	95.37	1.53×10^{6}	1.14×10^{5}	92.55
	低浓度抗生素单独添加处理	*tetM*	2.99×10^{-3}	3.35×10^{-5}	98.88	6.26×10^{5}	2.36×10^{4}	96.23
		tetO	5.95×10^{-4}	5.86×10^{-5}	90.15	1.47×10^{5}	8.13×10^{4}	44.69
		tetQ	1.86×10^{-4}	1.98×10^{-6}	98.94	2.59×10^{4}	1.82×10^{3}	92.97
		tetW	1.61×10^{-3}	3.16×10^{-4}	80.37	2.73×10^{5}	3.81×10^{5}	–39.56
	高浓度抗生素混合添加处理	*tetM*	2.88×10^{-3}	5.40×10^{-5}	98.13	7.09×10^{5}	1.85×10^{4}	97.39
		tetO	5.08×10^{-4}	3.45×10^{-5}	93.21	4.15×10^{5}	1.19×10^{4}	97.13
		tetQ	2.67×10^{-4}	8.56×10^{-5}	67.94	2.11×10^{5}	2.85×10^{4}	86.49
		tetW	1.49×10^{-3}	3.37×10^{-4}	77.38	4.07×10^{5}	1.15×10^{5}	71.74

续表

基因			RA_{D0}	RA_{D42}	$(ER)_{RA}(\%)^a$	AA_{D0}	AA_{D42}	$(ER)_{AA}(\%)^b$
四环素类编码核糖体保护蛋白基因（RPP）	低浓度抗生素混合添加处理	*tetM*	6.55×10^{-3}	6.08×10^{-5}	99.07	9.40×10^{5}	2.21×10^{4}	97.65
		tetO	8.02×10^{-4}	4.06×10^{-5}	94.94	1.13×10^{5}	1.90×10^{4}	83.19
		tetQ	4.07×10^{-4}	2.29×10^{-5}	94.37	6.02×10^{4}	1.02×10^{4}	83.06
		tetW	3.77×10^{-3}	1.18×10^{-4}	96.87	4.25×10^{5}	4.84×10^{4}	88.61
四环素类外排泵蛋白基因（EFP）	高浓度抗生素单独添加处理	*tetG*	4.70×10^{-3}	3.50×10^{-2}	−644.68	1.40×10^{6}	2.54×10^{7}	−1714.29
		tetK	1.77×10^{-2}	2.32×10^{-6}	99.99	7.47×10^{6}	1.62×10^{3}	99.98
	低浓度抗生素单独添加处理	*tetG*	4.93×10^{-3}	9.43×10^{-3}	−91.28	1.22×10^{6}	1.06×10^{7}	−768.85
		tetK	3.65×10^{-2}	1.03×10^{-6}	100.00	7.94×10^{6}	9.48×10^{2}	99.99
	高浓度抗生素混合添加处理	*tetG*	2.34×10^{-2}	5.24×10^{-2}	−123.93	4.48×10^{7}	1.80×10^{7}	59.82
		tetK	7.75×10^{-2}	2.29×10^{-5}	99.97	1.59×10^{7}	7.48×10^{3}	99.95
	低浓度抗生素混合添加处理	*tetG*	1.93×10^{-2}	8.58×10^{-3}	55.54	1.65×10^{6}	3.96×10^{6}	−140.00
		tetK	2.13×10^{-1}	2.52×10^{-5}	99.99	3.71×10^{7}	9.36×10^{3}	99.97
四环素类酶灭活蛋白基因（EI）	高浓度抗生素单独添加处理	*tetX*	8.80×10^{-2}	9.27×10^{-2}	−5.34	5.64×10^{7}	6.59×10^{7}	−16.84
	低浓度抗生素单独添加处理	*tetX*	1.08×10^{-2}	1.04×10^{-1}	−862.96	2.15×10^{6}	1.45×10^{8}	−6644.19
	高浓度抗生素混合添加处理	*tetX*	8.17×10^{-2}	4.93×10^{-2}	39.66	1.54×10^{8}	1.70×10^{7}	88.96
	低浓度抗生素混合添加处理	*tetX*	4.97×10^{-2}	4.94×10^{-2}	0.60	6.61×10^{6}	2.24×10^{7}	−238.88
氟喹诺酮类抗性基因(FRGs)	高浓度抗生素单独添加处理	*qepA*	0	0		0	0	
		qnrB	2.41×10^{-6}	0	100.00	3.83×10^{2}	0	100.00
	低浓度抗生素单独添加处理	*qepA*	1.21×10^{-5}	0	100.00	1.98×10^{3}	0	100.00
		qnrB	7.66×10^{-6}	0	100.00	1.52×10^{3}	0	100.00
	高浓度抗生素混合添加处理	*qepA*	4.76×10^{-3}	6.84×10^{-3}	−43.70	1.45×10^{6}	2.41×10^{6}	−66.21
		qnrB	7.78×10^{-7}	0	100.00	6.19×10^{2}	0	100.00
	低浓度抗生素混合添加处理	*qepA*	7.96×10^{-3}	1.04×10^{-2}	−30.65	8.32×10^{5}	4.82×10^{6}	−479.33
		qnrB	3.98×10^{-6}	8.65×10–7	78.27	4.13×10^{2}	4.01×10^{2}	2.91
磺胺类抗性基因（SRGs）	高浓度抗生素单独添加处理	*dfrA1*	1.06×10^{-2}	4.19×10^{-3}	60.47	4.20×10^{6}	3.21×10^{6}	23.57
		dfrA7	1.24×10^{-5}	0	100.00	3.84×10^{3}	0	100.00
		sul1	2.53×10^{-1}	3.77×10^{-1}	−49.01	7.28×10^{7}	3.01×10^{8}	−313.46
		sul2	6.69×10^{-3}	1.89×10^{-2}	−182.51	1.41×10^{6}	1.53×10^{7}	−985.11
	低浓度抗生素单独添加处理	*dfrA1*	1.08×10^{-2}	1.33×10^{-2}	−23.15	1.36×10^{6}	1.71×10^{7}	−1157.35
		dfrA7	1.37×10^{-4}	0	100.00	1.55×10^{4}	0	100.00
		sul1	5.97×10^{-1}	5.48×10^{-1}	8.21	9.09×10^{7}	5.84×10^{8}	−542.46
		sul2	9.35×10^{-2}	1.75×10^{-1}	−87.17	5.59×10^{6}	1.82×10^{8}	−3155.81

续表

基因			RA_{D0}	RA_{D42}	$(ER)_{RA}(\%)^a$	AA_{D0}	AA_{D42}	$(ER)_{AA}(\%)^b$
磺胺类抗性基因（SRGs）	高浓度抗生素混合添加处理	*dfrA1*	6.09×10^{-3}	3.47×10^{-3}	43.02	3.58×10^{6}	1.18×10^{6}	67.04
		dfrA7	1.81×10^{-5}	0	100.00	1.44×10^{4}	0	100.00
		sul1	2.22×10^{-1}	2.63×10^{-1}	−18.47	3.81×10^{8}	9.25×10^{7}	75.72
		sul2	2.33×10^{-2}	6.83×10^{-2}	−193.13	4.28×10^{7}	2.40×10^{7}	43.93
	低浓度抗生素混合添加处理	*dfrA1*	3.41×10^{-3}	3.04×10^{-3}	10.85	3.64×10^{5}	1.43×10^{6}	−292.86
		dfrA7	1.02×10^{-5}	0	100.00	1.06×10^{3}	0	100.00
		sul1	2.89×10^{-1}	1.41×10^{-1}	51.21	4.27×10^{7}	6.80×10^{7}	−59.25
		sul2	1.09×10^{-2}	4.01×10^{-2}	−267.89	1.39×10^{6}	1.92×10^{7}	−1281.29

a 抗性基因绝对丰度削减率：$(ER)_{RA}(\%)=[(RA_{D0}-RA_{D42})/RA_{D0}]\times100$；

b 抗性基因相对丰度削减率：$(ER)_{AA}(\%)=[(AA_{D0}-AA_{D42})/AA_{D0}]\times100$。

3. 抗生素、ARGs与理化特征间相互关系

通过Pearson相关分析确定堆肥过程中抗生素、ARGs水平与理化条件间关系（表3.8～表3.15）。一般来说，抗生素降解与C/N和含水率成正比，比如S-H-OTC与C/N（$r=0.958$，$P<0.01$）（表3.10），M-L-CIP与C/N（$r=0.807$，$P<0.01$）（表3.15），S-L-CIP与含水率（$r=0.946$，$P<0.01$）（表3.9）和M-H-OTC与含水率（$r=0.882$，$P<0.01$）（表3.14）。许多研究证实，在堆肥过程中，微生物（特别是细菌）种群也随着C/N和含水率在一定范围内增加而增加（Zhang et al.，2018），这与抗生素生物降解增强相一致，表明微生物在抗生素降解中起着重要作用。相反，抗生素削减与pH呈正相关，如S-L-CIP（$r=0.772$，$P<0.05$）（表3.9）和S-H-OTC（$r=0.832$，$P<0.05$）（表3.10）。抗生素，如TCs和FQs，具有一系列官能团（如胺类、羧基和酚类），使这些化合物表现出不同的形态种类。例如，随着pH变化，OTC存在4种不同形态（H_3OTC^+、$H_2OTC^{\pm}$、$HOTC^-$和OTC^{2-}）（Cheng et al.，2018）。在整个堆肥过程中（pH为6.02～8.76）[图3.5（d）]，目标化合物（OTC和CIP）主要以两性离子而不是阳离子物质存在。因此，这些抗生素吸附机理更可能是堆料混合物表面的络合反应，而不是静电吸附（Cheng et al.，2018）。此外，由于抗生素对pH的依赖性，离子交换在抗生素吸附过程中也起着非常重要的作用。总体而言，ARGs相对丰度与温度、C/N、水分和pH呈正相关，特别是对于OTC处理（表3.10～表3.11和表3.14～表3.15），这意味着这些因素增强可能加速ARGs增殖（Song et al.，2016；Wang et al.，2016b）。例如，对于OTC添加处理，TRGs的RPP（图3.9）和温度［图3.5（a）］变化极其相似，这也很好地解释了为什么更多的ARGs发生在高温期。在堆肥过程中，温度、C/N和含水率对微生物群落形成及生长起着重要作用，这可能直接或间

接导致抗性基因的变化。此外，抗生素水平与 ARGs 呈正相关，如 S-H-OTC 与 *tet*K（$r = 0.906$，$P<0.01$），M-H-SM1 与 *tet*K（$r = 0.710$，$P<0.05$）和 M-L-CIP 与 *tet*K（$r = 0.898$，$P<0.01$）。从 ARGs 相对丰度来看，添加 CIP 或 SM1 单一处理与目标 ARGs 没有相关性。许多研究表明，由于存在抗生素产生 ARGs 选择性压力，ARGs 丰度与检测到的抗生素水平之间存在显著相关性（He et al.，2014；Wu et al.，2015）。

表 3.8　堆肥过程中单独高浓度水平环丙沙星（S-H-CIP）、相应的 ARGs 与环境因子之间的 Pearson 相关系数（*r*）

	T	C/N	含水率	pH	S-H-CIP	lg（*qnrB*）
T	1					
C/N	0.070	1				
含水率	0.441	0.832*	1			
pH	−0.818*	−0.215	−0.502	1		
S-H-CIP	0.120	0.986**	0.835**	−0.231	1	
lg（*qnrB*）	0.751	0.466	0.586	−0.785	0.480	1

*在 0.05 水平上显著相关；**在 0.01 水平上显著相关。

表 3.9　堆肥过程中单独低浓度水平环丙沙星（S-L-CIP）、相应的 ARGs 与环境因子之间的 Pearson 相关系数（*r*）

	T	C/N	含水率	pH	S-L-CIP	lg（*qnrB*）
T	1					
C/N	0.000	1				
含水率	0.292	0.913**	1			
pH	−0.720*	0.759*	0.731*	1		
S-L-CIP	0.079	0.969**	0.946**	0.772*	1	
lg（*qnrB*）	−0.381	0.819*	0.648	0.825*	0.792	1

*在 0.05 水平上显著相关；**在 0.01 水平上显著相关。

表 3.10　堆肥过程中单独高浓度水平土霉素（S-H-OTC）、相应的 ARGs 与环境因子之间的 Pearson 相关系数（*r*）

	T	C/N	含水率	pH	lg（*tetG*）	lg（*tetK*）	lg（*tetM*）	lg（*tetO*）	lg（*tetQ*）	lg（*tetW*）	lg（*tetX*）	S-H-OTC
T	1											
C/N	0.213	1										
含水率	0.247	0.965**	1									
pH	0.275	0.903**	0.874**	1								

续表

	T	C/N	含水率	pH	lg（*tetG*）	lg（*tetK*）	lg（*tetM*）	lg（*tetO*）	lg（*tetQ*）	lg（*tetW*）	lg（*tetX*）	S-H-OTC
lg（*tetG*）	0.513	−0.522	−0.487	−0.601	1							
lg（*tetK*）	0.303	0.953**	0.962**	0.948**	−0.518	1						
lg（*tetM*）	0.518	0.908**	0.895**	0.863**	−0.209	0.934**	1					
lg（*tetO*）	0.466	0.861**	0.844**	0.855**	−0.210	0.916**	0.983**	1				
lg（*tetQ*）	0.400	0.948**	0.913**	0.791*	−0.215	0.902**	0.953**	0.902**	1			
lg（*tetW*）	0.839**	0.664	0.667	0.701	0.074	0.727*	0.858**	0.809*	0.733	1		
lg（*tetX*）	−0.083	−0.369	−0.285	−0.576	0.511	−0.489	−0.366	−0.426	−0.320	−0.232	1	
S-H-OTC	−0.022	0.958**	0.940**	0.832*	−0.596	0.906**	0.826*	0.803*	0.866*	0.481	−0.280	1

* 在 0.05 水平上显著相关；** 在 0.01 水平上显著相关。

表 3.11　堆肥过程中单独低浓度水平土霉素（S-L-OTC）、相应的 ARGs 与环境因子之间的 Pearson 相关系数（*r*）

	T	C/N	含水率	pH	lg（*tetG*）	lg（*tetK*）	lg（*tetM*）	lg（*tetO*）	lg（*tetQ*）	lg（*tetW*）	lg（*tetX*）	S-L-OTC
T	1											
C/N	0.304	1										
含水率	0.425	0.906**	1									
pH	0.704	0.852**	0.893**	1								
lg（*tetG*）	0.129	−0.109	−0.307	0.000	1							
lg（*tetK*）	0.405	0.930**	0.985**	0.898**	−0.340	1						
lg（*tetM*）	0.650	0.843**	0.909**	0.944**	−0.280	0.935**	1					
lg（*tetO*）	0.652	0.800*	0.847**	0.944**	−0.212	0.897**	0.973**	1				
lg（*tetQ*）	0.635	0.762*	0.940**	0.932**	−0.229	0.903**	0.918**	0.860*	1			
lg（*tetW*）	0.727*	0.738*	0.761*	0.838**	−0.326	0.804*	0.932**	0.897**	0.792*	1		
lg（*tetX*）	−0.278	−0.609	−0.770*	−0.557	0.689	−0.757*	−0.752*	−0.631	−0.691	−0.704	1	
S-L-OTC	−0.065	0.859**	0.611	−0.582	−0.415	0.856**	0.700	0.662	0.568	0.537	−0.731*	1

*在 0.05 水平上显著相关；**在 0.01 水平上显著相关。

表 3.12　堆肥过程中单独高浓度水平磺胺甲基嘧啶（S-H-SM1）、相应的 ARGs 与环境因子之间的 Pearson 相关系数（*r*）

	T	C/N	含水率	pH	S-H-SM1	lg（*dfrA1*）	lg（*dfrA7*）	lg（*sul1*）	lg（*sul2*）
T	1								
C/N	0.254	1							
含水率	0.381	0.917**	1						
pH	0.645	0.482	0.661	1					
S-H-SM1	0.232	0.859**	0.924**	0.489	1				
lg（*dfrA1*）	0.734*	0.604	0.509	0.549	0.363	1			

续表

	T	C/N	含水率	pH	S-H-SM1	lg（*dfrA1*）	lg（*dfrA7*）	lg（*sul1*）	lg（*sul2*）
lg（*dfrA7*）	−0.201	−0.404	0.000	0.558	−0.022	−0.811	1		
lg（*sul1*）	−0.428	−0.122	−0.372	−0.311	−0.488	0.104	−0.774	1	
lg（*sul2*）	−0.190	−0.095	−0.392	−0.339	−0.502	0.315	−0.905	0.932**	1

*在 0.05 水平上显著相关；**在 0.01 水平上显著相关。

表 3.13　堆肥过程中单独低浓度水平磺胺甲基嘧啶（S-L-SM1）、相应的 ARGs 与环境因子之间的 Pearson 相关系数（r）

	T	C/N	含水率	pH	S-L-SM1	lg（*dfrA1*）	lg（*dfrA7*）	lg（*sul1*）	lg（*sul2*）
T	1								
C/N	0.294	1							
含水率	0.563	0.839**	1						
pH	0.616	−0.028	0.285	1					
S-L-SM1	−0.576	−0.721*	−0.764*	−0.162	1				
lg（*dfrA1*）	0.436	0.586	0.423	0.140	0.314	1			
lg（*dfrA7*）	−0.482	−0.452	0.265	−0.731	0.136	−0.659	1		
lg（*sul1*）	−0.866**	−0.127	−0.378	−0.312	0.365	−0.231	0.187	1	
lg（*sul2*）	−0.880**	−0.315	−0.592	−0.332	0.520	−0.333	0.175	0.960**	1

*在 0.05 水平上显著相关；**在 0.01 水平上显著相关。

为了进一步确定猪粪堆肥过程中环境因素（C/N、温度、pH、含水率和抗生素）与 ARGs 间关系，进行了冗余分析（redundancy analysis，RDA）（图 3.10）。结果表明，在添加 CIP、OTC、SM1 及其三者混合物堆肥过程中，选择的环境因子解释 ARGs 变化的百分比可达 39.0%、25.9%、21.7%和 69.0%。如表 3.16 所示，OTC 添加量中，最重要的解释变量为残留 OTC，单独添加处理占 7.6%，混合添加处理占 12.8%。这些结果表明，由于存在 OTC 对 TRGs 产生的选择性压力，TRGs 行为特征受残留 OTC 水平影响较大（Wu et al.，2015）。对于 CIP 的添加，结果表明，pH 对 ARGs 变化有较大影响。一般来说，pH 在 3 到 11 之间的有机质均可以进行堆肥。本研究堆肥 pH 变化范围为 6.02～8.76，不太可能引起微生物抑制作用。所以最有可能的原因是其他因素的变化，如堆肥基质理化特性和 DNA 构象等，这些因素在堆肥过程中对 pH 比较敏感，从而导致不同 pH 下 ARGs 与基质表面结合能力不同（Yu et al.，2017；Zhu et al.，2016）。对于 SM1 处理，结果表明，含水率对 ARGs 变化影响较大，这一点已经得到了验证（Li et al.，2015）。此外，含水率可以影响细菌生存，这可能是本研究中 SRGs 扩增受到间接影响的一个关键步骤。

表 3.14 堆肥过程中混合高浓度水平（M-H-CIP + OTC + SM1）、相应的 ARGs 与环境因子之间的 Pearson 相关系数（*r*）

	T	C/N	含水率	pH	M-H-CIP	M-H-OTC	M-H-SM1	lg（*tetG*）	lg（*tetK*）	lg（*tetM*）	lg（*tetO*）	lg（*tetQ*）	lg（*tetW*）	lg（*tetX*）	lg（*qepA*）	lg（*qnrB*）	lg（*dfrA1*）	lg（*sul1*）	lg（*sul2*）
T	1																		
C/N	0.355	1																	
含水率	0.274	0.814*	1																
pH	0.059	0.015	−0.103	1															
M-H-CIP	−0.004	0.726*	0.892**	0.180	1														
M-H-OTC	0.079	0.756*	0.882**	0.250	0.991**	1													
M-H-SM1	−0.142	0.683	0.878**	0.016	0.968**	0.927**	1												
lg（*tetG*）	0.507	0.243	−0.031	−0.054	−0.076	0.022	−0.232	1											
lg（*tetK*）	0.432	0.918**	0.822*	−0.064	0.758*	0.786*	0.710*	0.386	1										
lg（*tetM*）	0.650	0.771*	0.659	0.117	0.613	0.678	0.493	0.577	0.913**	1									
lg（*tetO*）	0.573	0.815*	0.649	−0.125	0.552	0.604	0.470	0.649	0.942**	0.953**	1								
lg（*tetQ*）	0.327	0.784*	0.629	0.165	0.686	0.743	0.572	0.582	0.859*	0.788*	0.821*	1							
lg（*tetW*）	0.713*	0.649	0.511	0.021	0.425	0.481	0.335	0.580	0.847**	0.942**	0.913**	0.732	1						
lg（*tetX*）	0.337	0.585	0.316	−0.030	0.367	0.436	0.260	0.830*	0.731*	0.810*	0.875**	0.733	0.746*	1					
lg（*qepA*）	−0.320	−0.342	−0.303	−0.754*	−0.375	−0.463	−0.173	−0.109	−0.180	−0.294	−0.120	−0.363	−0.094	−0.062	1				
lg（*qnrB*）	0.802*	0.421	0.180	−0.183	−0.060	−0.019	−0.086	0.481	0.581	0.650	0.695	0.495	0.840*	0.442	0.179	1			
lg（*dfrA1*）	0.257	0.531	0.263	−0.395	0.206	0.212	0.244	0.529	0.700	0.650	0.788*	0.537	0.745*	0.777*	0.446	0.685	1		
lg（*sul1*）	0.121	0.307	0.166	−0.116	0.265	0.321	0.161	0.844**	0.508	0.564	0.663	0.739	0.518	0.879**	0.007	0.281	0.590	1	
lg（*sul2*）	−0.182	0.002	−0.180	0.073	0.025	0.086	−0.092	0.722*	0.088	0.173	0.258	0.405	0.063	0.648	−0.107	−0.142	0.219	0.854**	1

*在 0.05 水平上显著相关；**在 0.01 水平上显著相关。

表 3.15　堆肥过程中混合低浓度水平（M-L-CIP + OTC + SM1）、相应的 ARGs 与环境因子之间的 Pearson 相关系数（r）

	T	C/N	含水率	pH	M-L-CIP	M-L-OTC	M-L-SM1	lg (*tetG*)	lg (*tetK*)	lg (*tetM*)	lg (*tetO*)	lg (*tetQ*)	lg (*tetW*)	lg (*tetX*)	lg (*qepA*)	lg (*qnrB*)	lg (*dfrA1*)	lg (*sul1*)	lg (*sul2*)
T	1																		
C/N	0.383	1																	
含水率	0.469	0.916**	1																
pH	0.410	0.190	0.056	1															
M-L-CIP	−0.074	0.807*	0.841**	−0.178	1														
M-L-OTC	−0.066	0.829*	0.847**	−0.173	0.996**	1													
M-L-SM1	−0.032	0.873**	0.843**	−0.092	0.962**	0.980**	1												
lg（*tetG*）	0.557	0.794*	0.726*	0.254	0.505	0.514	0.501	1											
lg（*tetK*）	0.284	0.870**	0.922**	−0.059	0.898**	0.883**	0.827*	0.775*	1										
lg（*tetM*）	0.561	0.911**	0.899**	0.209	0.676	0.699	0.710*	0.919**	0.853**	1									
lg（*tetO*）	0.667	0.888**	0.851**	0.302	0.545	0.577	0.622	0.906**	0.741*	0.965**	1								
lg（*tetQ*）	0.403	0.912*	0.791	0.633	0.552	0.602	0.679	0.854*	0.668	0.946**	0.928**	1							
lg（*tetW*）	0.728*	0.842**	0.840**	0.234	0.515	0.536	0.549	0.928**	0.780*	0.968**	0.964**	0.879*	1						
lg（*tetX*）	0.190	0.353	0.171	0.306	0.138	0.112	0.068	0.716*	0.396	0.405	0.410	0.375	0.437	1					
lg（*qepA*）	−0.211	0.265	0.014	0.397	0.167	0.187	0.192	0.469	0.189	0.337	0.259	0.580	0.234	0.606	1				
lg（*qnrB*）	0.623	0.828*	0.788*	0.272	0.479	0.535	0.622	0.724*	0.593	0.893**	0.930**	0.923**	0.880**	0.102	0.187	1			
lg（*dfrA1*）	0.600	0.768*	0.586	0.418	0.305	0.347	0.419	0.890**	0.537	0.851**	0.900**	0.902*	0.881**	0.574	0.507	0.841**	1		
lg（*sul1*）	−0.441	0.104	−0.010	0.009	0.324	0.263	0.172	0.168	0.303	−0.054	−0.139	−0.131	−0.135	0.656	0.385	−0.425	−0.090	1	
lg（*sul2*）	−0.442	−0.178	−0.513	0.317	−0.270	−0.279	−0.233	−0.115	−0.335	−0.365	−0.315	−0.150	−0.385	0.502	0.509	−0.423	0.011	0.613	1

*在 0.05 水平上显著相关；**在 0.01 水平上显著相关。

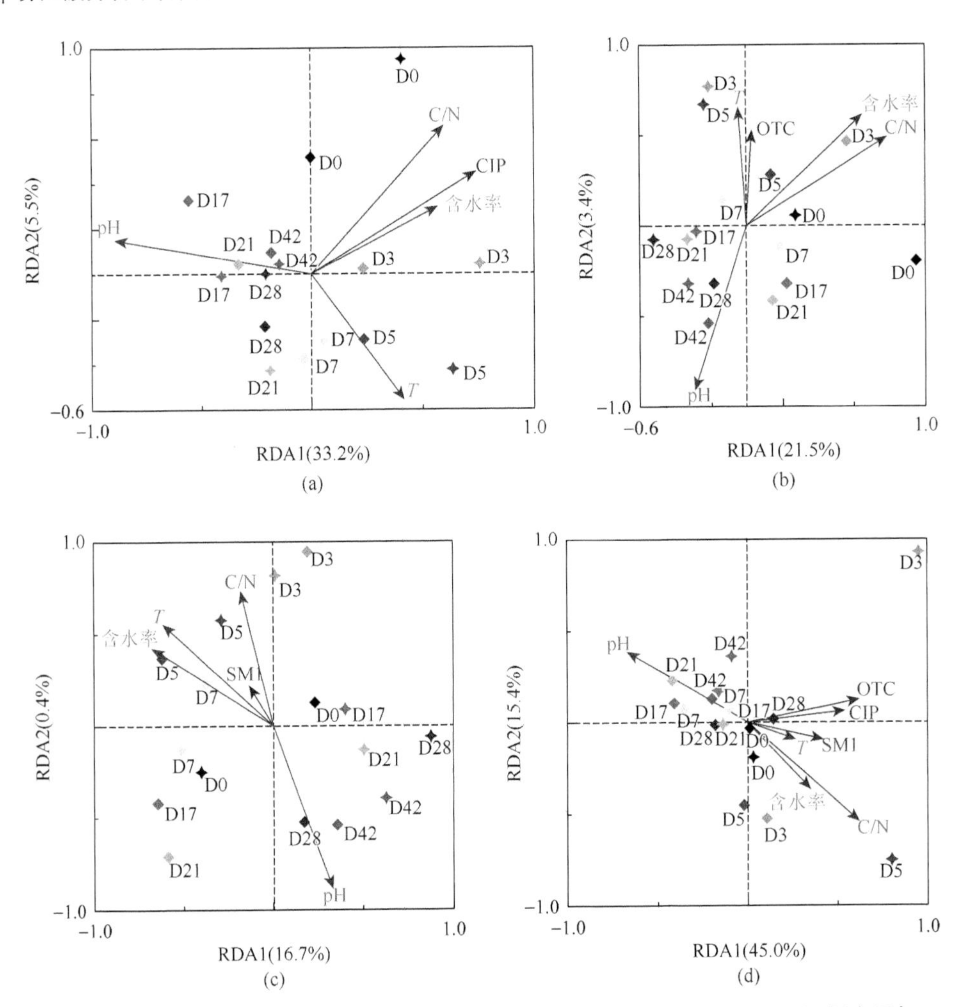

图 3.10 CIP（a）、OTC（b）、SM1（c）单独添加和 CIP + OTC + SM1（d）混合添加猪粪堆肥过程中，环境因素（C/N、温度 *T*、pH、含水率和抗生素）与相应的 ARGs 之间的相互关系及冗余分析（RDA）

表 3.16 冗余分析（RDA）的单因素贡献率

环境因子	贡献率（%）			
	3 种抗生素混合添加	土霉素单独添加	环丙沙星单独添加	磺胺甲基嘧啶单独添加
C/N	10.9	6.3	3.8	5.9
含水率	6.1	0.9	1.0	13.8
pH	6.9	2.0	13.7	0.6
T	7.2	1.6	3.3	2.2
土霉素	12.8	7.6	—	—
环丙沙星	8.0	—	3.9	—
磺胺甲基嘧啶	7.2	—	—	5.5

如图 3.10 所示，在不同堆肥阶段，ARGs 变化主要贡献者是不同的。一般来说，在高温期，含水率和 C/N 主要影响 ARGs 分布，而温度在中温期起主要作用，其次是腐熟期的 pH。值得注意的是，不同堆肥期，特别是在腐熟期，不同处理获得的 ARGs 变化具有相似性。

因此，不同堆肥期对 ARGs 变化有重要影响。大部分 ARGs 在高温期被去除，含水率和 C/N 是该阶段最重要的环境因子。在堆肥过程中，如果含水率和 C/N 合适，温度几乎会随着时间呈指数级上升，直到 65～70℃左右开始进入高温期，这一阶段可能会持续 1～3 周，高温有助于增强 ARGs 消除（Li et al.，2017）。因此，可能需要优化堆肥条件，如含水率和 C/N，以确保 ARGs 控制。

通过本节研究发现，猪粪堆肥过程中，不同浓度的 OTC、CIP、SM1 单独或混合添加均可影响抗生素的削减率。总体而言，这 3 种抗生素在堆肥后都可以被有效削减。但是，单独抗生素添加和混合添加对某些抗生素猪粪堆肥具有一定的影响。堆肥过程中，大部分 ARGs 在堆肥后都可以被有效削减。在堆肥不同阶段，主要影响因素也有所不同。猪粪高温堆肥对有效削减 ARGs 具有重要作用。此外，堆肥是由微生物活动控制的，而微生物活动受环境因素的影响很大，主要是 C/N、含水率和供氧方式。最后，需要对堆肥条件进一步优化，提高堆肥过程中扩增的 TRG 去除效率。

4. 猪粪堆肥过程中微生物的变化规律及其与相关耐药基因的关系

（1）16S rRNA 测序

选取含有高浓度环丙沙星（CIP）、磺胺甲基嘧啶（SM1）、土霉素（OTC）、混合抗生素（MIX）和空白的堆肥处理作为研究对象，对堆肥第 3 d、21 d 和 42 d 的 DNA 样品的 V3～V4 可变区进行扩增，反应引物为：341F（5'-CCTAYGGGRBGCASCAG-3'）和 806R（5'-GGACTACNNGGGTATCTAAT-3'）。扩增体系：10 ng DNA 模板，0.8 μL 341F（5 μmol/L）和 806R（5 μmol/L），4 μL 5×FastPfu 缓冲液，2 μL 2.5 mmol/L dNTPs 和 0.4 μL FastPfu Taq 聚合酶。反应条件：

预变性 95℃	5 min	
变性 95℃	30 s	27 个循环
复性 55℃	30 s	27 个循环
延伸 72℃	45 s	27 个循环
最后延伸 72℃	10 min	

扩增产物经 DNA 提取试剂盒（Tiangen DNA extraction Kit，China）纯化后送至恒创基因科技有限公司（深圳，中国）利用 Illumina HiSeq 2500 平台进行测序。

（2）堆肥过程中微生物多样性

通过对 Illumina HiSeq 测序结果进行配对和过滤组装后，共获得 15 558 833 条序列，其中每个样本的有效序列范围为 30 163～44 982。在 97%的相似性水平下对这些序列进行聚类，共得到 26 900 个 OTU。表 3.17 中 Shannon 指数和 Chao1 指数用于评估堆肥过程中微生物的 α 多样性，其中 Shannon 指数用来表示微生物的丰度和均匀度，Chao1 指数用于估算 OTU 的丰度。由表 3.17 可知，降温阶段（第 21 d）CIP 和 MIX 处理的 Shannon 和 Chao1 指数明显低于其他处理，这表明在该堆肥阶段环丙沙星对细菌群落的选择性作用较强，明显影响细菌的丰度。图 3.11 为基于 OTU 水平的 PCA 分析（β 多样性），轴 PC1 和 PC2 分别解释了群落组成差异的 76.40%和 11.04%。高温阶段（第 3 d）的样品与其他阶段（降温和成熟阶段）完全分开。不同处理不同阶段温度和 pH 的差异有可能是温度或 pH 的差异而导致的。第 21 d 和第 42 d 的处理在 PC1 轴不能明显分开，但在 PC2 轴分开，这与温度无关，因此有可能是有机质和环丙沙星浓度变化而导致的。

表 3.17 测序性质列表

处理	有效序列	OTU 种类	Shannon 指数	Chao1 指数
空白 3 d	35059±4104	700±62	6.19±0.87	680.75±56.19
CIP. 3 d	35904±3285	584±43	6.01±0.52	580.92±37.69
OTC. 3 d	36401±2744	728±18	6.74±0.05	715.82±24.43
SM1. 3 d	34016±2184	666±29	6.55±0.53	671.56±137.12
MIX. 3 d	35856±3160	498±51	5.76±0.22	484.73±60.79
空白 21 d	38223±1844	706±31	6.60±0.35	700.77±14.64
CIP. 21 d	35197±6700	467±98	3.62±1.44	459.29±101.06
OTC. 21 d	40955±2132	656±15	6.26±0.09	634.46±22.43
SM1. 21 d	37847±1479	708±18	6.70±0.13	700.77±22.08
MIX. 21 d	32200±520	433±65	3.87±1.92	419.29±81.97
空白 42 d	34728±4764	654±38	6.47±0.29	649.95±57.06
CIP. 42 d	38834±4693	541±87	6.23±0.30	584.51±69.21
OTC. 42 d	35899±5358	594±53	6.50±0.04	656.22±27.79
SM1. 42 d	35583±2873	616±56	6.16±0.33	595.36±51.72
MIX. 42 d	36582±1859	636±43	6.51±0.20	628.23±51.59

（3）堆肥过程中微生物群落结构变化

在所有堆肥样品中共发现 24 个细菌门类，其中高温阶段（3 d）、降温阶段（21 d）和成熟阶段（42 d）分别有 16 个、24 个和 22 个菌门。图 3.12（a）中显示了 9 个总相对丰度＞1%的细菌门类。与以前的研究相似（Guo et al.，2018），堆肥过程中主要的菌群有 Proteobacteria、Actinobacteria、Firmicutes 和 Bacteroidetes，分别占 48.58%、15.77%、15.34%和 9.83%。在多数好氧堆肥研究中，变形菌门通常是占多数的优势菌群（Guo et al.，2018）。在本研究中，变形杆菌在高温阶段、降温阶段和成熟阶段分别占大约 44.70%、54.42%和 46.62%，并且除第 3 d 的对照（厚

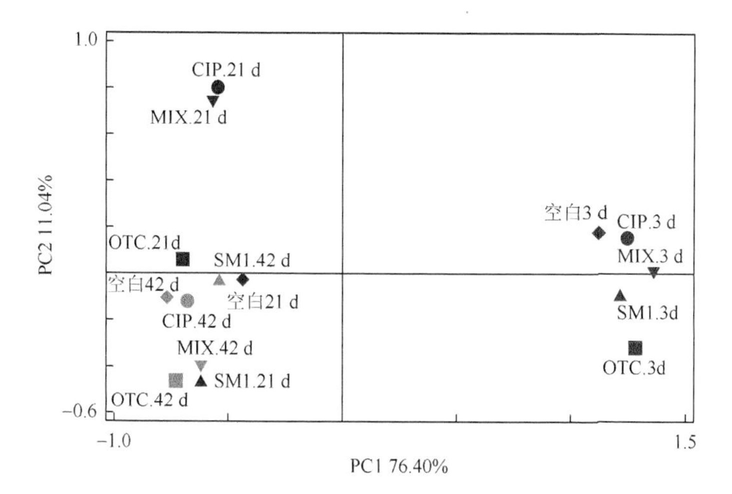

图 3.11 不同处理 OTU 水平的 PCA 分析（平均值，$n=3$）

其中菱形代表空白，圆形代表 CIP，方形代表 OTC，正三角形符号代表 SM1，倒三角形符号代表 MIX；红色代表第 3 d（高温期）处理，蓝色代表第 21 d（降温期）处理，绿色代表第 42 d（成熟期）处理

壁菌门 Firmicutes 为优势菌门）外，其在所有样本中的丰度最高，这可能是由于高温阶段三种抗生素对厚壁菌门存在明显抑制作用。

放线菌是第二丰富的菌门［图 3.12（a)］。其他利用粪肥及富含纤维素和木质素底物（如稻草、糠、干草、硬木、麦草、锯末）的联合堆肥研究也发现放线菌的相对丰度较高（Su et al.，2015）。这表明放线菌与纤维素和木质素的降解有联系。另外，放线菌被广泛用于抗生素发酵生产，这也可能是其在堆肥过程中高丰度的原因（Qian et al.，2016）。由于温度耐受性，通常厚壁菌门在堆肥高温期表现出相对较高的丰度（Liu et al.，2018）。在本研究中，Firmicutes 在高温期（23.01%）比其他两个阶段（3.41%和 5.52%）的丰度也明显更高。本研究结果至少在一定程度上支持了先前的研究，即厚壁菌门的丰度与高温阶段有机物的分解有关，而放线菌在低

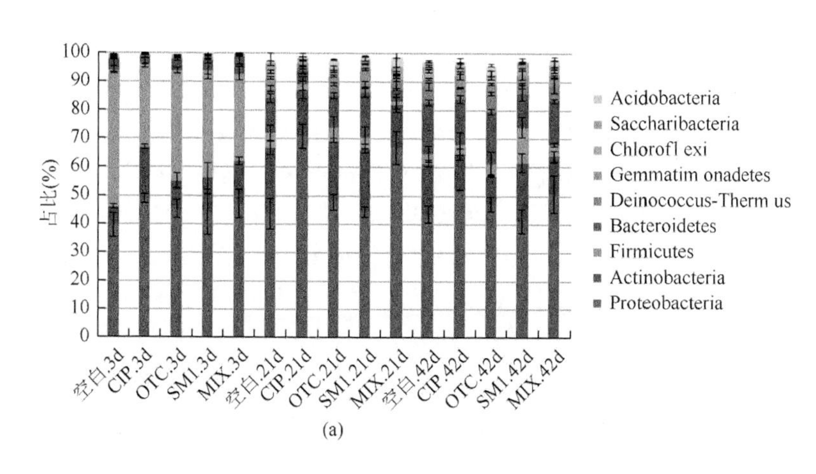

(a)

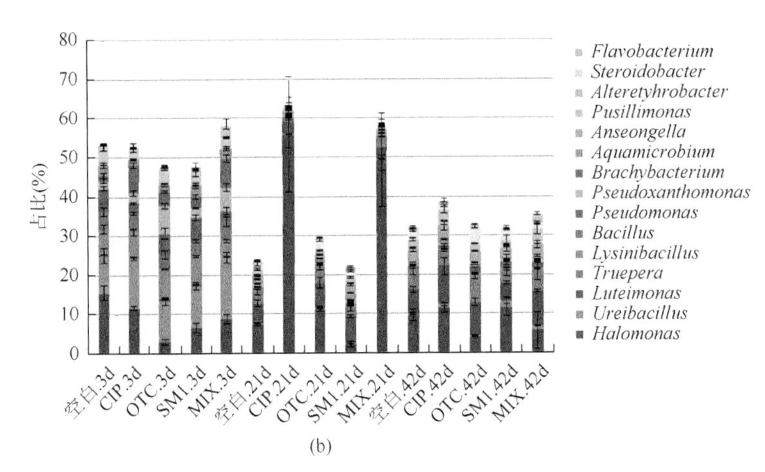

图 3.12　不同堆肥处理在第 3 d、21 d 和 42 d 的门（a）和属（b）水平的细菌群落组成

（仅显示丰度＞1%的菌类）

温阶段与有机物的分解关系更密切（Liu et al.，2018）。在 CIP 和 MIX 处理中，厚壁菌门的含量较低，表明其对环丙沙星较对土霉素或磺胺甲基嘧啶的敏感性更高。

不同处理相对丰度＞1%的细菌菌属如图 3.12（b）所示，其中高温期（15 个属）检测到的主要菌属（＞1%）的数量大于降温期（10 个属）和腐熟期（13 个属）的数量。在高温阶段，与对照相比，所有添加抗生素处理的 *Luteimonas* 丰度均增加。*Pseudomonas* 只有在 CIP 和 MIX 处理中相对较高。这表明不同抗生素对细菌群落结构存在特异性影响。与对照相比，降温期抗生素对细菌菌属组成影响较大，总体上是属种类减少，特定属的优势度大大增加。其中对 *Halomonas* 相对丰度的影响较大，特别是 CIP 和 MIX 处理中该菌属丰度增长最多。

Halomonas（属变形菌门）是整个堆肥过程中丰度最大的菌属，它是嗜盐微生物的一种，可以在碱性和盐碱环境中生长。*Halomonas* 的丰度从高温期（3 d）的 8.91%增加到降温期的 25.06%，同时堆体的 pH 从 6.53 增加到 8.30。第 21 d CIP 和 MIX 处理中 *Halomonas* 的高丰度也伴随着较高的堆体 pH（分别为 8.63 和 8.40）。这些结果表明，pH 在堆肥过程中对 *Halomonas* 起着关键作用。另外，通过比较各处理发现 *Halomonas* 对土霉素和磺胺甲基嘧啶更为敏感，并且环丙沙星还可以降低土霉素和磺胺甲基嘧啶对 *Halomonas* 的作用（MIX 处理）。

Pseudomonas（属变形菌门）通常是从包括动物肠道在内的不同环境中分离出来的（López-González et al.，2015）。已有报道称，*Pseudomonas* 与 ARG 的丰度有关，特别是堆肥过程中的四环素类、磺胺类和氨基糖苷类抗生素的相关耐药基因（Cycoń et al.，2019）。本研究中 *Pseudomonas* 在 CIP 和 MIX 处理中的丰度值明显较低，这表明 *Pseudomonas* 对土霉素和磺胺甲基嘧啶的耐受性较低。

Ureibacillus、*Bacillus* 和 *Lysinibacillus* 是经常在堆肥中发现的厚壁菌门菌属，

特别是在好氧堆肥的高温阶段（Liu et al.，2018）。与其他处理相比，MIX 处理中 *Ureibacillus* 丰度最高，同时第 3 d 该处理温度最高（61.2℃），TOC 含量较低。这一定程度上说明 *Ureibacillus* 丰度与有机物快速分解和热量释放有关。*Bacillus* 是堆肥期间，尤其是在高温期最常见的厚壁菌门菌属。正如之前的研究，*Bacillus* 通常显示出对各种抗生素的抗性，并且它们的存在与抗生素的降解及有机物降解和硝化作用有关（Qian et al.，2016；Liu et al.，2018）。这可以解释在五个处理方法中 *Bacillus* 丰度的微小差异。*Lysinibacillus* 在高温期、降温期和腐熟期分别占 6.27%、0.22%和 0.43%。与其他添加一种抗生素的处理相比，*Lysinibacillus* 在 MIX 处理中的丰度明显较低。

（4）微生物群落组成与堆体理化性质的关系

堆肥过程中主要细菌菌属与堆体理化特性之间的相关性如图 3.13 所示。根据堆肥的不同阶段，富集的菌属分为三类：（A）在第 3 d 富集的菌属；（B）在第 21 d 占主导地位的菌属；（C）在第 42 d 富集的菌属。A 组中的耐热细菌主要存在于高

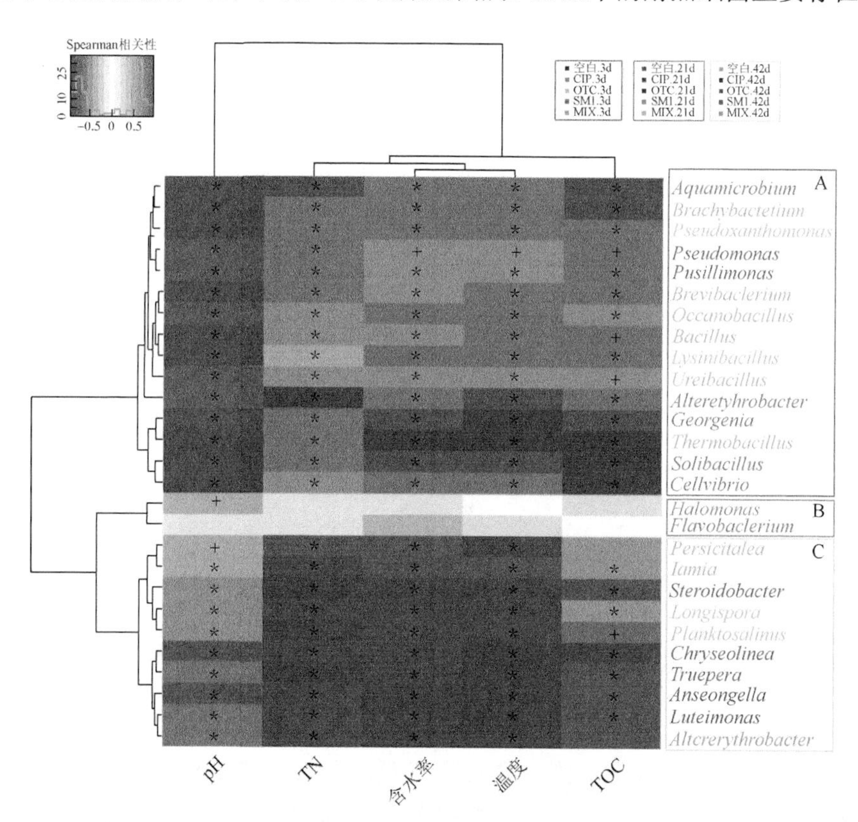

图 3.13　主要细菌菌属与堆体理化特性之间的 Spearman 相关性分析

Y 轴为主要菌属（＞1%），*X* 轴为堆体理化性质。“+”和“*”分别表示 0.05 和 0.01 水平的显著相关性；不同颜色标记的菌属则是具有相同颜色处理的主要菌属（见右上角）

温期中，与总氮（TN）、水分、温度和总有机碳（TOC）呈正相关（$P<0.05$）。有趣的是，观察到的大多数细菌增加都发生在添加有抗生素的堆肥中。研究发现，在鸡粪堆肥和抗生素菌渣堆肥的末期，*Bacillus* 和 *Oceanobacillus* 具有相对较高的丰度（Kumar et al.，2019；Liu et al.，2018；Ren et al.，2019），这可能归因于堆肥材料及其特定的理化特性。

除了 *Halomonas* 和 pH 具有显著相关性外，*Halomonas* 和 *Flavobacterium* 的丰度（B 组）与本研究中评估的任何理化特性均无显著相关性（$P<0.05$）。

成熟期堆体内的优势菌属归类于 C 组。这些菌的富集与 pH 呈正相关性，与 TN、湿度、温度和 TOC 呈负相关性，RDA 分析也得到了类似的结果（图 3.14）。根据 RDA 分析结果显示，堆体理化特性的变化解释了细菌群落组成总变化的 64.43%，其中 pH 和温度占了很大一部分（分别为 27.2%和 26.1%）。

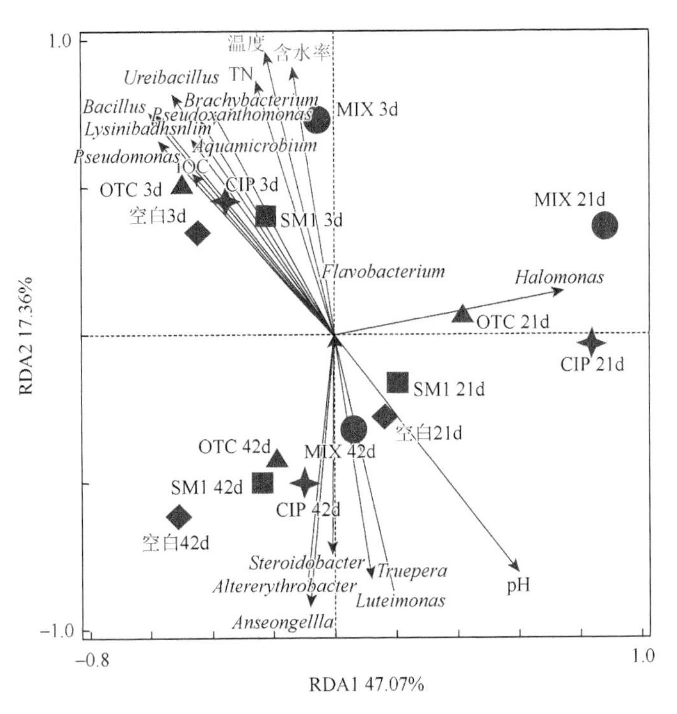

图 3.14　不同处理属水平的微生物群落结构与堆体理化性质的 RDA 分析

（5）耐药基因与微生物种类的关系

对不同 ARG 共现关系的研究有利于预测环境中全部或特定 ARG 的丰度（Qian et al.，2018）。本实验使用网络分析来探索不同 ARG 之间的相互关系（图 3.15 和表 3.18），结果显示四环素类（TARGs）、喹诺酮类（QARGs）和磺胺类抗性基因（SARGs）之间存在共现关系。此外，许多 TARG 与其他 TARG

也存在关联，这些结果与之前的发现相符（Qian et al.，2017；Song et al.，2017；Qian et al.，2016），并且可能是由他们在同一宿主（细菌）甚至同一 DNA 片段中同时存在 ARG 而导致的。这使得能够通过细菌繁殖和/或 DNA 片段的转移（即水平基因转移，HGT）导致他们在环境中的共同传播。然而，已有报道称细菌群落

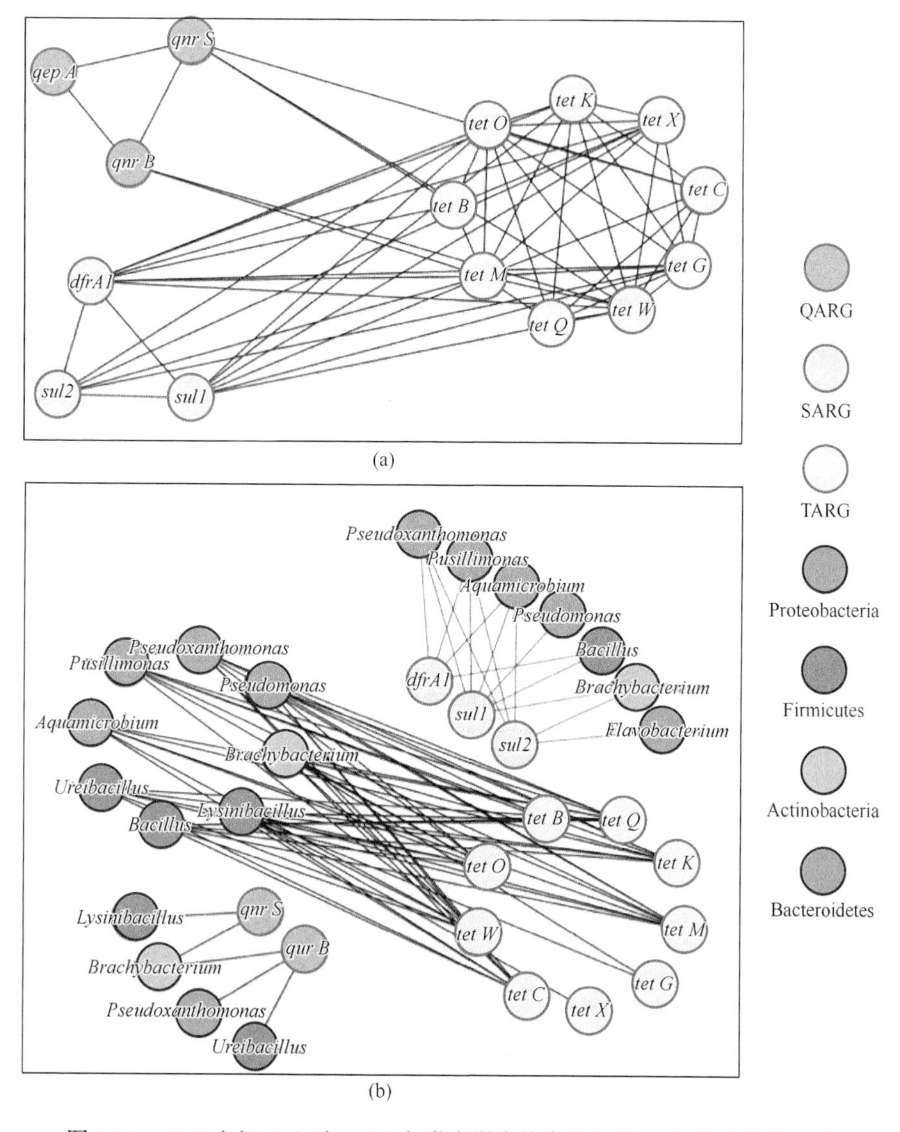

图 3.15　ARG 之间（a）和 ARG 与潜在微生物宿主之间（b）的共线性分析

不同颜色的节点代表特定的 ARG 或者微生物菌门，连线代表节点之间存在显著的正相关关系（$P<0.05$）；QARG 表示喹诺酮类抗生素耐药基因；SARG 表示磺胺类抗生素耐药基因；TARG 表示土霉素类抗生素耐药基因

表 3.18　不同的 ARG 之间 Spearman 相关性分析

	qepA	*qnrB*	*qnrS*	*tetB*	*tetC*	*tetG*	*tetK*	*tetM*	*tetO*	*tetQ*	*tetW*	*tetX*	*dfrA1*	*sul1*	*sul2*
qepA	1														
qnrB	−0.531b	1													
qnrS	−0.415b	0.442a	1												
tetB	−0.028	−0.045	0.496b	1											
tetC	0.017	0.105	0.421a	0.317	1										
tetG	−0.241	0.331	−0.001	0.249	0.413a	1									
tetK	0.046	0.312	0.274	0.327	0.689b	0.631b	1								
tetM	−0.047	0.383a	0.352	0.466a	0.670b	0.677b	0.854b	1							
tetO	0.238	0.211	0.272	0.530b	0.573b	0.619b	0.802b	0.882b	1						
tetQ	0.159	0.075	0.324	0.156	0.852b	0.483a	0.789b	0.637b	0.612b	1					
tetW	−0.104	0.458a	0.402a	0.337	0.681b	0.693b	0.855b	0.919b	0.818b	0.734b	1				
tetX	−0.101	0.210	−0.082	0.426a	0.294	0.891b	0.586b	0.708b	0.695b	0.274	0.624b	1			
dfrA1	0.139	0.105	0.204	0.618b	0.327	0.658b	0.532b	0.608b	0.708b	0.338	0.562b	0.737b	1		
sul1	0.165	0.006	−0.068	0.381	0.312	0.631b	0.589b	0.636b	0.652b	0.306	0.544b	0.659b	0.755b	1	
sul2	0.294	−0.085	−0.374	0.254	0.054	0.599b	0.341	0.432a	0.484a	0.027	0.319	0.762b	0.667	0.689b	1

注：a 代表 0.05 水平的显著相关；b 代表 0.01 水平的显著相关。

组成在 ARGs 的传播中起主导作用（Su et al.，2015）。本次试验的 RDA 分析也显示微生物群落组成很大程度上解释了不同堆肥处理中 ARG 差异（图 3.16）。鉴于此，本研究集中分析主要细菌类群与 ARG 之间的关系。

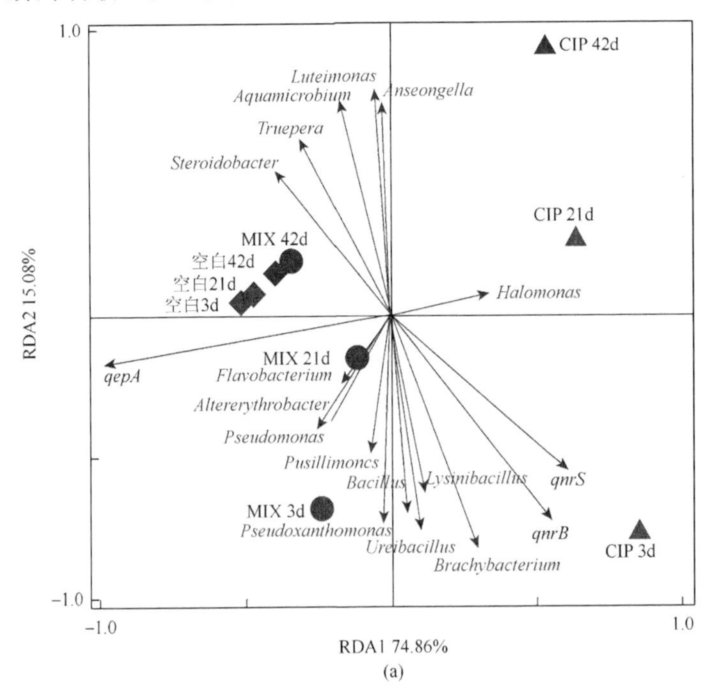

(a)

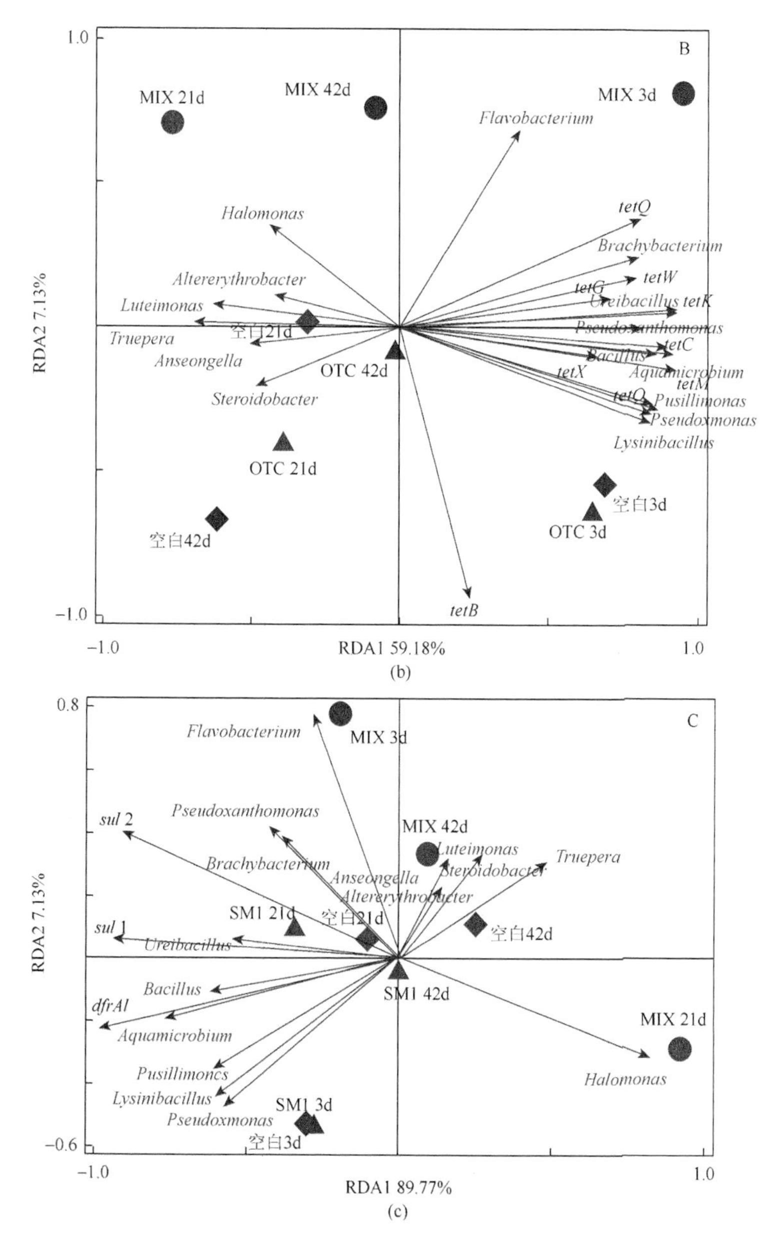

图3.16　不同耐药基因QARG（a）、TARG（b）和SARG（c）与主要细菌属（>1%）的RDA分析（平均值，$n=3$）

菱形代表空白，圆形代表MIX处理；（a）、（b）和（c）中的三角形分别代表CIP、OTC和SM1处理；红色符号是第3 d（高温期）的处理，紫色符号是第21 d（降温期）的处理，棕色符号是第42 d（腐熟期）的处理

虽然堆肥期间 *Halomonas* 的丰度最高，但该菌与ARGs的扩散没有显著关系（表3.19）。此外，*Luteimonas*、*Truepera*、*Anseongella*、*Altererythrobacter* 和

表 3.19　ARG 和主要菌属的 Spearman 相关性分析

	qepA	*qnrB*	*qnrS*	*tetB*	*tetC*	*tetG*	*tetK*	*tetM*	*tetO*	*tetQ*	*tetW*	*tetX*	*dfrA1*	*sul1*	*sul2*
Halomonas	−0.36	−0.105	−0.105	−0.141	−0.322	−0.077	−0.108	−0.158	−0.156	−0.258	−0.182	−0.039	−0.274	−0.303	−0.394a
Ureibacillus	0.083	0.472a	0.346	0.177	0.845b	0.344	0.745b	0.711b	0.615b	0.849b	0.734b	0.255	0.264	0.339	0.211
Luteimonas	−0.108	−0.348	−0.26	−0.171	−0.457a	−0.092	−0.621b	−0.632b	−0.549b	−0.550	−0.597b	−0.120	−0.075	−0.056	0.010
Truepera	0.076	−0.344	−0.263	−0.175	−0.490b	−0.203	−0.724b	−0.609b	−0.593b	−0.656b	−0.628b	−0.181	−0.380	−0.246	−0.202
Lysinibacillus	0.155	0.321	0.445a	0.598b	0.758b	0.585b	0.818b	0.868b	0.761b	0.717b	0.682b	0.590b	0.443a	0.360	0.266
Bacillus	0.249	0.353	0.289	0.426a	0.689b	0.180	0.676b	0.781b	0.750b	0.649b	0.683b	0.284	0.402a	0.430a	0.327
Pseudomonas	0.197	0.087	0.164	0.396a	0.900b	0.350	0.714b	0.650b	0.577b	0.844b	0.695b	0.271	0.379	0.413a	0.311
Pseudoxanthomonas	0.25	0.406a	0.096	0.178	0.761b	0.225	0.749b	0.601b	0.562b	0.880b	0.674b	0.115	0.424a	0.426a	0.401a
Brachybacterium	0.143	0.632b	0.459a	0.204	0691b	0.399a	0.781b	0.794b	0.738b	0.690b	0.780b	0.291	0.363	0.422a	0.392a
Aquamicrobium	0.253	0.151	0.048	0.297	0.575b	0.380	0.851b	0.791b	0.767b	0.711b	0.796b	0.375	0.596b	0.557b	0.529b
Anseongella	−0.031	−0.286	−0.221	−0.106	−0.450b	−0.222	−0.666b	−0.658b	−0.571b	−0.605b	−0.731b	−0.205	−0.140	−0.061	−0.058
Pusillimonas	0.204	0.208	0.141	0.480a	0.794	0.344	0.653b	7.14b	0.643b	0.644b	0.649b	0.299	0.555b	0.556b	0.443a
Altererythrobacter	0.162	−0.316	−0.23	−0.007	−0.347	−0.233	−0.532b	−0.587b	−0.451b	−0.441a	−0.641b	−0.186	0.045	0.073	0.111
Steroidobacter	0.233	−0.310	−0.234	−0.007	−0.525b	−0.041	−0.631b	−0.537b	−0.509b	−0.667b	−0.594b	0.048	−0.112	−0.094	−0.103
Flavobacterium	−0.057	0.314	−0.126	−0.548b	−0.054	0.218	0.086	0.064	0.077	−0.021	0.031	0.123	0.172	0.346	0.403a

注：a 代表 0.05 水平的显著相关；b 代表 0.01 水平的显著相关。

Steroidobacter 仅与 TARGs 负相关。由于这些菌属大多与堆肥的降温期和腐熟期有关，因此高温期微生物的减少与 ARG 下降有关。

本研究使用网络分析评估了与不同的 ARG 有显著相关性的其他 9 个菌属（＞1%）（图 3.15）。结果显示变形菌门菌属（*Pseudomonas*、*Pseudoxanthomonas*、*Pusillimonas* 和 *Aquamicrobium*）、厚壁菌门菌属（*Ureibacillus*、*Lysinibacillus* 和 *Bacillus*）、放线菌（*Brachybacterium*）和拟杆菌（*Flavobacterium*）都与 ARGs 的归趋有关。之前的研究也发现这四个菌门与猪粪和麦草堆肥过程中的 TARG、SARG 和大环内酯类抗性基因的归趋有关（Song et al.，2017）。在本研究中，编码核糖体保护蛋白（包括 *tetM*、*tetO*、*tetQ* 和 *tetW*）的四个 TARG 和一个编码外排泵（*tetK*）的 TARG 与八个菌属有关。这些细菌都是嗜热菌属，在堆肥后期均变得活性较低，而同时 TARG 的丰度也显著降低。这表明可以通过改变堆肥过程，特别是达到足够高的温度来减少 ARGs 扩散（Qian et al.，2016）。

目前有报道 *tetX* 与 *Lysinibacillus*、*Pseudomonas*、*Psychrobacter*、*Solibacillus* 和 *Acinetobacter* 等菌群的存在显著相关（Guo et al.，2018；Song et al.，2017），但是仅发现 *tetX* 与 *Lysinibacillus* 有关联。与本研究相似，Qian 等（2016）发现高温阶段后 *tetC* 浓度显著下降。相反地，他人指出 *tetC* 随着其他潜在嗜温细菌的富集而增加（Zhang et al.，2018），这表明堆肥过程中微生物组成对 ARGs 存在的重要性。

对于 QARG，其中的 *qepA* 与本研究中发现的任何主要细菌类群均不显著相关。之前的研究表明 *qnrB* 的去除与 *Lysinibacillus* 和 *Brachybacterium* 的减少有关（Qian et al.，2017）。网络分析还显示，*qnrB* 和 *qnrS* 可能共享相同的宿主 *Brachybacterium*。此外，*qnrS* 与 *Lysinibacillus* 相关，而 *qnrB* 存在其他的潜在宿主 *Ureibacillus* 和 *Pseudoxanthomonas* [图 3.15（b）]。

在本研究中，SARGs 比 QARGs 具有更高的丰度，并且其与堆肥过程中丰度最高的 4 个菌门菌属呈显著相关性，包括变形菌门菌属（*Pseudomonas*、*Pseudoxanthomonas*、*Pusillimonas* 和 *Aquamicrobium*）、厚壁菌门菌属（*Bacillus*）、放线菌（*Brachybacterium*）和拟杆菌（*Flavobacterium*）[图 3.15（b）]。Qian 等（2017）报道，*dfrA1* 在鸡、猪和牛的粪便堆肥中含量很高，但是与细菌种类的关系不大。在本试验中，*dfrA1* 的潜在宿主是 *Pseudoxanthomonas*、*Pusillimonas*、*Aquamicrobium* 和 *Bacillus*，而 *sul1* 和 *sul2* 也分别具有 6 个和 5 个潜在的嗜热宿主。

网络分析结果得到 RDA 分析的支持。RDA 分析显示了不同处理之间 ARG 组成的差异及其与细菌种类的关系（图 3.16）。在三个堆肥阶段（3 d、21 d 和 42 d），CIP 处理始终沿 RDA 1 轴与空白和 MIX 分开，而 RDA1 解释了 ARG 差异的 74.86%

[图 3.16（a）]。这表明环丙沙星和 QARGs 的变化有较强的关系。空白和 MIX 之间的距离很近，表明这三种抗生素的混合物可以降低环丙沙星的选择性压力，可能是由于其他抗生素限制了对环丙沙星有抗性细菌（如 *Lysinibacillus* 和 *Brachybacterium*）的繁殖。

根据图 3.16（b）所示，第 3 d 的空白、OTC 和 MIX 处理沿轴 1 分离（解释度为 59.18%），这主要与嗜热菌有关，与网络分析结果相一致。这进一步证明了堆肥温度作为调节堆肥过程中 TARG 归趋的重要性。另外，MIX 处理沿轴 2 与其他处理分离（27.13%），这表明混合抗生素也影响了 TARG 的分布。

如图 3.16（c）所示，空白和 SM1 处理各个堆肥阶段都具有相似的 SARG 组成，而 MIX 处理则不同（尤其是在第 3 d 和第 21 d）。这些结果表明环丙沙星和土霉素可以增强磺胺甲基嘧啶对 SARG 的影响。

3.3 猪粪堆肥泰乐菌素削减及其微生物分子生态学机制

3.3.1 外源菌剂对猪粪堆肥泰乐菌素降解的影响

1. 堆肥试验设计与研究方法

猪粪样品来源于北京郊区某养猪场，锯末和小麦秸秆购自江苏省连云港市农户。猪粪、锯末、小麦秸秆的基本理化性质见表 3.20。

表 3.20 堆肥原料性质

原料	C（%）	N（%）	C/N	pH
猪粪	29.62	2.50	11.85	8.34
小麦秸秆	44.63	1.13	39.50	—
锯末	49.27	—	—	—

堆肥试验采用泡沫保温箱（规格：外径 820 mm×590 mm×440 mm，内径 680 mm×450 mm×350 mm）进行。以猪粪、锯末和小麦秸秆为原料，各处理的 C/N 均约为 25∶1，其中猪粪、锯末、小麦秸秆的比例为 4∶2.34∶1，泰乐菌素降解菌 A 和菌 B 的接种量均为 1×10^9 CFU/kg。一共设置 3 个处理，具体如下：①CK：不加入泰乐菌素，不加入菌 A 和菌 B；②TYL：加入泰乐菌素，不加入菌 A 和菌 B；③TYL + 菌 A/B：加入泰乐菌素，加入菌 A 和菌 B。每个处理设置 3 个重复。外源添加泰乐菌素的浓度为 50 mg/kg。把猪粪、锯末和小麦秸秆进行搅拌，同时将泰乐菌素溶液和液体的微生物菌 A 和菌 B 均匀喷洒到其中，充分混合

均匀，加水调节含水率为 60%左右，并继续混合均匀，置于泡沫保温箱中进行堆肥发酵。其间定时实行人工翻堆。用温度记录仪于每天 6 时、12 时、18 时、24 时测定堆体温度，取平均值作为当天温度值。取样时间为堆肥期第 1 d、3 d、5 d、7 d、14 d、21 d、28 d、35 d 和 45 d，取样时混合均匀，装于自封袋内，在−80℃保存以备分析。测定指标及测定方法如下。

（1）温度、含水率、pH、电导率（EC）、总有机碳（TOC）、全氮（TN）、发芽指数等指标的测定方法

含水率、pH 于样品采集当天测定，温度采用温度记录仪进行测定，含水率利用烘箱烘干进行测定，pH 采用无 CO_2 水提取（1∶10）由 pH 计来读取，电导率（EC）由电导仪直接测定。

总有机碳采用浓硫酸-重铬酸钾外加热法进行测定（鲍士旦，2005）。准确称取 1.0 g 研磨堆肥样品小心地装入 100 mL 硬质试管底部，准确加入 0.4 mol/L（$1/6K_2Cr_2O_7$-H_2SO_4），用磷酸浴消煮，当试管内液体沸腾或有较大气泡发生时，开始计时，并保持 5 min，取出试管，消煮液转移至三角瓶，用去离子水洗涤并控制总体积在 60～70 mL。加入邻菲咯啉指示剂 2～3 滴，用 $FeSO_4$ 标准溶液（0.2 mol/L）滴定，溶液变绿色时表示滴定终点将近，此后溶液需逐滴慢加，直到由绿色突变为褐红色，即为终点。并最终计算溶液中碳的含量，进而得到堆肥样品中总有机碳的含量。

总氮利用浓硫酸-过氧化氢消煮-凯氏定氮法来进行测定。准确称取 1.0 g 研磨堆肥样品小心地装入 100 mL 硬质试管的底部，加入浓 H_2SO_4 5 mL，用石墨高温消煮炉消煮至溶液变澄清后，转移至 100 mL 容量瓶并用去离子水定容。用凯氏定氮仪测定溶液中氮的含量，计算堆肥样品中总氮的含量。

小麦种子发芽指数（GI）测定（Wang et al.，2015b）：选取合格的小麦种子，将堆肥样品与去离子水按照 1∶10（*W*/*V*）的比例混合，200 r/min 振荡 2 h，然后 8000 r/min 离心 10 min，上清液经滤纸过滤后待用。把大小合适的滤纸铺平于培养皿中，滤纸上均匀摆放 10 粒饱满露白的小麦种子，用移液枪吸取 10 mL 上述堆肥滤液于培养皿中，同时以去离子水作空白对照，放置于 25℃培养箱中暗培养 48 h，测定种子的发芽率和根长，并计算堆肥浸提液的 GI 值。每个样品重复 3 次。

（2）泰乐菌素的萃取及检测方法

1）提取液配制：将甲醇∶乙腈∶EDTA（0.1 mol/L）∶McIlvaine 缓冲液按照体积比 6∶4∶5∶5 混合，即得提取液。

2）萃取过程：①准确称取冷冻干燥并研磨好的样品 1 g，置于 10 mL 离心管中，加入 5 mL 提取液，涡旋；②混合 30 s 后，置于超声波水浴超声 10 min；③取出离心管 4000 r/min 离心 10 min，将上清液移入 500 mL 蓝盖玻璃瓶中；④离

心管中固体依上述方法重复萃取两次，将上清液一并移入 500 mL 蓝盖玻璃瓶中；⑤将玻璃瓶中萃取上清液用超纯水稀释到 500 mL，并加入 250 μL 磷酸调节萃取液 pH 为 2.3 左右；⑥上述调节好 pH 的缓冲液通过 0.45 μm 尼龙滤膜过滤后备后续固相萃取用；⑦HLB 固相萃取柱活化：3 mL 甲醇、3 mL 0.5 mol/L 盐酸、3 mL 超纯水依次活化，重复 3 次，控制流速为 1～2 mL/min；⑧连通水样并开启真空泵进行萃取固相富集，控制流速为 5～10 mL/min；⑨富集完成后，用 10 mL 超纯水淋洗 HLB 固相萃取柱，在 N_2 保护下干燥约 1 h；⑩用 3 mL 甲醇洗脱三次，控制流速为 1 mL/min。

洗脱完成后，其洗脱液置于氮吹仪上室温条件下缓慢吹扫至近干，用流动相定容至 1 mL，经 0.22 μm 尼龙滤膜过滤后上机（HPLC-MS/MS）测定。

2. 堆肥过程中泰乐菌素残留变化

不同处理堆体泰乐菌素含量变化如图 3.17 所示。各个处理堆体泰乐菌素的降解情况有所不同。在堆肥初始，堆体中的泰乐菌素降解幅度较大，之后随着堆肥过程的继续进行，堆肥的各个处理中泰乐菌素的降解继续增加，降解率也随之不断提高。堆肥初期，各个处理的泰乐菌素的降解率大小顺序依次为：TYL + 菌 A/B＞TYL＞CK。堆肥后期，各处理组泰乐菌素降解效率均降低。堆肥结束时，TYL + 菌 A/B 处理堆体泰乐菌素的降解率高达 98.11%，TYL 处理堆体泰乐菌素的降解率为 80.87%。可以看出，添加了外源微生物的处理中泰乐菌素含量较其他的处理显著降低。在堆肥完全结束时，泰乐菌素去除率达到 98%以上。和其他处理对比发现，添加外源微生物对于泰乐菌素的去除有显著的促进作用。

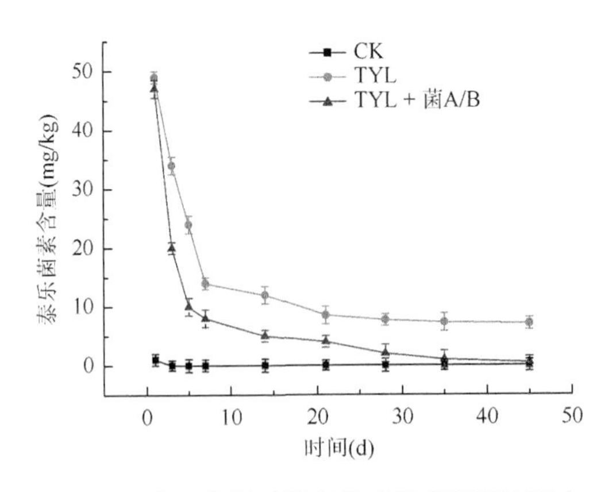

图 3.17　外源菌剂对堆肥泰乐菌素降解的影响

3. 堆肥过程中理化指标变化情况

（1）温度

不同处理堆体温度变化如图 3.18 所示，由图 3.18 可知，环境温度在整个堆肥过程中基本维持在 20℃左右。不同处理堆体温度的变化趋势大致相同，都经历了升温、高温、降温的阶段性变化规律。在第 3 d 升温过程完成，随即进入高温阶段，TYL + 菌 A/B 处理堆体温度最高值达到 68.64℃，TYL 处理堆体温度最高为 67.91℃，一周之后，各处理组的温度开始下降，堆肥结束后，各处理组温度已稳定在室温，表明堆肥达到腐熟。

温度能够很好地表征堆肥是否进行得彻底。额外地添加微生物能够提高堆肥的最高温度，而且对于堆体温度上升的速度也有一定的辅助作用。添加外源微生物的处理比没有添加外源微生物菌剂的处理温度下降的速度要慢一些，很大程度上是因为添加的外源微生物菌剂新陈代谢旺盛，生理活性提高。而且加了外源微生物菌剂的处理在堆肥过程中的最高温度也比其他处理高，这很有可能是因为随着堆肥过程的不断进行，添加了外源微生物菌剂的处理物料当中所含的菌与菌 A、B 之间产生相互影响，共同作用促进了堆肥温度的提高，进而导致堆肥当中的各种物质在外源微生物菌剂的作用下不断分解，使得温度不断提高。

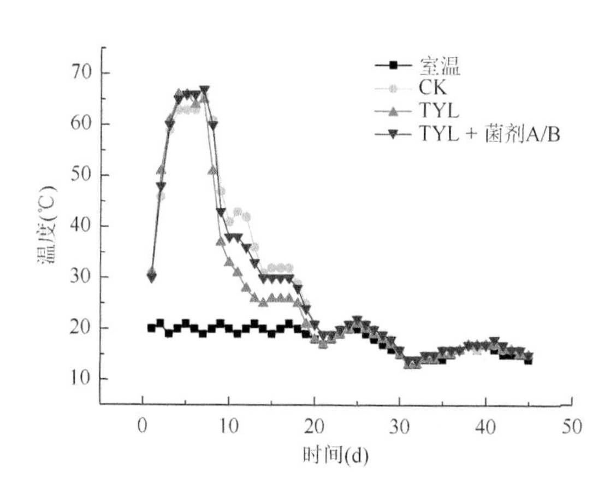

图 3.18　添加外源菌剂对堆体温度的影响

（2）含水率和 pH

如图 3.19 所示，随着堆肥的进行，各处理组的堆体含水率呈现不断下降的趋势。在整个堆肥过程中，水分减少速率先快后慢。堆肥开始时，各处理含水率分别为 56.86%、57.51%和 58.93%，堆肥结束时，各处理含水率分别为 32.25%、33.56%和 31.67%。在堆肥过程中，各处理组堆体的 pH 有相同的变化趋势。如图 3.20 所示，堆肥开始时，各处理的 pH 稍有不同，分别为 7.03、7.16、7.29，之后迅速升高，其后缓慢升高并最终趋于稳定，堆肥结束时，各堆体的 pH 差异较小，分别为 9.32、9.36 和 8.84，堆体都呈现碱性。堆肥从开始到最终完成，不同处理的堆体的含水率以及 pH 有着大致一样的变化规律，差异不是很大。在堆肥从开始到最终完成的一整个堆肥周期内，堆体的含水率呈现的是不断降低的规律，但是与之截然相反的是，pH 却呈现出不断提高的规律，而且变化趋势均为前期比较剧烈而后期比较平缓。各个处理的 pH 在堆肥期间是不断提高的，即使堆肥完成后 pH 也并没有显著降低，或许是因为在堆肥的整个过程当中，经过长时间的高温发酵，里面的微生物新陈代谢使得各种含氮物质发生不同程度的分解产生了氨气，还有可能是因为在堆肥进行的过程中会有某些其他类型的物质发生分解并生成了碱性物质，使得 pH 有所提高，而且呈现出碱性的环境。

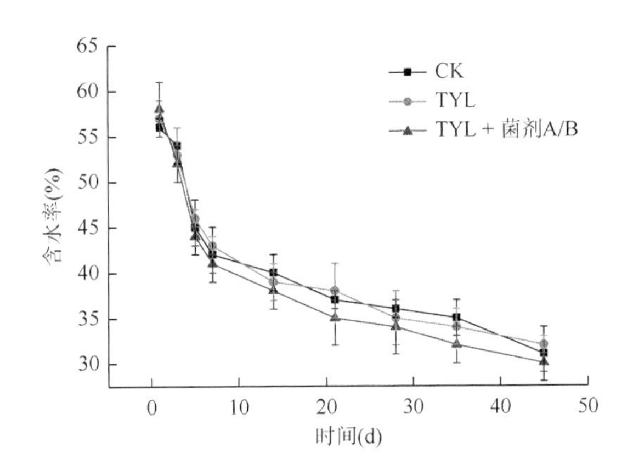

图 3.19　添加外源菌剂对堆体含水率的影响

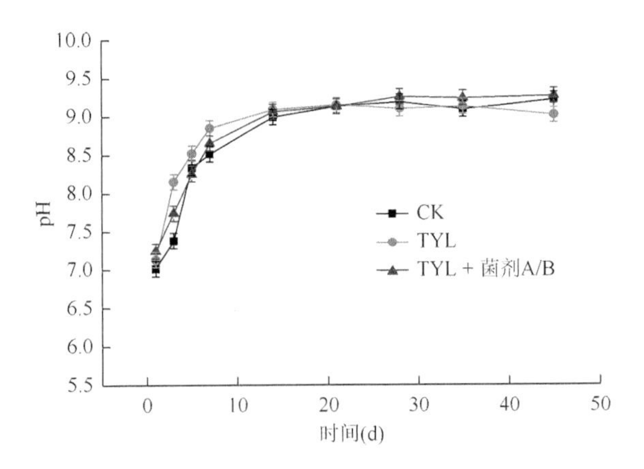

图 3.20　添加外源菌剂对堆体 pH 的影响

（3）种子发芽指数（GI）

图 3.21 是不同处理堆肥样品浸提液处理的小麦种子发芽指数的变化情况。各处理的发芽指数呈现出先下降后升高的趋势。在第3 d时达到最低，最低值分别为25.54%、25.98%和 31.45%，所有不同处理的发芽指数有相同的变化趋势，堆肥完成时，发芽指数值分别是 92.03%（CK）、86.14%（TYL）和 95.43%（TYL＋菌 A/B），这表明泰乐菌素会很明显地直接影响小麦种子的 GI 值，而添加微生物菌剂的处理发芽指数最高，说明添加微生物能够显著降低堆肥完成时提取液的毒性，有助于堆肥腐熟。

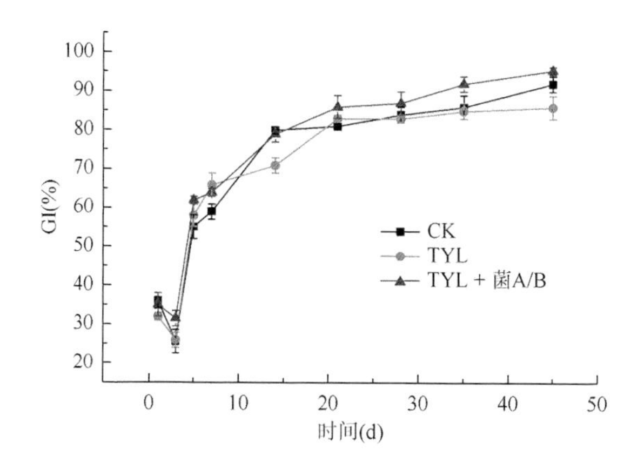

图 3.21 添加外源菌剂对 GI 值的影响

（4）电导率（EC）

堆肥各处理对堆体电导率值的影响见图 3.22。堆肥过程中，整体呈现前高后低的变化趋势。但是不同堆体的变化速率是不相同的，添加泰乐菌素的堆体在前期变化比较剧烈。其中，CK 处理和 TYL＋菌 A/B 处理在第 3 d 堆体 EC 值达到最

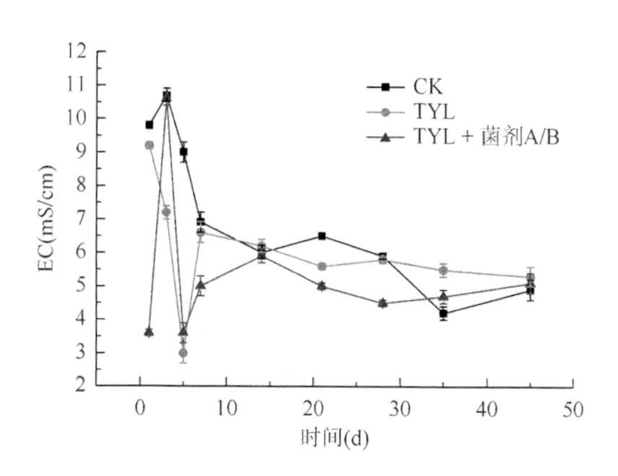

图 3.22 添加外源菌剂对堆体电导率的影响

高点，分别为 10.83 mS/cm 和 10.81 mS/cm，而 TYL 处理堆体的 EC 值则是先下降，并在第 5 d 达到最低 2.96 mS/cm，之后逐步升高。3 个处理的最终 EC 值都稳定在 5.0 mS/cm 左右。不同处理的电导率的变化前期较为剧烈，后期趋于平稳，同时，可以看到，添加了微生物菌剂的处理电导率的变化相较于其他处理，波动更加明显和剧烈，表明外源添加微生物菌剂能够显著影响堆肥堆体的电导率变化。

（5）总有机碳（TOC）、总氮（TN）及 C/N

如图 3.23（a）所示，在整个堆肥过程中，各处理堆体的 TOC 均呈现出下降趋势，其中堆肥前期下降速率较快，后期较慢并趋于平稳。堆肥初始各处理的 TOC 含量分别为 40.48%、41.14%和 39.29%，堆肥结束时，各处理的 TOC 含量分别为 22.22%、22.51%和 21.11%。如图 3.23（b）所示，堆肥过程中，各组堆体的 TN 值和 TOC 有着相同的变化规律。堆肥初期各处理 TN 含量分别为 1.60%、1.68%和 1.56%，堆肥结束时，各堆体的 TN 分别为 1.11%、1.14%和 1.06%。如图 3.23（c）所示，C/N 的变化趋势与 TOC、TN 有所不同。在前期 C/N 的下降速率要快于 TOC、

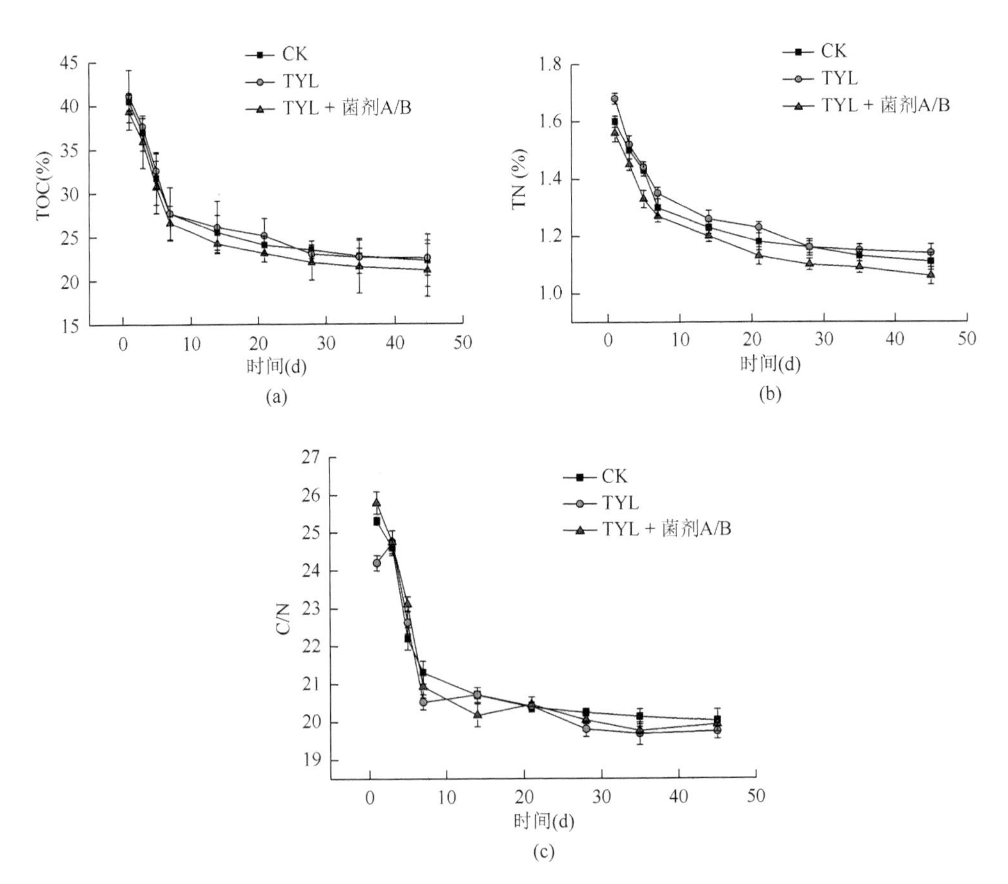

图 3.23　添加外源菌剂对堆体 TOC（a）、TN（b）和 C/N（c）的影响

TN的下降速率。堆肥开始时，各处理C/N分别为25.30、24.20和25.79，堆肥结束时，各处理的C/N分别为20.0、19.74和19.92。有研究表明，通过在堆肥里面加入微生物可以降低氮元素的流失、增加堆肥堆体的肥力（范志金等，2000）。根据本堆肥试验结果不难发现，加入了外源微生物的处理其总氮含量下降速度要比其他处理慢。随着堆肥进行，其总氮的含量基本上表现出不断下降的趋势。有资料表明，在有机废弃物堆肥试验中，堆肥结束时总氮的流失量能够占到堆肥开始时总氮含量的16%～76%，其中很大一部分氮的损失是因为氨气的挥发（Martins and Dewes，1992）。本研究堆肥完成时，TYL处理的总氮流失量最少，其次是CK处理。由于堆肥的整个过程当中，微生物的新陈代谢会利用堆体里面所含的有机质，因此在堆肥周期内，总有机碳的含量一直在不断降低。不同堆肥处理的碳氮比改变趋势和总有机碳含量改变趋势基本一致，其中添加微生物菌剂的处理在整个过程中总有机碳消耗率要比其他的处理高，而且总有机碳消耗率要比总氮减少率高。另外TYL处理的总氮流失是所有处理中最多的。堆肥结束时碳氮比小于20就可以认定堆肥比较彻底，如此看来，TYL + 菌A/B处理是完全符合要求的。

3.3.2 添加外源菌剂猪粪堆肥的微生态效应

1. 样品中DNA的提取及测序

DNA的提取方法和凝胶电泳检测方法具体见1.4.1小节第2部分。

PCR扩增：将提取的基因组DNA进行序列扩增。PCR扩增体系如下：2.5 μL浓度为5 ng/μL模板DNA，5.0 μL10×Pyrobest缓冲液，5.0 μL浓度为1 μmol/L正向引物（5′-TCGTCGGCAGCG-TCAGATGTGTATAAGAGACAGCCTACGGGGG-3′）和5.0 μL浓度为1 μmol/L反向引物（5′-GTCTCGTGGGCTCGGAGATGTGTATAAGAGACAGGACTACGGGT-3′），12.5 μL 2.5 mmol/L dNTP Mix（混合核苷酸），此引物扩增细菌16S rDNA的V3～V4区，0.5 μL Pyrobest DNA聚合酶（2.5 U/μL），加入无菌去离子水19.5 μL，形成50 μL的扩增体系。扩增条件：95℃预变性3 min；之后95℃变性30 s，55℃退火30 s，72℃延伸30 s，经25个循环；72℃延伸5 min，产物4℃保存。将PCR扩增获得的片段进行测序。

高通量测序数据处理：采用Illumina MiSeq/HiSeq测序平台得到的下机数据（Raw Data）存在一定的低质量数据，会对后续结果的分析带来影响，所以，在对数据进行分析之前，有必要把原始的高通量测序数据进行前处理，大致有以下步骤：①数据拆分：把原始数据当中的用于PCR扩增的引物等低质量的序列数据剔除掉。②双端（Paired-end，PE）Reads拼接：将拆分的数据使用FLASH对每个样品的Reads进行拼接，得到的拼接序列为原始Tags数据（Raw Tags）。③Tags

过滤：将得到的拼接序列原始 Tags 数据进行进一步拼接，之后采取更加严格的程序去除筛选，留下优质的 Tags 数据（Clean Tags）。参照 QIIME 的 Tags 质量控制流程，进行如下操作：(a) Tags 截取：将优质 Tags 数据（Clean Tags）从连续的碱基数质量值达到默许为 3 的第一个质量值最低碱基对配位点进行打断截取；(b) Tags 长度过滤：将 Tags 截断之后所取得的数据集在上一步的基础上再次把连续优质的碱基对长度小于 75% Tags 总长度的 Tags 去除掉。④Tags 去嵌合体序列：经过以上处理后得到的 Tags 序列与数据库进行比对，来对其中所有的嵌合体序列进行检测，并把检测到的所有嵌合体的序列删除，留下所需要的高质量有效数据（Effective Tags）。为了研究样品物种组成及多样性信息，对所有样品的全部 Effective Tags 序列进行聚类（默认选取同一性为 97%），形成 OTU（Operational Taxonomic Unit）。为了保证 OTU 聚类以及后续分析的准确性，基于有效数据进行 OTU 聚类和物种分类分析，形成 OTU 和其他物种分类等级的物种丰度谱。为了研究不同样品之间的相似性，可以通过对各样品进行聚类分析，采用 UPGMA（Unweighted Pair-group Method with Arithmetic Mean）聚类分析方法构建样品的聚类数。以 Bray curtis 距离做 UPGMA 聚类分析，并将聚类结果与各样品在门、属水平上的物种相对丰度结合。

2. 堆肥中细菌多样性的变化

不同堆肥样品在门分类水平上的细菌群落构成见图 3.24。图 3.24 (a) 是第 1 d 不同处理之间的堆肥样品在门分类水平上的细菌群落构成。在细菌的门分类水平上，3 个不同处理在整个堆肥过程中大致有 4 个主要的相对丰度较大的微生物类群，分别是厚壁菌门（Firmicutes）、放线菌门（Actinobacteria）、变形菌门（Proteobacteria）和拟杆菌门（Bacteroidetes）。对不同的堆肥处理进行相互比较可以发现，在堆肥的第 1 d，考虑到不同样品取样时的偶然性差异，无论是不同的处

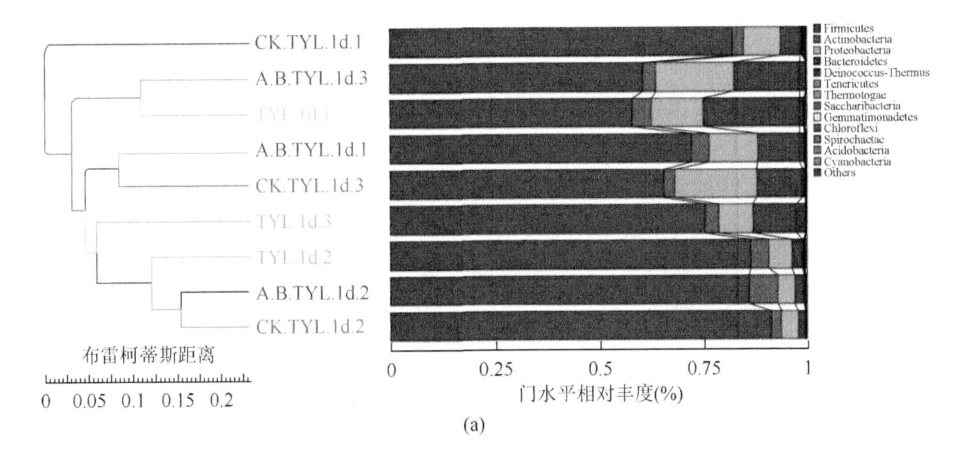

(a)

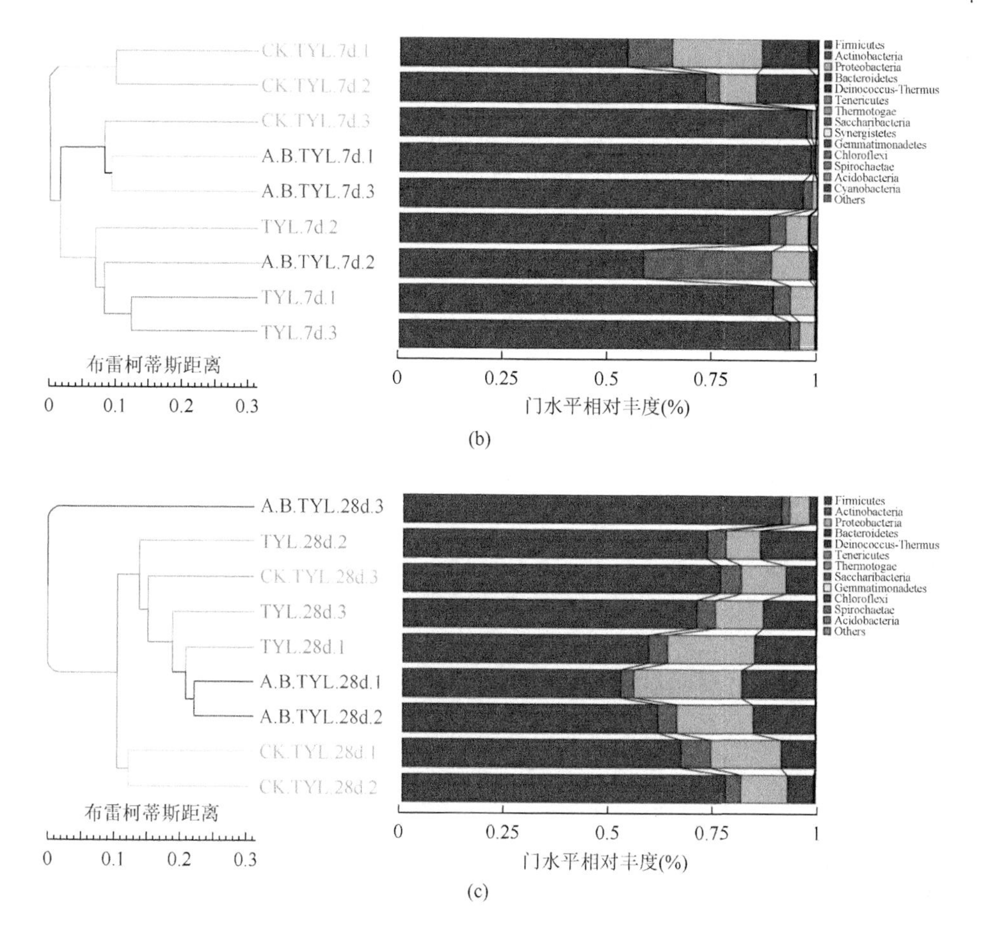

图 3.24　门分类水平上不同处理第 1 d（a）、7 d（b）和 28 d（c）细菌群落组成

理之间，还是同一个处理中不同重复之间，在门水平上的细菌多样性差异并不明显，说明在堆肥初期，堆肥原料中的微生物群落结构还保持着比较原始的状态，同时也说明了所添加的泰乐菌素可能并没有对堆体中的微生物群落产生很大影响，或者是由于堆体当中的微生物群落对泰乐菌素有一定的耐药性，能抵抗泰乐菌素对其所产生的作用。

图 3.24（b）是第 7 d 不同处理之间的堆肥样品在门分类水平上的细菌群落构成。在细菌门分类水平上，相对于第 1 d 的细菌群落多样性，第 7 d 的细菌群落结构发生了很显著的变化，其中，厚壁菌门和放线菌门的相对丰度占堆肥细菌总量的比例基本上都有所增加，而变形菌门和拟杆菌门的相对丰度占堆肥细菌总量的比例则大多有所降低。同时，还可以看到，随堆肥进行，堆体中细菌多样性有所降低。说明在堆肥高温期时，不能够耐高温和对泰乐菌素不具有耐药

性的细菌都无法生存下来。通过比较不同处理中细菌门水平相对丰度发现，TYL 处理和 TYL + A/B 处理的变形菌门和拟杆菌门相对丰度明显降低，其中 CK 处理中的变形菌门和拟杆菌门的相对丰度要高于 TYL 处理和 TYL + A/B 处理，而厚壁菌门则与之相反。说明泰乐菌素对变形菌门和拟杆菌门有一定的抑制作用，而厚壁菌门则可能对泰乐菌素有很好的去除作用。

图 3.24（c）是第 28 d 不同处理堆肥样品在门分类水平上的细菌群落构成。和第 7 d 堆肥堆体在细菌门分类水平进行比较，细菌多样性又发生了较大改变，TYL 处理和 TYL + A/B 处理的变形菌门和拟杆菌门相对丰度几乎都有一定的增加，与之相反的是，厚壁菌门和放线菌门相对丰度大部分有一定的下降。28 d 时堆肥基本上已经完成，由此可以看出，堆肥结束时，堆体中的细菌多样性有所增加，说明堆肥过程显著减少了猪粪当中的有害物质，降低了堆体毒性，因而受到抑制的细菌在堆体毒性得到明显降低的情况下又重新出现。在对不同的处理进行比较时可以发现，TYL 处理和 TYL + A/B 处理厚壁菌门相对丰度的减少率要高于 CK 处理。通过比较第 1 d、7 d 和 28 d 的堆肥样品在门分类水平上的细菌群落构成，可以看出在堆肥刚开始时和堆肥完成时，第 1 d 和 28 d 的门分类水平相对丰度有着大致类似的分类结构，与第 7 d 的门分类水平相对丰度构成有着明显的不同。这表明泰乐菌素对变形菌门和拟杆菌门有一定的抑制作用，说明变形菌门和拟杆菌门并不能很好地降解泰乐菌素，而与之相反的是，厚壁菌门可能对泰乐菌素有一定的降解作用，即厚壁菌门可能是降解泰乐菌素的优势细菌。

3. 堆肥样品在属分类水平上的细菌群落构成

图 3.25（a）所示为第 1 d 属水平上的不同细菌群落分布。在堆肥第 1 d 相对丰度最高的是梭状芽孢杆菌属（*Clostridiumsensustricto*），其次还有厌氧球菌属（*Anaerococcus*）、苛求菌属（*Fastidiosipila*）、芽孢杆菌属（*Bacillus*）、棒状杆菌属（*Corynebacterium*）、乳球菌属（*Lactococcus*）等。

图 3.25（b）所示为第 7 d 属水平上的不同细菌群落分布。由堆肥第 7 d 不同处理的堆体属水平细菌群落分布的比较发现，芽孢杆菌属和假糖球芽孢杆菌属（*Pseudogracilibacillus*）在属水平上的相对丰度比第 1 d 有所提高，同时，梭状芽孢杆菌属和苛求菌属在属水平上的相对丰度和第 1 d 相比有所降低，表明在堆肥初期，梭状芽孢杆菌属可能是存在于猪粪中的菌属，随着堆肥的进行，其并不能够适应堆肥堆体中环境的变化，同时，苛求菌属的相对丰度也有所降低，不能很好地适应堆肥过程中理化环境的剧烈变化。在第 7 d 堆肥高温期属水平相对丰度不降反升的芽孢杆菌属和假糖球芽孢杆菌属，表明其能够适应此时的环境，同时它们也可能是降解泰乐菌素的主要细菌。

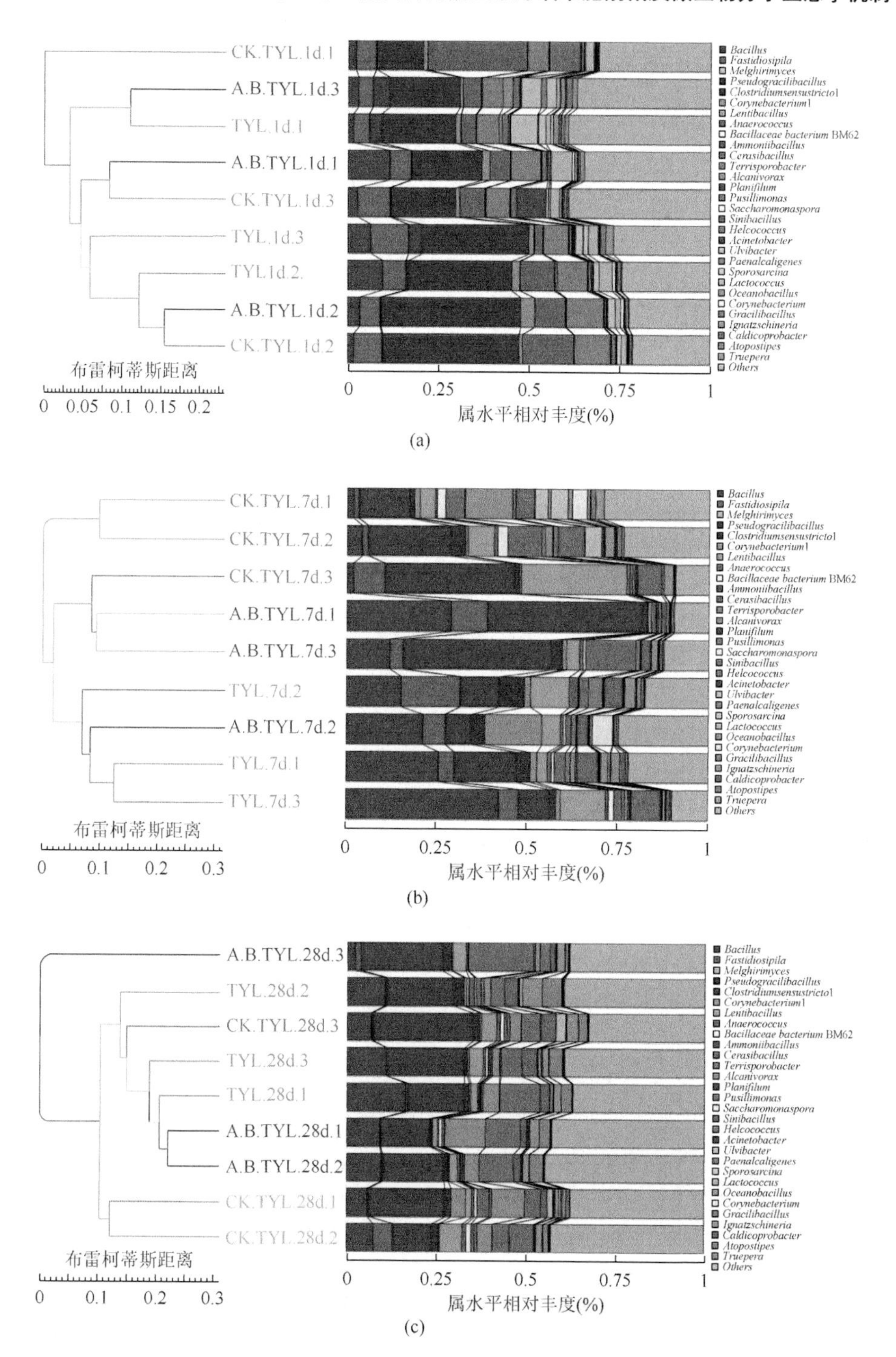

图 3.25　属分类水平上不同处理第 1 d（a）、7 d（b）和 28 d（c）的细菌群落组成

图3.25（c）所示为第28 d属水平上的不同细菌群落分布。在堆肥第28 d时，属水平细菌群落构成相对丰度和第7 d时发生了很大的变化，芽孢杆菌属和假糖球芽孢杆菌属的相对丰度依然很高，而苛求菌属的相对丰度则进一步下降，说明芽孢杆菌属和假糖球芽孢杆菌属极有可能是堆肥过程中降解泰乐菌素的主要优势菌株，苛求菌属则可能只是杂菌，堆肥结束时，有寡单胞菌属（*Pusillimonas*）、薄壁杆菌属（*Gracilibacillus*）等细菌出现，表明堆肥完成时，堆体的细菌多样性有所提高，说明此时的堆体中泰乐菌素等可能会影响细菌生长的物质有所减少，堆体的理化环境明显改善，毒性减弱，堆肥实现了腐熟的目的。

通过本节研究发现，添加微生物对于堆肥温度、含水率、pH、电导率等的变化均有一定的作用，而且能够减少堆肥完成时堆体物质毒性，对于堆肥的彻底腐熟具有一定的促进作用，堆肥结束时，添加外源微生物菌剂的处理小麦GI值为95.43%，而其他处理的发芽指数值均低于加菌处理；添加微生物菌剂可以明显降低氮的流失，保障氮的再利用，加入微生物在某种意义上是提高了堆肥中泰乐菌素的去除效率。通过比较堆肥不同时期不同处理间细菌群落的相对丰度可以看出，在高温期，细菌比较活跃，新陈代谢很旺盛。测序结果表明，堆肥结束后，堆体细菌群落多样性在属水平上的相对丰度有明显提高。堆肥中泰乐菌素降解菌的存在提高了堆肥高温期细菌群落的相对丰度，芽孢杆菌属和假糖球芽孢杆菌属可能对泰乐菌素的降解具有很好的促进作用，最终泰乐菌素的含量较堆肥开始时大幅度降低，堆体的毒性明显减弱。

主要参考文献

成登苗，李兆君，张雪莲，等. 2018. 畜禽粪便中兽用抗生素削减方法研究进展. 中国农业科学，51：3335-3352.

范志金，艾应伟，李建明，等. 2000. 控制畜禽粪氮素挥发的措施探讨. 四川师范大学学报（自然科学版），23：548-550.

郭欣妍，王娜，许静，等. 2014. 兽药抗生素的环境暴露水平及其环境归趋研究进展. 环境科学与技术，37（9）：76-86.

林辉，汪建妹，孙万春，等. 2016. 磺胺抗性消长与堆肥进程的交互特征. 环境科学，v37（5）：403-412.

孟磊，杨兵，薛南冬，等. 2015. 高温堆肥对鸡粪中氟喹诺酮类抗生素的去除. 农业环境科学学报，34（2）：377-383.

肖礼，黄懿梅，赵俊峰，等. 2016. 外源菌剂对猪粪堆肥质量及四环素类抗生素降解的影响. 农业环境科学学报，35（1）：172-178.

An J，Chen H W，Wei S H，et al. 2015. Antibiotic contamination in animal manure，soil，and sewage sludge in Shenyang，Northeast China. Environmental Earth Sciences，74（6）：5077-5086.

Arikan O A，Mulbry W，Rice C，2009. Management of antibiotic residues from agricultural sources：Use of composting to reduce chlortetracycline residues in beef manure from treated animals. Journal of Hazardous Materials，164：483-489.

Aust M O，Godlinski F，Travis G R，et al. 2008. Distribution of sulfamethazine，chlortetracycline and tylosin in manure and soil of Canadian feedlots after subtherapeutic use in cattle. Environmental Pollution，156（3）：1243-1251.

Chen Y，Zhang H，Luo Y，et al. 2012. Occurrence and assessment of veterinary antibiotics in swine manures：A case study in East China. Chinese Science Bulletin，57：606-614.

Cheng D M，Feng Y，Liu Y W，et al. 2018. Quantitative models for predicting adsorption of oxytetracycline，ciprofloxacin and sulfamerazine to swine manures with contrasting properties. Science of the Total Environment，634：1148-1156.

Cycoń M，Mrozik A，Piotrowska-Seget Z，et al. 2019. Antibiotics in the soil environment-degradation and their impact on microbial activity and diversity. Frontier in Microbiology，10：338.

Dolliver H，Gupta S，Noll SL. 2008. Antibiotic degradation during manure composting. Journal of Environmental Quality，37（3）：1245-1253.

Guo T，Lou C L，Zhai W W，et al. 2018. Increased occurrence of heavy metals，antibiotics and resistance genes in surface soil after long-term application of manure. Science of the Total Environment，635：995-1003.

Haller M Y，Müller S R，Mcardell C S，et al. 2002. Quantification of veterinary antibiotics（sulfonamides and trimethoprim）in animal manure by liquid chromatography-mass spectrometry. Journal of Chromatography A，952：111-120.

Hamscher G，Pawelzick H T，Höper H，et al. 2005. Different behavior of tetracyclines and sulfonamides in sandy soils after repeated fertilization with liquid manure. Environmental Toxicology & Chemistry，24：861-868.

He L Y，Liu Y S，Su H C，et al. 2014. Dissemination of antibiotic resistance genes in representative broiler feedlots environments：Identification of indicator ARGs and correlations with environmental variables. Environmental Science & Technology，48：13120-13129.

He L Y，Ying G G，Liu Y S，et al. 2016. Discharge of swine wastes risks water quality and food safety：Antibiotics and antibiotic resistance genes from swine sources to the receiving environments. Environment International，92-93：210-219.

Ho Y B，Zakaria M P，Latif P A，et al. 2014. Occurrence of veterinary antibiotics and progesterone in broiler manure and agricultural soil in Malaysia. Science of the Total Environment，488-489（1）：261-267.

Hou J，Wan W N，Mao D Q，et al. 2015. Occurrence and distribution of sulfonamides，tetracyclines，quinolones，macrolides，and nitrofurans in livestock manure and amended soils of Northern China. Environmental Science & Pollution Research，22：4545-4554.

Hu X G，Zhou Q X，Luo Y. 2010. Occurrence and source analysis of typical veterinary antibiotics in manure，soil，vegetables and groundwater from organic vegetable bases，northern China. Environmental Pollution，158（9）：2992-2998.

Kumar A M，Chen H，Duan Y，et al. 2019. An assessment of the persistence of pathogenic bacteria removal in chicken manure compost employing clay as additive via meta-genomic analysis. Journal of Hazardous Materials，366：184-191.

Li C，Chen J Y，Wang J H，et al. 2015. Occurrence of antibiotics in soils and manures from greenhouse vegetable production bases of Beijing，China and an associated risk assessment. Science of the Total Environment，s521-522（1）：101-107.

Li C，Lu J J，Liu J，et al. 2016. Exploring the correlations between antibiotics and antibiotic resistance genes in the wastewater treatment plants of hospitals in Xinjiang，China. Environmental Science and Pollution Research，23：15111-15121.

Li H C，Duan M L，Gu J，et al. 2017. Effects of bamboo charcoal on antibiotic resistance genes during chicken manure composting. Ecotoxicology & Environmental Safety，140：1-6.

Li L，Xu J，Zhao Y C，et al. 2015. Investigation of antibiotic resistance genes（ARGs）in landfill. Environmental Science，36：1769-1774.

Li Y X，Zhang X L，Li W，et al. 2013. The residues and environmental risks of multiple veterinary antibiotics in animal faeces. Environmental Monitoring & Assessment，185（3）：2211-2220.

Liu B，Li Y X，Zhang X L，et al. 2015. Effects of composting process on the dissipation of extractable sulfonamides in swine manure. Bioresource Technology，175：284-290.

Liu Y W，Feng Y，Cheng D M，et al. 2018. Dynamics of bacterial composition and the fate of antibiotic resistance genes and mobile genetic elements during the co-composting with gentamicin fermentation residue and lovastatin fermentation residue. Bioresource Technology，261：249-256.

López-González J A，Suárez-Estrella F，Vargas-García M C，et al. 2015. Dynamics of bacterial microbiota during lignocellulosic waste composting: Studies upon its structure，functionality and biodiversity. Bioresource Technology，175：406-416.

Malik A A，Somak C，Veronika S，et al. 2016. Soil fungal：Bacterial ratios are linked to altered carbon cycling. Frontiers in Microbiology，7：1-11.

Martins O，Dewes T. 1992. Loss of nitrogenous compounds during composting of animal wastes. Bioresource Technology，42：103-111.

Martínze C E，González B C，Scharf S，et al. 2007. Environmental monitoring study of selected veterinary antibiotics in animal manure and soils in Austria. Environmental Pollution，148（2）：570-579.

Ouyang W Y，Huang F Y，Zhao Y，et al. 2015. Increased levels of antibiotic resistance in urban stream of Jiulongjiang River，China. Applied Microbiology and Biotechnology，99：5697-5707.

Pan X，Qiang Z，Ben W，et al. 2011. Residual veterinary antibiotics in swine manure from concentrated animal feeding operations in Shandong Province，China. Chemosphere，84：695-700.

Pérez S，Eichhorn P，Aga DS. 2005. Evaluating the biodegradability of sulfamethazine，sulfamethoxazole，sulfathiazole，and trimethoprim at different stages of sewage treatment. Environmental Toxicology & Chemistry，24：1361-1367.

Qian X，Gu J，Sun W，et al. 2017. Diversity，abundance，and persistence of antibiotic resistance genes in various types of animal manure following industrial composting. Journal of Hazardous Materials，15：716-722.

Qian X，Gu J，Sun W，et al. 2017. Diversity，abundance，and persistence of antibiotic resistance genes in various types of animal manure following industrial composting. Journal of Hazardous Materials，15：716-722.

Qian X，Sun W，Gu J，et al. 2016. Variable effects of oxytetracycline on antibiotic resistance gene abundance and the bacterial community during aerobic composting of cow manure. Journal of Hazardous Materials，315：61-69.

Qiu J，He J，Liu Q，et al. 2012. Effects of conditioners on sulfonamides degradation during the aerobic composting of animal manures. Procedia Environmental Sciences，（16）：17-24.

Radian A，Fichman M，Mishael Y. 2015. Modeling binding of organic pollutants to a clay-polycation adsorbent using quantitative structural–activity relationships（QSARs）. Applied Clay Science，s116-s117：241-247.

Ravindran B，Mnkeni P N S. 2016. Identification and fate of antibiotic residue degradation during composting and vermicomposting of chicken manure. International Journal of Environmental Science & Technology，14（2）：263-270.

Ray P，Chen C，Knowlton K F，et al. 2017. Fate and effect of antibiotics in beef and dairy manure during static and turned composting. Journal of Environmental Quality，46（1）：45-54.

Ren S T，Lu A Q，Guo X Y，et al. 2019. Effects of co-composting of lincomycin mycelia dregs with furfural slag on lincomycin degradation，degradation products，antibiotic resistance genes and bacterial community. Bioresource Technology，272：83-91.

Selvam A，Xu D，Zhao Z，et al. 2012a. Fate of tetracycline，sulfonamide and fluoroquinolone resistance genes and the changes in bacterial diversity during composting of swine manure. Bioresource Technology，126：383-390.

Selvam A，Zhan Z，Wong J W. 2012b. Composting of swine manure spiked with sulfadiazine，chlortetracycline and ciprofloxacin. Bioresource Technology，126（12）：412-417.

Selvam A，Zhao Z，Li Y，et al. 2013. Degradation of tetracycline and sulfadiazine during continuous thermophilic composting of pig manure and sawdust. Environmental Technology，34（16）：2433.

Song L Y，Li L，Yang S，et al. 2016. Sulfamethoxazole，tetracycline and oxytetracycline and related antibiotic resistance genes in a large-scale landfill，China. Science of the Total Environment，551-552：9-15.

Song W，Wang X J，Gu J，et al. 2017. Effects of different swine manure to wheat straw ratios on antibiotic resistance genes and the microbial community structure during anaerobic digestion. Bioresource Technology，231：1-8.

Su J Q，Wei B，Ou-Yang W Q，et al. 2015. Antibiotic resistome and its association with bacterial communities during sewage sludge composting. Environmental Science and Technology，49：7356-7363.

Tang X J，Lou C L，Wang S X，et al. 2015. Effects of long-term manure applications on the occurrence of antibiotics and antibiotic resistance genes（ARGs）in paddy soils：Evidence from four field experiments in south of China. Soil Biology & Biochemistry，90：179-187.

Wallace J S，Garner E，Pruden A，et al. 2018. Occurrence and transformation of veterinary antibiotics and antibiotic resistance genes in dairy manure treated by advanced anaerobic digestion and conventional treatment methods. Environmental Pollution，236：764-772.

Wang F H，Qiao M，Chen Z，et al. 2015a. Antibiotic resistance genes in manure-amended soil and vegetables at harvest. Journal of Hazardous Materials，299：215-221.

Wang H，Chu Y X，Fang C R. 2017. Occurrence of veterinary antibiotics in swine manure from large-scale feedlots in Zhejiang Province，China. Bulletin of Environmental Contamination & Toxicology，98：472-477.

Wang J，Ben W W，Zhang Y，et al. 2015b. Effects of thermophilic composting on oxytetracycline，sulfamethazine，and their corresponding resistance genes in swine manure. Environmental Science Processes & Impacts，17（9）：1654-1660.

Wang L，Chen G C，Owens G，et al. 2016a. Enhanced antibiotic removal by the addition of bamboo charcoal during pig manure composting. Rsc Advances，6（33）：27575-27583.

Wang R，Zhang J Y，Sui Q W，et al. 2016b. Effect of red mud addition on tetracycline and copper resistance genes and microbial community during the full scale swine manure composting. Bioresource Technology，216：1049-1057.

Wu D，Huang Z T，Yang K，et al. 2015. Relationships between antibiotics and antibiotic resistance gene levels in municipal solid waste leachates in Shanghai，China. Environmental Science & Technology，49：4122-4128.

Wu X，Wei Y，Zheng J，et al. 2011. The behavior of tetracyclines and their degradation products during swine manure composting. Bioresource Technology，102：5924-5931.

Xie W Y，Yang X P，Li Q，et al. 2016. Changes in antibiotic concentrations and antibiotic resistome during commercial composting of animal manures. Environmental Pollution，219：182-190.

Yu W C，Zhan S H，Shen Z Q，et al. 2017. Efficient removal mechanism for antibiotic resistance genes from aquatic environments by graphene oxide nanosheet. Chemical Engineering Journal，313：836-846.

Zhang Q Q，Ying G G，Pan C G，et al. 2015. Comprehensive evaluation of antibiotics emission and fate in the river basins of China：Source analysis，multimedia modeling，and linkage to bacterial resistance. Environmental Science & Technology，49：6772-6782.

Zhang R R，Gu J，Wang X J，et al. 2018. Contributions of the microbial community and environmental variables to antibiotic resistance genes during co-composting with swine manure and cotton stalks. Journal of Hazardous Materials，358：82-91.

Zhao L，Dong YH，Wang H. 2010. Residues of veterinary antibiotics in manures from feedlot livestock in eight provinces of China. Science of the Total Environment，408（5）：1069-1075.

Zhu J，Fleming A M，Orendt A M，et al. 2016. pH-Dependent equilibrium between 5-guanidinohydantoin and iminoallantoin affects nucleotide insertion opposite the DNA lesion. Journal of Organic Chemistry，81：351-359.

第 4 章

不同抗生素添加方式对猪粪堆肥过程中典型兽用抗生素及其 ARGs 行为的影响

本章基于前期的研究结果（Cheng et al.，2019），重点考察了 3 种典型抗生素（包括 OTC、SM1 和 CIP）两种不同添加方式（饲喂和直接添加）对猪粪堆肥中典型抗生素及其相关 ARGs 的环境行为的影响。因此，本研究的主要目的是：①量化并对比两种抗生素添加方式下 3 种抗生素及其相应 ARGs 猪粪堆肥过程中的动态变化差异；②确定残留抗生素作用下 ARGs 与微生物群落间的关系。

4.1 堆肥试验及环境因素变化

4.1.1 堆肥试验设计与研究方法

猪粪收集于山西省吕梁市中阳县一个大型养猪场。实验前，选取 60 头体重约为 60 kg 的健康育肥猪，且经过了 30 d 不含任何抗生素添加剂的饲料饲喂。实验开始后，将 60 头猪随机分为两组。一组每日饲喂添加 3 种抗生素混合物的饲料(20 头)，其中 OTC 在饲料中的添加量为 100 mg/kg，CIP 和 SM1 的添加量为 50 mg/kg；另外一组饲喂不含抗生素的饲料（40 头），所用饲料与添加抗生素的饲料是相同的。各组育肥猪饲喂持续时间为 7 d，每天按组定时收集排泄的猪粪样品。将收集的饲喂组猪粪样品一部分冷冻干燥，用于检测其中 3 种抗生素浓度（Cheng et al.，2019），其余大部分猪粪样品密封保存于–20℃冷库中备用。空白猪粪样品理化性质及其饲喂组猪粪样品中 3 种抗生素含量如表 4.1 所示。

表 4.1 堆肥原料的理化性质

原料	含水率(%)	pH	TOC(g/kg, dw)	TN(g/kg, dw)	抗生素（mg/kg，dw）		
					OTC	CIP	SM1
空白猪粪	76.34	7.51	452.76	26.90	0	0	0
含抗生素猪粪	74.07	7.06	466.35	25.89	22.18±1.25	12.36±1.87	10.26±0.85

续表

原料	含水率（%）	pH	TOC（g/kg，dw）	TN（g/kg，dw）	抗生素（mg/kg，dw）		
					OTC	CIP	SM1
小麦秸秆	—	—	446.30	11.30	—	—	—
锯末	—	—	492.70	0.90	—	—	—

上述实验结束后，将不饲喂抗生素所得猪粪样品分成两份：一份猪粪样品不做任何处理，作为空白对照组（T_C），进行后续堆肥实验；另一份按照抗生素饲喂组猪粪样品检测到的 3 种抗生素残留量（表 4.1），直接添加 OTC、CIP 和 SM1 到不含任何抗生素的猪粪样品中，作为抗生素添加处理组（T_S），进行后续堆肥试验。而饲喂抗生素得到的猪粪样品，作为抗生素饲喂处理组（T_D），进行后续堆肥试验。

堆肥试验也同样在该厂进行，采用泡沫盒作为堆肥反应器。对于上述 3 个处理，每一个处理将小麦秸秆（10.0 kg，dw）和锯末（5.0 kg，dw）与猪粪（15.0 kg，dw）均匀混合，C/N 调节至约 25∶1，含水率调节至约 55%。然后将混合均匀的堆肥原料置于泡沫箱中，每个处理重复 3 次。堆肥处理周期为 42 d。第一周每天翻堆 1 次，第一周后每 2 d 翻堆 1 次，以保持好氧条件和物料的均匀性；并通过称量反应堆的重量，加水来补偿由高温造成的损失。堆肥过程中，采用土壤温度记录仪（ZRD-20T，杭州泽大仪器有限公司，浙江）连续检测堆体温度。分别在第 0 d、2 d、3 d、5 d、7 d、10 d、18 d、28 d、35 d 和 48 d，从箱体底部、中部和顶部各取 3 个样品，充分搅拌后制备混合堆肥样品。每个混合堆肥样品一分为三：一部分用于即时测量含水率和 pH；一部分是冷冻干燥后进行 TOC、TN 和 3 种抗生素分析；其余样品储存在–80℃超低温冰箱中用于 ARGs 丰度及微生物多样性分析。

1）理化指标测定：堆肥过程中，采用温度记录仪每日早晚记录堆体温度 2 次。105℃下，采用恒温失重法测定混合堆肥样品中的含水率。对于 pH、TOC 和 TN 的分析，混合堆肥样品需经冷冻干燥、研磨和筛分（1 mm）后进行。采用 Mettler-Toledo SevenEasy pH 计测定堆肥样品（堆肥样品∶水 = 1∶10，*w/v*）悬浊液的 pH。采用 Walkley-Black 法和 Kjeldhal 法分别测定堆肥样品的 TOC 和 TN。

2）抗生素萃取及检测：采用 Cheng 等（2019）所述方法提取并分析堆肥样品中的 OTC、CIP 和 SM1。准确称取 1.0 g 冻干样品并加入内标物：氘代诺氟沙星（NOR-d5）、氘代磺胺嘧啶（SDZ-d4）、氘代四环素（TC-d6）。采用甲醇、乙腈、0.1 mol/L Na_2EDTA 和 McIlvaine 缓冲溶液（pH 4）为提取液，经过固相萃取净化后，以乙腈和 0.1%的甲酸水溶液为流动相，采用 Agilent 1200 高效液相色谱系统（Agilent Technologies，USA）经 Sunfire C_{18} 色谱柱（3.5 μm，150 mm×4.6 mm，

Waters，USA）分离，在电喷雾正离子模式（ESI$^+$）下，用 Agilent 6410 三重四极杆串联质谱仪进行定量分析。质谱优化参数如表 4.2 所示。

表 4.2　OTC、CIP 和 SM1 液质联用检测质谱参数

抗生素	母离子 *m/z*	子离子 *m/z*	驻留时间（ms）	碎裂电压（V）	碰撞能（eV）
OTC	461.3	443.2^a/426.1	80	140	10/20
CIP	332.2	288.2^a/245.2	80	125	13/22
SM1	265.1	172.1^a/156.0	80	120	15/15
^{b}TC-d6	450.2	416.6^a/433.3	80	120	20/15
^{b}NOR-d5	325.0	281.5^a/307.1	80	120	10/15
^{b}SDZ-d4	360.1	162.1^a/166.1	80	100	10/10

a 量化离子；
b 同位素内标。

由于堆肥样品的复杂性，本研究采用内标法（TC-d6、NOR-d5 和 SDZ-d4）配合相对响应因子（RRF）测定并量化 OTC、CIP 和 SM1 的浓度。此外，加标回收率实验表明，3 种抗生素在畜禽粪便中的回收率变化范围为 62%～89%，该结果能够满足研究需求。

4.1.2　温度、C/N、pH 和含水率变化

作为微生物降解混合有机质的过程，好氧堆肥过程中发热所产生的能量除了 40%～50%被微生物用来合成 ATP，剩余的能量都以热的形式散失。大量热能的散失势必造成堆体温度不断升高，因此温度是判断堆肥顺利进行与否的关键指标之一。

如图 4.1（a）所示，三个处理均在堆肥开始后的第 3 d 达到了高温期（＞50℃）。对于 T_C 和 T_S，高温期持续了大约 9 d；而对于 T_D，高温期则持续了大约 15 d。T_C、T_D 和 T_S 高温期所达到的峰值温度分别是 61.3℃、64.3℃和 61.3℃。峰值温度后，各处理的堆体温度逐渐降低并达到腐熟期（＜35℃），T_C 第 32 d 到达腐熟期，T_D 第 31 d 到达腐熟期，T_S 第 33 d 到达腐熟期。如图 4.1（b）所示，随着堆肥时间推移，各处理 C/N 逐渐降低，在高温期下降较快。这是因为高温期微生物对含碳化合物的无机化作用较强，加速了碳以 CO_2 形式损失。堆肥结束时，堆肥不同处理 C/N 分别为 17.0（T_C）、15.8（T_D）和 16.9（T_S），说明堆肥已经腐熟较完全（Wang et al.，2015a）。T_D 处理 C/N 较其他 2 个处理要低，说明 T_D 处理细菌活性和生物量都比真菌要高（Malik et al.，2016；Wang et al.，2015a）。

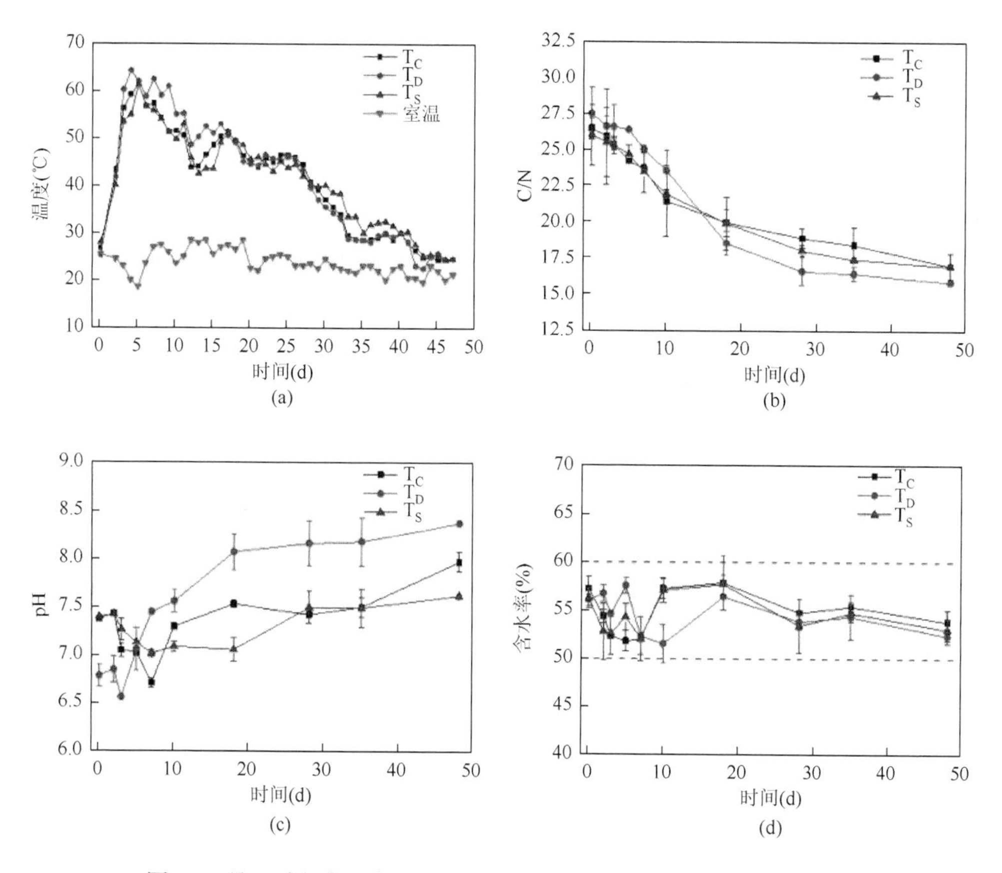

图 4.1　堆肥过程中温度（a）、C/N（b）、pH（c）和含水率（d）变化

堆肥过程中 pH 的变化如图 4.1（c）所示。T_C 和 T_S 处理的 pH 分别在前 7 d 快速从 7.37 和 7.40 下降到 6.70 和 7.02，然后又在后续 41 d 轻微波动中逐渐升高至 7.97 和 7.62。对于 T_D 处理，pH 在前 3 d 从 6.78 轻微下降到 6.56，然后又在后续 45 d 中逐渐升高接近平衡至 8.38。堆肥起始时 pH 减小的原因是有机质的降解和强烈的酸性细菌作用形成中间产物有机酸。当这个酸化过程结束后，有机酸降解和有机氮矿化释放氨又造成了 pH 的升高。整个堆肥过程中由于不定期补水，堆体含水率变化范围保持在 50%～60%最佳堆肥水分含量范围内［图 4.1（d）］。

4.1.3　OTC、CIP 和 SM1 削减

猪粪堆肥过程中 OTC、CIP 和 SM1 削减趋势如图 4.2 所示。结果表明，T_D 和 T_S 处理间 OTC、CIP 和 SM1 的降解趋势相似。快速削减发生在早期，之后

降解率随着时间的推移逐渐下降。腐熟期这些抗生素在低浓度下较长时间保持稳定。

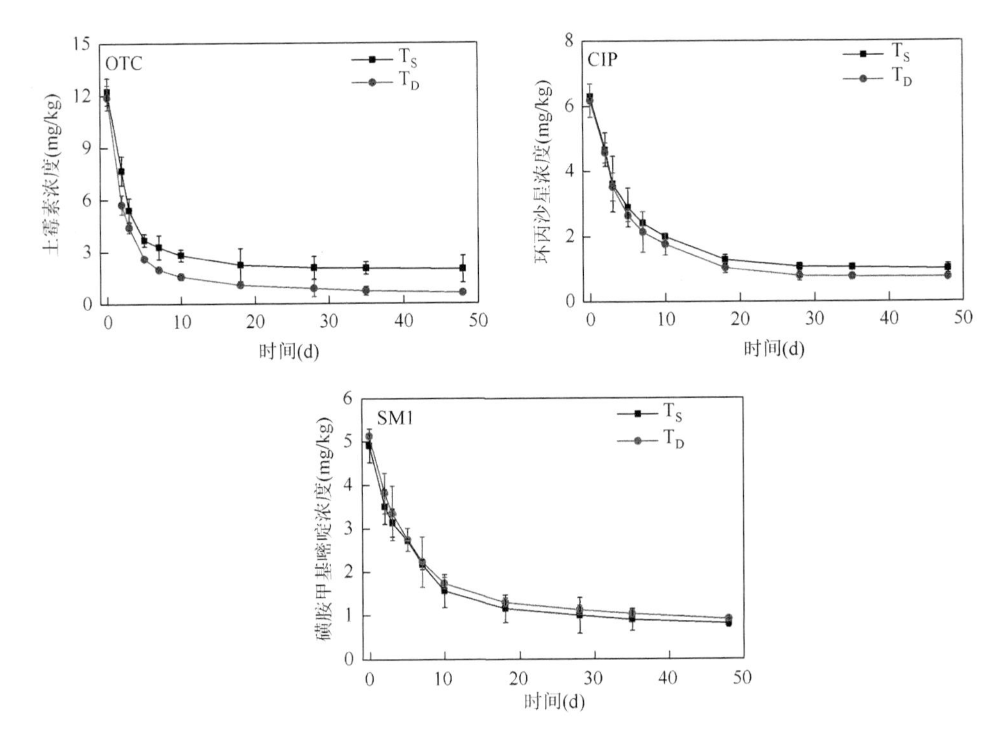

图 4.2 不同抗生素添加方式对猪粪堆肥过程中抗生素浓度的影响

为了定量分析 OTC、CIP 和 SM1 的降解速率，拟合了不同采样时间内 3 种抗生素浓度变化的削减动力学。结果表明，堆肥早期（0～10 d）可以用一阶动力学模型描述 OTC、CIP 和 SM1 的削减（R^2，0.94～0.99）（表 4.3）。对于 OTC，2 种处理条件下削减率及降解速率常数如表 4.3 所示。整个堆肥过程中，T_D 和 T_S 处理 OTC 削减率存在极显著差异（$F=165.8$，$P=0.006<0.01$）。T_D 处理条件下 OTC 的削减率为（94.9±4.3）%，T_S 处理条件下为（83.8±4.3）%。堆肥早期（0～10 d），T_D 处理条件下 OTC 的降解速率常数（$k_{0\sim10\,d}$）为 0.240 d^{-1}，半衰期［$t_{1/2\,(0\sim10\,d)}$］为 2.9 d；T_S 处理条件下 OTC 的 $k_{0\sim10\,d}$ 为 0.178 d^{-1}，$t_{1/2\,(0\sim10\,d)}$ 为 3.9 d。相较于 T_S 处理，T_D 处理条件下 OTC 的削减率及削减速度都要更高。CIP 削减模式与 OTC 相似，T_D 和 T_S 处理之间 CIP 削减率存在显著差异（$F=37.0$，$P=0.03<0.05$），其削减率分别为(87.8±4.3)%和(83.9±3.3)%，$k_{0\sim10\,d}$ 分别为 0.142 d^{-1} 和 0.130 d^{-1}，相应的 $t_{1/2\,(0\sim10\,d)}$ 分别为 4.9 d 和 5.3 d。相较于 T_S 处理，T_D 处理条件下 CIP 的削减率及削减速度都较高。

表 4.3　猪粪堆肥过程中抗生素饲喂（T_D）和添加（T_S）处理下抗生素降解速率常数（k）及半衰期（$t_{1/2}$）

	抗生素	起始浓度（mg/kg）	$\Delta m^{a}_{0\sim48d}$（%）	$\Delta m_{0\sim10d}$（%）	$k^{b}_{0\sim10d}$（d^{-1}）	R^2	$t_{1/2\,(0\sim10\,d)}{}^{c}$（d）
T_D	土霉素	11.09±0.32	94.9±4.3	86.8±2.0	0.240	0.96	2.9
	环丙沙星	6.18±0.11	87.8±4.3	71.5±2.8	0.142	0.98	4.9
	磺胺甲基嘧啶	5.13±0.13	82.2±2.6	66.2±1.4	0.116	0.99	6.0
T_S	土霉素	12.23±0.45	83.8±4.3	77.1±2.9	0.178	0.94	3.9
	环丙沙星	6.30±0.26	83.9±3.3	68.2±1.7	0.130	0.97	5.3
	磺胺甲基嘧啶	4.91±0.07	83.5±1.3	68.2±2.0	0.119	0.99	5.8

a Δm：抗生素削减率，（Δm）（%）＝$[(C_0-C_{10\,或\,42})/C_0]\times100$；

b k：抗生素降解速率常数（0～10 d）；

c $t_{1/2\,(0\sim10\,d)}$：半衰期（$t_{1/2}=\ln 2/k$）。

如表 4.3 所示，SM1 表现出与 TOC 和 CIP 相反的削减趋势，T_D 和 T_S 处理之间 SM1 削减率差异不显著（$F=0.77$，$P=0.47>0.05$）。T_D 处理条件下，SM1 的削减率为(82.2±2.6)%，T_S 处理条件下为(83.5±1.3)%。堆肥早期，T_D 处理条件下，SM1 的 $k_{0\sim10\,d}$ 为 0.116 d^{-1}，$t_{1/2\,(0\sim10\,d)}$ 为 6.0 d；T_S 处理条件下，SM1 的 $k_{0\sim10\,d}$ 为 0.119 d^{-1}，$t_{1/2\,(0\sim10\,d)}$ 为 5.8 d。相较于 TOC 和 CIP，T_S 处理条件下 SM1 的削减率及削减速度较 T_D 处理都略高。

对于 OTC 和 CIP，产生上述实验结果的原因主要是如下两个方面：①相较于 T_S 处理，T_D 处理中微生物过早地接触到了 OTC 和 CIP，它们已经适应并对这些抗生素产生了更强的耐药性；②与 OTC 和 CIP 降解过程中代谢产物浓度有关。Dong 等（2008）研究已表明，OTC 的代谢产物主要是 4-差向土霉素（4-epi-OTC）、α-原土霉素（α-apo-OTC）和 β-原土霉素（β-apo-OTC）。相较于猪粪样品 T_D 处理，T_S 处理高浓度的 4-epi-OTC 和 α-apo-OTC 抑制 OTC 向代谢产物的转化，进而降低了 OTC 的削减（Wang et al.，2015c）。

对于 SM1，引起其与 OTC 和 CIP 截然不同的结果的原因可能是 SM1 代谢产物所具有的化学反应效应。作为一类常见的兽用抗生素，动物体内的磺胺类药物大约 50%以母体形式排出体外，大约有 30%以乙酰化代谢物（N^4-ACE-SAs）排出体外（Wang et al.，2015b）。研究发现，包括 N^4-乙酰化磺胺甲基嘧啶（N^4-ACE-SM1）和 N^4-乙酰化磺胺二甲基嘧啶（N^4-ACE-SM2）等在内的 N^4-ACE-SAs 只有在生物体内乙酰基转移酶（N-acetylase）和乙酰辅酶 A（acetyl-CoA）作用下才能产生（Meng et al.，2018）。由于这两种酶在体外均缺失，SAs 很少或从未转化为 N^4-ACE-SAs。同时，N^4-ACE-SAs 在酸性条件下极易转化为母体化合物（Ashton et al.，2004）。

因此，从 N^4-ACE-SM1 向 SM1 的转变在低 pH 时更容易。与 T_S 处理相比，T_D 处理的 pH 显著降低，这可能导致 T_D 处理 SM1 降解过程中 N^4-ACE-SM1 转化为母体 SM1。但是，这一过程也主要是发生在 T_D 处理的早期，其原因主要是：①T_D 处理的 0～3 d，pH 处于酸性条件（6.78～6.56），3 d 后才逐渐升高［图 4.1（c）］；②T_D 处理堆肥开始时，N^4-ACE-SM1 的浓度更高。

4.2 堆肥过程中 ARGs 和 *intI1* 变化

4.2.1 试验设计与研究方法

试验设计同 4.1.1 节，DNA 提取和 ARGs 定量方法如下。

堆肥样品中 DNA 提取采用土壤基因组 DNA 快速提取试剂盒 TIANNAMP Soil DNA Kit（DP336，天根生化科技（北京）有限公司，北京，中国），按照操作步骤进行。用 Quawell Q3000 超微量紫外分光光度计检测 DNA 提取效果及浓度。

经过初步筛选，确定 12 种四环素抗性基因（TRGs），包括 *tetB*、*tetC*、*tetG*、*tetH*、*tetK*、*tetL*、*tetM*、*tetO*、*tetQ*、*tetW*、*tetX* 和 *tet34*；3 种磺胺类抗性基因（SRGs），包括 *dfrA1*、*sul1* 和 *sul2*；2 种氟喹诺酮类抗性基因（FRGs），包括 *qepA* 和 *qnrD*；连同 1 种整合子基因 *intI1* 和 16S rDNA，使用表 4.4 所列正反向引物扩增堆肥样品中所提取的 DNA 样品，采用 ABI SteponePlus™ 实时荧光定量 PCR（RT-qPCR）系统进行量化。反应体系为 10 μL，其中包含 DNA 模板 1 μL，正、反向引物各 0.4 μL，5 μL TB Green Premix Ex Taq Ⅱ（Tli RNaseH Plus）（Takara，Code No. RR820A），0.2 μL ROX Reference Dye，3 μL 灭菌 ddH_2O。反应条件为 95℃ 30 s；95℃ 5 s，60℃ 30 s，40 个循环。

表 4.4 qPCR 引物列表

基因	正向引物	反向引物
tetB	AGTGCGCTTTGGATGCTGTA	AGCCCCAGTAGCTCCTGTGA
tetC	CATATCGCAATACATGCGAAAAA	AAAGCCGCGGTAAATAGCAA
tetG	TCAACCATTGCCGATTCGA	TGGCCCGGCAATCATG
tetH	TTTGGGTCATCTTACCAGCATTAA	TTGCGCATTATCATCGACAGA
tetK	CAGCAGTCATTGGAAAATTATCTGATTATA	CCTTGTACTAACCTACCAAAAATCAAAATA
tetL	AGCCCGATTTATTCAAGGAATTG	CAAATGCTTTCCCCCTGTTCT
tetM	CATCATAGACACGCCAGGACATAT	CGCCATCTTTTGCAGAAATCA
tetO	CAACATTAACGGAAAGTTTATTGTATACCA	TTGACGCTCCAAATTCATTGTATC

续表

基因	正向引物	反向引物
tetQ	CGCCTCAGAAGTAAGTTCATACACTAAG	TCGTTCATGCGGATATTATCAGAAT
tetW	ATGAACATTCCCACCGTTATCTTT	ATATCGGCGGAGAGCTTATCC
tetX	AAATTTGTTACCGACACGGAAGTT	CATAGCTGAAAAAATCCAGGACAGTT
tet34	CTTAGCGCAAACAGCAATCAGT	CGGTGATACAGCGCGTAAACT
qepA	GCCGGTGATGCTGCTGA	CAGRAACAGCGCSCCSA
qnrD	GGAGCTGATTTTCGAGGG	AGAAAAATTAGCGTAACTAAGATTTGTC
dfrA1	GGAATGGCCCTGATATTCCA	AGTCTTGCGTCCAACCAACAG
sul1	CACCGGAAACATCGCTGCA	AAGTTCCGCCGCAAGGCT
sul2	CTCCGATGGAGGCCGGTAT	GGGAATGCCATCTGCCTTGA
intI1	CGAACGAGTGGCGGAGGGTG	TACCCGAGAGCTTGGCACCCA

4.2.2　ARGs 和 *intI1* 变化

T_C、T_D 和 T_S 处理中，目标 ARGs 在堆肥期间绝对丰度变化如图 4.3 所示。ARGs（包括 TRGs、SRGs 和 FRGs）绝对丰度在所有堆肥样品中的变化范围为 0～4.12×10^9 copies/g dw。其中，TRGs 变化范围为 0～1.84×10^9 copies/g dw（中值为 1.09×10^6 copies/g dw），SRGs 为 2.89×10^5～4.12×10^9 copies/g dw（中值为 2.83×10^7 copies/g dw），FRGs 为 4.27×10^3～6.10×10^6 copies/g dw（中值为 2.58×10^5 copies/g dw）。相较于 TRGs 和 SRGs，FRGs（*qepA* 和 *qnrD*）绝对丰度较低，证明堆体中细菌对 FQs 抗性较弱。此外，整合子 *intI1* 的变化范围为 1.87×10^3～3.16×10^7 copies/g dw，中值为 1.52×10^6 copies/g dw，含量水平仅次于 SRGs，表明堆肥过程中也受到了整合子基因污染，这种可移动元件将增加 ARGs 发生水平转移的可能性，进而促进细菌多重耐药性的产生。

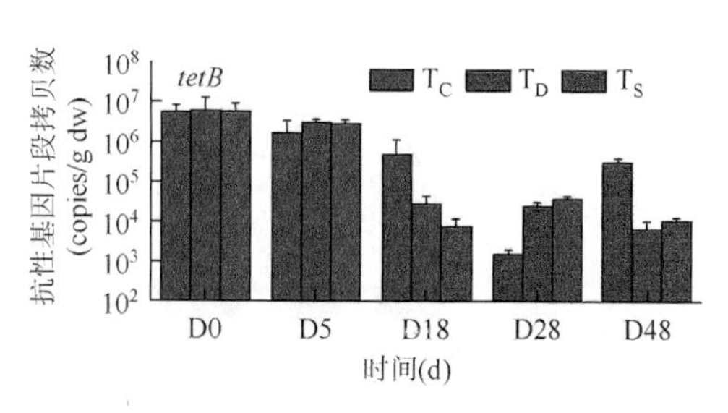

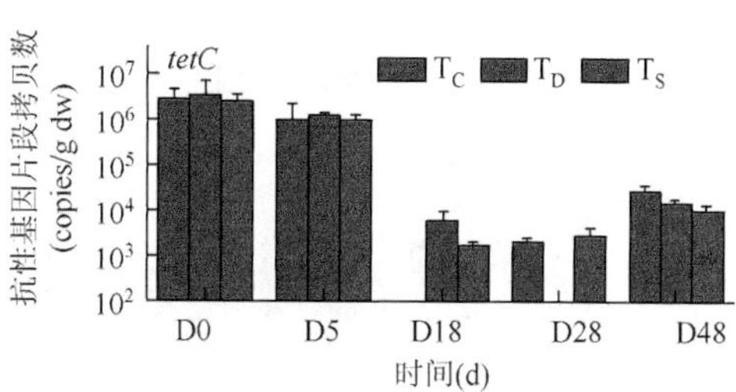

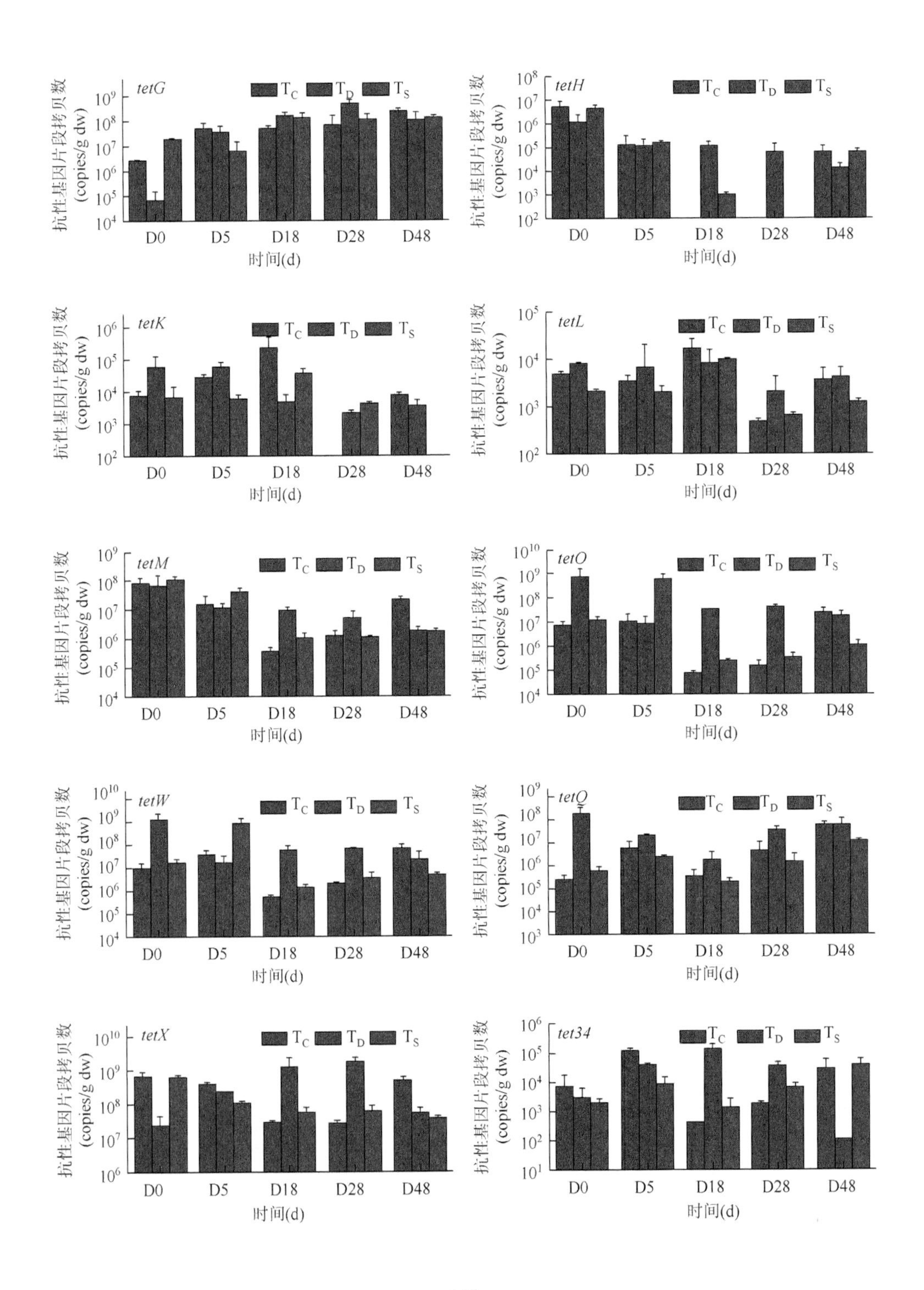
tetG
tetH
tetK
tetL
tetM
tetO
tetW
tetQ
tetX
tet34
T_C T_D T_S
抗性基因片段拷贝数 (copies/g dw)
D0 D5 D18 D28 D48
时间(d)

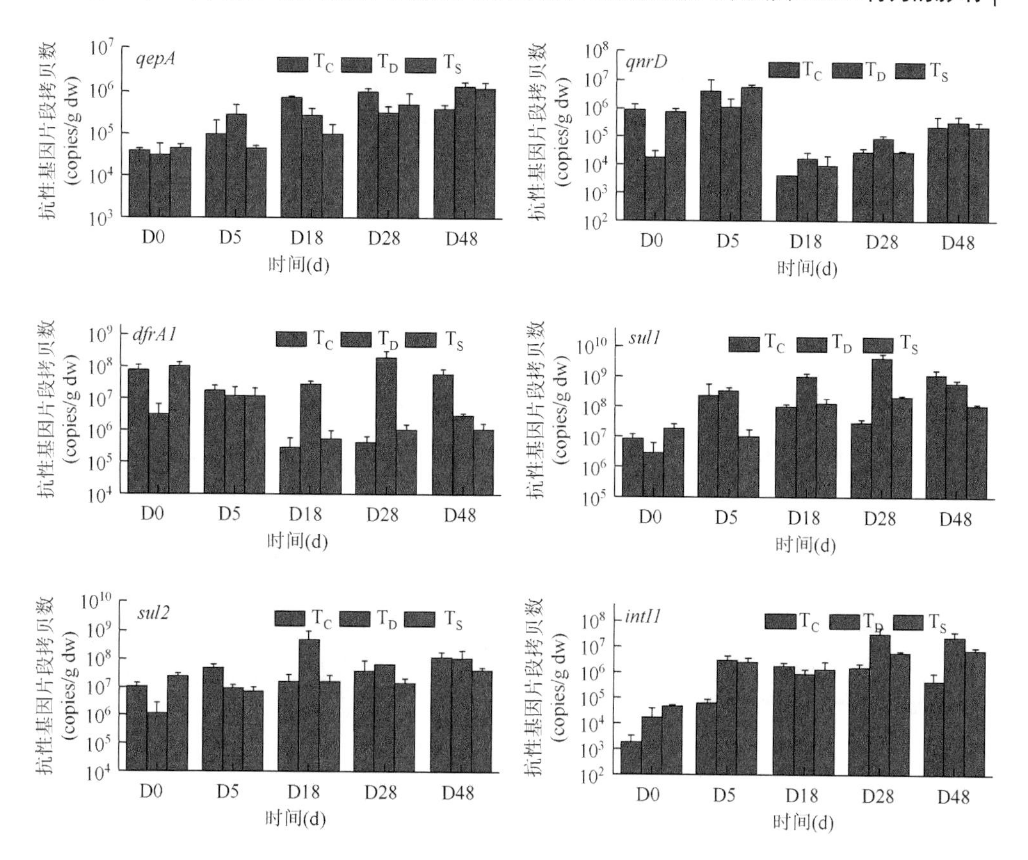

图 4.3　ARGs 绝对丰度随堆肥时间的变化

为了减少样品 DNA 提取差异影响，将 ARGs 绝对丰度标准化为 16S rDNA 基因绝对丰度（ARGs/16S rDNA），即 ARGs 相对丰度（图 4.4）。ARGs 相对丰度变化范围为 $0\sim5.69\times10^{-1}$。其中，TRGs 变化范围为 $0\sim5.69\times10^{-1}$（中值为 2.74×10^{-4}），SRGs 为 $1.57\times10^{-4}\sim2.88\times10^{-1}$（中值为 7.67×10^{-3}），FRGs 为 $2.05\times10^{-6}\sim1.31\times10^{-3}$（中值为 2.97×10^{-5}）。*intI1* 的变化范围为 $6.55\times10^{-7}\sim6.22\times10^{-3}$，中值为 4.97×10^{-4}。

由图 4.4 堆肥过程中 ARGs 相对丰度时间变化情况可知，堆肥开始前（0 d），对于 T_C 和 T_S 处理，ARGs 相对丰度较近似；对于 T_D 处理，除部分 TRGs（*tetB*、*tetC*、*tetK*、*tetL*、*tetO*、*tetQ* 和 *tetW*）表现为相对丰度高于 T_C 和 T_S 外，其他 ARGs 一般表现为其相对丰度低于 T_C 和 T_S 处理。由此可以推测，抗生素饲喂过程中除部分 TRGs 由抗生素选择压力造成丰度升高外，其他的 ARGs 均由于抗生素添加抑制微生物生长而降低。

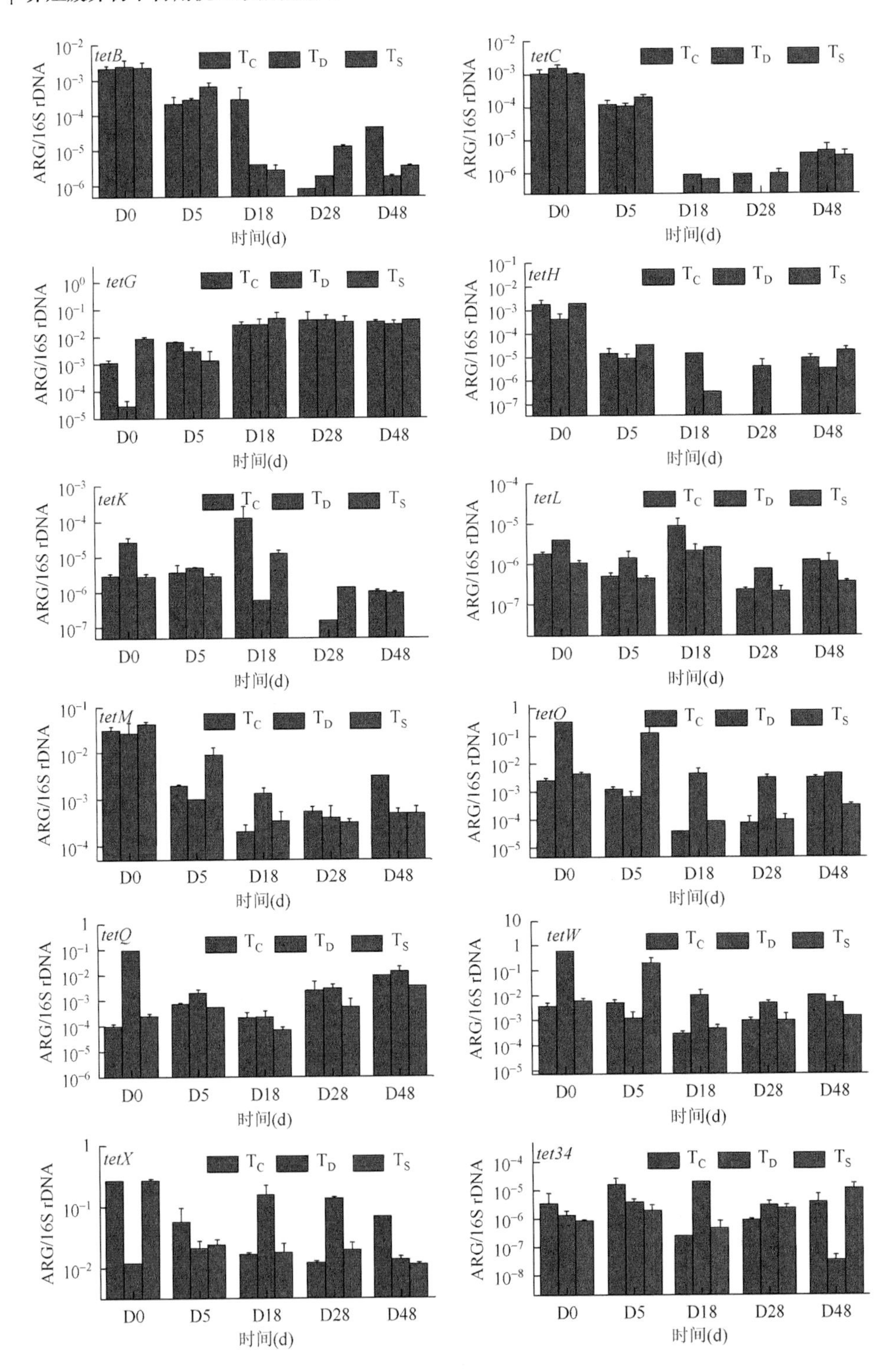
tetB
tetC
tetG
tetH
tetK
tetL
tetM
tetO
tetQ
tetW
tetX
tet34
T_C T_D T_S
ARG/16S rDNA
D0 D5 D18 D28 D48
时间(d)

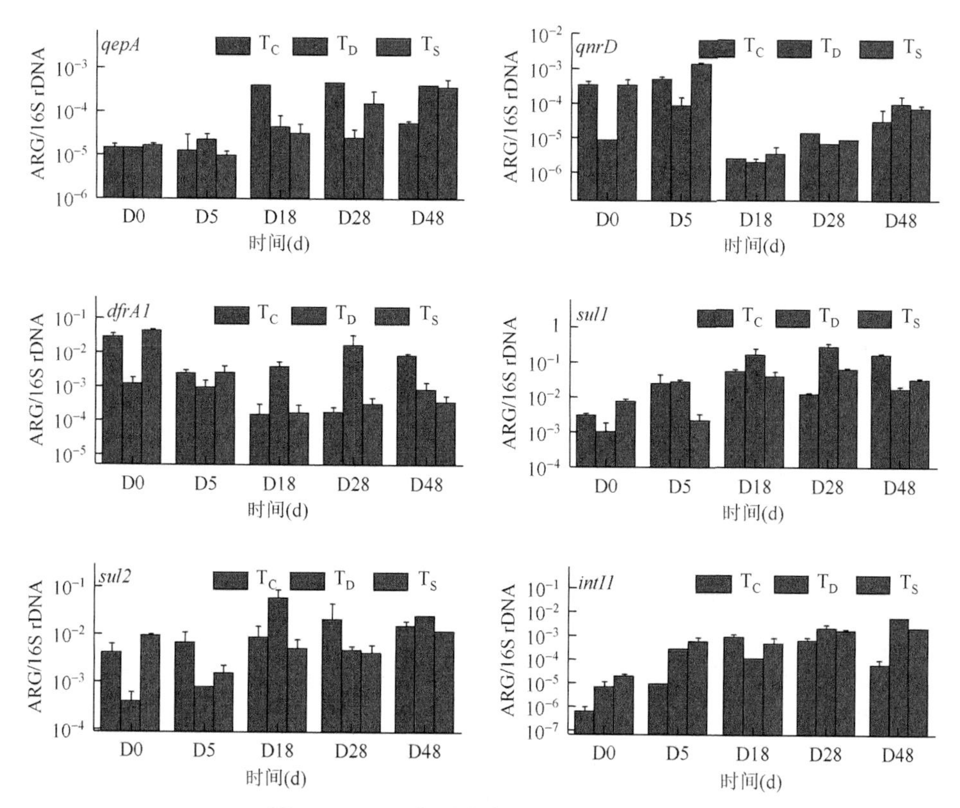

图 4.4　ARGs 相对丰度随堆肥时间的变化

如图 4.4 所示，堆肥开始后（0～5 d），3 个处理中大部分 ARGs（如 *tetB*、*tetC*、*tetH*、*tetM*、*tetQ*、*tetW*、*tetX* 和 *dfrA1*）相对丰度随着时间的推移呈下降趋势；相反，少量 ARGs（如 *tetG*、*tet34*、*sul1* 和 *sul2*）及整合子 *intI1* 相对丰度随着时间的推移呈上升趋势。畜禽粪便好氧堆肥是畜禽粪便微生物发酵的过程，分为中温（25～45℃）、高温（>50℃）、冷却（35～45℃）和腐熟（<35℃）4 个阶段。研究表明，堆体温度超过 50℃并保持 5 d 以上，可将绝大部分病原微生物杀灭（Bao，2008）。因此，温度是影响微生物活性和生物量变化的重要因素。堆肥起始阶段（0～5 d）由中温期（0～2 d）和高温期（3～5 d）组成。在中温期携带 ARGs 的耐药细菌会大量繁殖，过渡到高温期后这些耐药细菌逐渐被杀灭，进而造成 ARGs 相对丰度的降低。但是畜禽粪便堆肥高温期杀灭嗜温微生物过程中，携带这些 ARGs 的宿主细菌不同造成了 ARGs 杀灭速率不同（Zhang et al.，2018）。研究已经发现，在牛粪添加 OTC 堆肥过程中，TRGs 中的 *tetM*、*tetQ* 和 *tetW* 在进入高温期后第 5 d 的相对丰度低于第 0 d；而 *sul1* 和 *intI1* 在第 5 d 的相对丰度却高于第 0 d（Qian et al.，2016）。到了堆肥中后期（腐熟阶段），携带 ARGs 的细菌生物量（16S rDNA 基因拷贝数）不断增加，导致绝大部分 ARGs 相对丰度均出现不同程度的升高。

本研究中观察到的 ARGs 堆肥后期行为特征与本课题组之前研究结果不同(Cheng et al.，2019)。相较于堆肥初始阶段将所需水分一次性添加到堆体中，本研究整个堆肥过程中都保持一定的含水率（约 55%)，在堆肥后期更有利于耐药菌存活和繁殖，这可能是导致 ARGs 行为特征差异的关键。因此，在堆肥过程中，尤其是在堆肥后期，不推荐连续或频繁的水分调节，因为这一操作可能会影响稳定物料中 ARGs 行为特征和生物活性（Cheng et al.，2019)。

如表 4.5 所示，48 d 高温好氧堆肥条件下，3 个处理对一半以上的 ARGs 具有去除效果，其中 T_C 为 59%，T_D 和 T_S 均为 65%，表明高温好氧堆肥是去除畜禽粪便中 ARGs 的一种潜在方法。对于 TRGs，T_C 处理中能有效去除（>65%）的基因包括 *tetB*、*tetC*、*tetH* 和 *tetM*，绝对丰度削减率[$(ER)_{AA}$]分别为 95%、99%和 74%；对于 *tetG*、*tetO*、*tetQ*、*tetW* 和 *tet34* 具有较大的扩增，绝对丰度累积率（即–ER 值）变化范围为 232%～24067%。T_D 处理中可有效去除（>65%）的基因包括 *tetB*、*tetC*、*tetH*、*tetK*、*tetM*、*tetO*、*tetQ*、*tetW* 和 *tet34*，$(ER)_{AA}$ 变化范围为 68%～100%；对于 *tetG* 具有较大的扩增，绝对丰度累积率可达 162963%；T_S 处理中可有效去除（>65%）的基因包括 *tetB*、*tetC*、*tetH*、*tetK*、*tetM*、*tetO*、*tetW* 和 *tetX*，$(ER)_{AA}$ 变化范围为 71%～100%；对于 *tetG*、*tetQ* 和 *tet34* 具有较大的扩增，绝对丰度累积率分别为 527%、1805%和 1814%。对于 FRGs，T_C、T_D 和 T_S 处理对于 *qepA* 均有扩增，绝对丰度累积率分别为 925%、4054%和 2739%；T_C 和 T_S 处理能有效去除 *qnr*D，$(ER)_{AA}$ 分别为 74%和 69%；相反，T_D 处理对 *qnrD* 具有较大的扩增，其绝对丰度累积率为 1904%。对于 SRGs，随 T_S 处理能有效去除 *dfrA1*，$(ER)_{AA}$ 为 99%；3 个处理对 *sul1* 和 *sul2* 均有不同程度的扩增，绝对丰度累积率变化范围为 76%（T_S）～22134%（T_D）。试验结果发现：①畜禽粪便中抗生素残留有助于不同 ARGs 的削减，特别是对于 TRGs，T_C 处理中仅有 1/4 的 TRGs 可以有效削减，但是 T_D 和 T_S 却能够有效地削减大部分 TRGs；②抗生素饲喂添加增强了某些 ARGs 的抵抗力，特别是对于 *tetG*、*qepA*、*sul1* 和 *sul2*。值得注意的是，3 个处理对于整合子 *intI1* 均有扩增，特别是对于 T_D 处理，其绝对丰度累积率高达 144649%。这一结果表明，高温好氧堆肥过程增加了多重耐药基因产生的可能性，特别是对于有抗生素残留的畜禽粪便经堆肥处理所得产品（Qian et al.，2016)。此外，堆肥过程中 *intI1* 绝对丰度增加也可能促进 ARGs 在土壤环境中的传播。

表 4.5　ARGs 第 0 d（D0）和 48 d（D48）相对丰度（RA）和绝对丰度（AA）及对应的 RA 和 AA 削减率（ER）

处理	基因	RA^{a}_{D0}	RA_{D48}	$(ER)^{c}_{RA}$ (%)	AA^{b}_{D0}	AA_{D48}	$(ER)^{d}_{AA}$ (%)
T_C	*tetB*	2.12×10^{-3}	4.35×10^{-5}	98	5.81×10^{6}	3.17×10^{5}	95
	tetC	1.05×10^{-3}	3.76×10^{-6}	100	2.92×10^{6}	2.74×10^{4}	99

续表

处理	基因	RA^{a}_{D0}	RA_{D48}	$(ER)^{c}_{RA}$ (%)	AA^{b}_{D0}	AA_{D48}	$(ER)^{d}_{AA}$ (%)
T_C	*tetG*	1.10×10^{-3}	3.40×10^{-2}	−3004	2.85×10^{6}	2.46×10^{8}	−8505
	tetH	5.21×10^{6}	8.87×10^{-6}	100	5.21×10^{6}	6.76×10^{4}	99
	tetK	2.87×10^{-6}	1.05×10^{-6}	63	7.80×10^{3}	7.59×10^{3}	3
	tetL	1.86×10^{-6}	1.20×10^{-6}	35	4.96×10^{3}	3.75×10^{3}	24
	tetM	3.04×10^{-2}	3.04×10^{-3}	90	8.33×10^{7}	2.20×10^{7}	74
	tetO	2.58×10^{-3}	3.16×10^{-3}	−22	7.11×10^{6}	2.36×10^{7}	−232
	tetQ	9.43×10^{-5}	8.71×10^{-3}	−9135	2.60×10^{5}	6.28×10^{7}	−24067
	tetW	3.66×10^{-3}	1.01×10^{-2}	−176	1.02×10^{7}	7.39×10^{7}	−624
	tetX	2.57×10^{-1}	6.77×10^{-2}	74	6.90×10^{8}	4.93×10^{8}	29
	tet34	3.34×10^{-6}	3.66×10^{-6}	−10	7.48×10^{3}	2.98×10^{4}	−298
	qepA	1.49×10^{-5}	5.56×10^{-5}	−272	3.91×10^{4}	4.01×10^{5}	−925
	qnrD	3.27×10^{-4}	2.84×10^{-5}	91	9.06×10^{5}	2.38×10^{5}	74
	dfrA1	2.89×10^{-2}	8.15×10^{-3}	72	7.87×10^{7}	6.02×10^{7}	23
	sul1	2.99×10^{-3}	1.65×10^{-1}	−5422	8.16×10^{6}	1.22×10^{9}	−14831
	sul2	4.20×10^{-3}	1.53×10^{-2}	−265	1.06×10^{7}	1.15×10^{8}	−991
	intI1	6.55×10^{-7}	5.73×10^{-5}	−8644	1.87×10^{3}	4.54×10^{5}	−24231
T_D	*tetB*	2.46×10^{-3}	1.73×10^{-6}	100	6.12×10^{6}	6.88×10^{3}	100
	tetC	1.57×10^{-3}	4.64×10^{-6}	100	3.57×10^{6}	1.51×10^{4}	100
	tetG	2.70×10^{-5}	2.53×10^{-2}	−93576	6.79×10^{4}	1.11×10^{8}	−162963
	tetH	4.45×10^{-4}	3.16×10^{-6}	99	1.14×10^{6}	1.23×10^{4}	99
	tetK	2.63×10^{-5}	9.45×10^{-7}	96	6.12×10^{4}	3.64×10^{3}	94
	tetL	4.10×10^{-6}	1.10×10^{-6}	73	8.42×10^{3}	4.29×10^{3}	49
	tetM	2.65×10^{-2}	4.91×10^{-4}	98	6.91×10^{7}	1.81×10^{6}	97
	tetO	3.20×10^{-1}	4.31×10^{-3}	99	7.24×10^{8}	1.68×10^{7}	98
	tetQ	8.77×10^{-2}	1.32×10^{-2}	85	1.79×10^{8}	5.80×10^{7}	68
	tetW	5.69×10^{-1}	5.02×10^{-3}	99	1.20×10^{9}	2.32×10^{7}	98
	tetX	1.21×10^{-2}	1.42×10^{-2}	−17	2.50×10^{7}	5.43×10^{7}	−118
	tet34	1.37×10^{-6}	3.33×10^{-8}	98	3.21×10^{3}	1.13×10^{2}	96
	qepA	1.51×10^{-5}	4.13×10^{-4}	−2631	3.13×10^{4}	1.30×10^{6}	−4054
	qnrD	8.54×10^{-6}	8.89×10^{-5}	−940	1.75×10^{4}	3.52×10^{5}	−1904
	dfrA1	1.20×10^{-3}	8.43×10^{-4}	30	3.03×10^{6}	2.91×10^{6}	4
	sul1	9.94×10^{-4}	1.67×10^{-2}	−1578	2.71×10^{6}	6.03×10^{8}	−22134
	sul2	3.91×10^{-4}	2.49×10^{-2}	−6275	1.15×10^{6}	1.07×10^{8}	−9193
	intI1	6.38×10^{-6}	6.22×10^{-3}	−97471	1.69×10^{4}	2.45×10^{7}	−144649
T_S	*tetB*	2.33×10^{-3}	3.34×10^{-6}	100	6.05×10^{6}	1.15×10^{4}	100
	tetC	1.04×10^{-3}	3.29×10^{-6}	100	2.62×10^{6}	1.10×10^{4}	100

续表

处理	基因	RA_{D0}^{a}	RA_{D48}	$(ER)_{RA}^{c}$(%)	AA_{D0}^{b}	AA_{D48}	$(ER)_{AA}^{d}$(%)
T_S	*tetG*	8.13×10^{-3}	3.57×10^{-2}	−339	1.98×10^{7}	1.24×10^{8}	−527
	tetH	2.02×10^{-3}	1.90×10^{-5}	99	4.81×10^{6}	6.39×10^{4}	99
	tetK	2.81×10^{-6}	0	100	7.14×10^{3}	0	100
	tetL	1.06×10^{-6}	3.65×10^{-7}	65	2.17×10^{3}	1.27×10^{3}	42
	tetM	4.17×10^{-2}	4.91×10^{-4}	99	1.05×10^{8}	1.65×10^{6}	98
	tetO	4.88×10^{-3}	3.13×10^{-4}	94	1.23×10^{7}	1.10×10^{6}	91
	tetQ	2.49×10^{-4}	3.47×10^{-3}	−1295	6.31×10^{5}	1.20×10^{7}	−1805
	tetW	6.73×10^{-3}	1.45×10^{-3}	78	1.71×10^{7}	5.03×10^{6}	71
	tetX	2.64×10^{-1}	1.13×10^{-2}	96	6.52×10^{8}	3.91×10^{7}	94
	tet34	8.35×10^{-7}	1.11×10^{-5}	−1234	2.10×10^{3}	4.02×10^{4}	−1814
	qepA	1.72×10^{-5}	3.68×10^{-4}	−2037	4.32×10^{4}	1.23×10^{6}	−2739
	qnrD	3.24×10^{-4}	6.89×10^{-5}	79	7.72×10^{5}	2.42×10^{5}	69
	dfrA1	4.15×10^{-2}	3.48×10^{-4}	99	1.04×10^{8}	1.16×10^{6}	99
	sul1	7.67×10^{-3}	3.22×10^{-2}	−319	1.94×10^{7}	1.11×10^{8}	−470
	sul2	9.57×10^{-3}	1.22×10^{-2}	−27	2.39×10^{7}	4.22×10^{7}	−76
	intI1	1.91×10^{-5}	2.05×10^{-3}	−10645	4.65×10^{4}	7.16×10^{6}	−15279

a RA：抗性基因相对丰度；

b AA：抗性基因绝对丰度；

c 抗性基因相对丰度削减率：$(ER)_{RA}$（%）$=[(RA_{D0}-RA_{D48})/RA_{D0}]\times100$；

d 抗性基因绝对丰度削减率：$(ER)_{AA}$（%）$=[(AA_{D0}-AA_{D48})/AA_{D0}]\times100$。

4.3 堆肥过程中细菌群落的组成变化

4.3.1 试验设计与研究方法

试验设计同 4.1.1 节，高通量测序分析方法如下。

利用针对细菌的 PCR 引物 341 F/806R 扩增 16S rDNA 基因 V3～V4 区，对堆肥样品进行微生物群落结构分析。以稀释后的基因组 DNA 为模板，使用 Taq DNA Polymerase（Vazyme，南京，中国）进行 PCR，确保扩增的准确性和高效性。PCR 扩增子进一步纯化后使用凝胶回收 QIAquick 试剂盒（Qiagen），浓度测定使用 Applied Biosystems QuantStudio 6 实时荧光定量 PCR 仪。采用 Illumina MiSeq PE300（Illumina，USA）测序平台进行双末端（Paired-end）测序。利用 USEARCH 7.1 软件对原始 DNA 序列作去嵌合体和聚类的操作，得优化序列；将相似性大于 97%优化序列划分为一个操作分类单元（operational taxonomic units，OTU），每个 OTU 被认为可代表一个物种。利用 QIIME1.9.0 软件，使用 RDP 算法将 OTU 代表序列与 16 S 数据库比对，近而对每个 OTU 进行物种分类及其相对丰度分析。

4.3.2　细菌群落的组成

如图 4.5（a）所示，猪粪好氧堆肥过程中主要的 4 个门分别为变形菌门（Proteobacteria）、拟杆菌门（Bacteroidetes）、厚壁菌门（Firmicutes）和放线菌门（Actinobacteria），其丰度占总细菌数的 71.2%～99.8%。该研究与其他好氧堆肥过程中所发现的主要细菌菌门相一致（Zhang et al.，2017）。堆肥前期（0～5 d），对于 T_C 和 T_S 处理主要菌门相对丰度变化相近似，变形菌门＞拟杆菌门＞厚壁菌门＞放线菌门；对于 T_D 处理则表现出截然不同的变化，厚壁菌门＞拟杆菌门＞变形菌门＞放线菌门，且厚壁菌门占有绝对优势，其相对丰度在 0 d 和 5 d 分别为 84.4%和 78.0%。产生上述试验结果的原因是抗生素饲喂改变了畜禽肠道微生物。已有的研究已经表明连续饲喂 3 d 抗生素就能够改变畜禽肠道中的微生物菌群结构（Modi et al.，2014）。堆肥结束时，T_D 处理变形菌门和拟杆菌门的相对丰度分别增加了 46.9 个百分点和 22.7 个百分点，而厚壁菌门相对含量降低了 81.5 个百分点；T_C 处理中厚壁菌门相对含量降低了 13.3 个百分点；但是变形菌门在 T_C 和 T_S 处理中分别降低了 16.9 个百分点和 10.6 个百分点。Huerta 等（2013）研究证实厚壁菌门可能是携带和传播 ARGs 的宿主菌。因此，T_D 和 T_S 处理中厚壁菌门相对丰度的降低可能更有利于抗生素残留条件下好氧堆肥中 ARGs 丰度的削减。

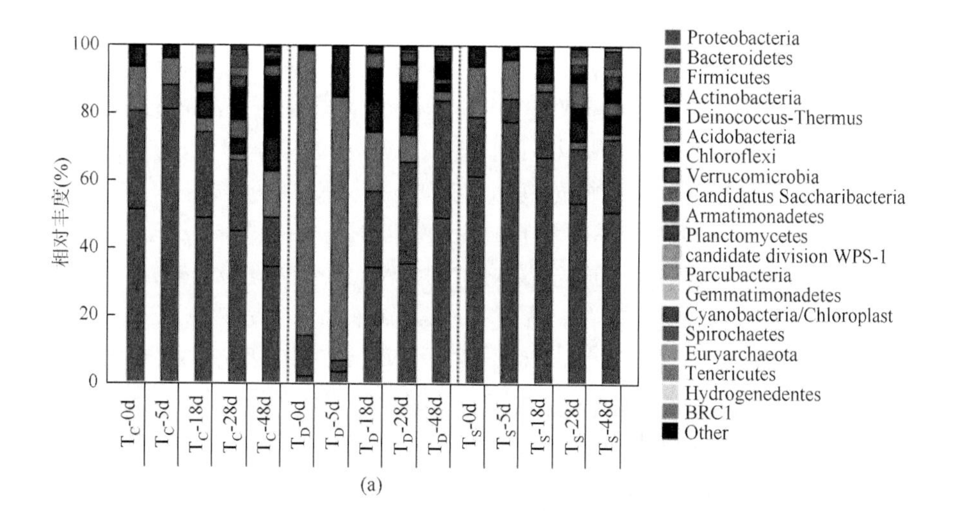

(a)

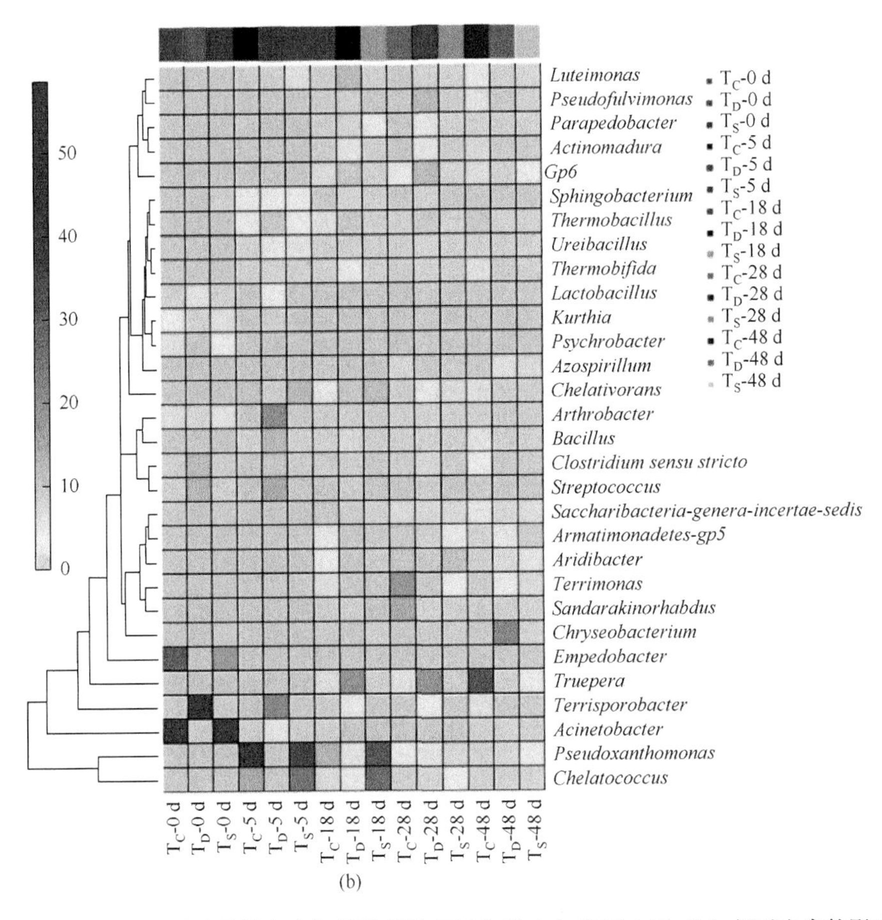

图 4.5　不同处理对猪粪堆肥中细菌群落组成门水平（a）和属水平（b）相对丰度的影响

三个处理微生物群落在属分类水平上的分布见图 4.5（b），共检测出 30 个细菌属。对于 T_C 和 T_S 处理，堆肥前期优势菌属由变形菌门菌属 *Pseudoxanthomonas*、*Acinetobacter*、*Chelatococcus* 和拟杆菌门菌属 *Empedobacter* 等组成，经过堆肥后这些优势菌属相对丰度变化范围分别从 13.8%～58.6%（变形菌门）和 11.2%～56.7%（拟杆菌门）降至 0～0.6%和 0～2.6%，而 *Truepera*、*Terrisporobacter*、*Gp6*（T_C 处理）和 *Terrimonas*、*Armatimonadetes_gp5*、*Saccharibacteria_genera_incertae_sedis*（T_S 处理）则有一定的增加，尤其是 *Truepera* 和 *Armatimonadetes_gp5* 的相对丰度分别达到了 32.6%和 8.5%；对于 T_D 处理，堆肥前期优势菌属由厚壁菌门菌属 *Terrisporobacter*、*Streptococcus*、*Bacillus* 和放线菌门菌属 *Arthrobacter* 等组成，经过堆肥处理后这些优势菌属大幅度降低，分别从 49.2%、11.8%、10.9%和 19.5%降至 0.1%、0%、0.4%和 0.2%，而拟杆菌属的 *Chryseobacterium* 则大幅增加达到了 21.2%。

4.4 ARGs、*intI1*、环境因子及微生物群落间相互关系

通过冗余分析评价了环境因子、*intI1* 和 ARGs 之间的关系（图 4.6），结果显示所选变量共解释了 ARGs 变化的 60.0%。由图 4.6 可以明显地发现，堆肥开始时（0 d），T_D 处理与 T_C 和 T_S 处理之间存在明显的差异，且 T_D 处理 ARGs（特别是 *tetH*、*tetB* 和 *tetC*）主要受控于 OTC、CIP 和 SM1 的浓度和堆料的 C/N，而 T_C 和 T_S 处理 ARGs 变化则受含水率的影响更多。对于 T_D 处理，究其原因主要是堆肥前猪粪样品中大量残留的抗生素对 ARGs 产生的选择性压力影响了 ARGs 行为特征（Wu et al.，2015）；而 T_C 和 T_S 处理在合适含水率条件下更有利于细菌的繁殖进而影响 ARGs 的变化（李蕾等，2015）。堆肥中后期（28～48 d），T_D 和 T_S 处理 ARGs（特别是 *sul1* 和 *sul2*）变化主要受控于 pH 变化，这与前期的研究结果相一致（Cheng et al.，2019）；而 T_C 处理过程中 ARGs 变化则受堆体温度影响更大。众所周知，四环素类、氟喹诺酮类和磺胺类抗生素都是极性化合物，具有一系列官能团（如胺类、羧基和酚类）。在不同 pH 作用下，这些化合物表现出不同的形态种类。T_D 和 T_S 处理堆肥后期是以碱性环境存在［图 4.1（c）］，OTC、CIP 和 SM1 主要以两性离子和阴离子形式存在，而不是阳离子。这就造成了堆肥前期由于吸附而失活的这些抗生素不断释放到所含水相中，进而影响堆体中微生物环境行为及其所携 ARGs 丰度（Cheng et al.，2018）。此外，第 1 类整合子（*intI1*）与 *qepA* 和 *tetG* 呈正相关，这表明它们是本研究中 *intI1* 的主要载体（图 4.6）。但是，其他 ARGs 与 *intI1* 的相关性较弱或者呈负相关，表明这些 ARGs 的削减只能通过降低耐药性和细菌多样性来实现，而不是通过降低 *intI1* 水平转移能力来实现。因此，细菌群落的变化可能是引起 ARGs 丰度变化的主要驱动因素。

采用 Pearson 相关性分析，进一步探索了细菌群落（基于属水平）和 ARGs 之间的关系，并且确定 ARGs 可能的潜在宿主菌。如表 4.6 所示，17 个细菌属可能是 ARGs 的潜在宿主菌，这些属分布在 7 个门中，但大多属于变形菌门（5 个）和厚壁菌门（4 个）；而且这些细菌至少携带一个抗性基因，特别是四环素抗性基因（Roberts，2011）。例如，变形菌门 *Acinetobacter* 可能是 *dfrA1*、*tetB*、*tetC*、*tetH*、*tetM* 和 *tetX* 的潜在宿主菌，这些 ARGs 丰度在 T_C 和 T_S 处理堆肥结束时降低可能与 *Acinetobacter* 的存在有关；而厚壁菌门 *Terrisporobacter*、*Streptococcus* 和 *Clostridium sensu stricto* 则可能是 *tetO*、*tetQ* 和 *tetW* 的潜在宿主菌，这些 ARGs 的丰度在 T_D 处理堆肥结束时降低可能与 *Terrisporobacter*、*Streptococcus* 和 *Clostridium sensu stricto* 的存在有关。Zhang 等（2018）研究已经发现 *Acinetobacter* 可能作为 *tetX* 的潜在宿主菌。此外，一个抗性基因可能同时有多个潜在宿主菌。

例如，*qepA* 有 4 个潜在宿主菌（*Saccharibacteria_genera_incertae_sedis*、*Terrimonas*、*Aridibacter* 和 *Armatimonadetes_gp5*）。堆肥结束时，T_D 处理中这 4 种菌属的 RAs 比 T_S 低，可能是 T_D 处理中残留的抗生素（特别是 SM1）较 T_S 处理高，抑制了这 4 种 *qepA* 潜在宿主细菌的活性所致。而 *Luteimonas* 和 *Truepera* 可能作为 *sul1* 的潜在宿主菌（Qian et al.，2019；Zhang et al.，2018）。然而，本研究并未发现 *tetL* 与主要细菌属之间具有显著的正相关性（表 4.6），即未发现 *tetL* 的潜在宿主菌。究其原因，除了该基因在堆肥样品中相对丰度较低外，还可能是由于该基因具有较强的移动性而可以通过 HGT 在环境中扩散（Forsberg et al.，2014）。

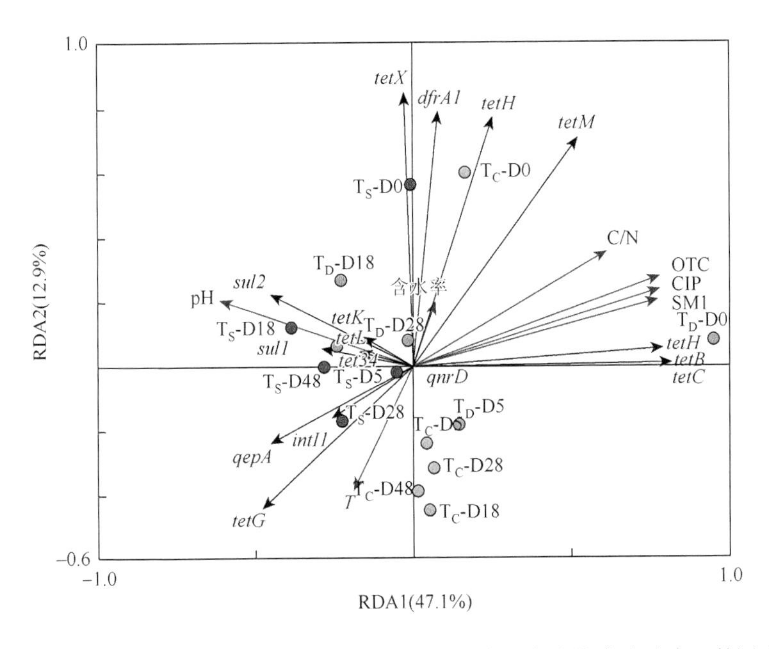

图 4.6 ARGs、*intI1* 和环境因子（包括温度、C/N、含水率和抗生素浓度）的冗余分析

表 4.6 优势菌属（第 0 d、5 d、18 d、28 d 或 48 d 相对丰度>5.0%）与 ARGs 和 *intI1*（16S rDNA 标准化）之间的 Pearson 相关系数（*r*）（深灰底色：*P*<0.05；浅灰底色：*P*<0.01）

菌属	*qepA*	*qnrD*	*dfrA1*	*sul1*	*sul2*	*tetB*	*tetC*	*tetG*	*tetH*
Pseudoxanthomonas	−0.241	0.553	−0.280	−0.259	−0.196	−0.220	−0.235	−0.147	−0.271
Acinetobacter	−0.270	0.164	0.932	−0.311	−0.134	0.732	0.611	−0.424	0.983
Chelatococcus	−0.244	0.559	−0.292	−0.265	−0.235	−0.209	−0.243	0.032	−0.268
Luteimonas	−0.265	−0.145	−0.016	0.738	0.642	−0.368	−0.348	0.333	−0.289
Pseudofulvimonas	−0.259	−0.249	0.134	0.872	0.371	−0.293	−0.266	0.380	−0.209

续表

菌属	*qepA*	*qnrD*	*dfrA1*	*sul1*	*sul2*	*tetB*	*tetC*	*tetG*	*tetH*
Terrisporobacter	−0.284	−0.194	−0.171	−0.186	−0.247	0.483	0.616	−0.434	−0.008
Streptococcus	−0.291	−0.152	−0.159	−0.266	−0.308	0.356	0.442	−0.515	−0.009
Kurthia	−0.345	0.126	0.897	−0.369	−0.203	0.838	0.745	−0.532	0.988
Saccharibacteria_genera_incertae_sedis	0.780	−0.374	−0.347	−0.005	−0.007	−0.406	−0.423	0.555	−0.329
Empedobacter	−0.267	0.159	0.822	−0.299	−0.151	0.688	0.592	−0.427	0.926
Terrimonas	0.841	−0.244	−0.304	−0.167	0.180	−0.306	−0.294	0.401	−0.236
Gp6	0.058	−0.424	−0.081	0.790	0.390	−0.485	−0.466	0.627	−0.370
Aridibacter	0.671	−0.291	−0.345	−0.153	0.023	−0.355	−0.338	0.473	−0.271
Truepera	−0.127	−0.324	−0.006	0.731	0.371	−0.383	−0.362	0.486	−0.286
Armatimonadetes_gp5	0.864	−0.289	−0.334	−0.127	0.120	−0.369	−0.358	0.494	−0.284
菌属	*tetK*	*tetL*	*tetM*	*tetO*	*tetQ*	*tetW*	*tet34*	*tetX*	*intI1*
Acinetobacter	−0.110	−0.171	0.860	−0.134	−0.146	−0.135	−0.178	0.856	−0.244
Luteimonas	−0.168	0.063	−0.314	−0.164	−0.183	−0.164	0.534	0.236	−0.065
Terrisporobacter	0.069	−0.143	0.290	0.835	0.909	0.857	−0.132	−0.220	−0.231
Streptococcus	0.024	−0.103	0.190	0.559	0.614	0.575	−0.131	−0.213	−0.237
Clostridium sensu stricto	0.020	−0.108	0.178	0.645	0.729	0.666	−0.117	−0.217	−0.263
Kurthia	−0.107	−0.213	0.922	0.036	0.036	0.040	−0.207	0.813	−0.307
Saccharibacteria_genera_incertae_sedis	0.557	0.477	−0.422	−0.291	−0.208	−0.282	−0.210	−0.410	0.238
Empedobacter	−0.114	−0.192	0.766	−0.126	−0.139	−0.126	−0.134	0.824	−0.243
Chryseobacterium	−0.095	−0.019	−0.154	−0.094	0.058	−0.096	−0.205	−0.186	0.891

通过本章研究发现，畜禽粪便高温好氧堆肥过程中，OTC、CIP 和 SM1 添加方式对于其自身削减及其相关 ARGs 都存在显著差异。抗生素饲喂添加对于 OTC 和 CIP 去除效率明显高于抗生素直接添加，而 SM1 反之。虽然两种抗生素添加方式都能有效地削减大部分 ARGs，特别是对于 TRGs；但是相较于抗生素直接添加，抗生素饲喂添加能够增强某些 ARGs 的抵抗力，特别是对于 *tet*G、*qep*A、*sul*1 和 *sul*2。究其原因除了与抗生素饲喂残留的抗生素代谢产物有关外，还受控于抗生素饲喂改变了畜禽粪便中细菌活性和多样性。因此，加强抗生素饲喂添加所得畜禽粪便好氧堆肥研究对于农业固体废弃物资源化利用和精准调控畜禽粪便中抗生素及其 ARGs 削减具有十分重要的意义。

主要参考文献

成登苗，李兆君，张雪莲，等. 2018. 畜禽粪便中兽用抗生素削减方法的研究进展. 中国农业科学，2018，51（17）：3335-3352.

李蕾，徐晶，赵由才，等. 2015. 垃圾填埋场抗生素抗性基因初探. 环境科学，36（5）：1769-1775.

林辉，汪建妹，孙万春，等. 2016. 磺胺抗性消长与堆肥进程的交互特征. 环境科学，v37（5）：403-412.

Ashton D，Hilton M，Thomas K V. 2004. Investigating the environmental transport of human pharmaceuticals to streams in the United Kingdom. Science of the Total Environment，333：167-184.

Cheng D M，Feng Y，Liu Y W，et al. 2018. Quantitative models for predicting adsorption of oxytetracycline，ciprofloxacin and sulfamerazine to swine manures with contrasting properties. Science of the Total Environment，634：1148-1156.

Cheng D M，Feng Y，Liu Y W，et al. 2019. Dynamics of oxytetracycline，sulfamerazine，and ciprofloxacin and related antibiotic resistance genes during swine manure composting. Journal of Environmental Management，230：102-109.

Forsberg K J，Patel S，Gibson M K，et al. 2014. Bacterial phylogeny structures soil resistomes across habitats. Nature，509：612-616.

Huerta B，Marti E，Gros M，et al. 2013. Exploring the links between antibiotic occurrence，antibiotic resistance，and bacterial communities in water supply reservoirs. Science of the Total Environment，456-457：161-170.

Looft T，Allen H K，Cantarel B L，et al. 2014. Bacteria，phages and pigs：the effects of in-feed antibiotics on the microbiome at different gut locations. Isme Journal，8：1566-1576.

Malik A A，Chowdhury S，Schlager V，et al. 2016. Soil fungal：Bacterial ratios are linked to altered carbon cycling. Frontiers in Microbiology，7：1247.

Meng Z，Shi Z H，Su M，et al. 2018. In vitro metabolism analysis of sulfamerazine in mice liver by ultra performance liquid chromatography coupled to quadrupole time-of-flight mass spectrometry. Current Pharmaceutical Analysis，14：17-22.

Modi S R，Collins J J，Relman D A. 2014. Antibiotics and the gut microbiota. Journal of Clinical Investigation，124：4212-4218.

Qian X，Gu J，Sun W，et al. 2019. Effects of passivators on antibiotic resistance genes and related mechanisms during composting of copper-enriched pig manure. Science of the Total Environment，674：383-391.

Qian X，Sun W，Gu J，et al. 2016. Variable effects of oxytetracycline on antibiotic resistance gene abundance and the bacterial community during aerobic composting of cow manure. Journal of Hazardous Materials，315：61-69.

Ren T T，Li X Y，Wang Y，et al. 2017. Effect of different sulfadimidine addition methods on its degradation behaviour in swine manure. Environmental Science & Pollution Research International，24：1-11.

Wang J，Ben W W，Zhang Y，et al. 2015a. Effects of thermophilic composting on oxytetracycline，sulfamethazine，and their corresponding resistance genes in swine manure. Environmental Science Processes & Impacts，17：1654-1660.

Wang N，Guo X Y，Xu J，et al. 2015b. Sorption and transport of five sulfonamide antibiotics in agricultural soil and soil-manure systems. Journal of Environmental Science & Health Part B，50：23-33.

Wang Y，Chen G X，Liang J B，et al. 2015c. Comparison of oxytetracycline degradation behavior in pig manure with different antibiotic addition methods. Environmental Science & Pollution Research，22：18469-18476.

Wu D，Huang Z T，Yang K，et al. 2015. Relationships between antibiotics and antibiotic resistance gene levels in municipal solid waste leachates in Shanghai，China. Environmental Science & Technology，49：4122-4128.

Youngquist C P，Mitchell S M，Cogger C G. 2016. Fate of antibiotics and antibiotic resistance during digestion and composting：A review. Journal of Environmental Quality，45：537-545.

Zhang L，Gu J，Wang X J，et al. 2017. Behavior of antibiotic resistance genes during co-composting of swine manure with Chinese medicinal herbal residues. Bioresource Technology，244：252-260.

Zhang R R，Gu J，Wang X J，et al. 2018. Contributions of the microbial community and environmental variables to antibiotic resistance genes during co-composting with swine manure and cotton stalks. Journal of Hazardous Materials，358：82-91.

第 5 章 鸡粪堆肥过程中土霉素削减及其微生物分子生态学机制

土霉素作为饲料添加剂越来越被广泛应用于畜禽养殖业中，残留于鸡粪中的土霉素若未经有效处理而随有机肥施用进入农田土壤，会对农业生态环境安全产生潜在的危害。本章针对土霉素在畜禽粪便中的残留等问题，采用实时在线堆肥反应器，研究了不同浓度土霉素处理对鸡粪堆肥理化性质的影响，以及碳氮比、初始含水率、调理剂等对鸡粪堆肥中土霉素降解和理化性质及微生物多样性的影响。

5.1 不同浓度土霉素对鸡粪堆肥过程参数和微生物多样性的影响

5.1.1 试验设计与研究方法

本研究采用新鲜鸡粪与小麦秸秆作为堆肥原料，通过添加不同量土霉素并陈化一段时间以模拟实际样品。将适量粉碎后的小麦秸秆与鸡粪均匀混合，配制成碳氮比为 20～25 的堆肥混合物（质量比为 1∶2）。将土霉素的水溶液与一定量的堆肥混合物充分混匀，制成土霉素含量分别为 0 mg/kg（对照）、25 mg/kg、50 mg/kg、75 mg/kg、100 mg/kg 的堆肥处理混合物。采用蒸馏水调节上述各堆肥处理混合物含水率为 55%，然后分装于堆肥发酵罐内，每罐装堆肥处理混合物 20.0 kg。堆肥期间，不再对堆料的含水率进行调节，并采用时间继电器控制鼓风机，为堆体从底部进行间歇式供氧，通风量为 0.735 L/(min·kg)，当堆体温度超过 50℃时每隔 2 h 曝气 15 min，低于 50℃时每隔 4 h 曝气 15 min。堆肥期间采用温度电极和氧气电极于堆体中部实时在线记录不同处理堆体温度和含氧量的变化。分别于堆肥的第 0 d、1 d、3 d、5 d、10 d、17 d、24 d、31 d 及 42 d 于物料表面以下 30 cm 处取样，每个处理采取上、中、下三点混合法采集，每个样品重量约 0.5 kg。采集的样品分成三份，一份迅速放回–20℃冰箱中，分析检测堆肥中土霉素含量；一份鲜样用于 pH、EC、含水率、铵态氮（NH_4^+-N）、硝态氮（NO_3^--N）和种子发芽指数（GI）分析；一份放于室内风干，测定样品总有机碳（TOC）和总氮（TN）。

种子发芽指数（GI）：采用小麦发芽试验（Ivone et al.，2008）对种子发芽指数进行分析。堆肥新鲜样品与水按 1∶10（质量比）比例混合振荡 1 h，浸提液在 4500 r/min 下离心 20 min，上清液经滤纸过滤后待用。把 2 张直径为 9 cm 的滤纸放入干净无菌的培养皿中，每个培养皿中均匀播入 20 粒饱满露白的小麦种子，用移液枪吸取 10 mL 上述堆肥滤液于培养皿中，同时以超纯水为对照，每个样品重复 3 次。将所有的培养皿放置于 25℃培养箱中进行暗培养。每隔 24 h 记录一次发芽情况，并根据式（3.1）和式（3.2）计算堆肥浸提液的种子发芽指数。

5.1.2 不同浓度土霉素在鸡粪堆肥中的降解规律

1. 不同浓度土霉素在鸡粪堆肥过程中的降解

由图 5.1 结果表明，无论土霉素添加量为多少，在堆肥中均发生了降解。在堆肥初期（第 0～10 d），土霉素降解较为明显，堆肥处理组降解去除率的大小顺序为 25 mg/kg＞50 mg/kg＞100 mg/kg＞75 mg/kg，各自的去除率分别为 67.43%、66.36%、62.12%和 45.91%。堆肥后期（第 24～42 d），各处理土霉素降解效率均降低，25 mg/kg、50 mg/kg、75 mg/kg 和 100 mg/kg 处理土霉素去除率分别为 21.35%、4.84%、1.68%和 3.96%。各处理土霉素降解均可用一级方程式进行拟合（表 5.1），相关系数介于 0.9111～0.9913。在整个堆肥过程中，不同堆肥处理组土霉素的降解速率快慢的顺序为 100 mg/kg＞50 mg/kg＞25 mg/kg＞75 mg/kg。75 mg/kg

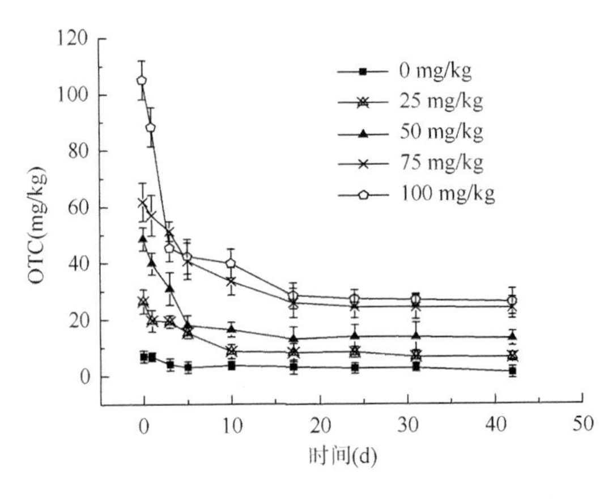

图 5.1　不同添加浓度土霉素在鸡粪堆肥中的降解

堆肥处理组的降解半衰期为 4.88 d，而 100 mg/kg 堆肥处理组的降解半衰期最低，为 1.79 d。无论在堆肥初期还是后期，土霉素在堆肥中的去除效果均是高浓度的处理组最差。究其原因可能是外源添加的土霉素量较多，对微生物产生了毒害作用，抑制了堆肥中微生物的繁殖和活力，从而导致降解能力的下降（Arikan et al., 2009a）。

表 5.1　堆肥过程中土霉素的降解参数和降解半衰期

土霉素添加水平（mg/kg）	降解动力方程	降解常数 K（d^{-1}）	相关系数 R	半衰期 $T_{1/2}$(d)
0	$C = 4.6089e^{-0.1444t-0.9352}$	0.1444	0.9111	4.79
25	$C = 18.1232e^{-0.1763t-0.9549}$	0.1763	0.9503	3.93
50	$C = 35.7394e^{-0.2965t-0.9854}$	0.2965	0.9788	2.33
75	$C = 38.9438e^{-0.1419t-0.5099}$	0.1419	0.9913	4.88
100	$C = 78.2921e^{-0.3862t-0.9962}$	0.3862	0.9577	1.79

2. 土霉素对堆肥过程中工艺参数的影响

（1）堆体温度

温度直接影响堆肥的腐殖化及有机污染物的降解程度。本研究结果表明，堆肥温度在不同时间内都能上升到 50℃以上（图 5.2），表明堆肥是顺利进行的。环境温度在整个堆肥过程中变化幅度较小，基本维持在 20℃左右。添加不同浓度土霉素的各堆体温度变化有所差异。如未添加土霉素的对照处理堆体温度在第 3 d 即上升到了 65.3℃，随后温度有所下降，于第 10 d 时再次升高，之后慢慢下降至室温。尽管添加土霉素处理的堆体温度也会上升至 55℃以上，但是到达高温的时间有所滞后，且没有第二次温度高峰的出现。添加土霉素浓度为 75 mg/kg 处理的堆体到达最高温 55.6℃的时间为堆肥的第 10 d，与对照处理堆体相比，延后了 7 d。土霉素明显促进了各处理堆体温度的下降速度，与未添加土霉素的对照处理堆体相比，土霉素添加浓度分别为 25 mg/kg、50 mg/kg、75 mg/kg 和 100 mg/kg 处理的堆体温度下降时间分别缩短 7.1%、28.6%、71.4%和 64.3%，差异显著。堆肥第 20 d 后，各土霉素处理堆体温度明显低于对照处理，如堆肥第 27 d，土霉素添加浓度分别为 25 mg/kg、50 mg/kg、75 mg/kg 和 100 mg/kg 处理的堆体温度分别为 20.2℃、21.4℃、16.9℃和 17.3℃，较对照堆体温度 26.5℃分别降低 23.7%、19.2%、36.3%和 34.6%，差异显著。表明土霉素可能会对堆肥过程产生较强的不利影响，改变了鸡粪堆肥中微生物的群落结构组成，而且可能会进一步影响鸡粪堆肥中高温期对虫卵和病原菌的杀灭效果，从而降低鸡粪堆肥物料的卫生品质。

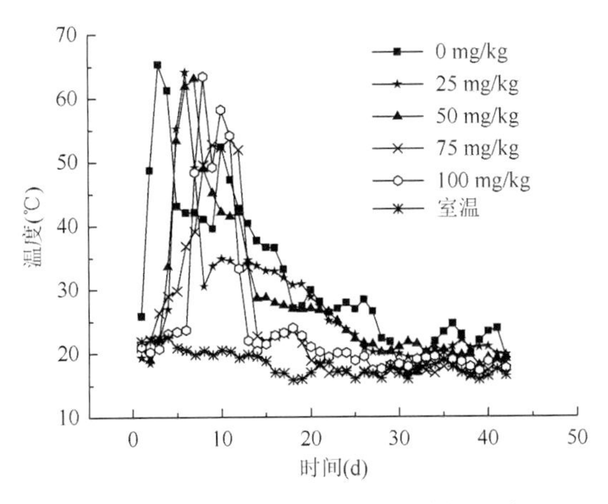

图 5.2 土霉素对鸡粪堆肥温度的影响

（2）堆体 pH

pH 的变化可以直观表征堆肥进行顺利与否。由图 5.3 可知，堆肥进行过程中微生物利用有机物以及铵态氮和硝态氮之间的转化，导致各组堆体 pH 的升高，表明土霉素可能会影响堆肥过程中铵态氮的散失。但添加土霉素的处理与对照相比有所不同。堆肥第 1 d，未添加土霉素的对照处理，堆肥堆体 pH 由初始的 7.76 迅速升高至 9.05，在堆肥第 5 d 下降至 8.39，随后又逐渐上升，在堆肥第 10 d 堆体 pH 上升至 8.90，于堆肥第 17 d 开始逐渐下降，最后稳定在 8.29。添加土霉素处理的堆肥堆体 pH 上升速度与对照处理堆体相比明显减缓，堆体 pH 于堆肥第 10 d 才上升至最高值（8.86～9.04），然后逐渐降低，但是降低的速度明显缓于对照处理。在堆肥第 42 d 时，浓度为 100 mg/kg 的土霉素处理堆肥堆体 pH 平均值为 8.68，与对照处理堆体 pH 相比，升高 4.70%，差异显著。这可能是由于土霉素的存在一定程度上加剧了鸡粪堆体 NH_4^+-N 的积累，较多地转化为 NH_3。

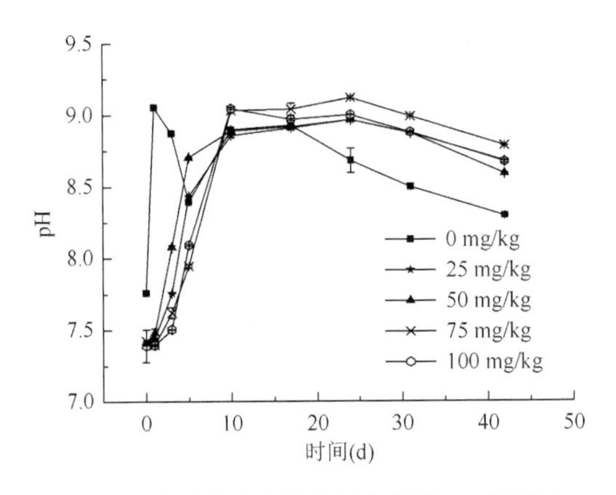

图 5.3 土霉素对鸡粪堆肥中堆体 pH 的影响

（3）堆体含水率

土霉素对鸡粪堆肥过程堆体含水率的影响见图 5.4。初始含水率基本一致，均保持在 55%左右，堆肥过程中 5 个处理堆体的含水率呈先小幅增加后降低的趋势，均在第 3～5 d 内升至最大。随着各处理堆体有机质不断分解，5 个处理堆体含水率均逐渐下降并随着堆肥时间的延长而逐渐趋于稳定。但是在堆肥后期，土霉素处理堆体含水率下降速度变慢，堆体含水率明显高于对照处理。如第 24 d，土霉素添加浓度分别为 25 mg/kg、50 mg/kg、75 mg/kg 和 100 mg/kg 处理堆体含水率分别为 38.62%、41.37%、40.84%和 39.35%，较对照堆体含水率分别降低 23.7%、19.2%、36.3%和 34.6%。

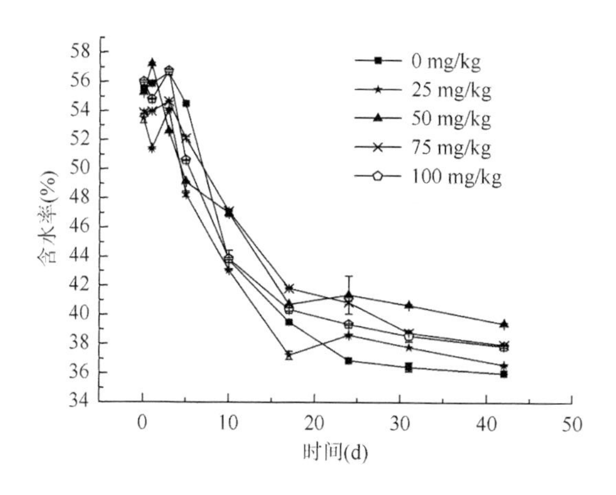

图 5.4　土霉素对鸡粪堆肥中堆体含水率的影响

（4）堆体电导率（EC）

堆体电导率的大小与堆肥的盐分含量有关，对于用作肥料的堆肥产品，电导率过大会影响植物的正常生长。土霉素对鸡粪堆肥过程中堆体 EC 值的影响见图 5.5。在整个堆肥过程中，各处理鸡粪堆肥堆体的 EC 值均呈现先上升后下降的趋势，但是不同处理组堆体上升的速率和堆肥结束时堆体的终点 EC 值是不同的。未添加土霉素处理和添加浓度为 25 mg/kg 处理堆体 EC 值上升，并于堆肥第 17 d 达到最大值，而后逐渐下降。土霉素添加浓度为 50 mg/kg、75 mg/kg 和 100 mg/kg 的处理堆肥堆体 EC 值逐渐上升并于第 24 d 达到最大值。堆肥第 31 d 后，所有添加土霉素处理堆肥堆体的 EC 值均明显高于未添加土霉素的对照处理。如堆肥第 42 d，添加不同浓度土霉素处理的对照堆肥堆体 EC 值为 4.88～5.01 mS/cm，平均值为 4.94 mS/cm，较对照处理堆肥堆体 EC 值增加 3.29%。

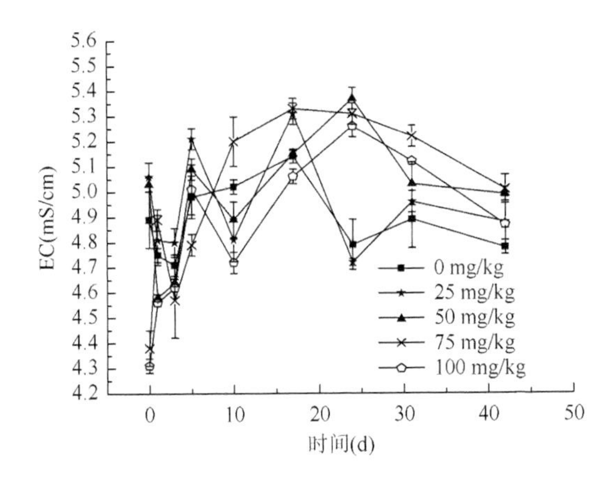

图 5.5 土霉素对鸡粪堆肥中堆体电导率的影响

3. 土霉素对堆肥过程中部分生化参数的影响

（1）堆体 TOC 和 TN

在堆肥发生的生化反应中，微生物分解有机质并以 CO_2 和 NH_3 等形式散发掉，TOC 和 TN 的绝对含量都会随着堆肥进程的进行逐渐下降。添加 100 mg/kg 的堆肥处理对 TOC 和 TN 的影响最大，且堆体 C/N 较对照处理增加 0.21%，这可能是由于土霉素处理组堆体 pH 高于对照，从而使堆体中氮更多地以 NH_3 形式挥发，TN 含量相对减少。

图 5.6（a）表明，各处理鸡粪堆肥过程中堆体 TOC 值均呈逐渐降低的趋势，前期下降的速度快于后期。添加土霉素处理的鸡粪堆肥过程中堆体 TOC 含量下降速度明显缓于对照处理，且在堆肥第 24 d 后，堆体 TOC 含量明显高于对照处理（土霉素添加量 25 mg/kg 处理除外）。如在堆肥第 3～10 d，5 个处理堆体的 TOC 值出现了大幅度的降低。但是在堆肥的第 17 d，土霉素处理组堆体 TOC 值下降速度变慢，堆体 TOC 含量明显高于对照处理。堆肥第 24 d，土霉素添加浓度分别为 50 mg/kg、75 mg/kg 和 100 mg/kg 的处理堆体 TOC 含量分别为 33.27%、32.99% 和 35.26%，较对照堆体 TOC 含量分别增加 7.01%、6.11%和 13.41%，差异均达显著水平。堆肥后期各组处理堆体 TOC 均保持在 30%～40%之间。

图 5.6（b）可见，各处理堆肥堆体 TN 含量均呈现逐渐降低的趋势，在堆肥前 10 d，各处理堆体 TN 出现较大幅度的降低，降低率分别为 25.38%（对照组）、13.76%(25 mg/kg)、11.33%(50 mg/kg)、15.77%(50 mg/kg)和 17.47%(100 mg/kg)，堆肥 10 d 后，堆体温度基本降至 40℃以下，TN 含量的降低速率明显减慢，堆肥后期，各处理堆体 TN 含量基本保持稳定，维持在 15～18 g/kg，但是土霉素处理堆体 TN 含量明显高于对照。堆肥第 42 d 时，各添加土霉素处理（25 mg/kg、

50 mg/kg、75 mg/kg 和 100 mg/kg）鸡粪堆肥堆体 TN 含量分别较对照显著增加 3.87%、9.0%、9.45%和 12.62%。

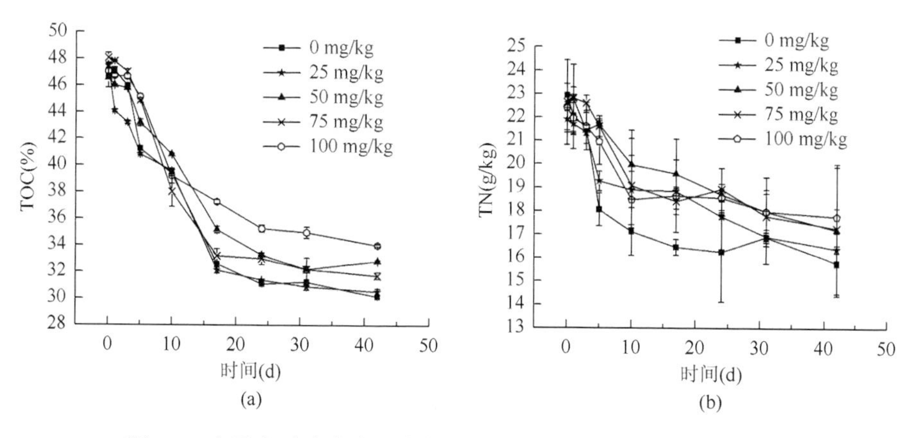

图 5.6 土霉素对鸡粪堆肥总有机碳（TOC）、全氮（TN）的影响

（2）堆体 NH_4^+-N 和 NO_3^--N

堆肥过程中，由于水溶性 NH_4^+-N 一部分转化为 NH_3 挥发掉，一部分通过硝化作用转化为 NO_3^--N，从而导致 NH_4^+-N 含量在一定程度上减少且 NO_3^--N 含量在一定程度上增加。土霉素对鸡粪堆肥中 NH_4^+-N 和 NO_3^--N 的影响见图 5.7。由图 5.7（a）可知，在整个堆肥过程中，对照组和添加土霉素处理组 NH_4^+-N 均呈现先升高后逐渐降低的趋势，如对照组和添加土霉素处理组在堆肥的前 10 d 逐渐升高，并达到最大值，分别为 1498.15 mg/kg、1603.87 mg/kg、1476.51 mg/kg、1511.02 mg/kg 和 1429.01 mg/kg。随后对照组和各处理组呈现直线下降的趋势。堆肥第 24 d 时，土霉素处理组 NH_4^+-N 含量与初始 NH_4^+-N 含量相比下降率不同。与对照组相比，20 mg/kg、50 mg/kg 和 100 mg/kg 土霉素处理组 NH_4^+-N 含量分别增加 18.06%、21.32%和 27.79%，差异显著。堆肥第 42 d，75 mg/kg 和 100 mg/kg 土霉素处理组 NH_4^+-N 显著高于对照处理，分别较对照处理增加 17.65%和 35.30%，差异显著。

由图 5.7（b）可知，在整个堆肥过程中，水溶性 NO_3^--N 总体呈逐渐升高的趋势，在堆肥开始后的第 3～7 d 内上升较快，堆肥第 7 d 后，上升趋势变缓。值得注意的是，添加土霉素浓度为 100 mg/kg 的处理在第 7～10 d 有轻微下降的趋势，在第 10 d 后才有缓慢上升。在堆肥第 24 d，对照处理 NO_3^--N 含量高达 1189.2 mg/kg，而 25 mg/kg、50 mg/kg、75 mg/kg 和 100 mg/kg 处理堆 NO_3^--N 仅为 989.99 mg/kg、895.35 mg/kg、693.6 mg/kg 和 645.49 mg/kg，分别较对照降低 16.75%、24.71%、41.68%和 45.72%，差异显著。尽管第 24 d 后，对照处理 NO_3^--N

有所下降，但是堆肥第 42 d 时，添加 75 mg/kg 和 100 mg/kg 土霉素处理 NO_3^--N 含量仍然低于对照处理。

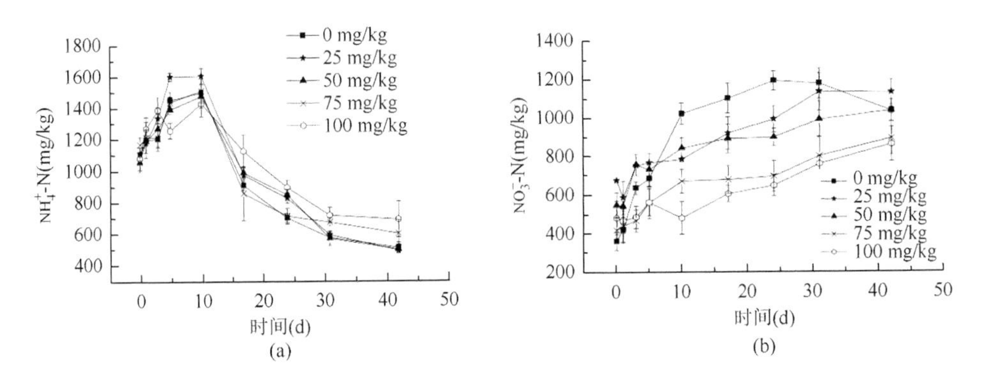

图 5.7 土霉素对鸡粪堆肥中堆体水溶性 NH_4^+-N 和 NO_3^--N 含量的影响

（3）GI 值

用生物学方法测定堆肥浸提液的毒性是一种更加直接有效的判断堆肥腐熟度的方法。Kirchmann 等（1994）认为，未腐熟的堆肥中可能含有挥发性脂肪酸和乙酸等对植物生长产生抑制作用的物质。Zucconi 等（1981）认为当种子的发芽系数超过 50%时，可以认为堆肥已经基本腐熟。还有研究认为当 GI 达到 80%时，堆肥完全腐熟。在整个堆肥过程中，各个处理组的 GI 均呈现先降低而后逐渐上升的趋势（图 5.8），堆肥初期对照组和土霉素处理组的堆体浸提液生物毒性较强，GI 分别为 36.98%和 1.93%～24.41%。对照组和土霉素处理组的 GI 在堆肥第 3 d 降到最低，分别为 20.14%和 1.21%～17.57%。随后对照和土霉素处理堆

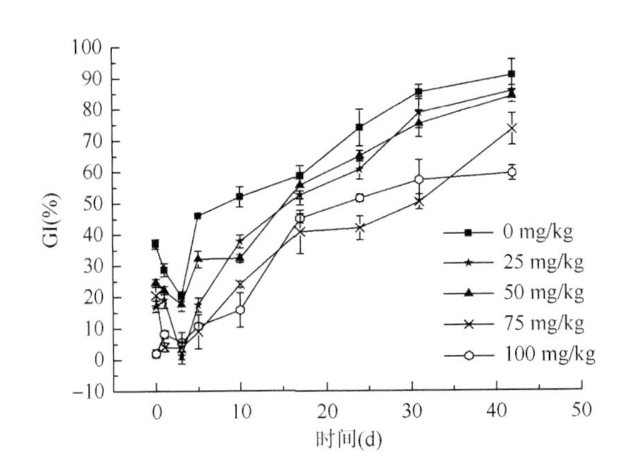

图 5.8 土霉素对鸡粪堆肥中浸提液小麦种子发芽指数的影响

肥堆体 GI 均逐渐上升，但上升率有所不同。堆肥第 10 d 与堆肥第 3 d 相比，对照组以及 25 mg/kg、50 mg/kg、75 mg/kg 和 100 mg/kg 处理组的 GI 上升率分别为 31.84%、36.54%、14.71%、20.29%和 10.31%。堆肥第 17 d 后，添加 25 mg/kg 和 50 mg/kg 处理组的 GI 超过 50%，堆肥第 31 d，各组处理的 GI 均达到了 50%，堆肥第 42 d，对照组、25 mg/kg 和 50 mg/kg 处理组的 GI 达到了 80%以上，而 75 mg/kg 和 100 mg/kg 处理组 GI 仅为 74.2%和 59.4%。

5.1.3　土霉素对堆肥中微生物多样性的影响

1. 土霉素对堆肥中细菌多样性的影响

微生物是参与有机物质在堆肥过程中发酵的主体，其数量和种类的变化对畜禽粪便的发酵和腐熟以及堆体中污染物的降解影响很大，堆肥过程的理化性质变化都与微生物活动密切相关。本研究基于细菌和真菌的 PCR-DGGE 法将不同土霉素处理的堆肥中微生物 DNA 条带分开，从而判断其微生物群落结构的变化特性。

（1）堆肥第 5 d 细菌多样性的变化

堆肥第 5 d 样品细菌 DGGE 图谱和各组处理的相似性如图 5.9 所示。DGGE［图 5.9（a）］分析显示，在堆肥第 5 d，部分条带数目增加，而且部分条带亮度增强，如 2 号条带在堆体第 4 处理组中出现而其他处理组相对较暗或缺失。对照和

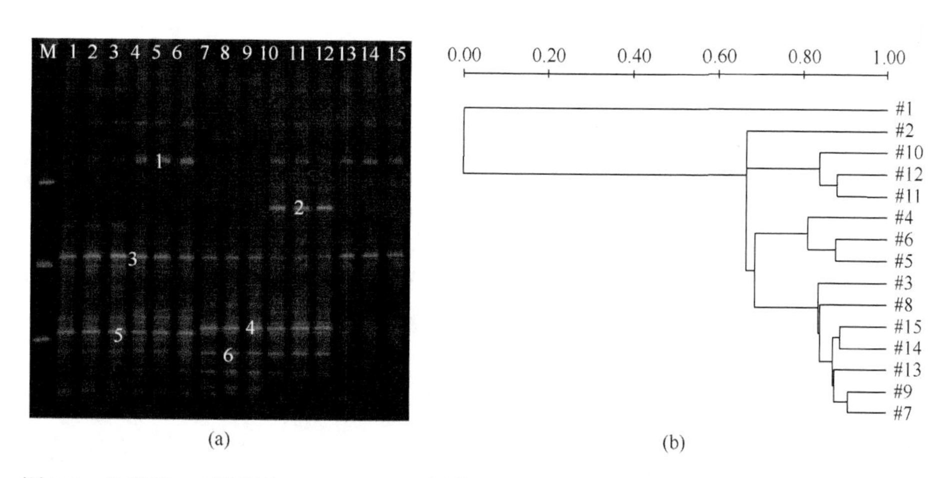

图 5.9　堆肥第 5 d 样品的 16S rDNA V3 区的 PCR-DGGE 指纹图谱（a）和聚类分析（b）

共 5 组处理，1、2、3 泳道代表第一组处理：0 mg/kg 的土霉素添加量；4、5、6 泳道代表第二组处理：25 mg/kg 的土霉素添加量；7、8、9 泳道代表第三组处理：50 mg/kg 的土霉素添加量；10、11、12 泳道代表第四组处理：75 mg/kg 的土霉素添加量；13、14、15 泳道代表第五组处理：100 mg/kg 的土霉素添加量；DGGE 图谱中的条带编号分别代表切胶测序编号

第 5 处理组的条带数最少，第 2 组和第 4 组处理的条带数多于其他 3 组处理，如 3 号条带在 5 组处理中普遍存在。对图谱进行转化和聚类分析［图 5.9（b）］表明，第 3 组处理和第 5 组处理的相似性达 80%～85%，第 2 组和第 4 组处理的相似性为 60%～65%，而第 1 组处理则与其他各组的相似性很小，表明第 2 组和第 4 组的细菌变化较其他组大。系统发育树分析显示（图 5.10），4 号和 6 号条带归属于芽孢杆菌（*bacillus*），5 号条带和嗜热菌（*thermophilic*）相近，均对堆体的升温发酵起重要作用（王伟东等，2007）。第 4、5 组处理的土霉素含量较高，出现特异的 1、2、4 号条带，表明其代表的微生物对土霉素具有一定的抗性或降解作用，如与 2 号条带相近的微生物为 *Atopostipes suicloacalis*，它在第 4 组处理中占优势；4 号条带相近的微生物 *Cerasibacillus quisquiliarum* 在第 3、4 组处理中占优势。而条带 5 相近的微生物 *Sediminibacillus albus* 则随着土霉素添加量的增加，不在堆肥中出现，说明土霉素对其有抑制作用。

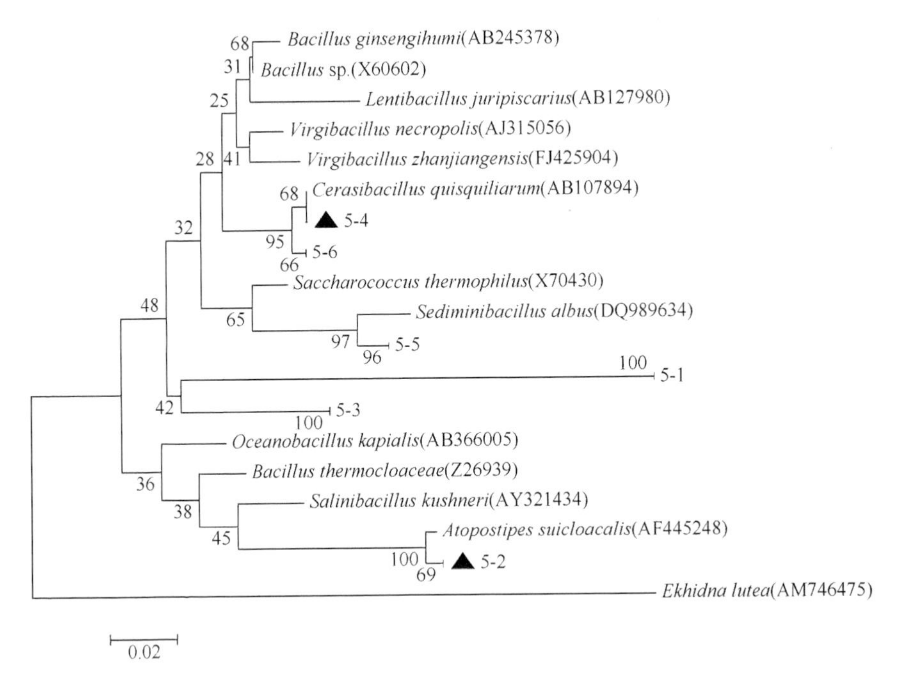

图 5.10　堆肥第 5 d 16S rDNA 序列构建的系统发育树

（2）堆肥第 10 d 细菌多样性的变化

随着堆肥的进行，堆体温度逐渐下降，在堆肥第 10 d，不同处理中条带数目和亮度较堆肥第 5 d 有所增加，可能是由于堆体温度下降，中温性的微生物重新开始代谢繁殖。此外，条带 3 代表的微生物在堆肥的第 5 d 和第 10 d 均存在，并处于优势地位，表明此细菌对堆体的升温发酵产生一定的作用。DGGE 图谱［图 5.11（a）］分析显示，在堆肥的第 10 d，各组处理的条带数目和亮度有所差别，如第 4 组处理的条带数多于其他各组处理，对照处理组的条带数最少，并出现了优势种群，1 号条带在堆体第 4 组处理中出现，而 2 号和 4 号条带在堆体第 4 和 5 组处理中出现，3 号、5 号、6 号和 8 号条带在各组处理中普遍存在。可能是因为 1 号、2 号和 4 号条带代表的微生物在含有此浓度的土霉素环境中生长繁殖较好，土霉素添加浓度 100 mg/kg 对 1 号条带代表的微生物有抑制作用。对图谱进行转化和聚类分析［图 5.11（b）］表明，除第 1 组外，其他各处理的重复性较好。此外，第 3 组处理和第 4 组处理的相似性达 75%以上，第 2 组和第 3、4、5 组处理的相似性为 40%～45%。系统发育树分析显示（图 5.12），与 1 号条带相近的微生物为 *Atopostipes suicloacalis*，它在第 4 组处理中占优势，与 2 号条带相近的微生物 *Mariniflexile* sp.和 *Myroides pelagicus* 在第 4 和 5 组处理中占优势，而条带 4 和 5 相近的微生物 *Saccharococcuss* 归属于芽孢杆菌属（*bacillus*），随着土霉素添加量的增加，其在第 4 和 5 组处理中比较明显。

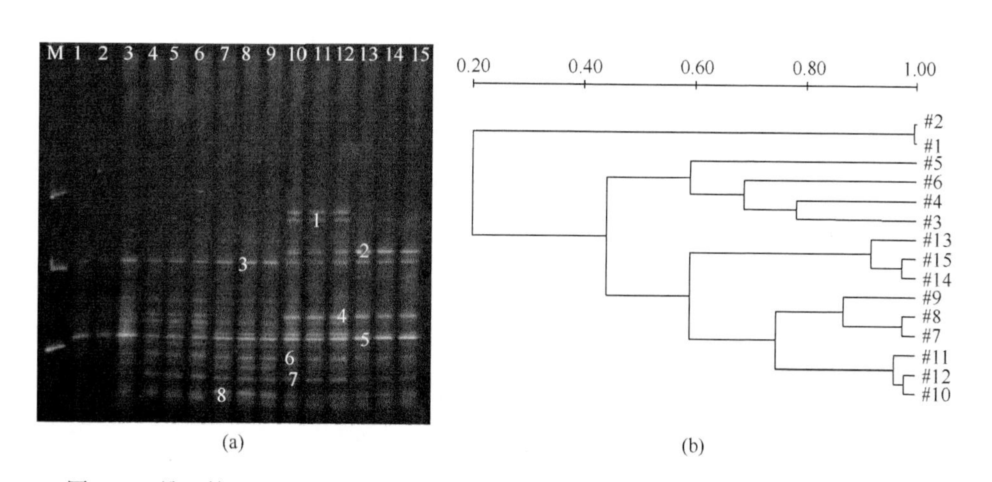

图 5.11　堆肥第 10 d 16S rDNA V3 区的 PCR-DGGE 指纹图谱（a）和聚类分析（b）

共 5 组处理，1、2、3 泳道代表第一组处理：0 mg/kg 的土霉素添加量；4、5、6 泳道代表第二组处理：25 mg/kg 的土霉素添加量；7、8、9 泳道代表第三组处理：50 mg/kg 的土霉素添加量；10、11、12 泳道代表第四组处理：75 mg/kg 的土霉素添加量；13、14、15 泳道代表第五组处理：100 mg/kg 的土霉素添加量；DGGE 图谱中的条带编号分别代表切胶测序编号

（3）堆肥第 17 d 细菌多样性的变化

堆肥第 17 d，各组处理的细菌菌落多样性高于堆肥初期和高温期（图 5.13），表明出现了堆肥初期没有检测到的细菌种类，并且各组处理的条带亮度均较弱且不同处理中条带数目和亮度有所差异，第 2 和 4 处理组的条带数明显多于其他各

组处理，空白处理组的条带亮度整体较弱，在第 2 组和第 4 组出现了优势种群 2 号条带，第 4 和第 5 组处理出现了 3 号条带，4 号、5 号、6 号和 8 号条带在各组处理中普遍存在。表明堆体温度下降，降温期微生物种群较为丰富；降温期条带数量增多，但亮度较弱，说明随着堆肥中大分子物质的分解，堆体微生物代谢趋于平缓。对图谱进行转化和聚类分析［图 5.13（b）］表明，各处理组的重复性较好。此外，第 1 组处理和第 3 组处理相似性较高，第 2 组和第 4 组处理条带位置和数目更为接近。系统发育树分析显示（图 5.14），1 号、3 号和 4 号条带显示的微生物菌群比较接近。与 5 号条带相近的微生物为 *Cerasibacillus quisquiliarum*，它在各组处理中均占优势，7 号条带相近的微生物 *Virgibacillus xinjiangensis* 在第 5 组处理中条带较亮，表明土霉素及其分解产物的存在没有影响该细菌的生存繁殖。

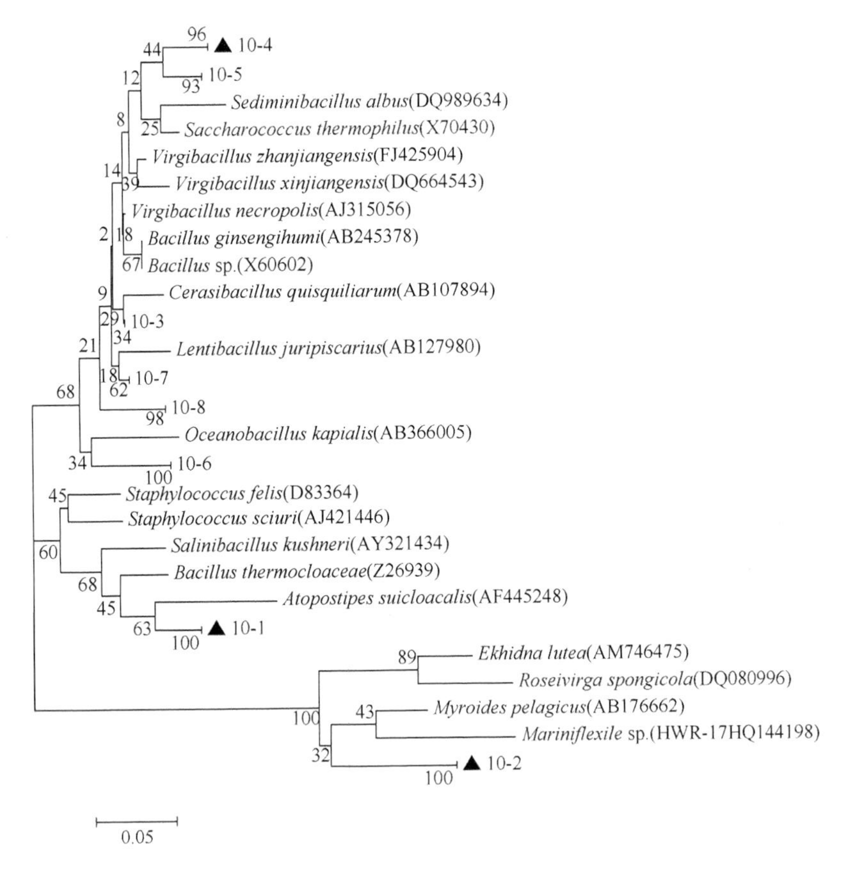

图 5.12　堆肥第 10 d 16S rDNA 序列构建的系统发育树

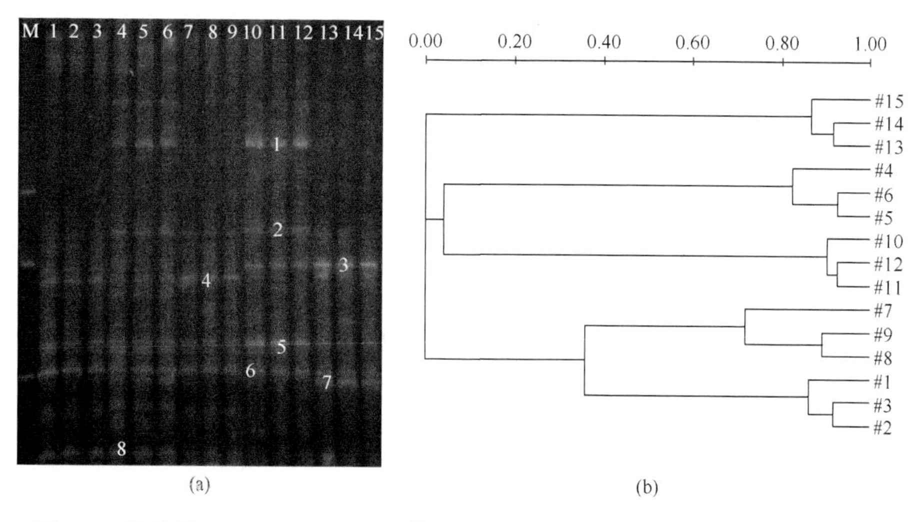

(a)　　　　(b)

图 5.13　堆肥第 17 d 16S rDNA V3 区的 PCR-DGGE 指纹图谱（a）和聚类分析（b）

共 5 组处理，1、2、3 泳道代表第一组处理：0 mg/kg 的土霉素添加量；4、5、6 泳道代表第二组处理：25 mg/kg 的土霉素添加量；7、8、9 泳道代表第三组处理：50 mg/kg 的土霉素添加量；10、11、12 泳道代表第四组处理：75 mg/kg 的土霉素添加量；13、14、15 泳道代表第五组处理：100 mg/kg 的土霉素添加量；DGGE 图谱中的条带编号分别代表切胶测序编号

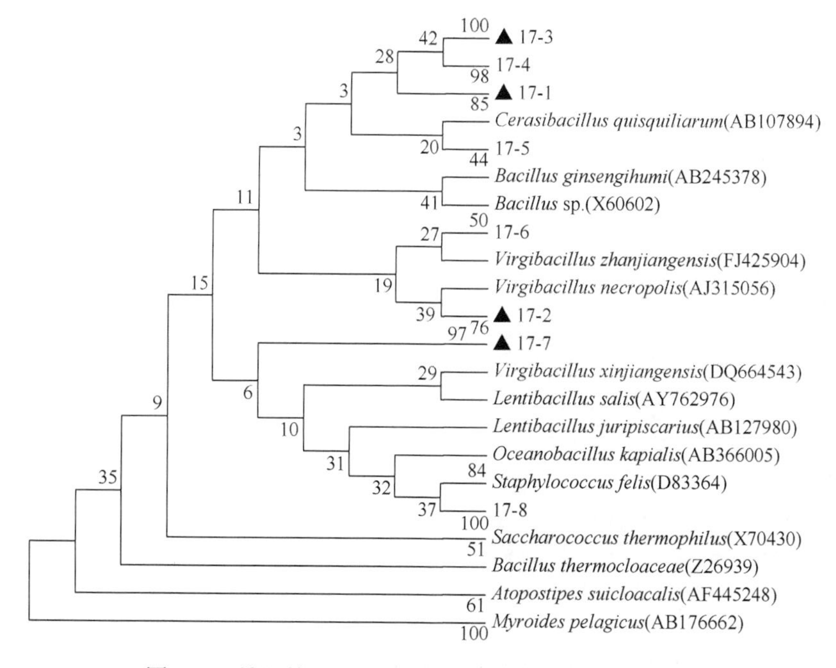

图 5.14　堆肥第 17 d 16S rDNA 序列构建的系统发育树

2. 土霉素对堆肥中真菌多样性的影响

堆体中真菌的群落变化一般呈现逐渐升高的趋势，在堆肥初期，真菌数量较少，随着堆肥的进行，真菌数量逐渐增多。

（1）堆肥第 5 d 真菌多样性的变化

堆肥第 5 d，真菌 DGGE 图谱［图 5.15（a）］显示，土霉素处理组与对照组相比，第 3 组处理的条带数量和亮度均高于对照处理组，5 号条带在对照处理堆体处理中亮度明显增强；11 号条带在第 4 组处理中明显增强，6 号和 13 号条带在不同处理中均普遍存在。差异比较明显的是 1 号、2 号、4 号、5 号和 11 号条带，均在不同处理组中单独存在，表明高温期堆体中真菌菌落丰富，耐受高温条件。对图谱进行转化和聚类分析［图 5.15（b）］表明，第 3 组处理和第 4 组处理的图谱相似性为 60%～65%，而第 1 组和第 3、4 组处理的相似性仅为 40%～50%。系统发育树分析显示（图 5.16），5 号条带与 *Cryptococcus albidus*（隐球菌）相近，只存在于对照处理，说明其对土霉素敏感；与 11 号条带相近的微生物 *Fungal endophyte*（内生真菌）在第 4 组处理中大量存在。此外，6 号条带代表的微生物 *Candida tropicalis*（热带念珠菌）在第 5 组处理中条带亮度逐渐减弱，而 13 号条带代表的微生物 *Eurotium*（曲霉菌属）随着土霉素含量的增加，条带亮度逐渐增强，表明土霉素对此真菌没有产生太大影响。此外，系统发育树也表明堆体中出现大量的酵母菌（*Saccharomycetes*）和曲霉菌属（*Aspergillus*）。

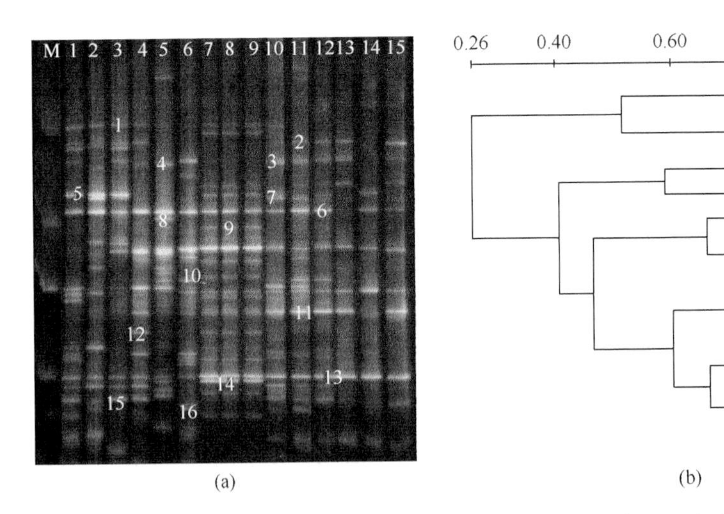

图 5.15 堆肥第 5d 18S rRNA PCR-DGGE 指纹图谱（a）和聚类分析（b）

共 5 组处理，1、2、3 泳道代表第一组处理：0 mg/kg 的土霉素添加量；4、5、6 泳道代表第二组处理：25 mg/kg 的土霉素添加量；7、8、9 泳道代表第三组处理：50 mg/kg 的土霉素添加量；10、11、12 泳道代表第四组处理：75 mg/kg 的土霉素添加量；13、14、15 泳道代表第五组处理：100 mg/kg 的土霉素添加量；DGGE 图谱中的条带编号分别代表切胶测序编号

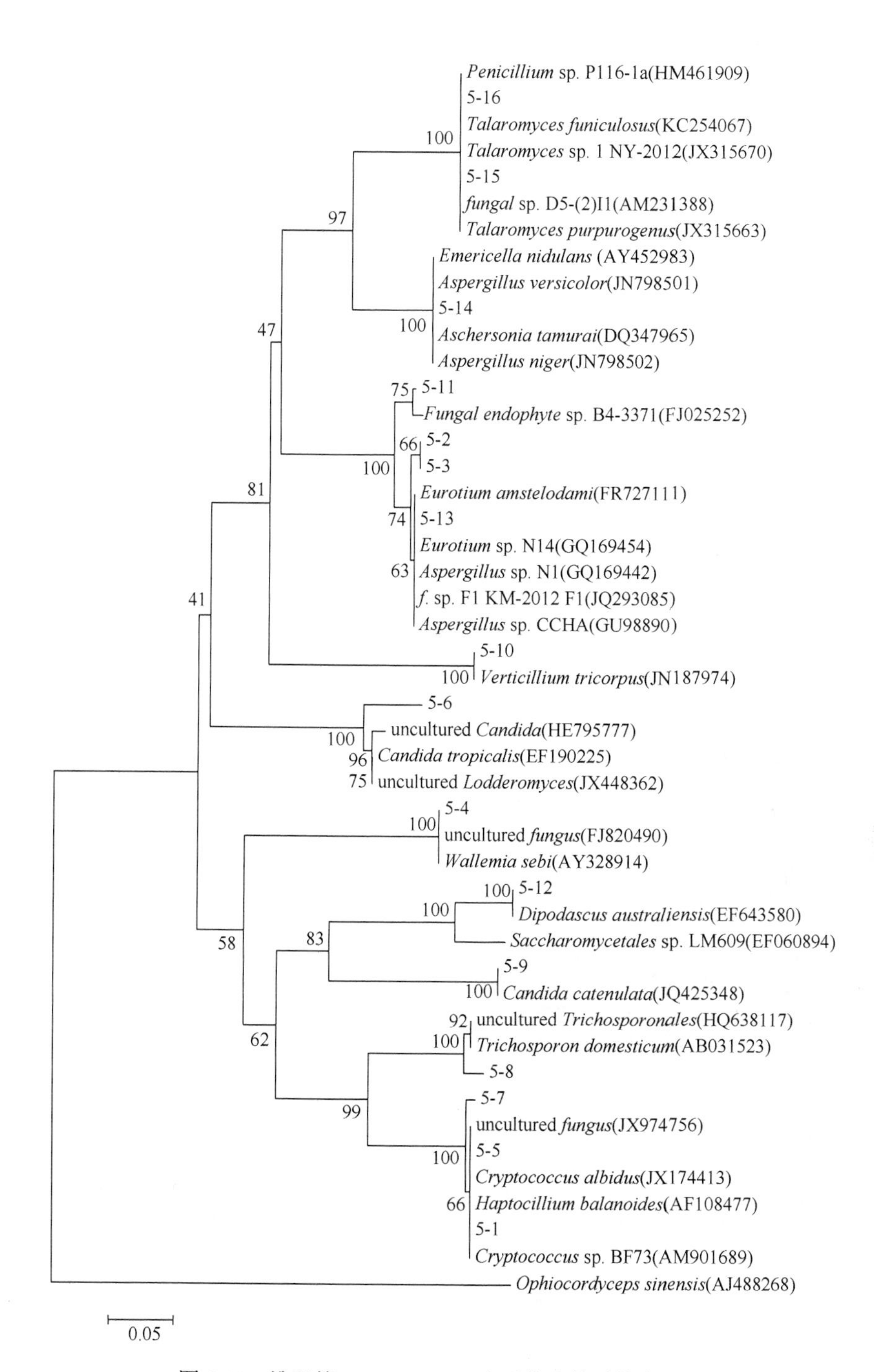

图 5.16　堆肥第 5 d 18S rRNA 序列构建的系统发育树

（2）堆肥第 10 d 真菌多样性的变化

堆肥第 10 d（图 5.17）各组处理的重复性较好，相同处理组之间的图谱相似性达到 80%以上；第 2、3 和 4 组处理的相似性达 70%以上。各组处理的图谱条带数目较第 5 d 多，但亮度减弱，表明堆体中真菌菌落随着堆肥时间的延长逐渐增多，代谢减缓。不同处理组真菌条带数量和条带亮度差异较大，空白处理组的条带数目较少，但各条带亮度较强，表明堆体微生物代谢活动较强。空白处理组与其他处理组的相似性很低，仅为 50%，可能是土霉素对堆体中真菌群落多样性组成产生了一定的影响，部分的真菌不耐受高浓度土霉素的胁迫。系统发育树分析显示（图 5.18），7 号条带与 *Cryptococcus albidus*（隐球菌）相近，它在各组处理中均大量存在；与 10 号条带相近的微生物 *Dipodascus australiensis* 在空白堆体中条带亮度增强，随着堆体土霉素添加量的增加，亮度减弱，在第 5 组处理中基本消失，表明土霉素对该菌株有一定的抑制作用；此外与 1、2、13、14、15、16 条带相近的曲霉菌属微生物（*Eurotium*）则在含有土霉素的堆肥中普遍存在，空白堆体中基本没有，其中 15 号和 16 号条带在第 5 组处理中独有且条带亮度很强，可见土霉素可以诱导曲霉菌属的生长。

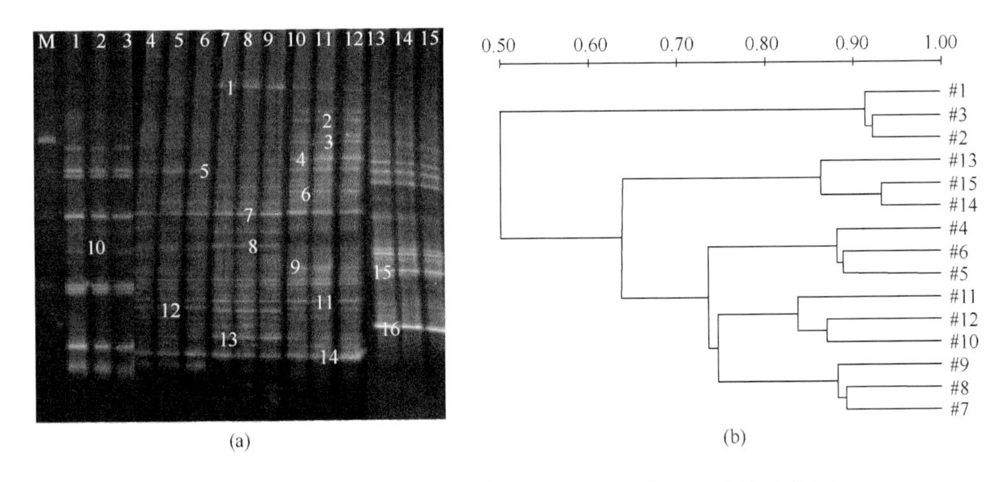

图 5.17　堆肥第 10 d 18S rRNA PCR-DGGE 指纹图谱（a）和聚类分析（b）

共 5 组处理，1、2、3 泳道代表第一组处理：0 mg/kg 的土霉素添加量；4、5、6 泳道代表第二组处理：25 mg/kg 的土霉素添加量；7、8、9 泳道代表第三组处理：50 mg/kg 的土霉素添加量；10、11、12 泳道代表第四组处理：75 mg/kg 的土霉素添加量；13、14、15 泳道代表第五组处理：100 mg/kg 的土霉素添加量；DGGE 图谱中的条带编号分别代表切胶测序编号

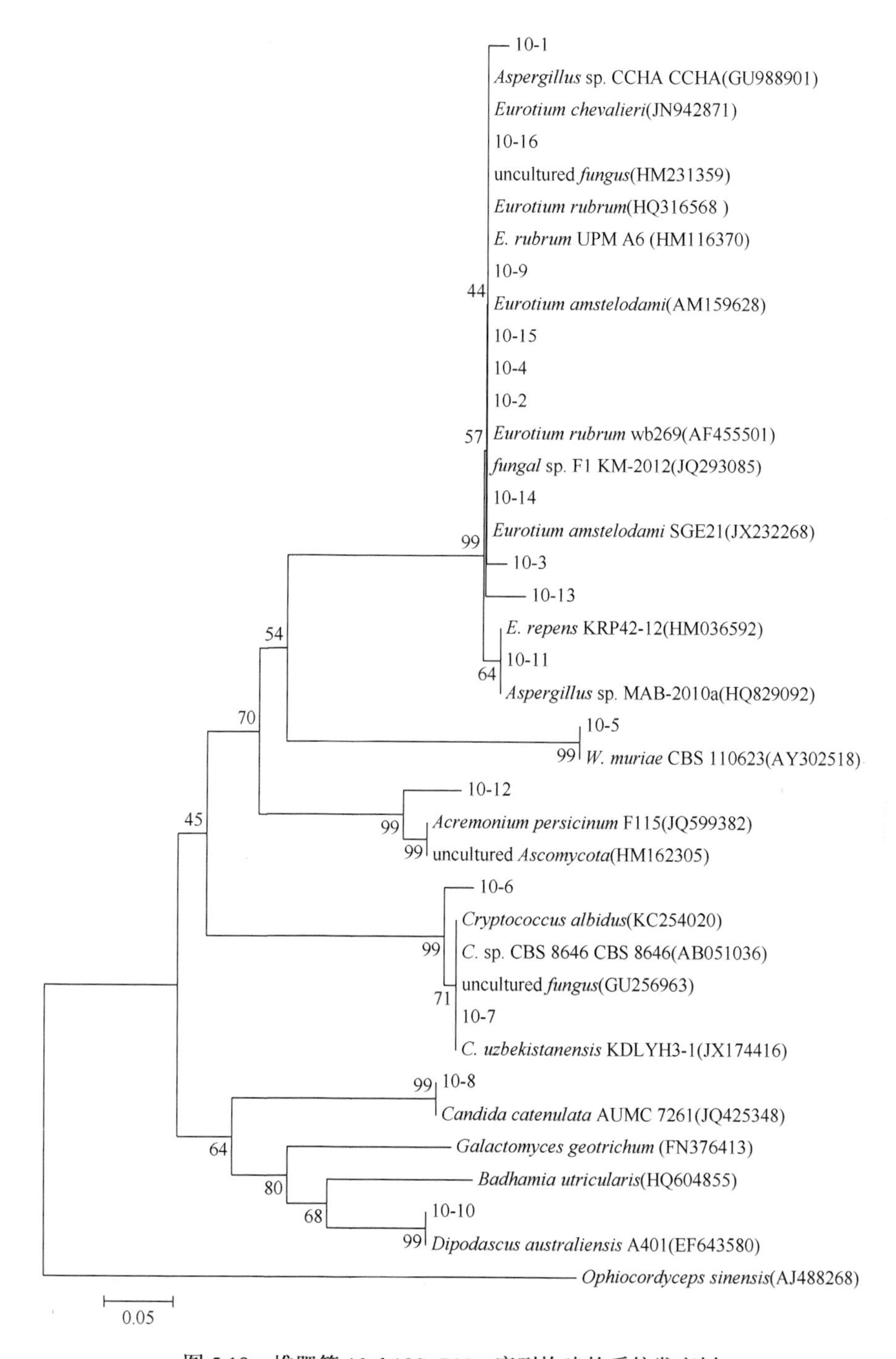

图 5.18　堆肥第 10 d 18S rRNA 序列构建的系统发育树

（3）堆肥第 17 d 真菌多样性的变化

在堆肥的第 17 d，DGGE 分析显示［图 5.19（a）］，不同处理组的条带数量和条带亮度差异明显，第 2 处理组的条带数量多于其他处理组，且随着土霉素的添加，各处理组的条带亮度不断增强，第 5 组处理的条带亮度最强，空白处理组的条带数目较少且条带亮度较弱。可能是在土霉素存在条件下，能够促进和激发一些微生物的生长繁殖。对图谱进行转化和聚类分析［图 5.19（b）］表明，各组处理的重复性较好，相同处理组之间的图谱相似性可达 85%；第 1 和第 2 组处理的相似性也达 70%以上；第 3、4、5 处理组之间的图谱有一定的相似，相似度为 55%以上，可能是因随着土霉素的逐渐降解，堆体中土霉素对真菌群落结构产生的影响减小。系统发育树分析显示（图 5.20），4 号条带相近微生物 *Lodderomyces* sp. 及 8 号条带相近微生物 *Aspergillus* sp.在不同处理堆体中均存在；15 号和 16 号条带代表的微生物 *Aspergillus proliferans* 和 *Capnobotryella* sp.则在含有土霉素的堆体中占优势。

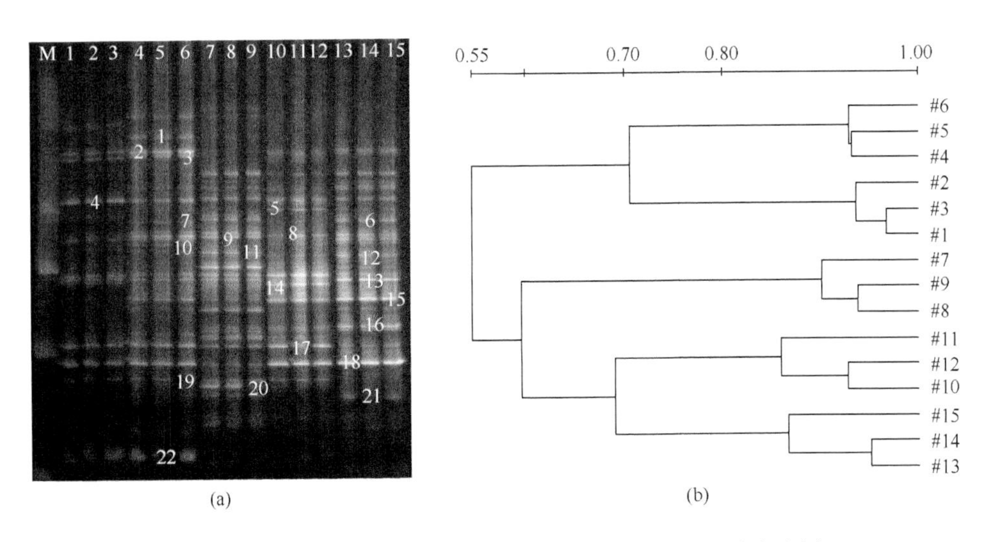

图 5.19 堆肥第 17 d 18S rRNA PCR-DGGE 指纹图谱（a）和聚类分析（b）

共 5 组处理，1、2、3 泳道代表第一组处理：0 mg/kg 的土霉素添加量；4、5、6 泳道代表第二组处理：25 mg/kg 的土霉素添加量；7、8、9 泳道代表第三组处理：50 mg/kg 的土霉素添加量；10、11、12 泳道代表第四组处理：75 mg/kg 的土霉素添加量；13、14、15 泳道代表第五组处理：100 mg/kg 的土霉素添加量；DGGE 图谱中的条带编号分别代表切胶测序编号

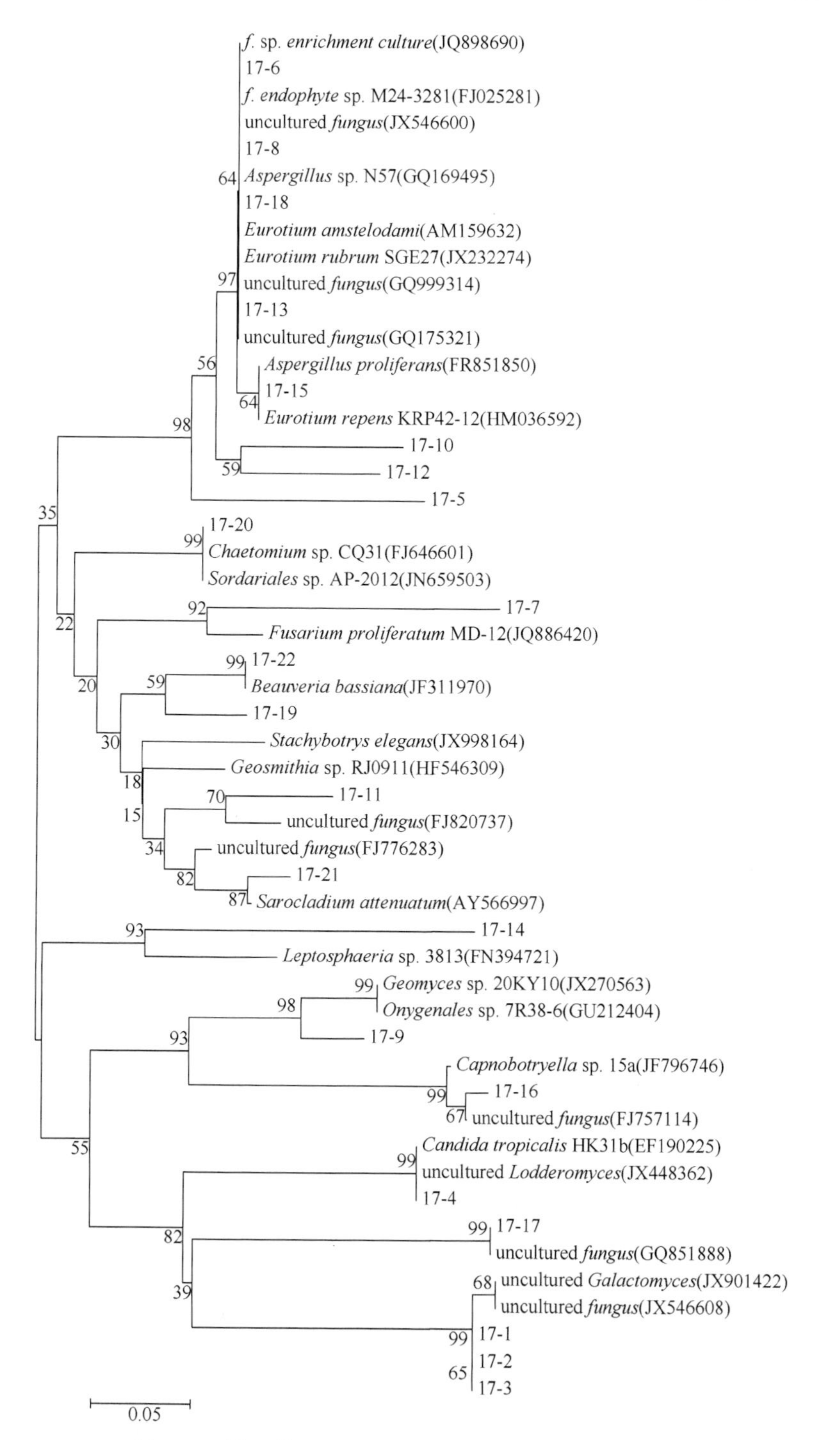

图 5.20　堆肥第 17 d 18S rRNA 序列构建的系统发育树

5.2 初始含水率对鸡粪堆肥中土霉素降解和堆肥过程参数的影响

5.2.1 试验设计与研究方法

本研究设置了三个不同初始含水率（45%、55%和 65%）处理，土霉素添加量均为 100 mg/kg。每个处理重复三次。其他操作同 5.1.1 节。

5.2.2 不同初始含水率条件下土霉素在鸡粪堆肥中的降解规律

1. 不同初始含水率条件下堆肥过程中土霉素的降解

不同初始含水率处理中土霉素的降解变化趋势基本一致（图 5.21）。土霉素在堆肥初期降解较为明显，在堆肥后期，堆体中土霉素降解速度降低，整个堆肥过程中，不同处理堆体土霉素残留量均有很大程度的降低，可用一级方程式进行拟合（表 5.2），相关系数介于 0.9363～0.9709。土霉素降解半衰期最长为 5.56 d。试验结果表明，无论在堆肥前期还是后期，初始含水率为 55%和 65%的土霉素去除效果均优于初始含水率 45%的处理，究其原因可能是含水率较高，利于微生物的生长繁殖和土霉素降解菌的活动，从而对土霉素等有机物质的降解能力就越强。在堆肥前期，初始含水率 55%处理组的土霉素去除率大于 65%处理，而后期初始含水率 65%处理组的降解效率大于其他两组处理，可能是因为堆肥初期含水率较高影响了堆体温度的变化，进而影响降解菌的活动。

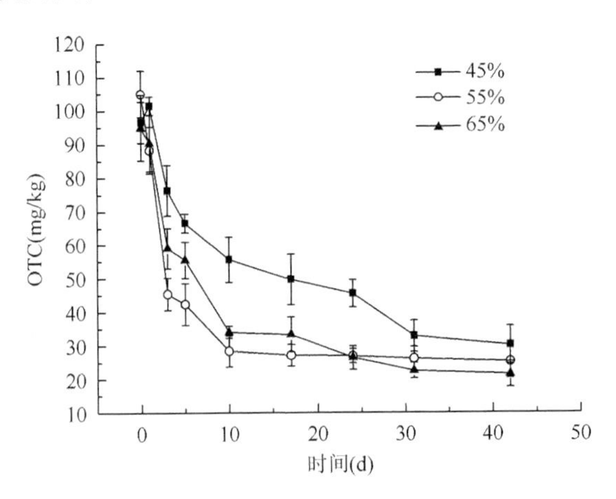

图 5.21 初始含水率对鸡粪堆肥过程中土霉素降解的影响

表 5.2　堆肥过程中土霉素的降解参数和降解半衰期

含水率	降解动力方程	降解常数 $K(d^{-1})$	相关系数 R	半衰期 $T_{1/2}$(d)
45%	$C=64.8799e^{-0.1246t-0.6139}$	0.1246	0.9363	5.56
55%	$C=79.9986e^{-0.2119t-1.0922}$	0.2119	0.9709	3.27
65%	$C=73.7446e^{-0.3592t-1.1019}$	0.3592	0.9617	1.93

2. 初始含水率对土霉素存在下堆肥过程中工艺参数的影响

（1）堆体温度

由图 5.22 可知，环境温度在整个堆肥过程中基本维持在 20℃左右。不同含水率处理的堆体温度都经历了高温（≥50℃）和降温阶段（＜50℃）。但不同处理到达高温的时间和上升的速率有所不同，65%处理的堆体温度第 5 d 即升至最大值 61.8℃，而 45%和 55%处理则在第 8 d 升至最大值 58.2℃和 63.4℃，升温速率大小次序为 65%＞55%＞45%，各自保持在 50℃及以上的时间分别为 6 d、5 d 和 3 d。初始含水率 55%和 65%处理有利于堆肥的发酵和土霉素的降解。初始含水率 45%处理则不利于微生物后续的繁殖和发挥作用。结果表明，堆体温度的变化与含水率有很大的关系，含水率越高，其温度上升速率越快，达到最高温所需的时间越短，最高温也越高，高温阶段的持续时间越长，越有利于堆体中有害物质的去除。堆肥第 20 d 后，各土霉素处理堆体温度明显降低，如堆肥第 25 d，45%、55%和 65%处理堆体温度分别为 24.7℃、20.1℃和 21.5℃，55%处理堆体的温度明显低于其他 2 组处理。堆肥 42 d，堆体温度与外界环境基本一致。

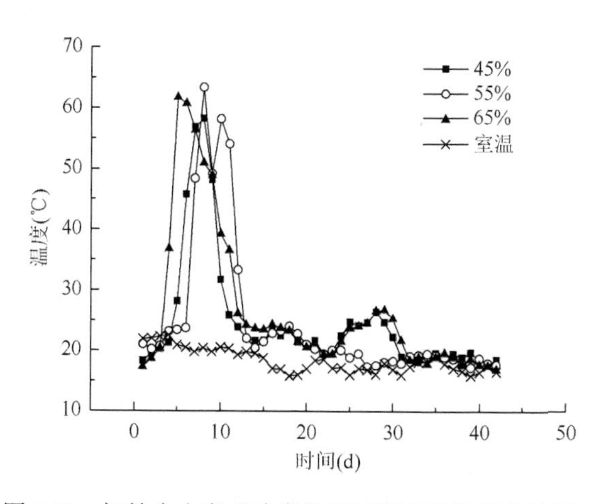

图 5.22　初始含水率对鸡粪堆肥过程中堆体温度的影响

（2）堆体 pH

pH 和堆体的含水率变化、有机质分解有着很大的关系。三组处理的 pH 上升速度和最高值均不一样（图 5.23），堆肥第 0～10 d，45%、55%和 65%含水率处理的 pH 上升速率分别为 0.11/d、0.17/d 和 0.14/d，差异显著（$P<0.05$）。初始含水率 45%处理的 pH 上升速率明显滞后，55%处理 pH 在堆肥第 10 d 上升至最大值 9.04，65%处理的 pH 在第 17 d 上升至最大值 9.17，随后均逐渐降低，可能是因为初始含水率 55%和 65%处理温度较高，微生物的分解作用剧烈，对有机氮化合物的分解加强，产生更多的氨氮物质。而 45%处理的 pH 升高相对滞后，可能是因为含水率较低，产生了一定的有机酸，随着堆肥的进行，有机酸含量逐渐降低（单德鑫等，2007），有机氮化合物分解加强，产生了更多的氨氮，因此堆肥后期，初始含水率 45%处理的 pH 高于其他两组处理。此外，在堆肥过程中，三组处理的 pH 基本维持在 6.0～9.0 之间，表明土霉素没有对微生物的活动产生太大影响。

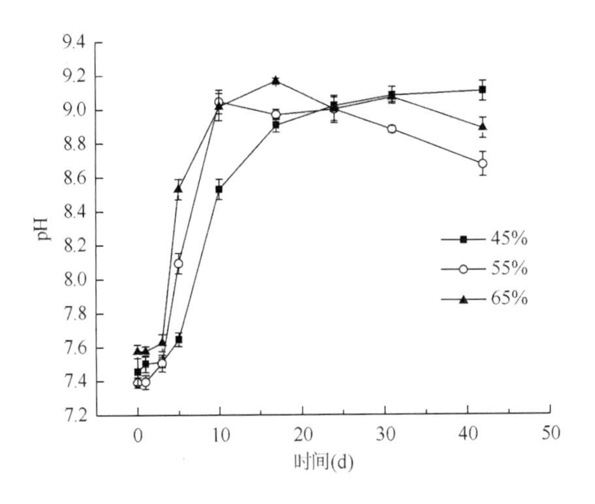

图 5.23　初始含水率对鸡粪堆肥过程中堆体 pH 的影响

（3）堆体电导率

由图 5.24 可知，在堆肥过程中，各组处理的电导率变化差异较大，各自初始的电导率分别为 5.26 mS/cm（45%）、4.31 mS/cm（55%）和 3.86 mS/cm（65%）。整体而言，初始含水率 65%处理的堆体电导率始终低于初始含水率 45%和 55%处理，45%处理的电导率最高，表明堆体的盐分含量和含水量的多少有关。但在堆肥不同时期，堆体 EC 值出现明显的波动，初始含水率 45%和 55%的处理在堆肥后期（第 17～42 d）EC 值呈降低趋势，这可能是因为堆体中的胡敏酸物质含量及阳离子交换量降低，导致电导率下降。直到堆肥结束，三组处理的电导率维持在 3.5～5.5 mS/cm 之间，不会影响植物的正常生长。

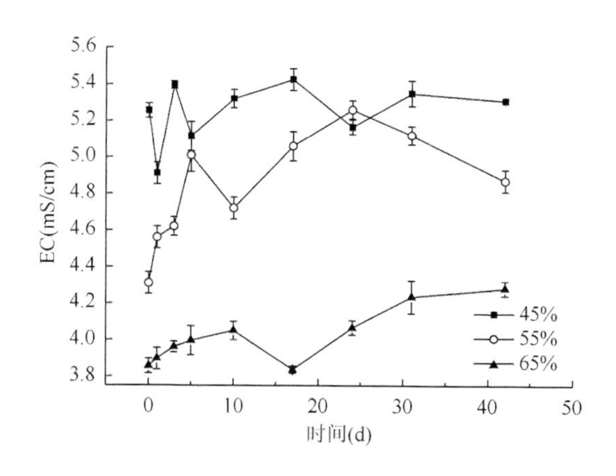

图 5.24　初始含水率对鸡粪堆肥过程中堆体 EC 值的影响

3. 初始含水率对土霉素存在下堆肥过程中部分生化参数的影响

（1）堆体 TOC、TN 及 C/N

随着堆体有机质的不断分解，TOC 在整个堆肥过程中均呈现下降的趋势，在高温期下降最大，结果表明，高温期和中温期微生物活动剧烈，有利于微生物进一步对难降解物质的降解。由图 5.25（a）可知，在堆肥的前 17 d，各组处理较初始堆体 TOC 含量分别下降 12.89%、20.81%和 17.29%。但由于受到水分的限制，45%含水率处理的 TOC 含量高于其他两组处理，堆肥结束时，初始含水率 45%、55%和 65%处理堆体 TOC 含量分别为 35.69%、34.01%和 31.97%。由图 5.25（b）可知，堆肥过程中，各处理堆肥 TN 含量整体上呈逐渐降低的趋势，在前期的降低速率明显大于后期，在第 17 d，初始含水率 45%处理的堆体 TN 含量达到最小值 17.05 g/kg，随后上升，而初始含水率 65%处理和 45%处理的变化趋势基本一致。堆肥结束时，随着堆肥干重的稳定，堆体的硝化作用减弱，氮素损失减少，从而全氮量增加，各处理的堆体 TN 含量分别为 19.82 g/kg（45%）、17.76 g/kg（55%）和 21.38 g/kg（65%）。65%含水率处理的堆体 TN 高于其他两组处理，可能是因为含水量高，氨气挥发损失较少，有助于堆体 TN 的保存。图 5.25（c）表明各处理的 C/N 整体呈先上升后降低的趋势。在第 3 d 升至最高，在堆肥结束时，初始含水率 45%、55%和 65%处理堆体 C/N 分别为 18.01、19.15 和 17.95。

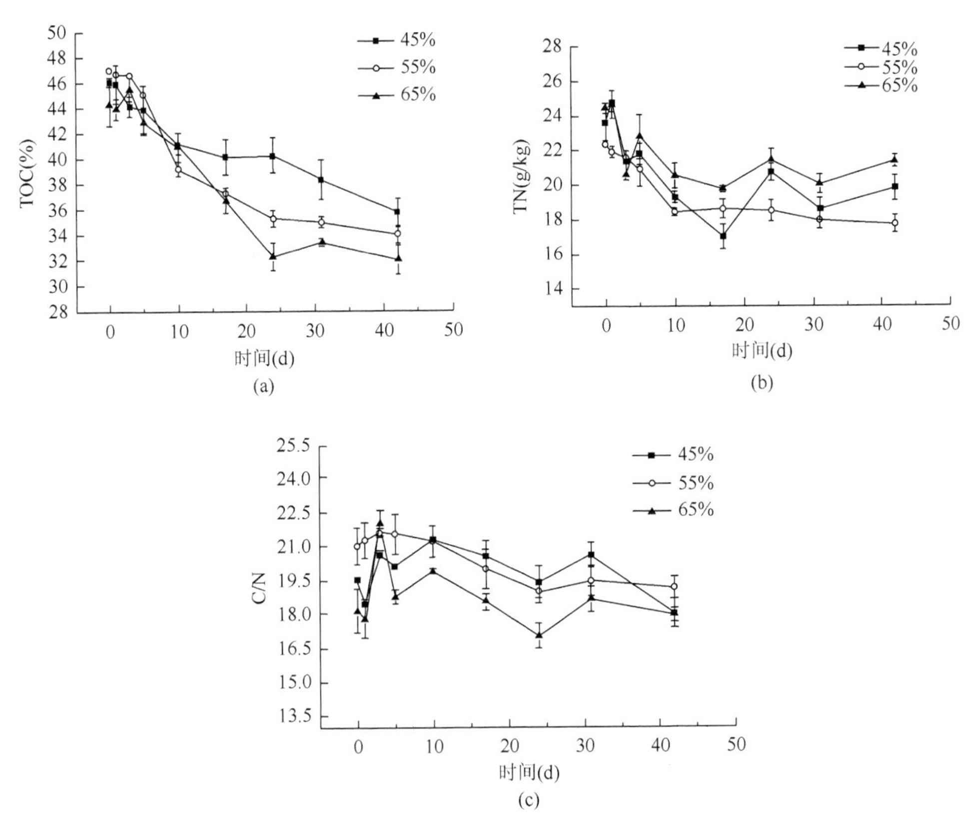

图 5.25 初始含水率处理对鸡粪堆肥过程中堆体 TOC、TN 和 C/N 的影响

（2）堆体水溶性有机碳（WSC）

土霉素存在下，不同初始含水率处理对鸡粪堆肥过程中堆体 WSC 含量的影响见图 5.26。从图中可以看出，在整个堆肥过程中，各处理堆肥堆体 WSC 含量差异明显，整个堆肥时期初始含水率 65%处理的 WSC 含量始终高于其他两个处理。堆肥初期，初始含水率 45%、55%和 65%处理的堆体 WSC 含量分别为 3.81%、3.52%和 5.11%。初始含水率 65%处理的 WSC 含量于第 1 d 降低后在第 5 d 升至最大值 5.29%，初始含水率 55%处理的 WSC 含量在第 17 d 升至最大值 3.52%，随后均逐渐降低。堆肥后期，各处理的堆体 WSC 含量均呈现上升的趋势，堆肥 30 d 后，初始含水率 45%处理的堆体 WSC 含量上升幅度最大。堆肥结束时，初始含水率 65%处理堆体的 WSC 含量明显高于其他处理，其中较初始含水率 45%和 55%处理分别增加 9.86%和 39.11%。

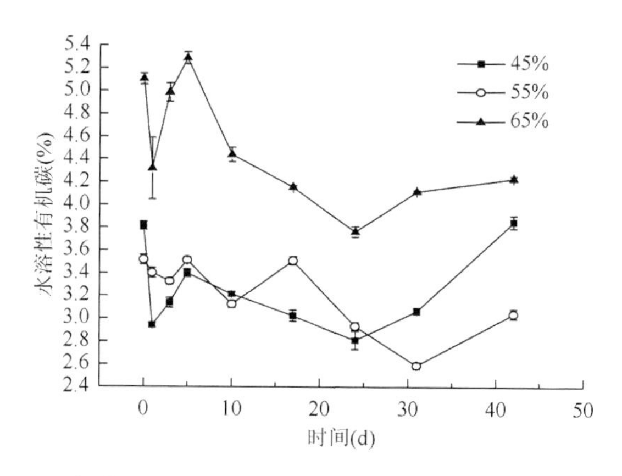

图 5.26　初始含水率处理对鸡粪堆肥过程中堆体 WSC 的影响

（3）堆体 NH_4^+-N 和 NO_3^--N

土霉素存在下，不同初始含水率处理鸡粪堆肥中 NH_4^+-N 含量的变化总体呈现先升高后降低的趋势［图 5.27（a)]。堆肥初期，三组处理堆体 NH_4^+-N 含量均不断升高，其中初始含水率 45%和 65%处理在堆肥的第 5 d 升至最高值 1179.46 mg/kg 和 1512.96 mg/kg，随后逐渐下降。而初始含水率 55%处理在堆肥第 3 d 后略有下降，之后又逐渐升高，并在堆肥的第 10 d 达到最高值 1429.01 mg/kg，之后逐渐下降，初始含水率 55%处理的 NH_4^+-N 含量降低率远低于其他两组处理。堆肥结束时，初始含水率 45%、55%和 65%处理的 NH_4^+-N 含量分别降至 469.16 mg/kg、689.12 mg/kg 和 578.78 mg/kg，与初始相比，分别下降 57.64%、36.11%和 42.86%。这可能是因为堆体含水率不同，温度变化不同。进而对氨化作用和矿化作用产生了影响，各组处理水溶性 NH_4^+-N 在堆肥后期均逐渐下降，这是由于堆肥中水溶性 NH_4^+-N 转化成了 NO_3^--N。

由图 5.27（b）可知，各处理堆肥 NO_3^--N 含量在整个堆肥过程中总体呈逐渐升高趋势。45%、55%、65%各处理 NO_3^--N 含量在堆肥初期分别为 606.91 mg/kg、481.08 mg/kg 和 582.71 mg/kg，在堆肥前期（1～10 d），各处理 NO_3^--N 含量上下波动，可能是该时期不同含水率、温度和高浓度土霉素影响了硝化菌的繁殖活动，如在堆肥第 5～10 d，初始含水率 65%处理的水溶性 NO_3^--N 含量高于其他两组处理。经过高温阶段后，含水率和土霉素逐渐降低，NO_3^--N 含量升高。各处理 NO_3^--N 含量在堆肥后期的差异达到显著水平（$P<0.05$），这可能是由于土霉素降解和氨氮转化，不同含水率处理中微生物的繁殖程度有所不同，从而导致了 NH_4^+-N 向 NO_3^--N 转化的差异。堆肥结束时，初始含水率 45%、55%和 65%处理堆肥 NO_3^--N 含量分别上升到 782.46 mg/kg、858.75 mg/kg 和 767.16 mg/kg，与堆肥第 0 d 相比，初始含水率 45%、55%和 65%处理堆肥 NO_3^--N 含量分别升高 28.93%、78.50%和 31.66%。

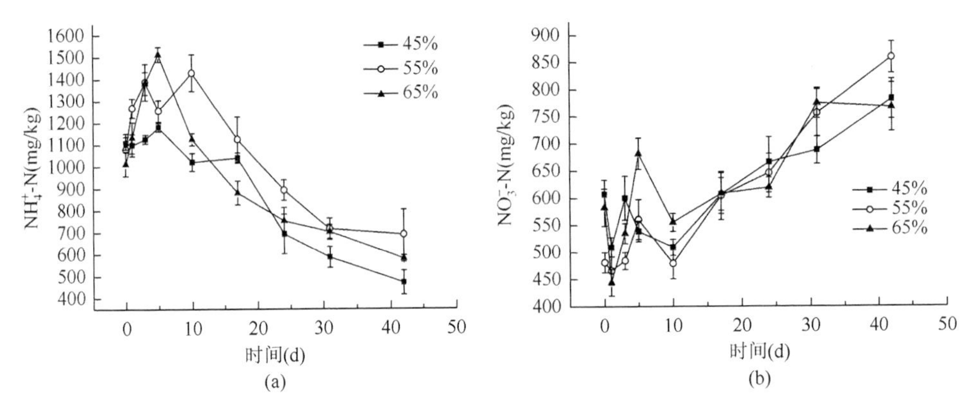

图 5.27 初始含水率处理对堆肥过程中堆体水溶性 NH_4^+-N 和 NO_3^--N 含量的影响

（4）GI 值

由图 5.28 可知，堆肥初期，堆体浸提液生物毒性较强，堆肥第 1 d 时各处理浸提液的小麦 GI 最低，分别为 9.99%（45%）、2.20（55%）和 8.38%（65%），堆肥结束时，初始含水率为 65%的 GI 远高于其他两组处理，而 45%和 55%的 GI 相差不大，初始含水率 45%、55%和 65%处理堆肥浸提液的 GI 分别为 65.34%、70.34%和 89.84%。表明土霉素存在下，三组处理的鸡粪堆肥已经基本腐熟，其毒性已经明显降低。结果表明，整个堆肥过程经过高温、降温和腐熟期后，生物毒性逐渐下降，这可能与土霉素的不断降解及高浓度的氨气挥发和小分子的有机酸降解有关。因此，堆肥的初始含水率在 55%～65%之间更有利于堆肥中土霉素的降解和浸提液生物毒性的降低。

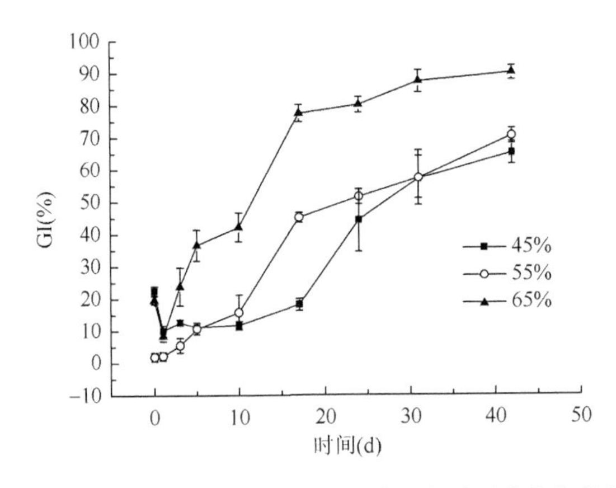

图 5.28 初始含水率处理对鸡粪堆肥过程中种子发芽指数的影响

5.3　碳氮比对鸡粪堆肥中土霉素降解和堆肥过程参数的影响

5.3.1　试验设计与研究方法

本研究设置了三个不同碳氮比处理，其中，T1 处理 C/N = 21.6，T2 处理 C/N = 25.5，T3 处理 C/N = 32.8，土霉素添加量均为 100 mg/kg。每个处理重复三次，其他操作同 5.1.1 节。

5.3.2　不同碳氮比条件下土霉素在鸡粪堆肥中的降解规律

1. 不同碳氮比对堆肥过程中土霉素降解的影响

经过堆肥，不同处理堆体土霉素残留量均有很大程度的降低，这与相关研究结果一致（Jiao et al.，2008；Kim et al.，2012）。试验结果表明（图 5.29），堆肥初期（第 0～10 d），其降解去除率的大小顺序为 T2＞T3＞T1，各自的去除率分别为 58.65%、50.16%和 43.42%。堆肥后期（第 24～42 d），各处理土霉素去除效率均明显下降。整个堆肥过程中，T2 和 T3 处理的土霉素去除效果均优于 T1 处理，究其原因可能是 C/N 较高时比较适合于土霉素降解菌生长，导致土霉素降解菌微生物活动能力强，从而对土霉素等有机物质的降解能力就越强（郑瑞生等，2009）。T1 处理由于堆肥初期 C/N 低，不利于微生物后续的繁殖和土霉素的降解，而 T3 由于氮素含量较低，降解土霉素的效果也略低于 T2 处理。各处理土霉素降解均可用一级方程式进行拟合（表 5.3），相关系数介于 0.9431～0.9967。鸡粪堆肥过程中土霉素的降解可能还与堆体的温度有关，如 T2 和 T3 处理在整个堆肥过程中

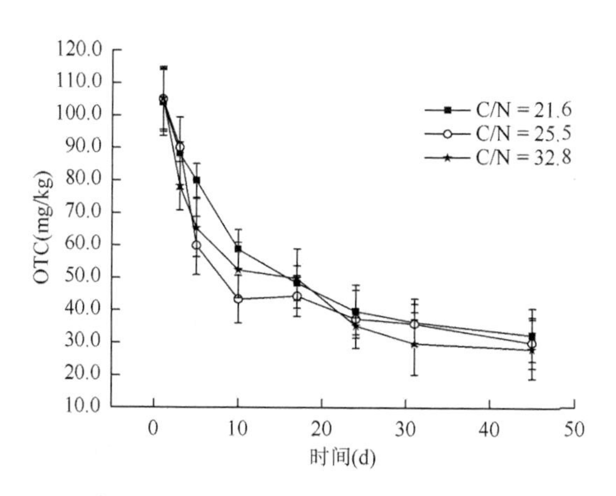

图 5.29　C/N 对鸡粪堆肥中土霉素降解的影响

堆体温度均较 T1 高，其土霉素降解半衰期也明显低于 T1 处理。但值得注意的是，在本研究的三个处理中，堆体结束时土霉素含量均稳定在 30 mg/kg 左右，可见实现鸡粪中土霉素的彻底去除仍需要借助现代分子生物学手段来进一步协调堆体中微生物结构及其活性。

表 5.3　鸡粪堆肥中土霉素的降解参数和降解半衰期

C/N 处理	降解动力学方程	降解常数 K(d)	相关系数 R	半衰期 $T_{1/2}$(d)
21.6	$C=77.4360e^{-0.1027t-0.8555}$	0.1027	0.9967	6.75
25.5	$C=88.5065e^{-0.2139t-0.9060}$	0.2139	0.9546	3.24
32.8	$C=77.5954e^{-0.1394t-0.8815}$	0.1394	0.9431	4.97

2. 碳氮比对土霉素存在下堆肥过程中工艺参数的影响

（1）堆体温度

高温期是高温好氧堆肥化处理有机固体废弃物的重要阶段。由图 5.30 可知，T1、T2 和 T3 处理堆体温度分别在堆肥的第 8 d、6 d、5 d 达到最大值 63.2℃、63.1℃和 64.0℃。T2、T3 处理在整个堆肥过程中堆体温度较高，有利于堆肥的发酵和土霉素的降解，T1 处理则不利于微生物后续的繁殖和发挥作用（Kim et al.，2012）。三个处理中≥50℃的持续时间以 T3 处理最长，其次为 T2 处理，T1 处理的最短。C/N 越高，其温度上升速率越快，最高温也越高，高温阶段持续时间越长，越有利于堆体中有害物质的降解和去除。C/N 显著影响了各处理堆体温度的下降速率，堆肥 17 d 后，各组处理温度逐渐下降至 30℃并维持 20 d 左右，堆体温度下降快慢顺序为 T2＞T3＞T1。42 d 时，堆体温度与外界环境接近，表明堆肥过程基本结束。

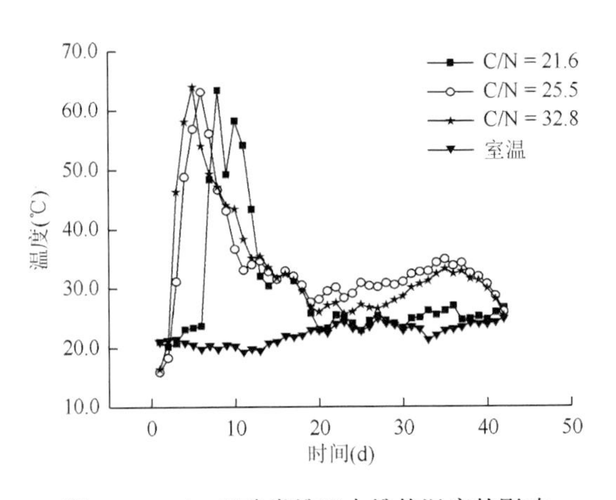

图 5.30　C/N 对鸡粪堆肥中堆体温度的影响

（2）堆体 pH

堆肥 pH 变化范围在 6.10～9.15 之间，适宜堆肥过程中的微生物生长。由图 5.31 可知，在整个堆肥过程中，各处理组堆肥堆体 pH 均呈现先上升然后逐渐降低的趋势，堆肥第 0～17 d，各处理堆肥 pH 整体呈上升趋势，各处理上升的速率为 0.09/d（T1）、0.08/d（T2）和 0.08/d（T3）。由于有机质在微生物的强烈作用下分解产生大量 NH_3，pH 迅速上升。堆肥第 17 d 时各处理达到最大值，分别为 9.04（T1）、9.05（T2）和 9.07（T3）。堆肥 17 d 后各处理堆体 pH 逐渐降低。本研究在堆肥结束时，各处理 pH 均维持在 8.8 左右，说明土霉素存在下不同 C/N 对堆体 pH 的影响没有导致堆肥微生物生存条件的改变，但高 pH 可能会增加堆肥过程中铵态氮的挥发损失风险。

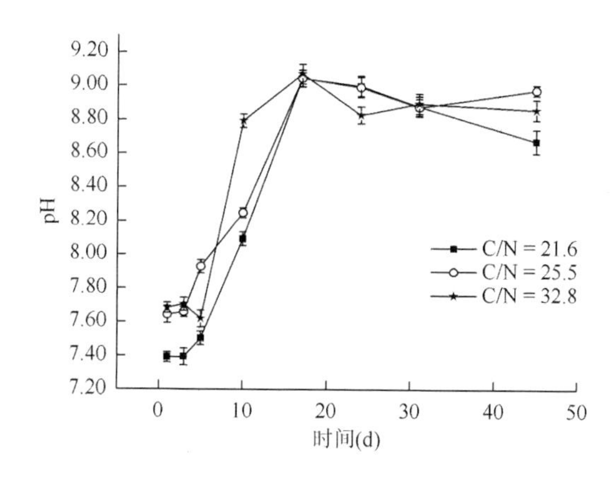

图 5.31　C/N 处理对鸡粪堆肥过程中堆体 pH 的影响

（3）堆体电导率

由图 5.32 可知，在堆肥过程中，T1 和 T3 处理堆体 EC 值总体呈先上升后下降趋势，但在堆肥不同时期，堆体 EC 值出现明显的波动。堆肥前期，T1 处理堆体的 EC 值不断升高，在第 24 d，T1 处理堆肥堆体达到最大值 5.26 mS/cm，而后逐渐下降，至第 42 d 降为 4.87 mS/cm，而 T3 处理堆肥堆体 EC 值在前期（第 0～17 d）呈波浪状逐渐上升，在第 31 d 达到最大值，至第 42 d 降为 5.08 mS/cm，T2 处理与 T1 和 T3 处理堆体 EC 值变化不同，堆肥第 0～5 d 堆体 EC 值一直下降并达到最低值 3.63 mS/cm，之后逐渐上升并于第 42 d 堆肥结束时达到最大值 5.25 mS/cm。可见，不同 C/N 使堆肥物料组成发生变化，从而影响了堆体盐分含量及其变化。

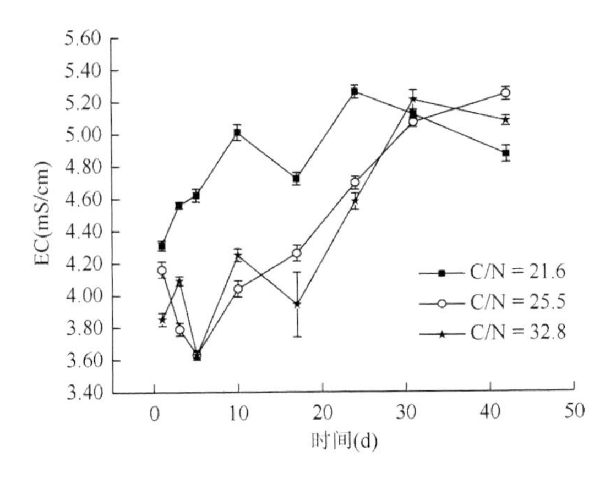

图 5.32　C/N 对鸡粪堆肥中堆体 EC 值影响

（4）堆体含水率

由图 5.33 可知，各处理初始含水率分别为 57.45%（T3）、52.69%（T2）和 55.96%（T1）。随着堆肥的进行，各组处理堆肥堆体的含水率总体呈先上升后下降趋势。在堆肥前期均有所升高，而后逐渐降低，在堆肥第 5～10 d 降低较快。第 17 d，T3 处理的堆体含水率降至最低 31.25%，T1 处理的含水率最高。水分散失的多少可能与微生物活动有关。至堆肥结束时，T1、T2、T3 处理的含水率分别降为 37.16%、32.58%和 32.05%，较初始分别降低 33.59%、38.17%和 44.21%，T1 和 T2、T3 处理间含水率变化差异显著。结果表明，堆体的大量水分去除主要发生在堆肥初期的 5～10 d，堆肥中期和后期水分降低得较慢。堆肥高温期加快了堆体水分的散失。

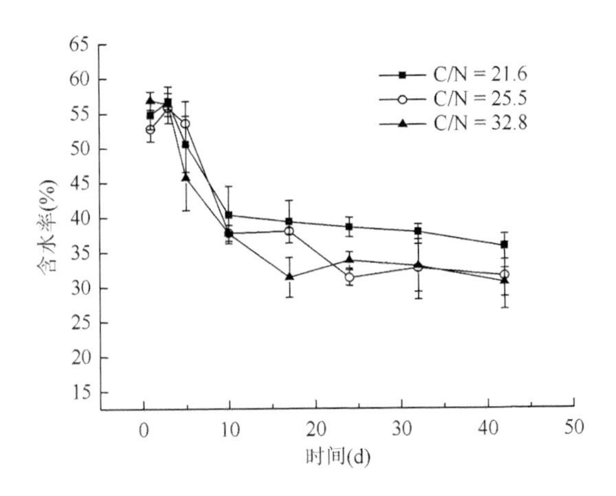

图 5.33　C/N 对鸡粪堆肥中堆体含水率的影响

3. 碳氮比对土霉素存在下堆肥过程中部分生化参数的影响

（1）堆体水溶性有机碳

从图 5.34 中可以看出，在整个堆肥过程中，各处理堆肥堆体 WSC 含量整体上均呈降低趋势。堆肥第 3 d，T1 和 T3 处理堆肥堆体 WSC 含量均迅速升高，而后逐渐下降。T3 处理在第 17 d 达到最大值 3.61%，堆肥第 17～24 d，各个处理鸡粪堆肥堆体 WSC 含量下降幅度较大，可能由于在此阶段各处理堆体内微生物活性较高，对 WSC 的消耗量最大，随后均有所上升。堆肥结束时，T2 处理堆体的 WSC 含量明显高于其他处理，而 T1 处理与 T3 处理相比差异不显著。

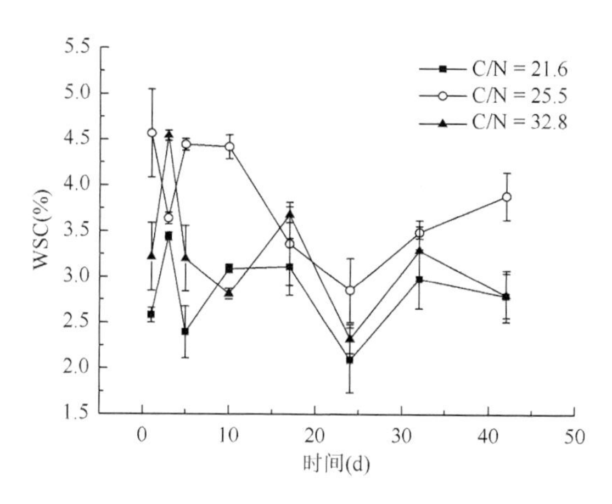

图 5.34　C/N 对鸡粪堆肥中堆体 WSC 的影响

（2）堆体 TOC、TN 及 C/N

由图 5.35（a）可知，在整个堆肥过程中，随着堆体有机质不断分解，各处理鸡粪堆肥过程中堆体 TOC 值均呈逐渐降低的趋势，前期下降速度快于后期。在堆肥初期，T3 处理的鸡粪堆肥过程中堆体 TOC 含量下降速度明显快于其他处理，且在堆肥 31 d 后，堆体 TOC 含量下降速度明显减弱，堆肥结束时，T1、T2 和 T3 处理堆体 TOC 含量分别为 35.16%、36.55%和 36.94%，较初始堆体 TOC 含量分别下降 17.68%、22.56%和 25.60%，下降幅度差异显著。由图 5.35（b）可知，在整个堆肥过程中，各处理堆肥堆体 TN 含量均呈现先升高后降低的趋势，在第 3 d 分别达到最大值 21.59 g/kg、20.03 g/kg 和 23.13 g/kg。堆肥后期，各处理堆体 TN 含量均逐渐下降并保持稳定，维持在 14～18 g/kg。堆体 C/N 整体呈先降低后上升的趋势［图 5.35（c）］，在第 17～24 d 降至最低，堆肥后期，各组的 C/N 均有所升高，表明堆体的氮素损失严重。一般堆肥过程中，C/N 是一直下降的（曾光明等，2006），说明土霉素可能会对堆体氮素的损失产生一定的影响。

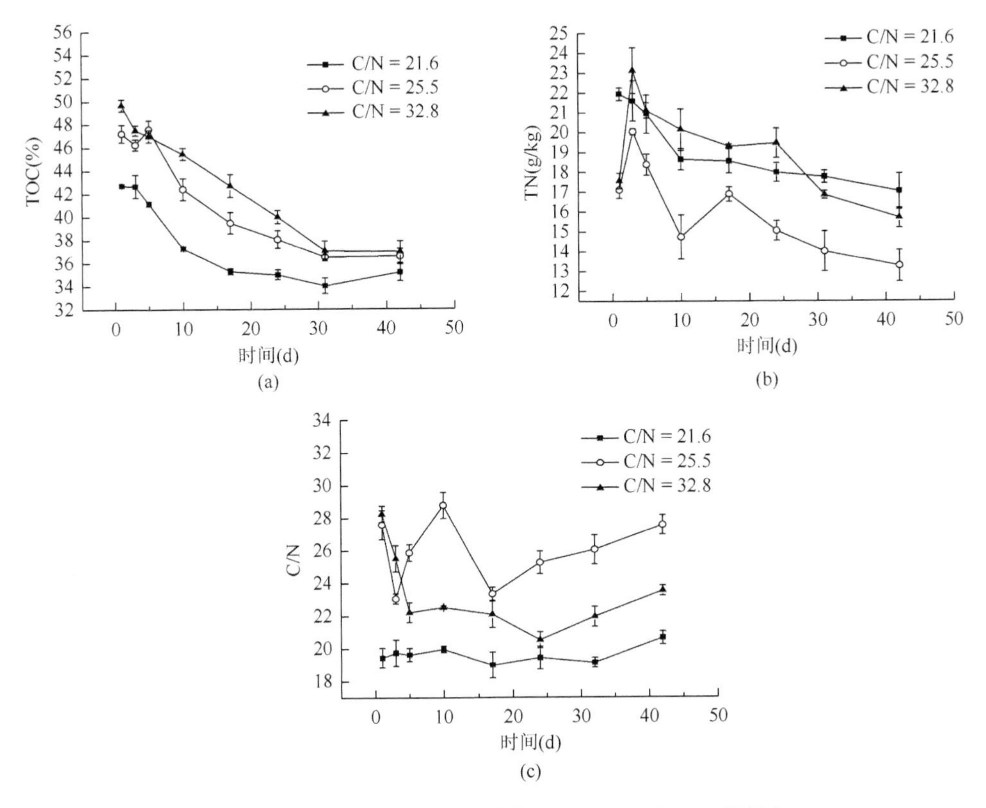

图 5.35　C/N 对鸡粪堆肥中堆体 TOC、TN 及 C/N 的影响

（3）堆体 NH_4^+-N 和 NO_3^--N

NH_4^+-N 含量变化在整个堆肥过程中呈先升高后降低的趋势［图 5.36（a）］。不同处理间 NH_4^+-N 含量变化差异显著，如 T2 和 T3 在堆肥的第 5 d 升至最高值 1234.65 mg/kg 和 1126.92 mg/kg，T1 在堆肥的第 17 d 达到最高值 1429.01 mg/kg，这可能是堆肥温度的变化引起堆体内氨化作用以及有机氮矿化作用的时间有所差别，这与最高 pH 达到的时间基本一致。方差分析表明，不同处理间的水溶性 NH_4^+-N 含量差异达到极显著水平（$P<0.01$）。随后各组处理均逐渐下降，这是由于堆肥中水溶性 NH_4^+-N 转化成了 NO_3^--N。此外，本研究结果还表明，低 C/N 处理的水溶性 NH_4^+-N 含量明显高于高 C/N 处理，且在一定程度上高于其他文献中堆肥结束后堆体 NH_4^+-N 的含量，可能是由于土霉素影响了微生物转化铵态氮和硝态氮的能力，还需要分子学方法进一步进行研究验证。由图 5.36（b）可知，水溶性 NO_3^--N 含量在堆肥初期较低，可能是在高温和高浓度土霉素的条件下，硝化菌的繁殖活动受到强烈抑制（Kong et al.，2006）。经过高温阶段，在堆肥第 17 d 后，3 个处理堆肥 NO_3^--N 含量均逐渐升高。堆肥结束时，T1、T2 和 T3 处理堆肥堆体水溶性

NO_3^--N 含量分别上升到 858.75 mg/kg、717.21 mg/kg 和 665.01 mg/kg，3 个处理 NO_3^--N 含量随着堆肥的进行差异逐渐增大，方差分析结果表明，不同处理间的水溶性 NO_3^--N 含量在堆肥后期的差异达到显著水平（P<0.05）。

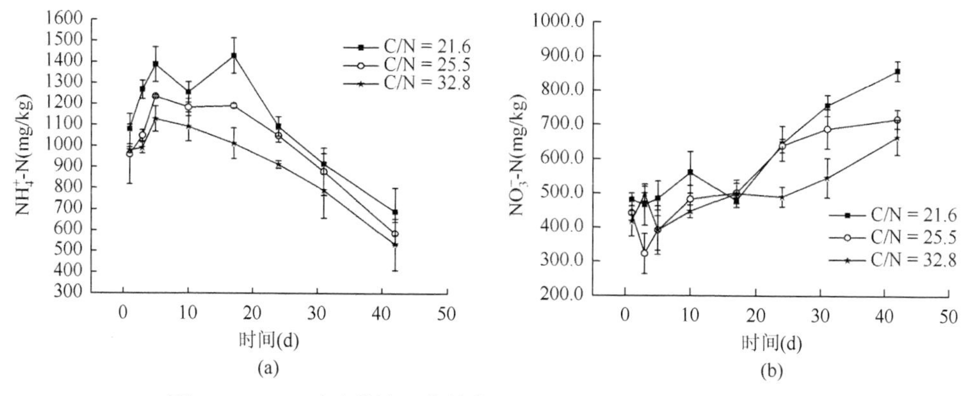

图 5.36　C/N 对鸡粪堆肥中堆体 NH_4^+-N 和 NO_3^--N 含量的影响

（4）GI 值

由图 5.37 可知，在整个堆肥过程中，T1、T2 和 T3 处理堆肥浸提液 GI 均呈现先降低而后逐渐上升的趋势。堆肥初期，堆体浸提液生物毒性较强，其中堆肥第 3～5 d，各处理堆肥浸提液处理的小麦 GI 最低，分别为 9.51%（T1）、21.15%（T2）和 21.39%（T3）。随着堆肥的进行，第 10 d 后各处理堆肥浸提液 GI 均逐渐升高。堆肥结束时，T2 和 T3 处理组的 GI 均达到了 80%以上，表明土霉素存在下鸡粪堆肥已经完全腐熟，其毒性被认为已降解至植物能忍耐的水平（钱学玲等，2001）。堆肥初期，土霉素去除率较高，经过高温期后，GI 均达到了 80%以上。结果表明，堆肥初始 C/N 为 25.5～32.8 时更有利于浸提液生物毒性的降低和堆肥的腐熟。

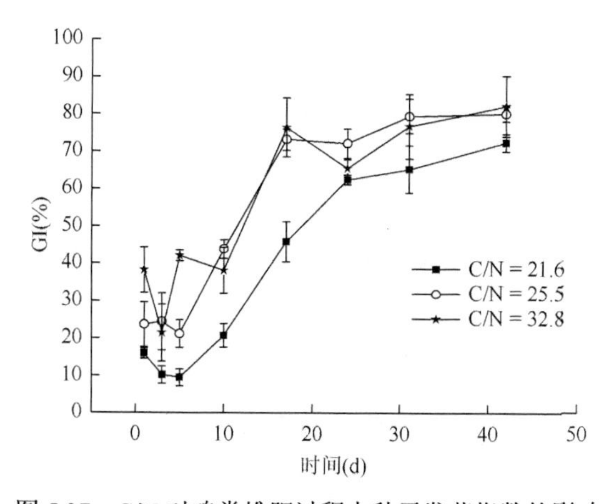

图 5.37　C/N 对鸡粪堆肥过程中种子发芽指数的影响

5.4 调理剂对鸡粪堆肥中土霉素降解和微生物多样性的影响

5.4.1 试验设计与研究方法

本研究选择了生物炭、玉米秸秆、干青草、小麦秸秆四种不同调理剂，将适量粉碎后的不同调理剂与鸡粪混合均匀，配制成碳氮比为25～30的堆肥混合物，土霉素添加量均为100 mg/kg。每个处理重复三次，其他操作同5.1.1节。

5.4.2 不同调理剂条件下土霉素在鸡粪堆肥中的降解规律

1. 不同调理剂条件下堆肥过程中土霉素的降解

由图5.38可知，堆肥前5 d，生物炭、玉米秸秆、青草和小麦秸秆处理各自的去除率分别为10.69%、29.11%、27.29%和47.45%。之后生物炭处理的土霉素降解速率减缓，其他处理土霉素去除效果明显，堆肥结束时均降至30 mg/kg以下，小麦秸秆处理的土霉素去除率高达80%以上。整个堆肥过程中，各处理堆体土霉素降解基本可用一级方程式进行拟合（表5.4），相关系数介于0.8741～0.9921。在整个堆肥过程中，不同堆肥处理土霉素的降解半衰期分别为8.23 d（生物炭）、7.84 d（玉米秸秆）、10.22 d（青草）和5.06 d（小麦秸秆），试验结果与Arikan等（2009）研究牛粪堆肥中土霉素的降解半衰期（3.20 d）基本一致。生物炭处理的土霉素残留量最大，可能与该组处理的堆体温度有关，温度较低不利于微生物对土霉素的降解。同时土霉素在生物炭处理堆肥中也有一定程度的降低，可能是受到有机物吸附、堆肥温度及土霉素自然降解等因素的影响。例如，有研究表明土霉素在62℃无菌水中的半衰期为120 min。Soeborg等（2004）

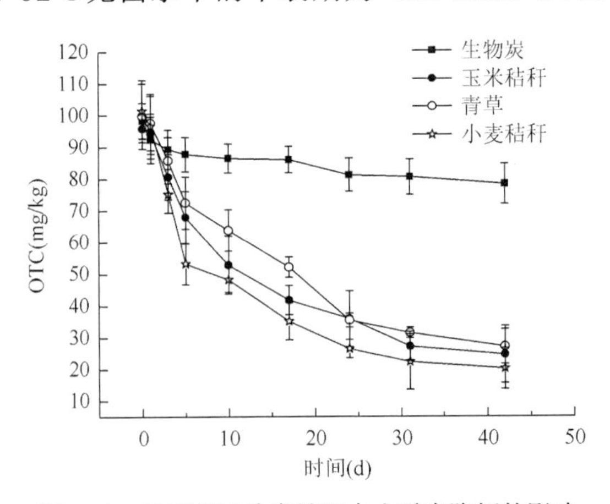

图5.38 调理剂对鸡粪堆肥中土霉素降解的影响

的研究也同样表明堆肥中土霉素等抗生素的降解是非生物和生物活动共同作用的结果。青草处理的土霉素降解半衰期最长，为 10.22 d，可能是因为青草对土霉素的吸附作用在一定程度上影响堆肥微生物对土霉素的降解。

表 5.4　堆肥过程中土霉素的降解参数和降解半衰期

调理剂	降解动力方程	降解常数 K(d)	相关系数 R	半衰期 $T_{1/2}$(d)
生物炭	$C = 15.6612\mathrm{e}^{-0.0842t+1.6216}$	0.0842	0.8741	8.23
玉米秸秆	$C = 73.0269\mathrm{e}^{-0.0883t-1.1084}$	0.0883	0.9921	7.84
青草	$C = 77.7798\mathrm{e}^{-0.0678t-1.2509}$	0.0678	0.9853	10.22
小麦秸秆	$C = 78.7622\mathrm{e}^{-0.1367t-1.2210}$	0.1367	0.9722	5.06

2. 调理剂对土霉素存在下堆肥过程中工艺参数的影响

（1）堆体温度

温度是判断堆肥能否腐熟和无害化的重要指标。堆肥期内，堆体温度应当控制在 45～66℃之间。由图 5.39 可知，生物炭处理的温度变化与其他各组处理差异显著，在整个堆肥期内，温度始终维持在 35℃以下，其他处理均不同程度地经历了高温和降温阶段，分别在第 10 d、8 d 和 5 d 达到最大值 58.5℃（玉米秸秆）、60.1℃（青草）和 58.2℃（小麦秸秆），并且维持高温 7 d 以上。出现这种情况的原因可能是生物炭不能有效吸收利用水分，导致堆体内含水量较高，造成一定的厌氧环境，不利于好氧微生物的生长繁殖。同时小麦秸秆处理堆体升温速度和降温速度均最快，而玉米秸秆升温较慢，青草处理堆体的最高温度大于小麦和玉米秸秆处理组堆体。可能是因为堆体内营养不够平衡并受到堆体内部氧气流通与传递的影响。不同调理剂处理的堆体温度下降速率也明显不同，如小麦秸秆处理组

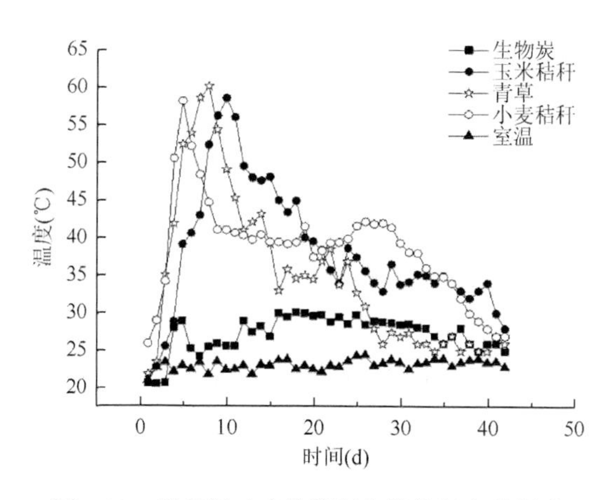

图 5.39　调理剂对鸡粪堆肥中堆体温度的影响

经过 25 d 的降温期后降到 35℃以下，而生物炭处理则始终维持在 35℃以下。各组堆肥温度变化特征见表 5.5，高温期堆肥能有效杀灭病原菌，实现堆肥的无害化处理。堆肥后期，各组处理温度逐渐下降至 30℃左右并维持 10 d 左右，堆肥结束时，堆体温度与外界环境接近。

表 5.5 不同调理剂处理鸡粪堆肥的温度特性

堆肥组成	最高温（℃）	到达时间（d）	≥45℃持续时间（d）	降温期时间（d）	稳定期时间（d）
生物炭＋鸡粪	30.1	18	0	—	—
玉米秸秆＋鸡粪	58.5	10	10	17	9
青草＋鸡粪	60.1	8	8	13	18
小麦秸秆＋鸡粪	58.2	5	7	25	7

（2）堆体 pH

pH 是影响微生物活动的重要因素，pH 的范围一般在 3～12 之间时堆肥反应即可进行。相关研究表明（黄国锋等，2003），堆肥原料性质和堆肥条件会对堆体 pH 产生较大影响。本研究表明（图 5.40），不同处理的堆体 pH 上升和下降幅度差异显著。堆肥第 1 d，生物炭和玉米秸秆处理堆体的 pH 为 6.80 左右，明显低于其他两组处理，并在第 3 d 降至最低 6.48 和 5.92，可能是因为堆肥初期，堆体内部通气条件差，进行厌氧反应产生一些小分子有机酸，造成堆体 pH 的降低。随着堆肥的进行，堆体内大量铵态氮积累从而使堆体 pH 升高，堆肥结束时，由于硝化作用增强而释放出的氢离子又造成了 pH 的下降（鲍艳宇，2008）。

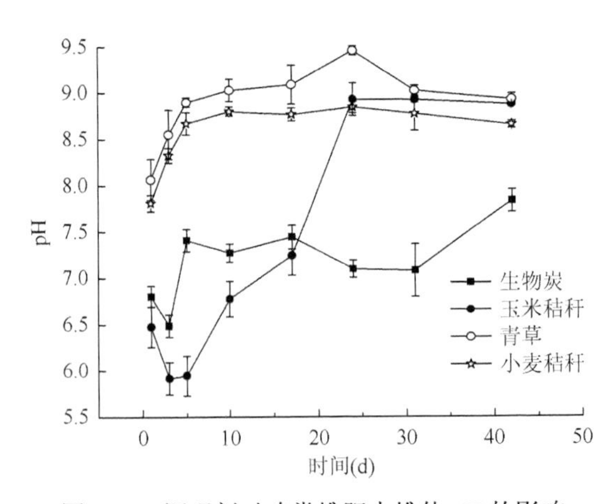

图 5.40 调理剂对鸡粪堆肥中堆体 pH 的影响

（3）堆体电导率

电导率反映堆肥浸提液中的可溶性盐含量，和堆肥的原料性质有很大关系。

试验结果表明（图 5.41），随着堆肥的进行，电导率不同程度地达到最高值，这是因为微生物在堆肥初期吸收了大量的营养物质，代谢活动旺盛，造成堆肥物料的剧烈分解，从而产生大量的小分子物质。其中，青草处理的电导率在堆肥第 10 d 达到最大值 2.61 mS/cm，玉米秸秆处理组在堆肥的第 17 d 达到最大值 2.59 mS/cm，小麦秸秆处理在堆肥的第 24 d 达到最大值 2.84 mS/cm，生物炭处理的电导率在整个堆肥期内波动较小，并且始终低于其他各组处理。堆肥后期，随着 CO_2 和 NH_3 的挥发，以及胡敏酸类物质的增加，电导率逐渐下降。不同调理剂处理组的电导率差异变化明显，表明堆体内微生物利用和分解有机物质及降解土霉素等有机污染物的能力也有所不同。

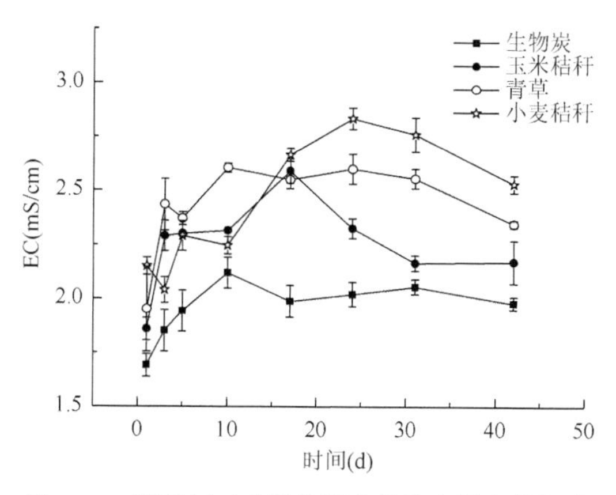

图 5.41　调理剂对鸡粪堆肥中堆体电导率的影响

（4）堆体含水率

由图 5.42 可知，各处理的堆体初始含水率维持在 65%左右。随着堆肥的进行，堆体含水率逐渐下降，而生物炭处理的堆体含水率始终处于 60%以上，堆体的大

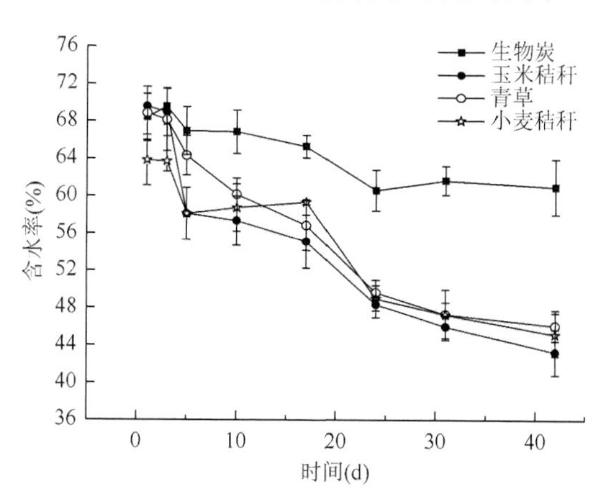

图 5.42　调理剂对鸡粪堆肥中堆体含水率的影响

量水分容易使堆体内通气条件差，形成厌氧环境，产生臭味，导致降解速度缓慢，延长堆肥腐熟时间。至堆肥结束时，各处理的含水率分别降为61.65%（生物炭）、45.99%（玉米秸秆）、47.33%（青草）和 47.28%（小麦秸秆），较初始分别降低5.93%、31.61%、27.34%和26.65%，生物炭和其他处理间含水率变化差异显著。

3. 调理剂对土霉素存在下堆肥过程中部分生化参数的影响

（1）堆体 TOC、TN 及 C/N

堆肥初期，由于堆体温度较高，堆体中的不稳定有机物在微生物的作用下快速分解，转化成水、矿物质、NH_3和CO_2。在整个堆肥过程中，各处理 TOC 值均呈下降趋势［图 5.43（a）］，其中生物炭处理形成堆肥厌氧环境使堆体 TOC 下降缓慢，在堆肥结束时还处于 48.33%。除生物炭外的其他处理在堆肥初期的 TOC 含量急剧下降，随后由于微生物作用合成新的有机物，在第 24 d 后，TOC 保持相

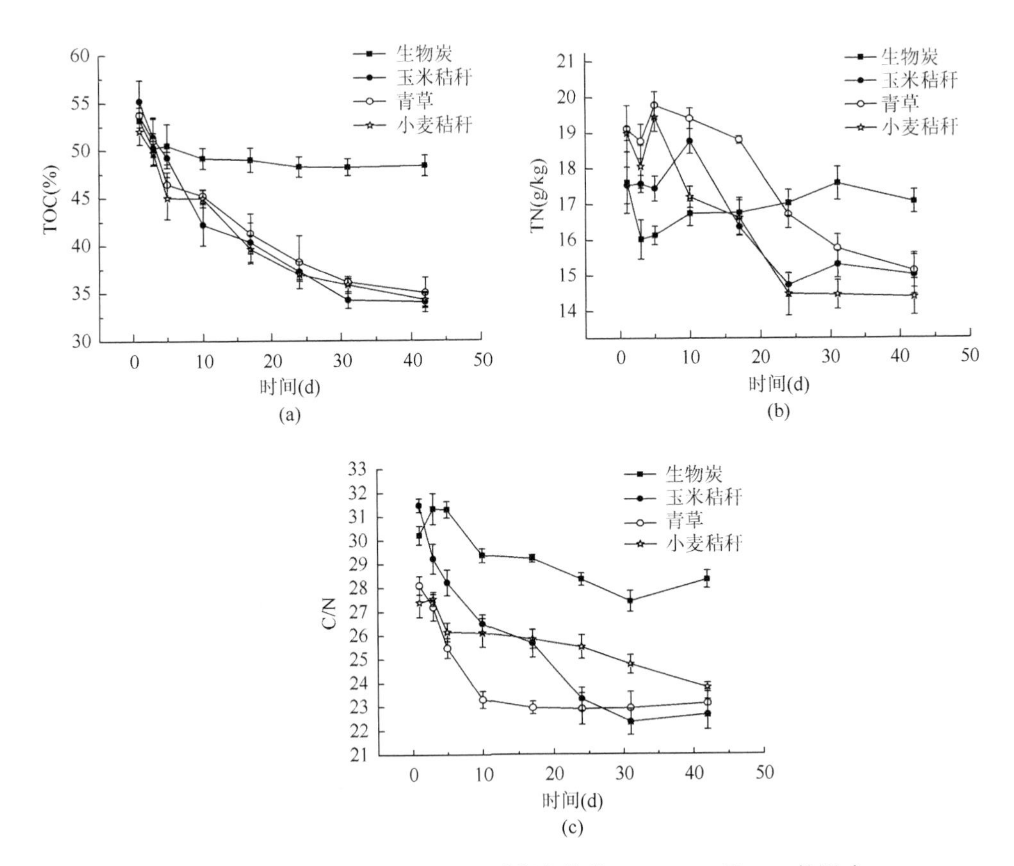

图 5.43　调理剂处理对鸡粪堆肥过程中堆体 TOC、TN 及 C/N 的影响

对稳定状态，堆肥结束时维持在 30%～35%之间。由图 5.43（b）可知，在整个堆肥过程中，氮素有一定损失，主要是由于持续性的氨挥发和有机氮矿化。不同调理剂堆肥中的总氮含量有所差异，可能是受微生物代谢活动和物料性质的影响，物料对铵态氮的固定作用越弱，氮素损失越严重。堆肥结束时，各处理堆体 TN 含量均逐渐下降并于堆肥结束时，维持在 14～18 g/kg 之间，差异显著。四组处理的 C/N 呈下降趋势［图 5.43（c）］，但由于堆肥原料不同，有机物分解程度也有所不同，试验结果表明，青草处理的 C/N 在堆肥前 10 d 降低速率最大。对比不同结果发现，不同处理组堆肥结束时的 C/N 变化趋势与堆肥的 pH、温度、含水率等均有一定的关系。因此堆肥过程中，C/N 的降低速率也不同。堆肥结束时，生物炭处理的 C/N 为 28.32，与其他三组处理维持在 22.0～24.0 之间相比，差异显著。

（2）堆体水溶性有机碳（WSC）

水溶性有机碳（WSC）是堆肥过程中微生物消耗的主要成分，结果表明（图 5.44），在整个堆肥过程中，各处理堆体 WSC 含量呈波动性变化，堆肥初期 WSC 含量较高，堆肥后期明显降低。经过 42 d 的堆肥后，生物炭处理 WSC 含量由开始的 3.15%下降至 2.98%，降低了 5.40%，而玉米秸秆处理从 6.79%下降至 2.03%，降低 70.10%。出现这种现象的原因可能是不同物料的营养成分不同，同时温度的变化影响微生物对营养物质的吸收利用，导致不同物料处理的水溶性有机碳含量降低幅度差异很大。

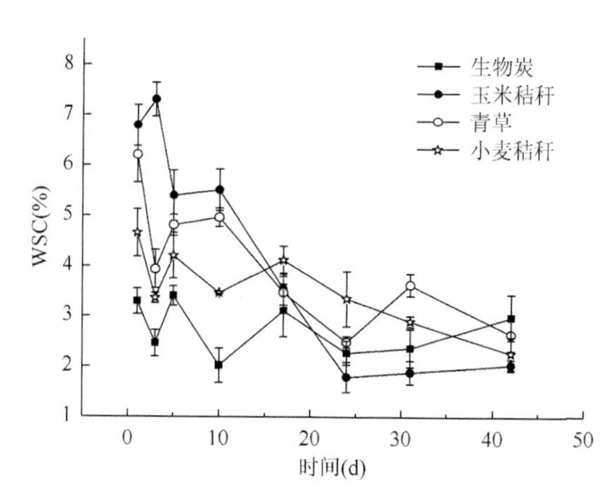

图 5.44　调理剂处理对鸡粪堆肥过程中堆体 WSC 的影响

（3）堆体 NH_4^+-N 和 NO_3^--N

堆体 NH_4^+-N 含量受温度、氨化细菌活性和 pH 的影响。本研究中［图 5.45（a）］，NH_4^+-N 含量在整个堆肥过程中呈先升高后降低的变化规律。由于堆肥原料不同，堆肥环境受到影响。生物炭、玉米秸秆、青草、小麦秸秆处理堆体 NH_4^+-N 含量分别为 847.97 mg/kg、1141.54 mg/kg、1143.86 mg/kg 和 1278.04 mg/kg，至堆肥第 3 d，除生物炭处理外，其他三组处理的 NH_4^+-N 含量均达到最大值，随后玉米秸秆、青草和小麦秸秆处理的 NH_4^+-N 含量迅速降低，生物炭处理在堆肥第 10 d 达到最大值后缓慢减少。研究表明，当 pH＞7.5 时，有利于氨气挥发（吴学龙等，2003）。生物炭处理在整个堆肥过程中 pH 较低，因此减少了氨挥发，堆肥结束时，生物炭处理的堆体 NH_4^+-N 含量为 805.16 mg/kg，远高于其他三组处理，差异显著。

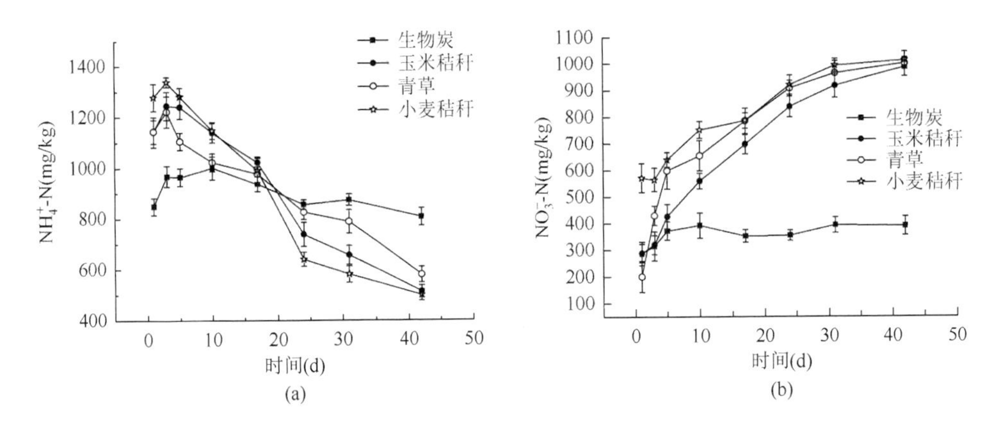

图 5.45 调理剂对鸡粪堆肥中 NH_4^+-N 和 NO_3^--N 的影响

常勤学等（2007）研究表明，堆肥过程中温度的变化影响堆肥中 NO_3^--N 含量变化，堆肥结束时，堆体中 NO_3^--N 含量显著增加。由图 5.45（b）可知，在堆肥初始，各组处理的 NO_3^--N 含量分别为 285.72 mg/kg（生物炭）、287.53 mg/kg（玉米秸秆）、199.93 mg/kg（青草）和 571.34 mg/kg（小麦秸秆）。经过高温阶段，随着硝化作用加强，各处理 NO_3^--N 含量在堆肥初期迅速升高。生物炭处理组在堆肥后期与其他处理组水溶性 NO_3^--N 含量差异显著，可能是因为受到堆体温度的影响，温度较低影响堆体硝化菌的代谢活动。

（4）GI 值

GI 可以反映堆肥物料浸提液的生物毒性。由图 5.46 可知，堆肥开始后，堆体浸提液生物毒性较强，生物炭处理堆体温度较低未能有效杀死堆体中的病原微生物，堆肥第 10 d 浸提液 GI 达 36.68%，随后趋于稳定状态；其他三组处理经过高温期后，堆体堆肥浸提液处理下 GI 迅速升高，堆肥第 24 d 达到 80%左右。堆肥结束时，生物炭、玉米秸秆、青草和小麦秸秆的 GI 分别为 42.36%、92.16%、85.22% 和 90.45%，结果表明玉米秸秆、青草和小麦秸秆处理组的堆体均能实现堆肥的顺利进行，能有效降低土霉素在鸡粪堆肥中残留，达到无害化水平。

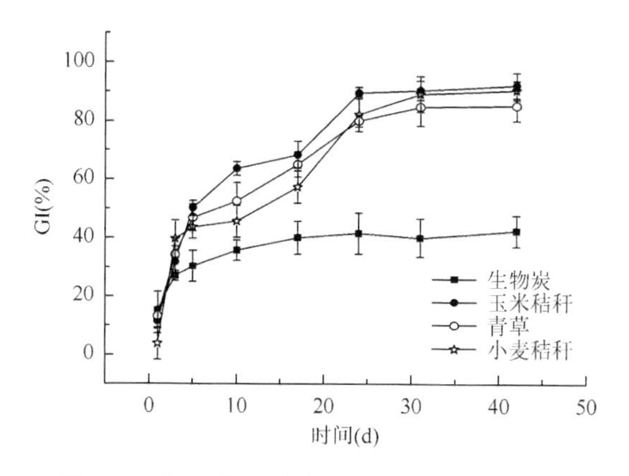

图 5.46　调理剂对鸡粪堆肥过程中 GI 的影响

5.4.3　调理剂对鸡粪堆肥中微生物多样性变化的影响

1. 调理剂对鸡粪堆肥中细菌多样性变化的影响

（1）堆肥第 5 d 细菌多样性的变化

堆体中细菌数量的变化与堆肥原料有一定的关系。DGGE 图谱（图 5.47）显示，不同物料处理的条带数目和亮度差异明显，特异性条带 7 在青草处理中出现，条带 10 在生物炭处理中亮度较强，3 号和 9 号条带普遍存在于所有处理中。生物炭处理的条带数目和亮度最强，青草处理的最弱，表明生物炭处理在堆肥第 5 d

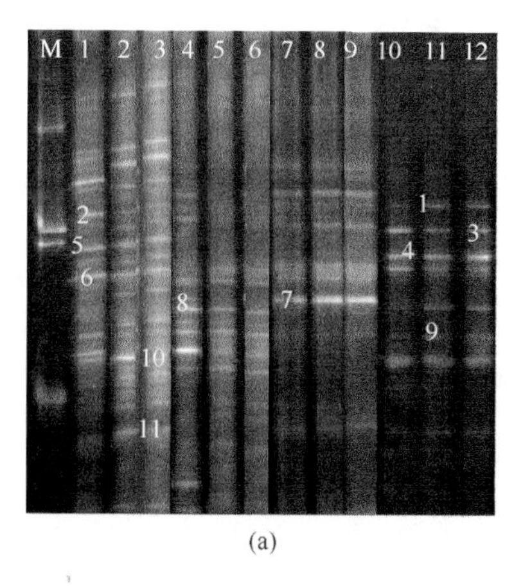

(a)

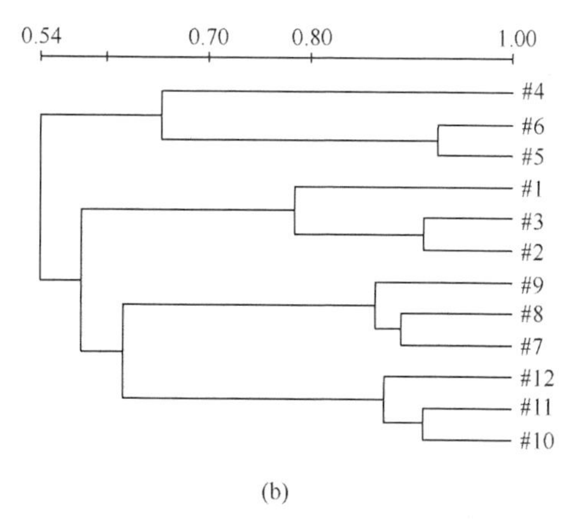

(b)

图 5.47　堆肥第 5 d 16S rDNA V3 区的 PCR-DGGE 指纹图谱（a）和聚类分析（b）

共 4 组处理，1、2、3 泳道代表第一组处理：生物炭＋鸡粪堆肥；4、5、6 泳道代表第二组处理：玉米秸秆＋鸡粪堆肥；7、8、9 泳道代表第三组处理：青草＋鸡粪堆肥；10、11、12 泳道代表第四组处理：小麦秸秆＋鸡粪堆肥；DGGE 图谱中的条带编号分别代表切胶测序编号细菌群落结构丰富，微生物代谢活动旺盛，而青草和小麦秸秆处理的细菌代谢缓慢，可能由于堆体温度不同，如青草处理在第 5 d 温度较高，而生物炭处理温度较低，适合中温性的多种细菌的生长繁殖，堆体中存在的主要是芽孢杆菌属和嗜热菌（图 5.48），这与相关研究结果一致（卫亚红等，2007）。

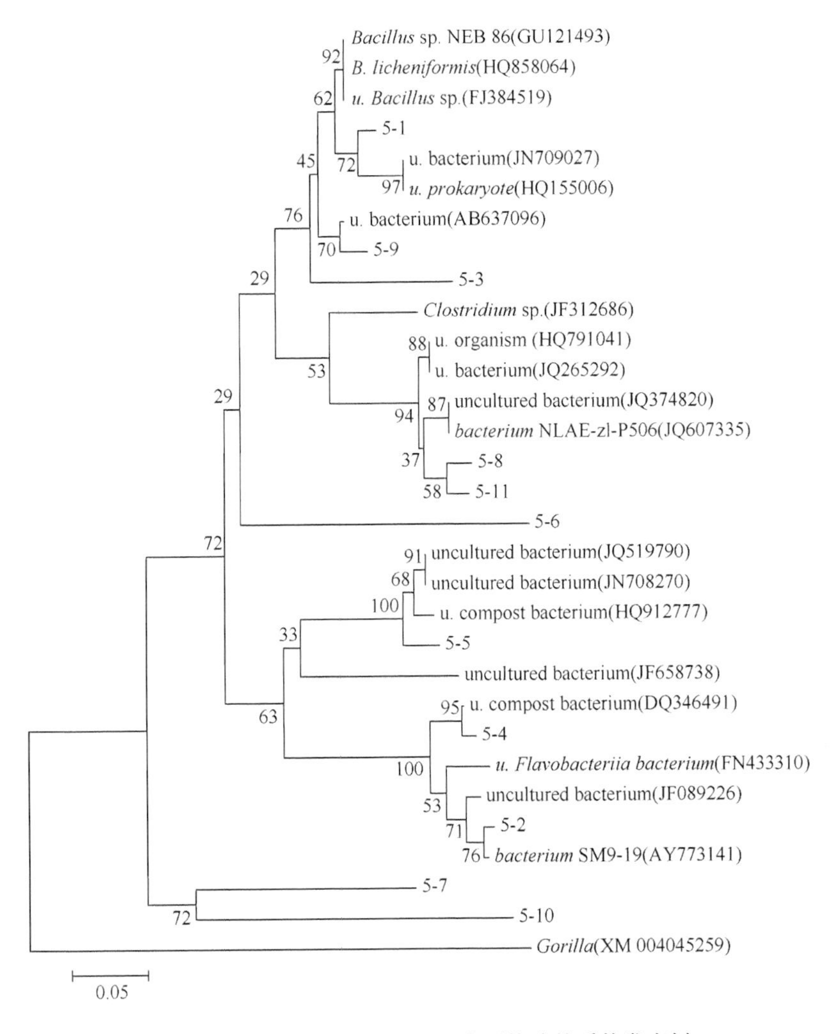

图 5.48　堆肥第 5 d 16S rDNA 序列构建的系统发育树

（2）堆肥第 10 d 细菌多样性的变化

堆体中的细菌数量随着堆肥进程的进行逐渐减少，中温时期细菌数量最多；随着温度的升高，嗜热细菌的数量逐渐增多；堆肥结束时，细菌数量较开始时有所减少。DGGE［图 5.49（a）］分析显示，不同物料处理的堆体在堆肥第 10 d 条带数目和亮度明显增强，玉米秸秆处理的条带亮度最强，小麦秸秆处理的最弱，特异性条带 7 在青草和玉米秸秆处理中出现，条带 8 在生物炭处理中亮度较强，1 号和 2 号条带在生物炭、玉米秸秆和青草 3 组处理中普遍存在；小麦秸秆处理的条带数目最少。对图谱进行转化和聚类分析［图 5.49（b）］表明，10、11 和 12 泳道与其他处理的相似性较低，仅为 54%，表明小麦秸秆处理的堆体细菌群落结构与其他处理差异明显。系统发育树分析显示（图 5.50），与条带 1、2 相近的不可培养细菌在生物炭、玉米秸秆和青草 3 组处理中普遍存在；与条带 6、8 相近的细菌在生物炭处理中占优势。

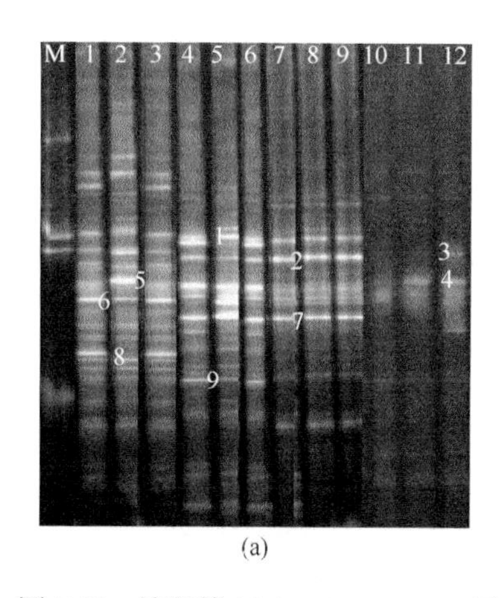

(a)

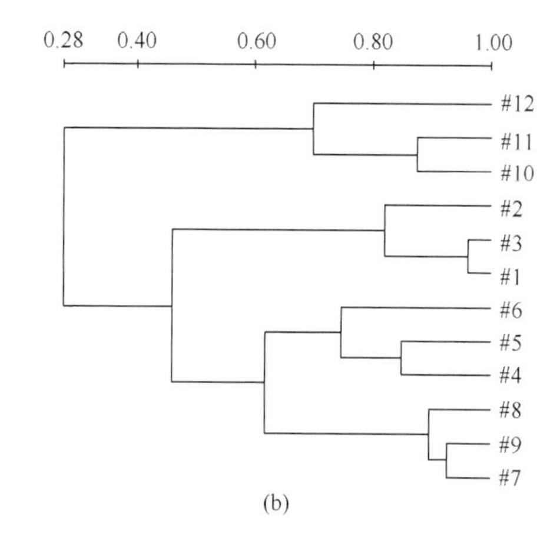

(b)

图 5.49　堆肥第 10 d 16S rDNA V3 区的 PCR-DGGE 指纹图谱（a）和聚类分析（b）

共 4 组处理，1、2、3 泳道代表第一组处理：生物炭 + 鸡粪堆肥；4、5、6 泳道代表第二组处理：玉米秸秆 + 鸡粪堆肥；7、8、9 泳道代表第三组处理：青草 + 鸡粪堆肥；10、11、12 泳道代表第四组处理：小麦秸秆 + 鸡粪堆肥；DGGE 图谱中的条带编号分别代表切胶测序编号

（3）堆肥第 17 d 细菌多样性的变化

DGGE［图 5.51（a）］分析显示，不同物料处理的堆体在堆肥第 17 d，条带数目和亮度差异明显，生物炭处理的条带数目和亮度最强，特异性条带 3 在生物炭处理中亮度很强，细菌多样性丰富度大于其他处理，这可能与生物炭处理发酵不充分，仍然存在大量微生物活动有关。而青草和小麦秸秆的条带数目和亮度均降低，可能由于两组堆体温度逐渐降至接近室温，堆体基本腐熟，微生物活动也相应减弱。对图谱进行转化和聚类分析［图 5.51（b）］，小麦秸秆处理的细菌群落结构仍与其他处理差异明显。系统发育树分析显示（图 5.52），与 1 号条带相近的肠球菌（*Enterococcus*）在生物炭和玉米秸秆处理中普遍存在；与条带 7 相近的不可培养细菌在玉米秸秆处理中广泛存在；而与 9 号条带相近的不可培养细菌则在生物炭处理中代谢繁殖旺盛。

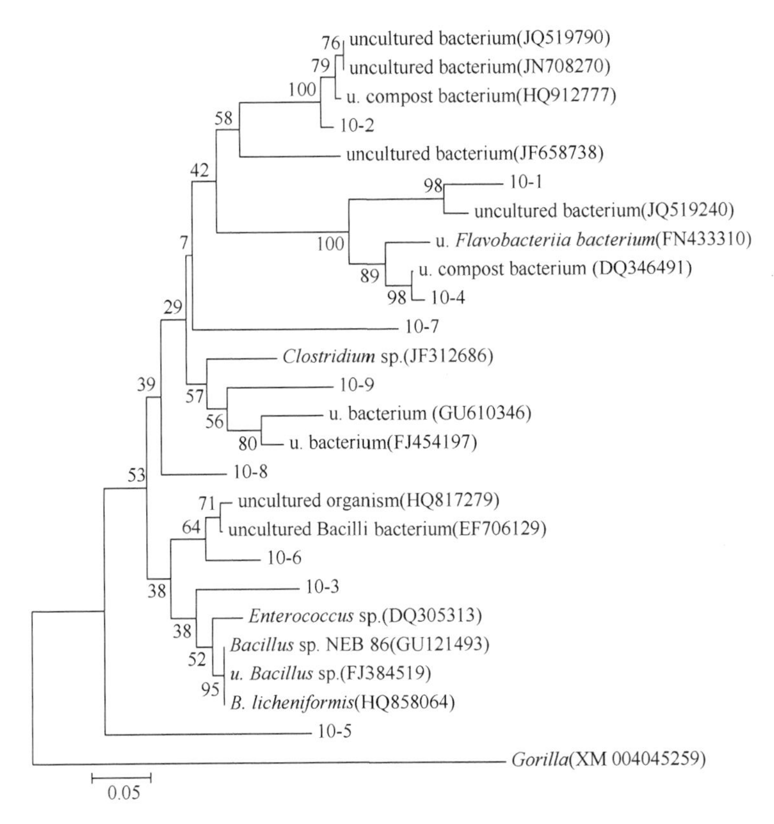

图 5.50　堆肥第 10 d 16S rDNA 序列构建的系统发育树

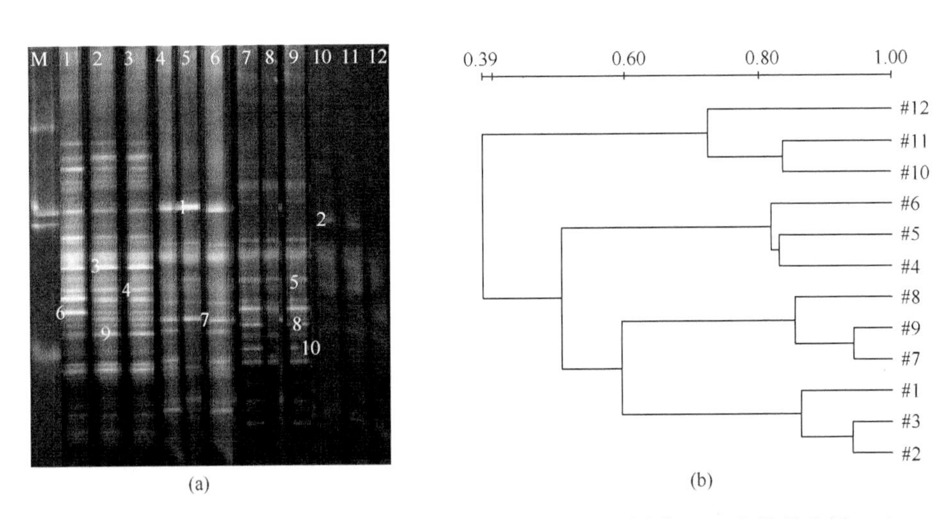

图 5.51　堆肥第 17 d 16S rDNA V3 区的 PCR-DGGE 指纹图谱（a）和聚类分析（b）

共 4 组处理，1、2、3 泳道代表第一组处理：生物炭＋鸡粪堆肥；4、5、6 泳道代表第二组处理：玉米秸秆＋鸡粪堆肥；7、8、9 泳道代表第三组处理：青草＋鸡粪堆肥；10、11、12 泳道代表第四组处理：小麦秸秆＋鸡粪堆肥；DGGE 图谱中的条带编号分别代表切胶测序编号

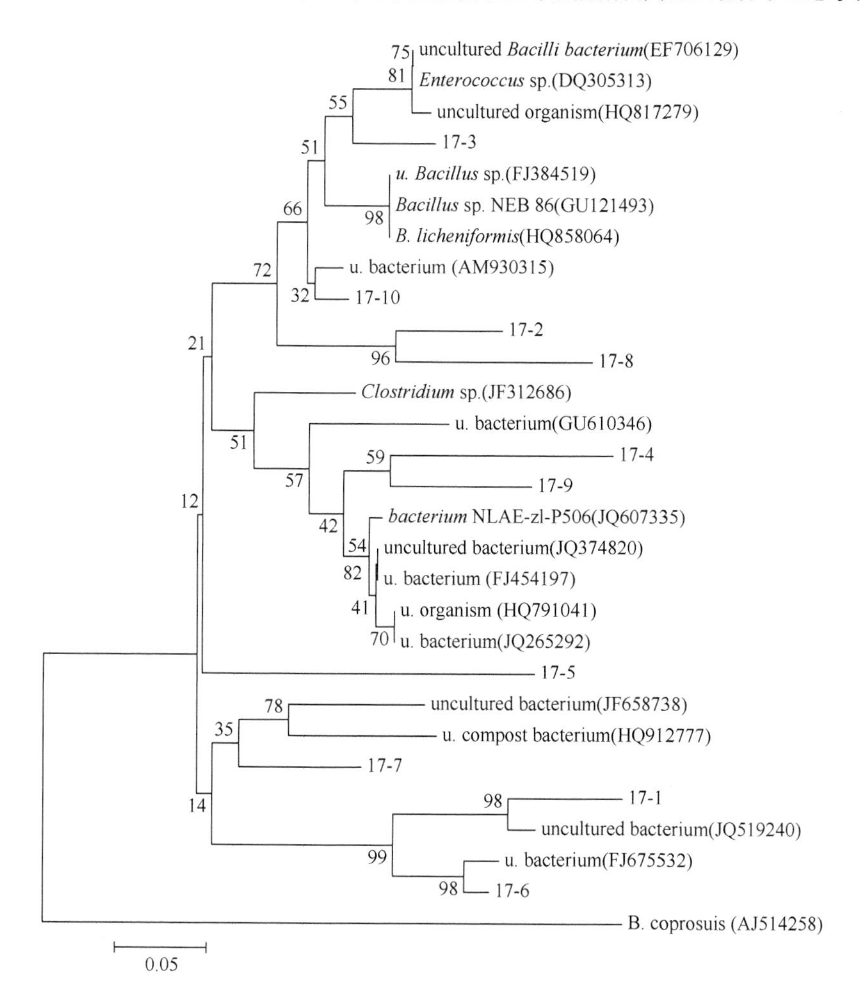

图 5.52 堆肥第 17 d 16S rDNA 序列构建的系统发育树

2. 调理剂处理对堆体中真菌多样性变化的影响

（1）堆肥第 5 d 真菌多样性的变化

DGGE［图 5.53（a）］分析显示，在堆肥第 5 d，真菌条带数目均较多，但不同处理的条带亮度和数目有所不同，如生物炭处理的条带亮度弱于其他处理；青草处理的条带数目少于其他处理，即在堆肥初期，真菌数量较多，各组处理之间差异不大。对图谱进行转化和聚类分析［图 5.53（b）］表明各组处理的重复性较好，生物炭、玉米秸秆和小麦秸秆处理归为一簇，即这 3 组处理的真菌群落结构相近；青草处理与其他处理的相似性小于 50%，即青草处理的堆体真菌群落结构与其他处理差异明显。

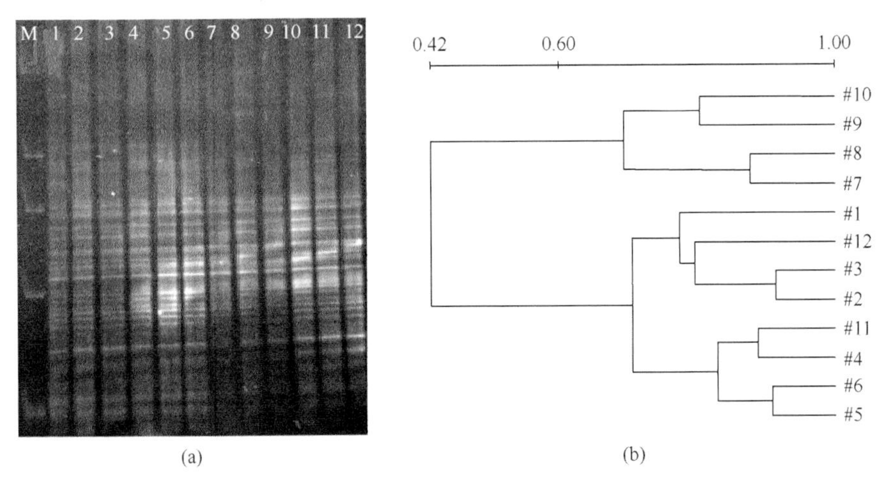

图 5.53 堆肥第 5 d 18S rRNA PCR-DGGE 指纹图谱（a）和聚类分析（b）

共 4 组处理，1、2、3 泳道代表第一组处理：生物炭 + 鸡粪堆肥；4、5、6 泳道代表第二组处理：玉米秸秆 + 鸡粪堆肥；7、8、9 泳道代表第三组处理：青草 + 鸡粪堆肥；10、11、12 泳道代表第四组处理：小麦秸秆 + 鸡粪堆肥

（2）堆肥第 10 d 真菌多样性的变化

DGGE［图 5.54（a）］分析显示，在堆肥第 10 d，随着堆肥温度升高，DGGE 条带数目和亮度明显减弱，真菌数量减少，当温度下降到 45℃时，真菌数量有所升高，这与相关研究结果一致（Tiquia et al.，2002）；青草处理的条带数目和亮度较其他处理弱。对图谱进行转化和聚类分析［图 5.54（b）］，各处理重复性较好；生物炭和玉米秸秆处理的真菌群落结构相近，差异不明显；而青草和小麦秸秆处理的真菌群落结构相近，相似性为 70%以上。

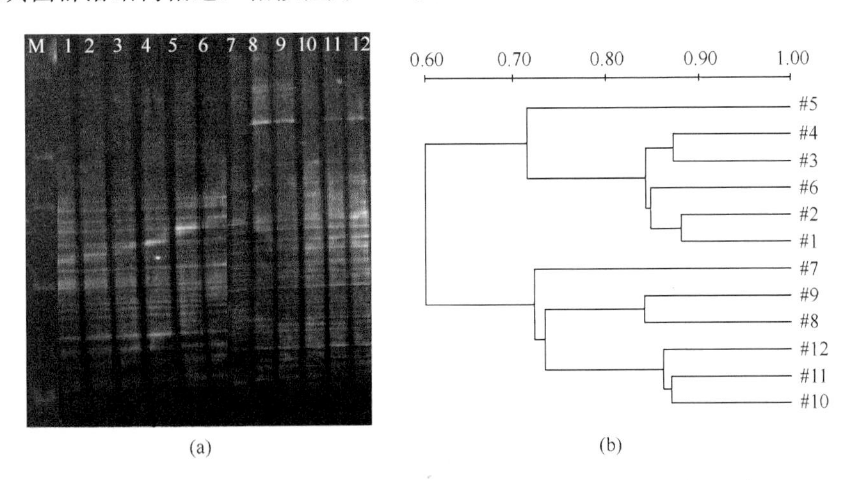

图 5.54 堆肥第 10 d 的 18S rRNA PCR-DGGE 指纹图谱（a）和聚类分析（b）

共 4 组处理，1、2、3 泳道代表第一组处理：生物炭 + 鸡粪堆肥；4、5、6 泳道代表第二组处理：玉米秸秆 + 鸡粪堆肥；7、8、9 泳道代表第三组处理：青草 + 鸡粪堆肥；10、11、12 泳道代表第四组处理：小麦秸秆 + 鸡粪堆肥

（3）堆体第 17 d 真菌多样性的变化

堆肥过程中大部分真菌属于嗜温性菌，其最适宜温度为 25～30℃。DGGE［图 5.55（a）］分析显示，堆肥第 17 d，堆肥温度逐渐降低，堆体中真菌的数量明显高于堆体第 10 d，生物炭处理的真菌多样性最为丰富。青草和小麦秸秆处理 DGGE 条带数目和亮度明显减弱，真菌数量减少，生物炭和玉米秸秆处理的 DGGE 条带数目和亮度则明显增强。真菌的数量变化呈现一条类“W”形曲线（卫亚红等，2007）。

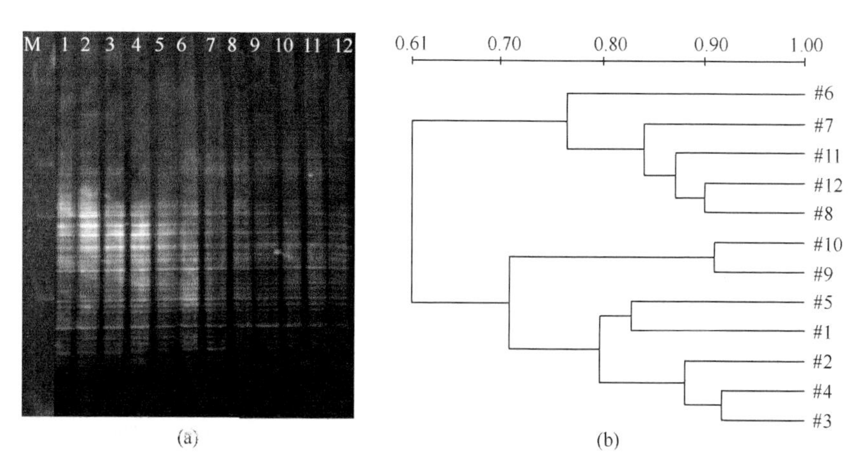

图 5.55　堆肥第 17 d 的 18S rRNA PCR-DGGE 指纹图谱（a）和聚类分析（b）

共 4 组处理，1、2、3 泳道代表第一组处理：生物炭＋鸡粪堆肥；4、5、6 泳道代表第二组处理：玉米秸秆＋鸡粪堆肥；7、8、9 泳道代表第三组处理：青草＋鸡粪堆肥；10、11、12 泳道代表第四组处理：小麦秸秆＋鸡粪堆肥

本章通过对土霉素存在下鸡粪堆肥条件（含水率、碳氮比和调理剂）的选择，综合各种因素得出，高含水率（55%～65%）和高碳氮比（25.5～32.8）的堆肥条件，以玉米秸秆或小麦秸秆为调理剂的鸡粪堆肥更有利于堆体中土霉素降解和堆肥腐熟，从而减少畜禽粪便中土霉素残留对环境的污染和人类健康的影响。对影响土霉素降解的微生物群落组成进行分析，堆体高温期的细菌主要是芽孢杆菌属（*Bacillus*）；真菌主要是酵母菌和曲霉菌属，与隐球菌（*Cryptococcus albidus*）相近的微生物对土霉素较为敏感，为进一步筛选土霉素降解菌提供了理论基础，但土霉素降解的分子生态学机制还有待进一步开展研究。

主要参考文献

鲍艳宇. 2008. 四环素类抗生素在土壤中的环境行为及生态毒性研究. 天津：南开大学.

常勤学，魏源送，刘俊新. 2007. 通风控制方式对动物粪便堆肥过程中氮、磷变化的影响. 环境科学学报，27（5）：732-738.

黄国锋，钟流举，张振钿，等. 2003. 有机固体废弃物堆肥的物质变化及腐熟度评价. 应用生态学报，14(5)：813-818.
黄懿梅，曲东，李国学，等. 2003. 调理剂在鸡粪锯末堆肥中的保氮效果研究. 环境科学，24（2）：156-160.
单德鑫，李淑芹，许景钢. 2007. 牛粪生物堆肥有机酸变化及对腐熟度的影响. 环境科学与技术，30（1）：29-32.
王伟东，王小芬，朴哲，等. 2007. 堆肥化过程中微生物群落的动态. 环境科学，28（11）：2591-2597.
卫亚红，梁军锋，黄懿梅，等. 2007. 家畜粪便好氧堆肥中主要微生物类群分析. 中国农学通报，23（11）：242-248.
吴学龙，蒋建国，王伟，等. 2003. 粪渣污泥上清液和填埋场渗滤液混合处理工程分析. 新疆环境保护，25（2）：78-84.
曾光明，黄国和，袁兴中，等. 2006. 堆肥环境生物与控制. 北京：科学出版社.
郑瑞生，封辉，戴聪杰，等. 2009. 碳氮比对堆肥过程 NH_3 挥发和腐熟度的影响. 环境污染与防治，31（9）：59-63.
Arikan O A，Walter M，David I，et al. 2009. Minimally managed composting of beef manure at the pilot scale：Effect of manure pile construction on pile temperature profiles and on the fate of oxytetracycline and chlortetracycline. Bioresource Technology，100（19）：4447-4453.
Ivone V M，Maria E S，Celia M M，et al. 2008. Diversity of bacterial isolates from commercial and homemade composts. Microbial Ecology，55（4）：714-722.
Jiao H J，Zheng S R，Yin D Q，et al. 2008. Aqueous oxytetracycline degradation and the toxicity change of degradation compounds in photoirradiation process. Journal of Environmental Sciences，20（7）：806-813.
Kim K R，Owens G，Ok Y S，et al. 2012. Decline in extractable antibiotics in manure-based composts during composting. Waste Management，32（1）：110-116.
Kirchmann H，Widen P. 1994. Separately collected organic household wastes. Swedish Journal of Agricultural Research，24（1）：3-12.
Kong W D，Zhu Y G，Fu B J，et al. 2006. The veterinary antibiotic oxytetracycline and Cu influence functional diversity of the soil microbial community. Environment Pollution，143：129-137.
Soeborg T，Ingerslev F，Halling-Sorensen B. 2004. Chemical stability of chlortetracycline degradation produces and epimers in soil interstitial water. Chemosphere，57：1511-1524.
Tiquia S M，Wan J H C，Tam N F Y. 2002. Microbial population dynamic and enzyme activities during composting. Compost Science and Utilization，10（2）：150-161.
Zucconi F，Pera A，Forte M，et al. 1981. Evaluating toxicity of immature compost. Biocycle，22（2）：54-57.

第6章 鸡粪堆肥氟喹诺酮类抗生素削减及其微生物分子生态学机制

氟喹诺酮类（FQs）是人工合成的一类广谱抗菌药，能够抑制革兰氏细菌活性，且动物口服吸收效果好，在畜禽养殖业中得到极大的推广和使用。诺氟沙星作为氟喹诺酮类的代表性抗生素，在畜禽粪便中残留最为普遍。本章以诺氟沙星为模式抗生素开展畜禽粪便堆肥化处理过程中氟喹诺酮类降解及微生物分子生态学机理的研究，拟揭示其在鸡粪堆肥过程中的削减特征规律及其影响因素，探明其对鸡粪堆肥过程中相关参数、微生物多样性等的影响规律，为适合中国国情的粪便无害化与资源化处理技术提供理论依据，实现从源头上阻断兽用抗生素进入农田生态环境，减少诺氟沙星等氟喹诺酮类兽用抗生素在环境中的生态风险。

6.1 不同碳氮比对诺氟沙星存在下堆肥参数的影响

6.1.1 试验设计与研究方法

本研究设置5个不同C/N处理，分别为10、15、20、25和35（分别设为T10、T15、T20、T25和T35处理），每个处理重复三次。采用新鲜鸡粪、小麦秸秆和锯末作为堆肥原料，其中，新鲜鸡粪是北京市郊区某养鸡场的蛋鸡粪便，小麦秸秆和锯末粉碎通过2 cm筛，用于调节堆肥C/N和保持堆体良好通风。将鸡粪、秸秆和锯末混合均匀后，平铺于塑料布上，喷洒诺氟沙星溶液的同时不断翻搅，使物料与诺氟沙星充分混匀。加蒸馏水调节堆体初始含水率为60%。然后分装于泡沫箱内(其规格为外径820 mm×590 mm×440 mm，内径680 mm×450 mm×350 mm)，置于室温条件下进行为期45 d的好氧堆肥。堆肥期间，不再对堆体的含水率进行调整，保持通风良好，实行人工翻堆供氧。堆体温度升至50℃时，每2 d翻堆1次，温度下降到40℃时，每周翻堆2次。翻堆时，将堆料平铺在塑料布上，充分混匀后重新装箱。用温度记录仪于每天8:00、14:00、20:00测定堆体温度和环境温度，取平均值作为当天温度值。取样时间为堆肥期第 1 d、3 d、7 d、14 d、21 d、28 d、35 d 和 45 d，在堆体上、中、下层取约 300 g 样品，混合均匀，装于自封袋内，在–20℃保存以备分析。采用畜禽粪便中抗生素提取与检测方法（Feng et al., 2016），分析检测堆肥中诺氟沙星含量；一份鲜样用于 pH、EC、含水率和 GI 分析；一份放于室内风干，测定样品 TOC 和 TN。

6.1.2 不同碳氮比对堆肥过程中诺氟沙星降解的影响

1. 不同碳氮比条件下诺氟沙星在鸡粪堆肥过程中的降解

设置合适的堆肥参数有助于动物粪便中抗生素的去除。试验结果表明（图 6.1），不同碳氮比处理的堆体中诺氟沙星含量均有所降低，堆肥前 14 d，所有 C/N 处理的诺氟沙星去除速率都较快。堆肥第 28 d 到堆肥结束，各处理的诺氟沙星去除率基本保持不变，5 个处理组中诺氟沙星的最终去除率分别为 71.37%（T25）、71.12%（T20）、69.61%（T15）、58.19%（T10）和 55.68%（T35）。可见 T20 和 T25 处理在整个堆肥过程中对诺氟沙星的去除效果明显优于其他三组处理，可能是因为该 C/N 条件所提供的孔隙度及养分环境比较适合诺氟沙星降解菌的生长繁殖，该类微生物活动能力增强，从而有助于削减堆肥物料中诺氟沙星的残留。T10 和 T15 处理在堆肥前期对诺氟沙星去除效果低于 T20 和 T25 处理，原因可能是堆料中秸秆等调理剂所占比例小，通气性较差，所提供的碳素不能完全被微生物活动所利用。T15 经过前期的发酵后，堆料变疏松，在堆肥 2 周后诺氟沙星去除率明显提高。而 T10 处理并没有达到诺氟沙星进一步降解的要求。T35 处理由于高比例的调理剂使堆料孔隙度变大，堆体热量散失快，50℃以上高温仅仅持续了 4 d，并没有达到堆肥腐熟的标准，因此诺氟沙星去除效果不好。

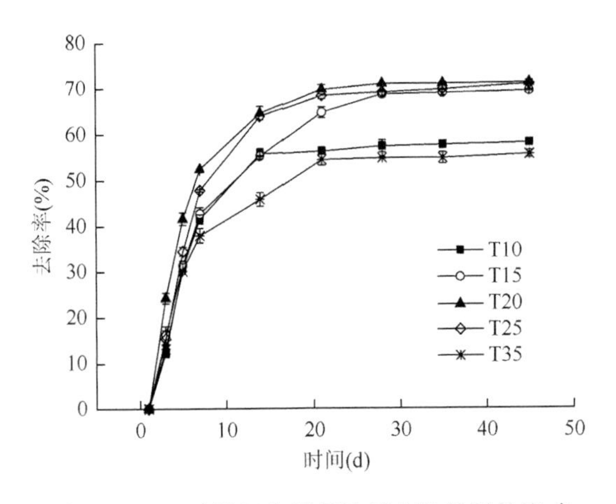

图 6.1 C/N 对堆肥中诺氟沙星去除效果的影响

对各处理诺氟沙星在整个堆肥的浓度变化用一级动力学方程式进行拟合（表 6.1），相关系数介于 0.7996～0.9072，并用拟合的一级动力学方程求出了不同处理诺氟沙星降解半衰期。5 组处理中，T20 的诺氟沙星降解半衰期最短，为 7.92 d；其次是 T25（11.68 d）和 T15（14.77 d），而 T10 和 T35 两组处理半衰期相对较长，分别为 22.08 d 和 26.48 d。

表 6.1　不同碳氮比处理整个堆肥时期诺氟沙星降解过程的拟合方程

处理	拟合方程	相关系数 R	降解常数 $K(d^{-1})$
T10	$C = C_0 e^{-0.0148t-0.3664}$	0.7996	0.0148
T15	$C = C_0 e^{-0.0237t-0.3430}$	0.9072	0.0237
T20	$C = C_0 e^{-0.0210t-0.5268}$	0.8495	0.0210
T25	$C = C_0 e^{-0.0231t-0.4233}$	0.8549	0.0231
T35	$C = C_0 e^{-0.0141t-0.3198}$	0.8559	0.0141

2. 碳氮比对诺氟沙星存在下堆肥过程中工艺参数的影响

（1）堆体温度

由图 6.2 可知，室温在整个堆肥过程中变化幅度较小，基本维持在 23℃左右。各处理温度变化趋势大体相同，均呈现出升温期、高温期和降温期的阶段性变化规律。但是堆料 C/N 不同，堆体的升温速度及高温保持时间有所差异。各处理温度上升速度都很快，但 T10 处理的温度在堆肥第 2 d 即升至 50℃以上，其他处理晚一天进入高温阶段（50℃）。在所有处理中，T15 处理的高温维持时间最长，50℃以上长达 13 d 之久，然后依次为 T10（12 d）、T20（12 d）、T25（11 d）及 T35

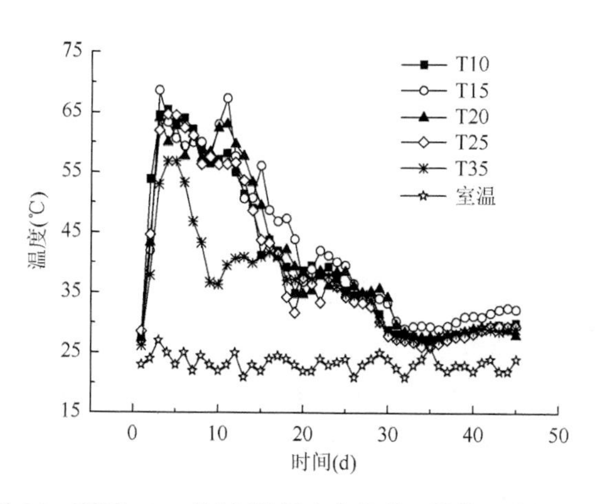

图 6.2　不同 C/N 对诺氟沙星存在条件下堆体温度的影响

（4 d）。每个处理的堆体温度在第 3～4 d 达到最高值，分别为 64.5℃、68.7℃、62.7℃、64.7℃和 56.8℃。此外，除 T35 处理，其他 4 个处理都经历了二次升温。堆肥第 30 d 后，各组处理温度逐渐下降至 30℃以下并维持 15 d 左右保持恒定，表明堆肥过程基本结束。

（2）堆体含水率

堆体含水率影响堆肥的发酵速度，是影响好氧堆肥顺利进行的关键因素之一，含水率过高（＞70%）或过低（＜20%）都不利于堆肥的进行。当含水率过高时，堆体空隙被水分填充，通气性差，不利于好氧堆肥的进行，而含水率低于 20%时，微生物所需的溶解性养料减少，直接抑制了堆肥中微生物的生长繁殖。本试验初始含水率设定为最适含水率 60%，实际测得初始含水率在 59.81%～61.20%范围内，各处理组间差异不显著。由图 6.3 可知，随着堆肥的进行，各处理组堆体的含水率呈下降趋势。下降速率先快后慢，在堆肥前 7 d，由于堆体温度高且频繁的翻抛操作，含水率降低较快，第 21 d 至堆肥结束，水分下降速率缓慢。在堆肥第 7 d，不同 C/N 处理的堆体含水率减少量出现明显差异。其中，水分散失最多和最少的处理分别为 T20 和 T35。堆肥结束时，除 T35 处理，其他 4 个处理的含水率均低于 45%。水分散失最多的 T20 处理较初始含水率降低了 33.60%。

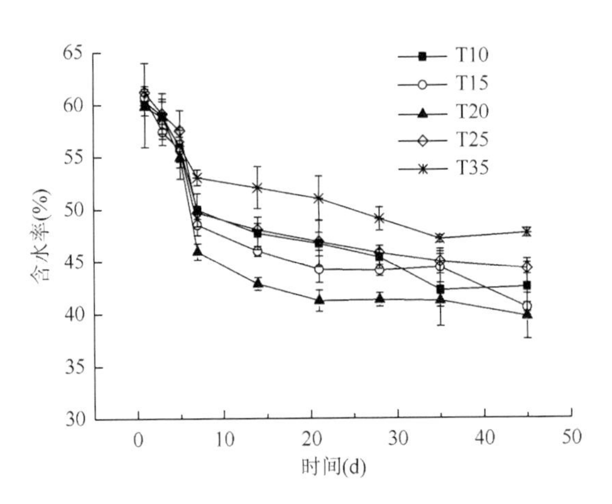

图 6.3　不同 C/N 对诺氟沙星存在条件下堆体含水率的影响

（3）堆体 pH

从图 6.4 可以看出，堆肥第 1 d，各处理的 pH 有些差别，分别为 7.71（T10）、7.53（T15）、7.48（T20）、7.63（T25）和 7.53（T35），均满足好氧堆肥中微生物生长的 pH 条件，在整个堆肥过程中，各处理 pH 均呈现先上升后缓慢降低的趋势，但不同 C/N 处理的 pH 上升和下降幅度有所不同。由于高温阶段微生物的作用，有机质分解产生大量氨气，pH 迅速上升。T25 和 T35 处理在堆肥第 7 d 达到最大

pH，分别为 9.04 和 8.95；T10 和 T20 在第 14 d 升至最高值，分别为 9.13 和 8.91；T15 处理在第 21 d 达到最大 pH 8.93，但与第 14 d 的 pH（8.91）相差不大。随后氨释放减少，使 pH 稍有下降。堆肥结束时，各处理的 pH 均维持在 8.70 左右，这可能会增加堆肥中铵态氮的挥发损失。

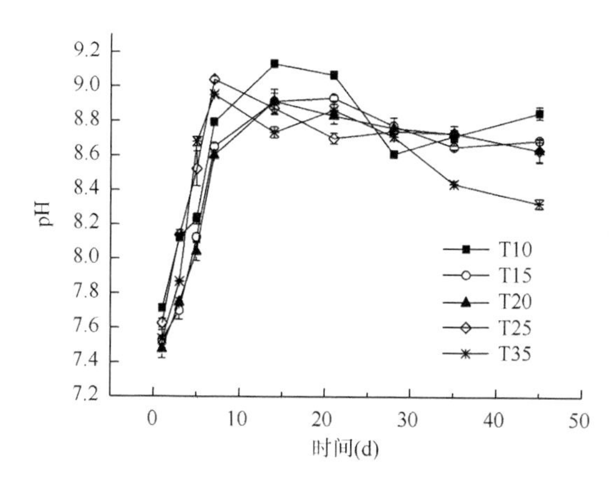

图 6.4　不同 C/N 对诺氟沙星存在条件下堆体 pH 的影响

3. 碳氮比对诺氟沙星存在下堆肥过程中部分生化参数的影响

（1）堆体 TOC、TN 及 C/N

在堆肥过程中，堆肥物料中的有机质在微生物作用下，不断分解为 CO_2 和 H_2O 等小分子物质，堆体中的碳素主要为微生物的生长繁殖提供碳源和能源，氮素则以氨气形式挥发或转化成硝态氮。由图 6.5（a）可以看出，在整个堆肥过程中，随着堆体有机质的分解，各处理组堆体 TOC 值呈现逐渐降低的趋势。在堆肥开始时，由于秸秆和锯末等调理剂的添加，C/N 越大的处理，TOC 含量越高。高温阶段是有机质降解的主要时期，堆肥 28 d 后，堆肥 TOC 含量变化趋于平缓，到堆肥结束时，5 个处理 TOC 含量分别下降到 18.54%、23.37%、26.86%、33.38% 和 34.07%，与初始 TOC 含量相比，分别下降了 11.59 个百分点、11.98 个百分点、7.51 个百分点、4.73 个百分点和 6.85 个百分点，低 C/N 处理的 TOC 含量下降率较高，这可能与有机质的分解程度有关。堆体 TN 含量的变化趋势与 TOC 变化有明显不同［图 6.5（b)］，各组处理在堆肥整个过程中呈现出先下降后缓慢上升的趋势，但每个处理组的 TC 含量变化规律有所差异。T10、T15、T20 和 T35 四组处理的 TN 含量均在堆肥第 7～14 d 下降幅度最大，而 T25 处理的 TN 含量下降最快出现在堆肥第 5～7 d。高温期后，处理组 T10、T25 和 T35 堆体 TN 含量均有小幅度上升的趋势，而其他两组处理 TN 含量在堆肥 35 d 后上升。堆肥结束时，T35 的 TN 含量明显低于其他处理。整个过程的 TN 含量下降幅度最大的为 T15

处理，与 TOC 相对含量的变化相同。由图 6.5（c）看出，除 T25 处理，其他各处理在堆肥结束时的 C/N 较初始值有所升高，这一结果不同于已有研究（曾光明等，2006）的结果，即 C/N 在整个堆肥过程中逐渐下降，原因可能是堆体氮素损失严重，氮素的损失可能与堆肥中抗生素的存在或通风方式有关。

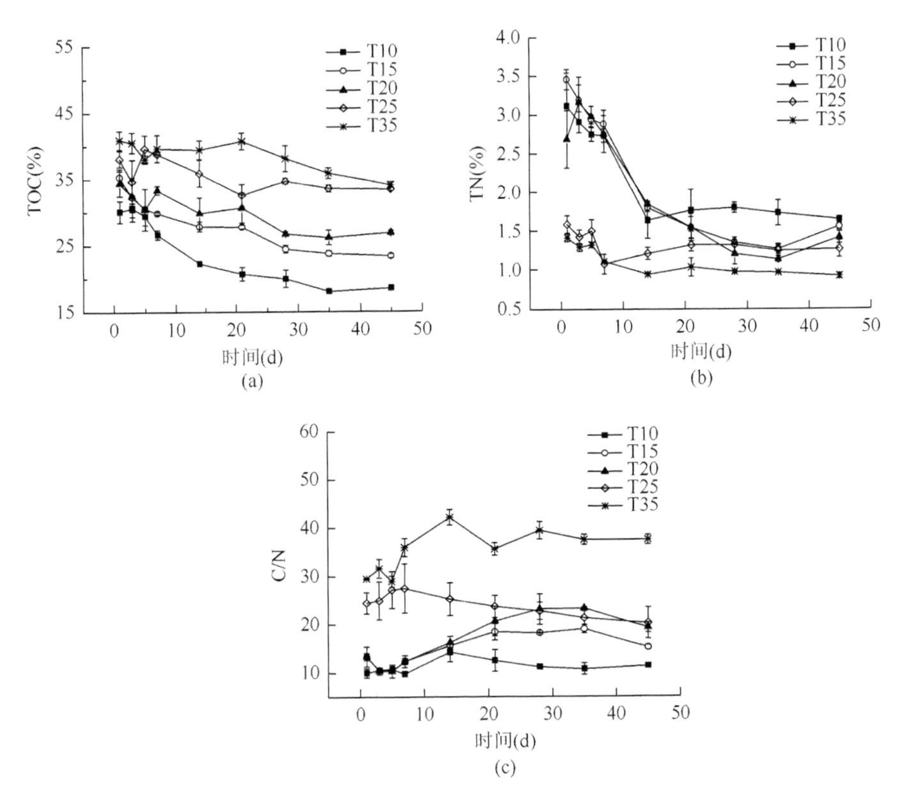

图 6.5　不同 C/N 对诺氟沙星存在条件下堆体 TOC（a）、TN（b）和 C/N（c）的影响

（2）GI 值

各处理的 GI 值呈现先小幅度下降后升高的趋势（图 6.6）。在堆肥第 3～5 d 时，每组处理的 GI 值最低，这可能由于在升温期堆体有机物分解产生有毒物质抑制了种子发芽。随着堆肥的进行，NH_4^+-N 以氨气形式挥发或有机酸分解，GI 逐渐升高。堆肥结束时，只有处理 T25 的 GI 值达到 80%以上，各处理堆肥浸提液处理的小麦 GI 值由高到低依次为 82.14%（T25）＞78.24%（T20）＞73.00%（T15）＞61.09%（T35）＞56.72%（T10），表明在诺氟沙星存在下，C/N 为 25 的处理堆肥可以达到完全腐熟。本研究结果表明，堆肥初始 C/N 为 25 更有利于堆肥生物毒性的降低，满足堆肥腐熟的标准。

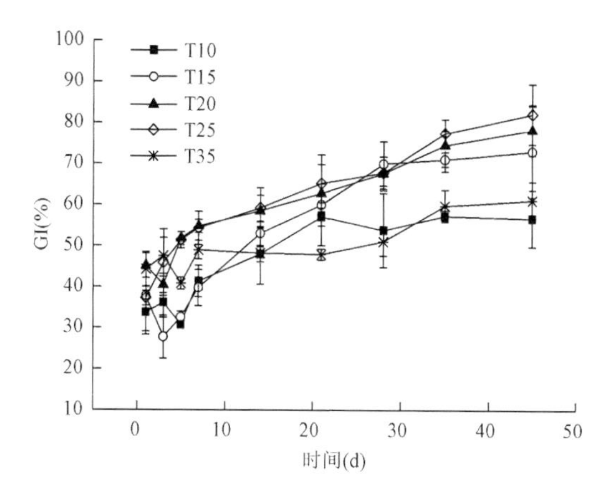

图 6.6 不同 C/N 对诺氟沙星存在条件下 GI 值的影响

6.2 外源菌剂对鸡粪堆肥过程中诺氟沙星降解及堆肥参数的影响

6.2.1 试验设计与研究方法

微生物对好氧堆肥过程中有机物质的降解起着主导作用。通过外源添加诺氟沙星优势降解菌，旨在进一步提高堆肥过程中诺氟沙星的去除效果。本节将适量粉碎后的小麦秸秆、锯末与鸡粪混合均匀，配制成碳氮比约为 25 的堆肥混合物，诺氟沙星添加量均为 100 mg/kg，调节堆体初始含水率为 60%左右。将室内分离筛选出的功能菌剂在堆肥开始时应用到堆肥中，设计 5 个处理：①T25，不添加菌剂；②T25 + B1，细菌接种量 1×10^8 CFU/kg；③T25 + B2，细菌接种量 1×10^9 CFU/kg；④T25 + F1，真菌接种量 1×10^8 个孢子数/kg；⑤T25 + F2，真菌接种量 1×10^9 个孢子数/kg。每个处理重复 3 次，其他操作同 6.1.1 节。

6.2.2 外源菌剂对鸡粪堆肥中诺氟沙星降解及堆肥参数的影响

1. 外源菌剂对鸡粪堆肥中诺氟沙星降解的影响

如图 6.7 所示，堆肥前 21 d，所有 C/N 处理的诺氟沙星去除速率较快。堆肥第 14 d，5 个处理的诺氟沙星去除率均达到 50%以上，从大到小依次是 T25 + B1＞T25 + B2＞T25＞T25 + F1＞T25 + F2。第 21 d，T25 + B1 处理的诺氟沙星去除率显著高于其他处理，为 75.50%。堆肥结束时，诺氟沙星去除率分别为 75.00%（T25）、76.71%（T25 + B1）、77.50%（T25 + B2）、75.87%（T25 + F1）和 75.61%（T25 + F2），

外添菌剂处理的去除率相比对照 T25 分别提高了 1.71 个（T25 + B1）、2.50 个（T25 + B2）、0.87 个（T25 + F1）和 0.61 个百分点（T25 + F2），但效果并不显著，究其原因可能是堆肥高温或者高浓度诺氟沙星对各功能菌种的活性有抑制作用。对各处理诺氟沙星在整个堆肥的浓度变化用一级动力学方程式进行拟合（表 6.2），相关系数介于 0.8995～0.9568，并用拟合的一级动力学方程求出了不同处理的诺氟沙星降解半衰期，从短到长依次为 T25 + B1（10.88 d）、T25 + F1（12.63 d）、T25 + B2（12.83 d）、T25（13.64 d）、T25 + F2（14.62 d）。

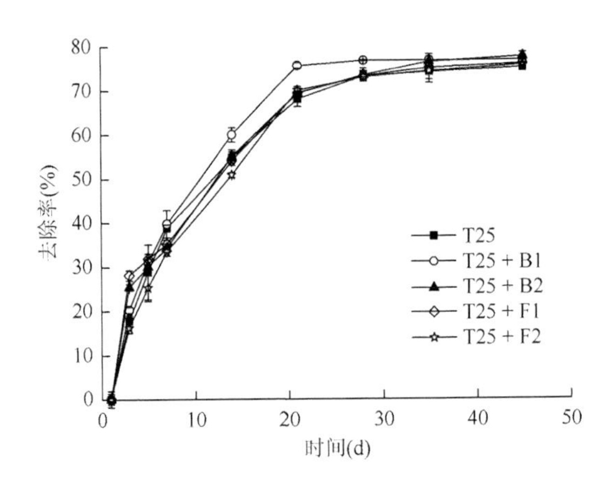

图 6.7 外源菌剂对堆肥中诺氟沙星降解的影响

表 6.2 外源菌剂处理整个堆肥时期诺氟沙星的拟合方程

处理	拟合方程	相关系数 *R*	降解常数 *K*（d^{-1}）
T25	$C = C_0 e^{-0.0298t-0.2866}$	0.9392	0.0298
T25 + B1	$C = C_0 e^{-0.0317t-0.3484}$	0.8995	0.0317
T25 + B2	$C = C_0 e^{-0.0318t-0.2851}$	0.9568	0.0318
T25 + F1	$C = C_0 e^{-0.0295t-0.3207}$	0.9474	0.0295
T25 + F2	$C = C_0 e^{-0.0318t-0.2282}$	0.9385	0.0318

2. 外源菌剂对诺氟沙星存在下堆肥过程中工艺参数的影响

（1）堆体温度

有研究表明，接种外源微生物菌剂加快了堆肥升温速度，且接种外源微生物菌剂能够提高堆肥高温期的温度（徐智等，2009）。从图 6.8 可以看出，所有处理都在第 3 d 上升到 50℃以上，在 50℃以上维持时间均超过 10 d，其中保持在 55℃以上的时间超过 7 d，远远超过了堆肥高温腐熟的标准。除接种低浓度细菌的处理组与对照组的高温持续时间相同，接种菌剂的其他处理组高温维持时间较对照有所延长，表明接种菌剂处理提高了微生物活性，使微生物活动增强。但接种菌剂的处理组并没有显著提高堆肥高温期的温度，反而对照的最高温要高于其他处理，在第 4 d 时即达到最高温（68.5℃）。T25 + B2、T25 + F1 处理也在第 4 d 达到最高温度，分别为 61.5℃和 63.9℃，而 T25 + B1 和 T25 + F2 处理温度继续上升，分别在堆肥第 6 d 和第 7 d 达到最高值 64.9℃和 61.9℃。在堆肥第 14 d 时，各处理的温度值下降，随后出现第二次升温。在 2～3 d 后再次达到温度小高峰，其后温度开始不断下降。堆肥结束后，各组处理温度已稳定在室温，表明堆肥达到腐熟。

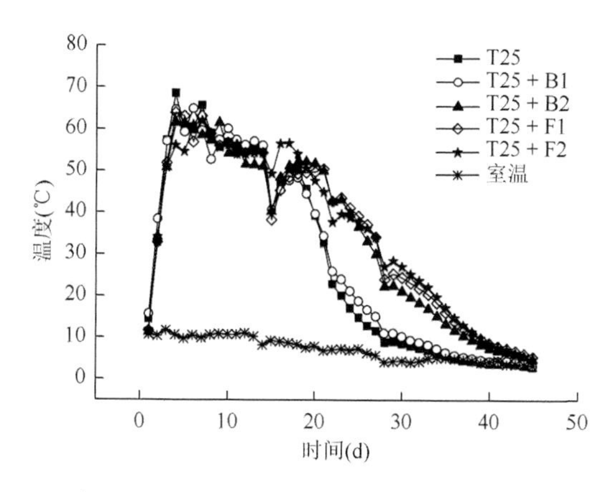

图 6.8　添加外源菌剂对诺氟沙星存在条件下堆体温度的影响

（2）堆体含水率

随着堆体温度的升高，堆肥翻堆散热及微生物生长活动使各处理的堆体含水率均呈现不断下降的趋势。由于环境温度低，为了保证堆体温度的维持，每次翻堆持续时间减少，并未因蒸发而带走大量水分，因此堆体的含水率下降较各碳氮比处理组整体减少。如图 6.9 所示，在堆肥开始时，实际测得的含水率在 61.05%～63.13%，各处理组间差异不明显。在整个堆肥过程中，水分减少速率先快后慢。在堆肥的第 1 周含水量下降较快，第 21 d 至堆肥结束，水分下降速率缓慢。堆肥结束时，各处理组的水分含量较初始含水率下降率为 10.07%～12.67%。

（3）堆体 pH

从图 6.10 看出，在堆肥开始时，各处理的 pH 稍有不同，分别为 7.29、7.33、7.53、7.31 和 7.44，但均满足好氧堆肥微生物生长的条件。在堆肥过程中，各处理组堆体的 pH 有相同的变化趋势，堆肥开始迅速升高，尤其在堆肥第 1～3 d，5 组处理的堆体 pH 增长率占整个过程 pH 增长率的 59.39%、65.61%、53.42%、61.05% 和 55.81%。随着堆肥的进行，pH 继续缓慢升高。与碳氮比（6.1.2 节）各处理组相比，本节每组处理的 pH 在整个堆肥过程中一直上升，在堆肥后期并无降低，这可能是因为堆体高温持续时间延长，有较长一段时间内，含氮有机物都在发生分解，产生氨气，并且有机质分解产生的一部分有机酸氧化分解并挥发，使 pH 不断上升。堆肥 45 d 时，各处理组的 pH 在 9.00 左右，无明显差异，堆体呈现碱性。

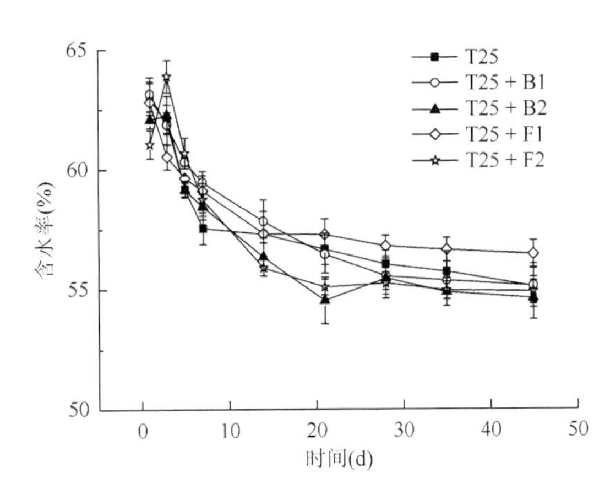

图 6.9 添加外源菌剂对诺氟沙星存在条件下堆体含水率的影响

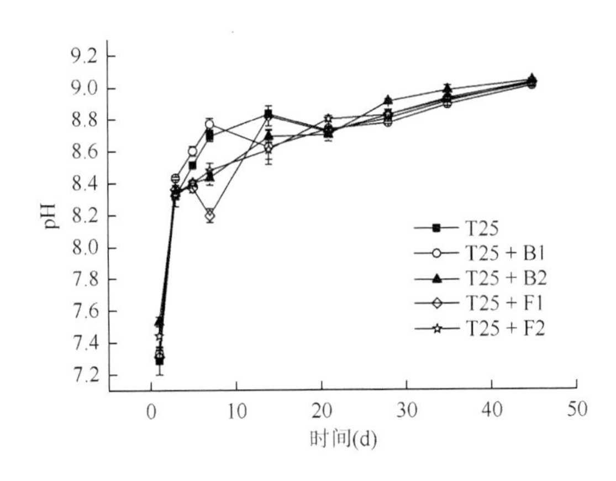

图 6.10 添加外源菌剂对诺氟沙星存在条件下堆体 pH 的影响

3. 外源菌剂对诺氟沙星存在下堆肥过程中部分生化参数的影响

（1）堆体 TOC、TN 及 C/N

在堆肥中添加微生物菌剂能够减少氮素损失，提高堆肥肥效。在堆肥过程中，外源添加菌剂提高了堆体的微生物丰度及多样性，同时，微生物的生长繁殖需要从堆体中摄取更多的碳素作为碳源。因此，在整个堆肥过程中，微生物代谢活跃，各处理组的堆体 TOC 含量随之不断减少［图 6.11（a)］。在堆肥前 2

周，堆体 TOC 含量均表现出先下降后上升的趋势，但每个处理出现最小值的时间不一致，堆肥第 14 d 后，各处理组 TOC 含量不断下降，表现为先快后慢。堆肥结束时，5 个处理组的堆体 TOC 含量分别下降至 26.99%（T25）、26.46%（T25 + B1）、23.88%（T25 + B2）、27.47%（T25 + F1）和 25.42%（T25 + F2），较初始 TOC 含量分别下降了 26.65%、30.80%、33.09%、22.84%和 26.04%。

从图 6.11（b）看出，堆肥开始时各处理的 TN 含量介于 1.33%～1.47%之间，随着时间延长，堆肥的 TN 含量总体呈现下降趋势。研究表明在有机废弃物堆肥过程中的氮素损失率达 16%～76%，其中绝大部分是由 NH_3 挥发所致。堆肥结束时，T25 + F2 的 TN 损失率最低（11.31%），其次是 T25 + F1 和 T25（13.15%），T25 + B2 和 T25 + B1 处理的 TN 含量分别减少了 14.52%和 19.24%，说明所添加的真菌有利于氮素的保存。

图 6.11（c）显示，各堆肥处理的 C/N 变化与 TOC 含量的变化规律一致，堆肥初始 C/N 保持在 25 左右，T25 和 T25 + B1 处理在堆肥前 3 周的堆体 C/N 下降

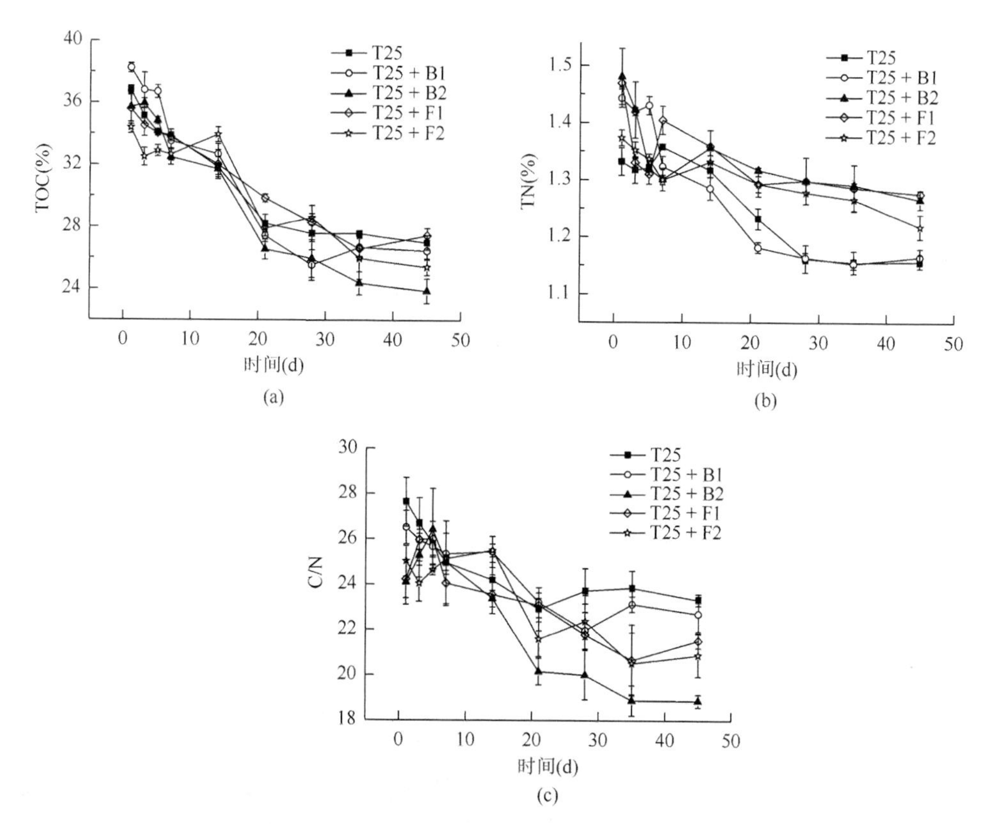

图 6.11　添加外源菌剂对诺氟沙星存在条件下堆体 TOC（a）、TN（b）和 C/N（c）的影响

相对较快，21 d 之后，C/N 缓慢下降，逐渐达到稳定；其他三个处理呈现先上升后下降的变化趋势。有研究认为，堆体 C/N 低于 20 可以作为堆肥腐熟的依据，按照此标准，T25 + B2 处理是唯一满足堆肥腐熟标准的处理。

（2）GI 值

从图 6.12 看出，各处理的 GI 变化规律一致，呈现先小幅度下降后升高的趋势，表明外添菌剂并没有显著影响堆体浸提液的生物毒性。在堆肥第 3 d 时，每组处理的 GI 值达到最低值，分别为 15.35%（T25）、21.77%（T25 + B1）、23.53%（T25 + B2）、21.85%（T25 + F1）和 20.03%（T25 + F2）。随着堆肥的进行，GI 值逐渐上升，到堆肥结束时，各处理堆肥浸提液处理的小麦 GI 值由高到低依次为 82.28%（T25 + B2）、80.55%（T25 + B1）、79.74%（T25 + F2）、78.81%（T25）和 77.20%（T25 + F1）。这一结果与诺氟沙星的去除效果有一定的相关性，表明诺氟沙星的存在会影响堆肥浸提液的种子发芽指数。

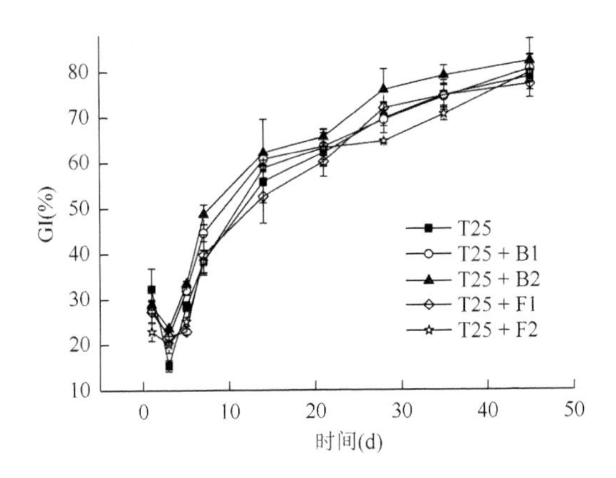

图 6.12　添加外源菌剂对诺氟沙星存在条件下 GI 值的影响

6.3　不同浓度诺氟沙星在鸡粪堆肥中的降解规律及其对微生物多样性的影响

6.3.1　试验设计与研究方法

本节设置 6 个不同诺氟沙星浓度处理，分别为 0 mg/kg、0.6 mg/kg、25 mg/kg、50 mg/kg、75 mg/kg 和 100 mg/kg（分别设为 NOR0、NOR0.6、NOR25、NOR50、NOR75、NOR100），每个处理重复 3 次。将适量粉碎后的小麦秸秆、锯末与鸡粪混合均匀，配制成碳氮比约为 25 的堆肥混合物，调节堆体初始含水率为 60%左右。其他操作同 6.1.1 节。

6.3.2 不同浓度诺氟沙星在鸡粪堆肥中的降解规律

1. 不同浓度诺氟沙星在鸡粪堆肥过程中的降解

图 6.13 是不同初始添加浓度的诺氟沙星处理在堆肥过程中的去除效果比较。随着堆肥的进行，不管诺氟沙星添加浓度的高与低，诺氟沙星在各组处理中的含量均发生了降解，这与孟磊等（2015）的研究结果一致。但不同浓度的诺氟沙星去除效果有所差别。本试验中不同添加水平下的诺氟沙星去除率依次为 80.78%（NOR50）、77.86%（NOR25）、77.48%（NOR75）、75.00%（NOR100）、28.77%（NOR0.6）和 18.01%（NOR0）。结果表明，在诺氟沙星低浓度处理（NOR0 和 NOR0.6）中，诺氟沙星的去除率很低，并没有达到抗生素的完全去除，这可能是因为一定量的诺氟沙星会被堆肥中的某种物质所吸附，不利于其降解。诺氟沙星高浓度处理（NOR75 和 NOR100）降解率低于诺氟沙星中浓度处理（NOR25 和 NOR50），原因可能是过多的诺氟沙星添加量会抑制堆肥中微生物的新陈代谢，从而导致诺氟沙星去除效果降低（Arikan et al.，2009）。对鸡粪堆肥中诺氟沙星的浓度随时间的变化用一级动力学方程拟合（表 12.3），相关系数介于 0.7357～0.9396。并计算其半衰期，结果表明诺氟沙星的初始浓度不同，其半衰期也会存在差异。

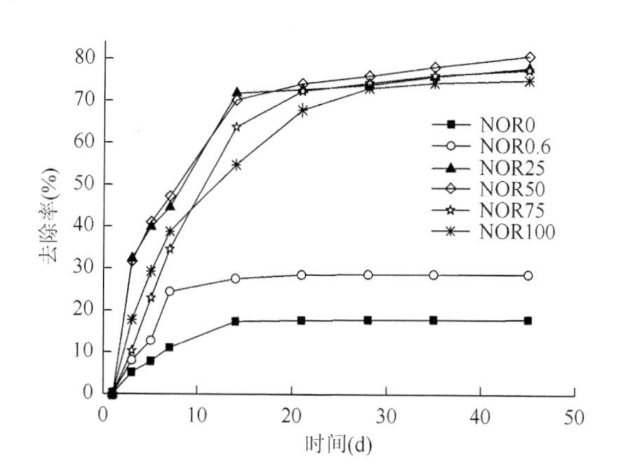

图 6.13　不同初始浓度诺氟沙星在鸡粪堆肥中的降解

表 6.3　整个堆肥时期不同初始浓度诺氟沙星的拟合方程

处理	拟合方程	相关系数 R	降解常数 K（d^{-1}）
NOR0	$C = C_0 e^{-0.0032t-0.0908}$	0.8041	0.0032
NOR0.6	$C = C_0 e^{-0.0049t-0.1745}$	0.7357	0.0049

续表

处理	拟合方程	相关系数 R	降解常数 K（d^{-1}）
NOR25	$C=C_0\mathrm{e}^{-0.0267t-0.5136}$	0.8862	0.0267
NOR50	$C=C_0\mathrm{e}^{-0.0300t-0.4952}$	0.9257	0.0300
NOR75	$C=C_0\mathrm{e}^{-0.0339t-0.2520}$	0.9113	0.0339
NOR100	$C=C_0\mathrm{e}^{-0.0299t-0.2876}$	0.9396	0.0299

2. 诺氟沙星对堆肥过程中工艺参数的影响

（1）堆体温度

由于诺氟沙星分子 C—N 键能较弱，温度升高时该键首先断裂，脱去乙基，随后侧链哌嗪环破裂，羧基断裂脱去，温度升高将促进抗生素的生物降解（孟磊等，2015）。不同诺氟沙星浓度处理堆体温度变化如图 6.14 所示，各处理组的温度变化趋势大体相同，主要分 3 个阶段：在堆肥初期，各处理组的温度均快速上升（升温期），在堆肥第 3 d 即升至 50℃以上，随后进入高温期，各组处理在堆肥第 4～6 d 达到最高温值，依次为 NOR100（68.5℃）＞NOR0（64.4℃）＞NOR75（63.9℃）＞NOR25（63.0℃）＞NOR50（62.2℃）＞NOR0.6（59.1℃）。所有处理的高温（＞50℃）维持时间长达 10 d 以上，其中 NOR0 处理的高温期最长，为 16 d。堆肥 17 d 时，各处理的温度开始下降。堆肥 28 d 后，各组处理温度降至室温并保持恒定，表明堆肥过程基本结束。在整个堆肥过程中，不同浓度处理的温度变化呈现一定的规律性，即诺氟沙星含量高的处理温度相对较高，表明诺氟沙星的存在使微生物活动更强烈。

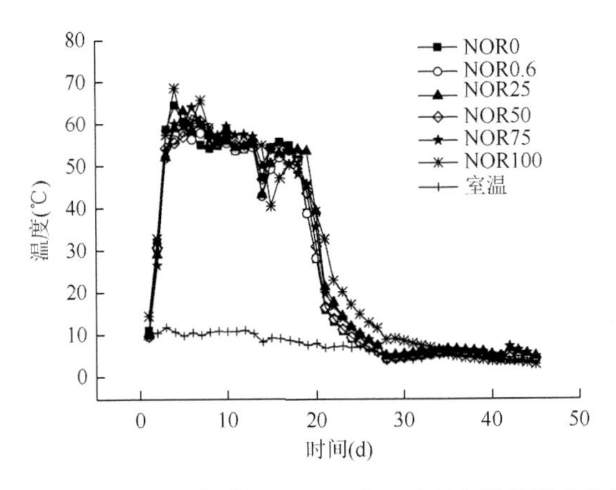

图 6.14　不同初始浓度诺氟沙星对堆肥过程中堆体温度的影响

（2）堆体含水率

在整个堆肥过程中（图 6.15），各处理含水率呈现逐渐下降的趋势，下降速率先快后慢。堆体含水率的降低主要是在升温期和高温期，由于高温期微生物活动剧烈，有机质不断分解，不同浓度处理的含水量快速下降，第 21 d 至堆肥结束，水分继续缓慢减少。堆肥结束时，各处理组的水分含量介于 53.51%～55.11%之间，与初始含水率相比，各处理含水量减少率分别为 12.98%（NOR0）、13.82%（NOR0.6）、14.04%（NOR25）、15.32%（NOR50）、12.56%（NOR75）和 12.43%（NOR100）。

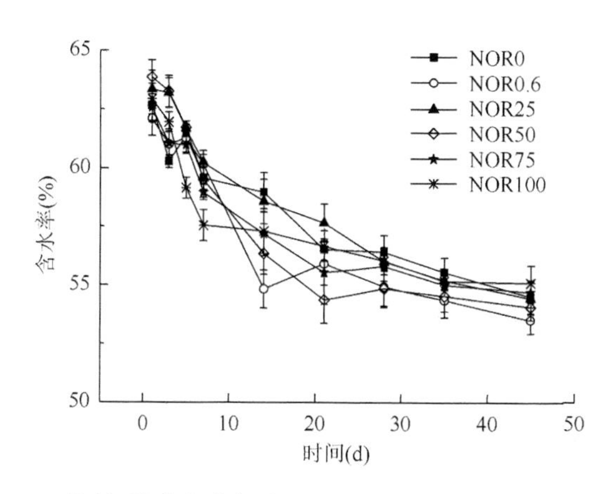

图 6.15 不同初始浓度诺氟沙星对堆肥过程中堆体含水率的影响

（3）堆体 pH

从图 6.16 看出，在堆肥过程中，各处理堆体 pH 的变化基本一致，总体呈上

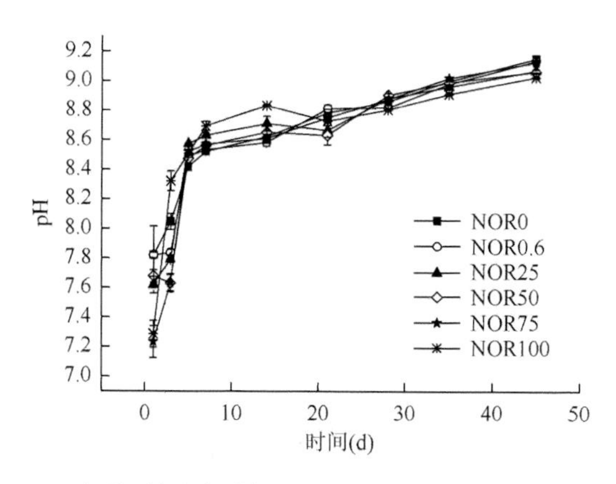

图 6.16 不同初始浓度诺氟沙星对堆肥过程中堆体 pH 的影响

升趋势。堆肥初始，各处理的 pH 介于 7.29～7.82 之间，满足堆肥进行的条件。堆肥第 1～5 d，各堆体的 pH 上升速度最快，其中，诺氟沙星浓度越高，pH 的升高越快，表明诺氟沙星的存在在一定程度上可能会加剧堆体中氨的挥发。在堆肥第 5 d 时，所有处理的 pH 均达到 8.40 以上。随着堆肥的进行，pH 继续缓慢上升，堆肥结束时，各处理的 pH 分别为 9.15（NOR0）、9.14（NOR0.6）、9.07（NOR25）、9.06（NOR50）、9.03（NOR75）和 9.03（NOR100）。

3. 诺氟沙星对堆肥过程中部分生化参数的影响

（1）堆体 TOC、TN 及 C/N

在整个堆肥过程中，有机质分解所依赖的微生物活动需要不断地消耗碳源。因此，各处理组的堆体 TOC 含量总体呈下降趋势，但不同处理组的 TOC 含量变化略有差异。从图 6.17（a）可以看出，NOR50 和 NOR75 处理的 TOC 含量在堆肥第 21～28 d 时相对升高，而其他各处理 TOC 含量在整个过程中不断下降。堆肥结束时，6 组处理的堆体 TOC 含量下降至 25.67%～27.39%，较初始 TOC 含量分别下降了 25.90%（NOR0）、28.20%（NOR0.6）、29.86%（NOR25）、28.94%（NOR50）、29.77%（NOR75）和 26.65%（NOR100）。添加诺氟沙星处理的 TOC 下降率高于对照组，因为诺氟沙星的存在使有机质不断被分解并以 CO_2 和 H_2O 等小分子物质散失到环境中。图 6.17（b）表示堆肥过程中各处理堆体 TN 含量的变化情况。堆肥开始时各处理的 TN 含量介于 1.33%～1.58%之间，随着堆肥的进行，在堆肥初期各处理 TN 含量逐渐减少，在堆肥第 1～7 d，NOR0.6、NOR25、NOR50 处理的 TN 含量出现较大幅度的降低，分别降至 1.29%、1.25%和 1.37%，而 NOR0 和 NOR75 处理在第 5～21 d 才呈现大幅下降，分别降至 1.30%和 1.21%。堆肥后期，各处理的 TN 含量均缓慢下降并趋于稳定。堆肥结束时，除 NOR75 处理，外添诺氟沙星的其他处理 TN 降低率均低于对照组 NOR0，原因可能是诺氟沙星会影响氮素的转化过程，减少堆肥前期产生的 NH_4^+-N 以 NH_3 的形式挥发，促进其转化为 NO_3^--N。由于 TOC 含量的下降幅度大于 TN 含量，从而 C/N 总体呈现下降趋势［图 6.17（c）］。各处理的 C/N 总体呈下降趋势，C/N 下降速率也表现为先快后慢。堆肥结束时，各处理 C/N 分别为 23.14、22.84、21.93、20.14、22.03 和 23.34。

（2）GI 值

由图 6.18 可知，堆肥第 3 d 堆肥浸提液的生物毒性较初始增强，具体表现为诺氟沙星浓度越高，GI 越低，这可能与诺氟沙星在堆肥初期降解较快有关，并且诺氟沙星的存在会增强浸提液的生物毒性。经过高温期后，堆肥第 21 d 的浸提液生物毒性明显降低，GI 均达到了 50%以上。随着堆肥时间的延长，浸提液生物毒性继续降低，堆肥结束时，对照组和添加 0.6 mg/kg、25 mg/kg 和 50 mg/kg 堆肥处理组的 GI 达到了 80%以上，结果与已有研究一致（Wang and Yates，2008），而添加量为 75 mg/kg 和 100 mg/kg 处理的 GI 未达到堆肥腐熟的要求，这可能是因为堆体中残留诺氟沙星对种子发芽仍然存在一定的毒性。

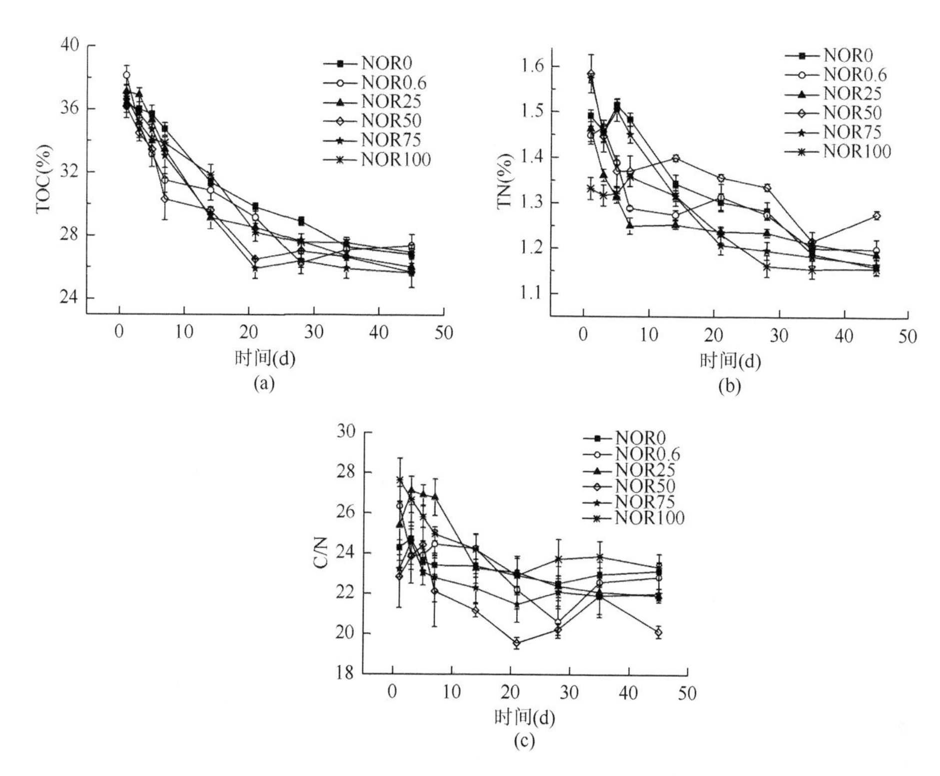

图 6.17　不同初始浓度诺氟沙星对堆肥过程中堆体 TOC（a）、TN（b）和 C/N（c）的影响

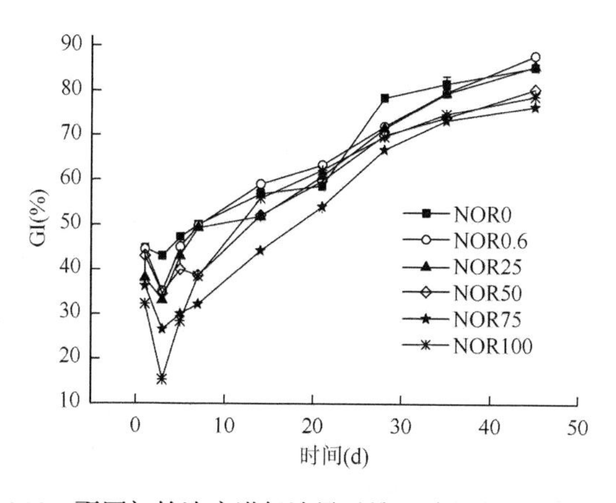

图 6.18　不同初始浓度诺氟沙星对堆肥过程中 GI 值的影响

6.3.3 诺氟沙星对鸡粪堆肥中微生物多样性的影响

好氧堆肥是由细菌、真菌、放线菌等多种微生物共同作用的过程。高通量测序是分析比较环境中微生物的组成、丰度和多样性的重要工具，本研究采用 Illumina 平台 Miseq 高通量测序技术分析不添加诺氟沙星对照（CK）和添加 100 mg/kg 诺氟沙星处理（NOR）的微生物群落分布及其丰富度和多样性变化，在测序中发现了一些在堆肥过程中起作用但未被认识的菌种，比较全面地分析了堆肥中微生物多样性的动态变化。细菌和真菌分别选用 16S rDNA V3～V4 和 ITS1 区进行 PCR 扩增测序，在 0.97 的相似度条件下，各样品的覆盖率指数（good's coverage）显示 OTUs 涵盖了堆肥中 90%以上的细菌和 98%以上的真菌，同时利用 Chao1 指数和 Shannon 指数分别分析了堆肥特征时期（升温期、高温期、降温期）微生物群落的丰度和多样性，结果表明，堆肥过程显著提高了堆料中细菌和真菌物种的丰度和多样性，说明堆肥腐熟后的堆体腐殖质含量提高，作为有机肥施入农田土壤后可增加土壤中微生物的丰度及多样性，促进土壤环境中微生物的活动。由于在堆肥处理中添加了诺氟沙星，堆体处理中细菌的群落组成及丰度与未添加处理相比有一定差异性。堆体中存在的诺氟沙星显著降低了堆体微生物的丰度，并影响其多样性水平。但也发现了一些在 NOR 处理中特有或者丰度较高的细菌群落。其中，在堆肥第 3 d（即升温期），NOR 处理中一个未命名的菌属相对丰度显著提高，而在 CK 处理中几乎没变；芽孢杆菌属和芽孢八叠球菌属相对丰度在诺氟沙星存在下提高，而在 CK 处理中很少，说明这 3 个细菌属可能与诺氟沙星的降解和堆肥温度的升高有一定关系。在高温期，诺氟沙星的存在对 *Tepidimicrobium* 和 *Caldicoprobacter* 有抑制作用，同时提高了拟杆菌属的丰度。在堆肥后期（即降温期），堆肥中诺氟沙星的浓度降低，两组处理中的细菌组成和多样性差异越来越小，说明低浓度诺氟沙星对堆肥中的细菌群落多样性和丰度影响不大。相对于细菌，堆肥中真菌的多样性低，但两组处理对群落多样性的影响较显著。在整个堆肥过程中，NOR 处理堆体真菌群落与 CK 处理菌群间的差异较大，这表明诺氟沙星对堆体中真菌的群落多样性影响较大。在堆肥初期，假丝酵母属在 NOR 处理中占优势地位。随着堆肥进入高温期，酵母属、曲霉属、节担菌属和一个无法辨别的属相对丰度逐渐增加，这表明较高浓度的诺氟沙星提高了这些菌种的丰度，反过来说，4 个真菌属可能与诺氟沙星的降解有关。堆肥结束时，NOR 处理的群落多样性显著高于 CK，说明诺氟沙星提高了真菌群落的多样性。

1. 堆肥微生物群落丰富度和多样性分析

Chao1 指数用来表示微生物群落丰富度，其值越高表明群落物种的丰富度越高；Shannon 指数则反映样品的多样性程度，其值越高表明群落物种的多样性越高。表 6.4 所示为 CK 和 NOR 两个处理在 5 个堆肥时期的微生物群落丰富度和多样性指数。比较堆肥的 2 种主要微生物，无论是物种的丰富度还是多样性，细菌都占据优势地位。从表 6.4 中可以看出，随着堆肥时间的延长，CK 和 NOR 处理的细菌和真菌 Chao1 指数和 Shannon 指数均发生显著变化，细菌 Chao1 指数和 Shannon 指数在堆肥过程中呈先升高后缓慢下降的趋势，在堆肥第 14 d 时两个指数值最高；而真菌的 Chao1 指数和 Shannon 指数呈先下降后升高趋势，在堆肥第 3 d 指数值最小。与同一堆肥时期 CK 处理相比，NOR 处理的细菌和真菌 Chao1 指数略有降低，但总体上无显著差异，只有在堆肥第 3 d 时，NOR 处理的细菌和真菌 Chao1 指数均高于 CK 处理。该结果表明诺氟沙星的存在提高了堆肥微生物丰度，尤其在堆肥升温期最显著。比较 2 组处理的 Shannon 指数发现，CK 处理和 NOR 处理的细菌 Shannon 指数在整个堆肥过程中均无显著差异；二者的真菌 Shannon 指数在堆肥初期并无差异，堆肥第 7 d 至堆肥结束，NOR 处理的真菌 Shannon 指数均显著高于 CK 处理。这表明诺氟沙星显著提高了堆肥后期的真菌物种多样性，而对细菌物种的多样性影响不大。

表 6.4　不同堆肥处理的微生物丰富度及多样性指数

处理	细菌		真菌	
	Chao1 指数	Shannon 指数	Chao1 指数	Shannon 指数
CK1	1889±7ab	6.51±0.13ab	892±4.0b	2.73±0.38a
CK3	2852±21b	6.39±0.68ab	568±4.2a	2.62±0.24a
CK7	4691±14 d	7.67±0.46bcd	985±6.3bc	2.84±0.37a
CK14	5416±13 d	7.94±0.30 d	1239±7.8cd	3.37±0.15b
CK45	4834±18 d	7.20±0.46bcd	1417±6.7d	3.64±0.38b
NOR1	1472±10a	5.69±0.63a	827±5.1b	2.96±0.16ab
NOR3	3300±6bc	7.47±0.09bcd	820±8.2b	2.34±0.30a
NOR7	4928±14 d	7.56±0.20bcd	1141±6.1cd	4.59±0.44c
NOR14	4925±13 d	7.70±0.34cd	1210±4.6cd	4.73±0.47c
NOR45	4519±16 d	7.39±0.33bcd	1374±8.8 d	5.76±0.41 d

2. 堆肥细菌群落结构分析

图 6.19 是不同堆肥样品在门分类水平上的细菌群落结构和分类比较结果。由图可见，在细菌分类门的水平，CK 和 NOR 两组处理在堆肥过程中拥有 3 个相对丰度较大的微生物类群，分别是厚壁菌门（Firmicutes）、变形菌门（Proteobacteria）和拟杆菌门（Bacteroidetes）。随着堆肥时间的延长，3 个细菌门的相对丰度之和

占堆肥细菌总量的比例有所降低，越来越多的门在堆肥后期逐渐出现并增加，主要有 1 个未被分类的细菌门、芽单胞菌门（Gemmatimonadetes）及 Thermi。堆肥结束时，两组处理的细菌类群多样性均提高，说明堆肥化过程降低了鸡粪的毒性，使其达到无害化水平。比较两组处理中细菌门水平的相对丰度发现，CK 处理中 4 个细菌门相对丰度的减少率要高于 NOR 处理，其中厚壁菌门和放线菌门在 CK 处理中的相对丰度大于 NOR 处理，而变形菌门和拟杆菌门恰恰相反，且未被分类的门在 CK 处理中的增幅要高于 NOR 处理。表明诺氟沙星对厚壁菌门、放线菌门和未被分类的门有抑制作用，变形菌门和拟杆菌门可能对诺氟沙星降解有一定的促进作用。

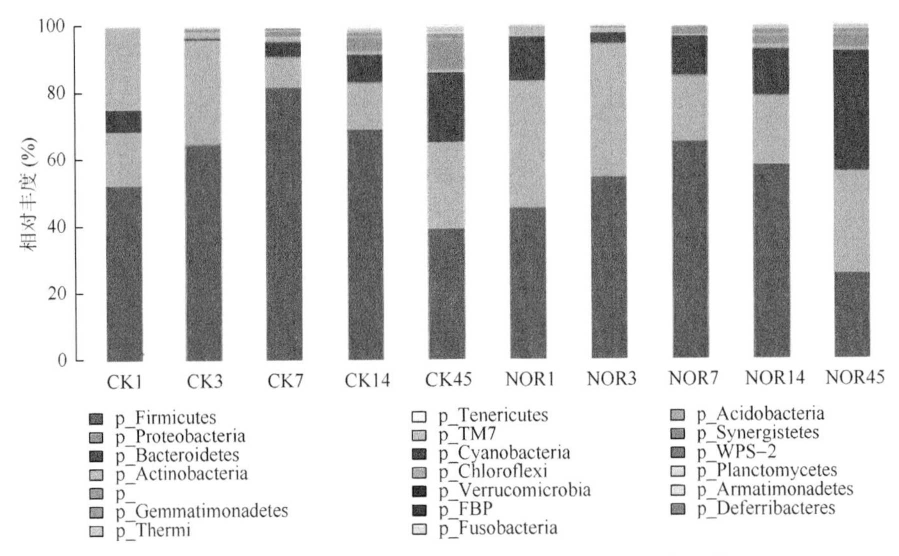

图 6.19　不同处理在门分类水平上的细菌群落分布比较

在纲分类水平上，CK 和 NOR 两组处理在整个堆肥过程中得到 25 个已知的细菌纲。如图 6.20 所示，杆菌纲（Bacilli）、梭状芽孢杆菌纲（Clostridia）、γ-变形菌纲（Gammaproteobacteria）和黄杆菌纲（Flavobacteria）是两组处理中共有且相对丰度较大的 4 个细菌纲。随着堆肥的进行，细菌纲类群增多。

比较两组处理中细菌纲水平的差异，在堆肥开始时，CK 处理中放线菌纲（Actinobacteria）的相对丰度显著高于 NOR 处理，由于温度的升高不利于放线菌生存，在堆肥第 3 d 基本消失。与 CK 处理相比，NOR 处理中的 γ-变形菌纲和黄杆菌纲的相对丰度较大，梭状芽孢杆菌纲的相对丰度小，随着堆肥进行而出现的相对丰度较高的 β-变形菌纲（Betaproteobacteria）和未被分类细菌纲，前者在 NOR 处理中的相对丰度远高于 CK 处理，后者正好相反。表明 γ-变形菌纲和黄杆菌纲可能在堆肥高温期对诺氟沙星具有降解作用，β-变形菌纲可能对诺氟沙星具有一定的抗性，在堆肥后期显著增多。

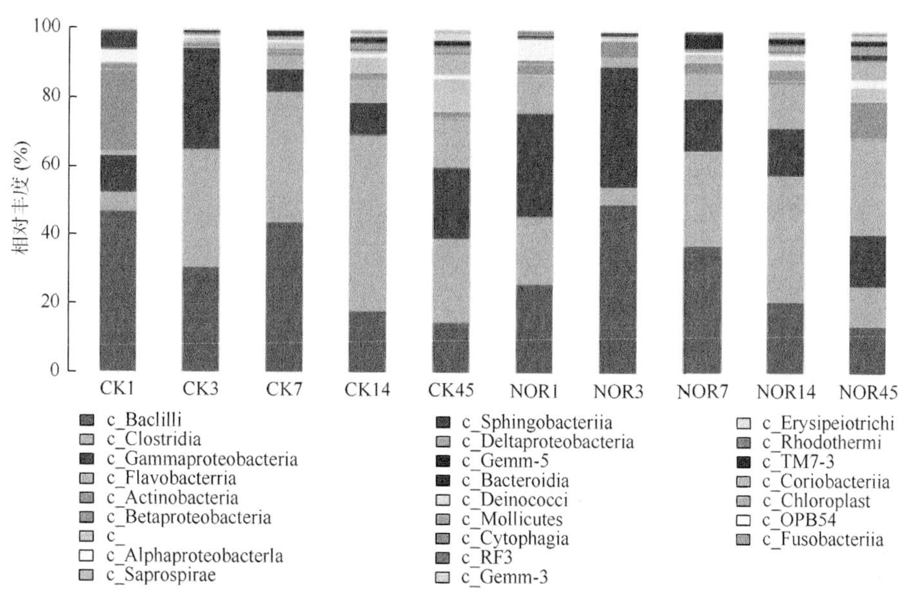

图 6.20　不同堆处理在纲分类水平上的细菌群落分布比较

图 6.21 所示为不同细菌属水平的群落结构分布。从图 6.21 中可以看出，在整

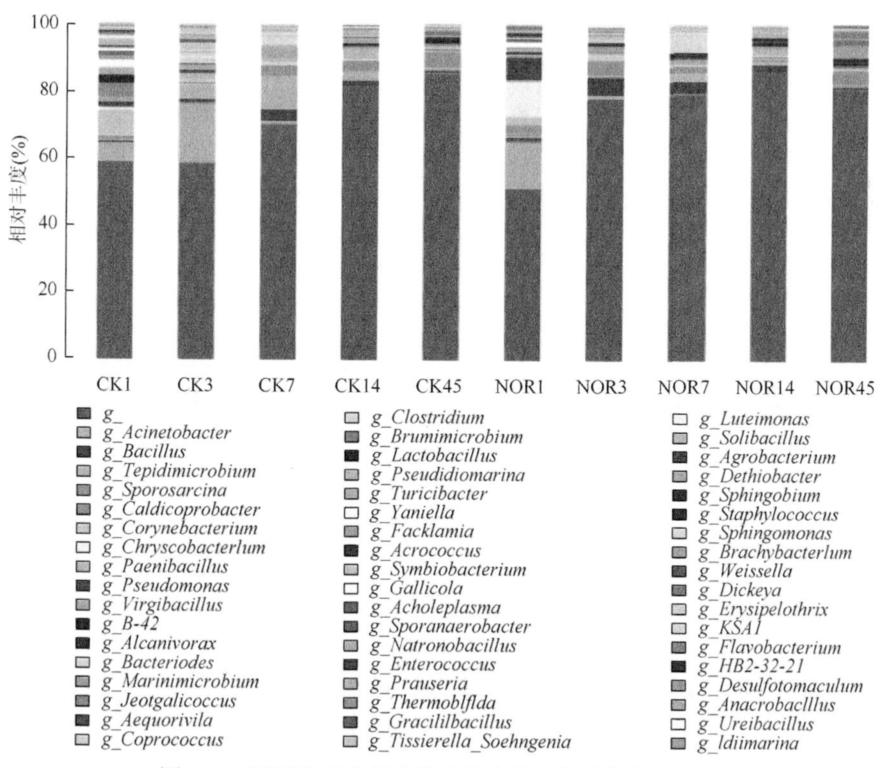

图 6.21　不同处理在属分类水平上的细菌群落分布比较

个堆肥过程中相对丰度最高的是一个未被分类的细菌属，且随着堆肥的进行，相对丰度不断提高。在堆肥前期，该细菌属在 NOR 处理中的相对丰度增加率显著高于 CK 处理。CK 处理中不动杆菌属（*Acinetobacter*）、*Tepidimicrobium* 和 *Caldicoprobacter* 的相对丰度分别在堆肥的第 3 d、7 d、7 d 显著提高，而 NOR 处理中的芽孢杆菌属（*Bacillus*）、芽孢八叠球菌属（*Sporosarcina*）和拟杆菌属（*Bacteriodes*）分别在堆肥第 3 d 和 7 d 的相对丰度要高于 CK 处理。

3. 堆肥真菌群落结构分析

在真菌门分类水平上（图 6.22），子囊菌门（Ascomycota）是堆肥样品中的优势真菌，在堆肥初期，其相对丰度占真菌总量的 90%以上，随着堆肥的进行，子囊菌门相对丰度呈递减趋势，与堆肥初期相比，下降了 10%左右。其次是担子菌门（Basidiomycota），相对丰度远远低于子囊菌门，在堆肥中后期（第 14 d 左右）的数量有所增加。从图 6.22 可以看出，子囊菌门在 NOR 处理中相对丰度的显著下降出现在堆肥第 7 d，而 CK 处理中则出现在第 14 d，说明高浓度的诺氟沙星对子囊菌门有一定的抑制作用。在堆肥第 7 d，堆体中出现一个无法辨别的门（unidentified）和一个未被分类的门，且在 NOR 处理中的相对丰度高于 CK 处理，可能这两个真菌门对诺氟沙星的降解起作用，同时还是耐高温微生物群落。

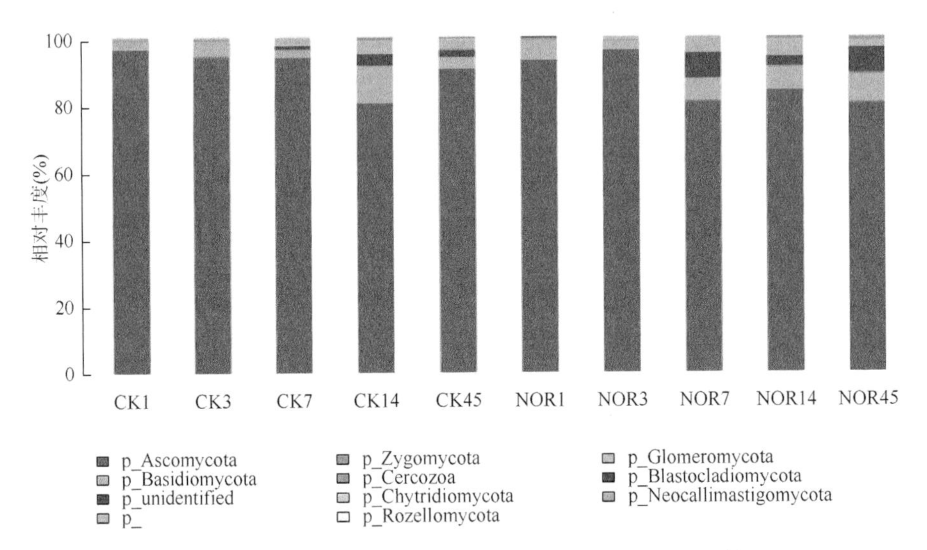

图 6.22　不同处理在门分类水平上的真菌群落分布比较

不同堆肥样品在真菌纲分类水平的群落结构见图 6.23。CK 处理和 NOR 处理真菌在纲水平的分布存在显著差异。最显著的为酵母纲（Saccharomycetes）和粪壳菌纲（Sordariomycetes），前者在 NOR 处理中占优势地位，而后者在 CK 处理中相对丰度较高。在堆肥第 3～7 d，两组处理中的酵母纲相对丰度显著下降，而在 NOR 处理中散囊菌纲（Eurotiomycetes）和一个无法辨别的纲相对丰度提高。节担菌纲（Wallemiomycetes）是 NOR 处理中一个特有的真菌纲。

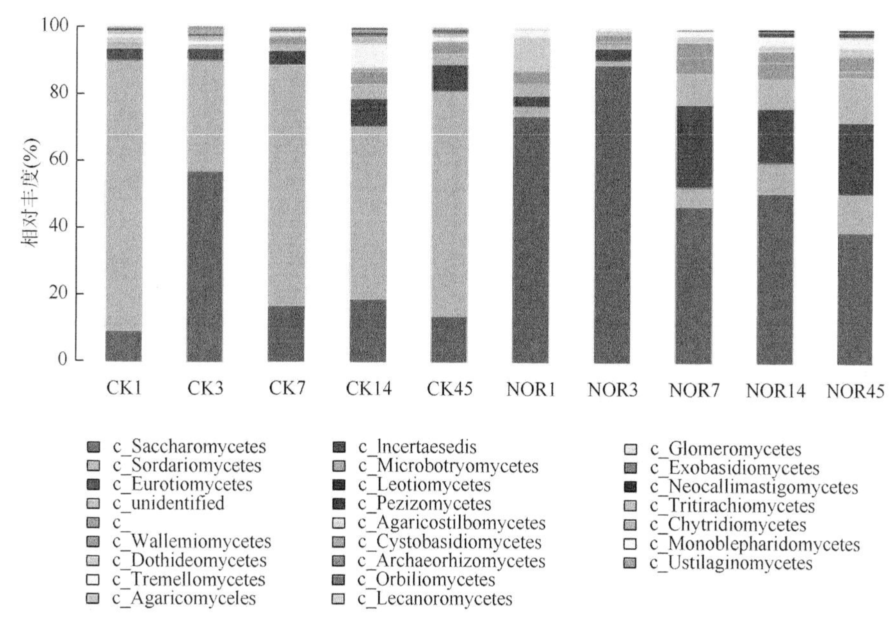

图 6.23　不同处理在纲分类水平上的真菌群落分布比较

不同堆肥样品在真菌属分类水平的群落结构和分类结果如图 6.24 所示。CK 处理和 NOR 处理真菌在属水平的分布也存在显著差异。在堆肥初期，假丝酵母属（*Candida*）在 NOR 处理中相对丰度较高，而小囊菌属（*Microascus*）在 CK 处理中相对丰度高，在 NOR 处理占比例极小。随着堆肥进行到中后期，与 CK 处理相比，NOR 处理中的酵母属（*Issatchenkia*）、曲霉属（*Aspergillus*）、节担菌属（*Wallemia*）和一个无法辨别的属相对丰度逐渐增加，说明这 4 个真菌属在一定程度上对诺氟沙星有降解作用，但耐高温能力较差。

本章研究表明，不同 C/N 和添加菌剂均影响了鸡粪堆肥中诺氟沙星的降解。C/N 为 25 有利于堆肥中诺氟沙星的降解及堆肥的完全腐熟。添加外源菌剂在一定程度上提高了诺氟沙星的降解，细菌处理优于真菌，但效果不显著。堆肥中诺氟沙星初始含量过高或过低都会降低其降解率。添加浓度＞50 mg/kg 会显著降低鸡粪堆肥产品的腐熟度。堆肥过程显著提高了堆体中微生物群落的丰度及多样性，与诺氟沙星降解相关的细菌主要是芽孢杆菌属、芽孢八叠球菌属和拟杆菌属，真菌包括酵母属、曲霉属、节担菌属以及一个未被辨别的菌属。

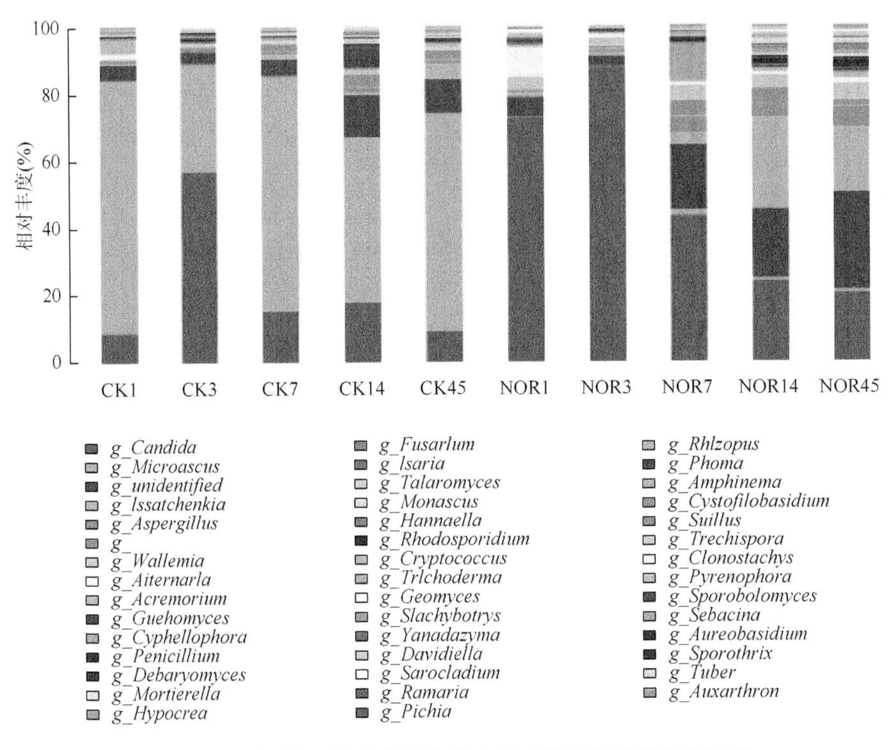

图 6.24　不同堆肥样品在属分类水平上的真菌群落分布比较

主要参考文献

李云辉，吴小莲，莫测辉，等. 2011. 畜禽粪便中喹诺酮类抗生素的高效液相色谱-荧光分析方法. 江西农业学报，23（8）：147-150.

孟磊，杨兵，薛南冬，等. 2015. 高温堆肥对鸡粪中氟喹诺酮类抗生素的去除. 农业环境科学学报，34（2）：377-383.

徐智，张陇利，张发宝，等. 2009. 接种内外源微生物菌剂对堆肥效果的影响. 中国环境科学，29（8）：856-860.

曾光明，黄国和，袁兴中，等. 2006. 堆肥环境生物与控制. 北京：科学出版社.

Arikan O A，Mulbry W，Rice C. 2009. Management of antibiotic residues from agricultural sources：Use of composting to reduce chlortetracycline residues in beef manure from treated animals. Journal of Hazardous Materials，164（2-3）：483-489.

Feng Y，Wei C，Zhang W，et al. 2016. A simple and economic method for simultaneous determination of 11 antibiotics in manure by solid-phase extraction and high-performance liquid chromatography. Journal of Soils & Sediments，16（9）：2242-2251.

Kim K R，Owens G，Ok Y S，et al. 2012. Decline in extractable antibiotics in manure-based composts during composting. Waste Management，32（1）：110-116.

Wang Q Q，Yates S R. 2008. Laboratory study of oxytetracycline degradation kinetics in animal manure and soil. Journal of Agricultural and Food Chemistry，56（5）：1683-1688.

第 7 章

鸡粪堆肥磺胺类抗生素削减及其微生物分子生态学机制

磺胺类抗生素具有广谱特性、性质比较稳定、价格低廉、临床使用简单、方便等特点，畜禽饲料中磺胺类药物通常被用作亚治疗剂量药物添加剂，用来防治畜禽疾病或者促进畜禽生长。磺胺甲噁唑（Sulfamethoxazole，SMZ）又称磺胺甲基异噁唑或新诺明，分子式为 $C_{10}H_{11}N_3O_3S$，分子量为 253.27，结构式如图 7.1 所示，是一种氨基苯磺酰胺母核的衍生物，属于我国畜禽养殖业中广泛使用的抗菌药物代表品种的磺胺类抗生素。磺胺甲噁唑在兽医临床上被用于牛、马传染性脑膜炎、弓形体病、猪和羊下痢等疾病，其对禽类球虫病和住白细胞虫病有很好疗效，有不可或缺性。

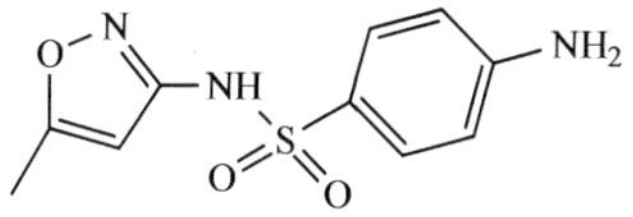

图 7.1　磺胺甲噁唑分子结构式

磺胺类药物在促进畜禽生长和疾病防治方面发挥了很大的作用，但是有研究证实其并不能 100%被动物体吸收，40%～90%以母体或代谢产物的形式随尿等排出动物体外，农业生产中运用这些有抗生素残留的畜禽粪便将使磺胺类抗生素进入土壤环境（廖敏，2012）。本章采用室内模拟堆肥法，研究不同浓度磺胺甲噁唑处理对鸡粪堆肥理化性质的影响，添加不同生物菌剂处理对鸡粪堆肥中磺胺甲噁唑降解和理化性质以及微生物多样性的影响，旨在揭示畜禽粪便中磺胺类抗生素残留在堆肥过程中的削减特征、去除规律以及影响因素，探明不同浓度磺胺类抗生素的添加量对畜禽粪便堆肥过程中相关过程参数和微生物多样性结构及其变化特征，找出在畜禽粪便堆肥过程中快速降解磺胺类抗生素的途径。

7.1 外源菌剂对鸡粪堆肥过程中磺胺甲噁唑降解及堆肥参数的影响

7.1.1 试验设计与研究方法

本研究设5个处理，分别为：①T100，添加100 mg/kg磺胺甲噁唑；②T100 + B1，添加100 mg/kg磺胺甲噁唑和10^8 CFU/g T4细菌；③T100 + B2，添加100 mg/kg磺胺甲噁唑和10^9 CFU/kg T4细菌；④T100 + F1，添加100 mg/kg磺胺甲噁唑和10^8真菌孢子数/kg；⑤T100 + F2，添加100 mg/kg磺胺甲噁唑和10^9真菌孢子数/kg。每个处理重复3次。将新鲜鸡粪与堆肥调理剂（小麦秸秆、锯末等）按照一定的配比混匀，调节C/N约为25，按照设置处理添加相应量的磺胺甲噁唑溶液，并调节初始含水率为60%左右，在特定的堆肥装置中通过人工翻堆的方式进行为期45 d的好氧堆肥。堆肥期间，不再对堆体的含水率进行调整，堆体温度升至50℃时，每2 d翻堆1次，温度下降到40℃时，每周翻堆2次。翻堆时，将堆料平铺在塑料布上，充分翻搅后重新装箱。用温度记录仪于每天8:00、14:00、20:00测定堆体温度和环境温度，取平均值作为当天温度值。取样时间为堆肥期第1 d、3 d、7 d、14 d、21 d、28 d、35 d和45 d，在堆体上、中、下层取约300 g样品，混合均匀，装于自封袋内，在–20℃保存以备分析。采用畜禽粪便中抗生素提取与检测方法，分析检测堆肥中磺胺甲噁唑含量（Feng et al.，2016）；一份鲜样用于pH、EC、含水率和GI分析；一份放于室内风干，测定样品全磷（TP）和全钾（TK）。探究鸡粪好氧堆肥过程中不同浓度磺胺甲噁唑处理的降解规律及其对堆肥温度、pH、磷、钾等转化的影响。

7.1.2 外源菌剂对鸡粪堆肥中磺胺甲噁唑降解及堆肥参数的影响

1. 外源菌剂对鸡粪堆肥中磺胺甲噁唑降解的影响

从图7.2可知，磺胺甲噁唑在各处理堆肥中的降解情况相似。在堆肥初期（第0～7 d），各处理的磺胺甲噁唑快速降解，其去除率的大小顺序为T100 + F2＞T100 + B2＞T100 + F1＞T100 + B1＞T100，去除率分别为52.16%、50.70%、48.70%、48.22%和46.82%，随堆肥时间延长，在第21～45 d，各处理堆体磺胺甲噁唑降解效率均降低，与堆肥初始相比，五组处理的磺胺甲噁唑去除率分别为72.72%（T100）、75.89%（T100 + B1）、82.04%（T100 + B2）、76.65%（T100 + F1）

和 84.17%（T100 + F2），均可用一级方程式进行拟合（表 7.1），相关系数介于 0.8373～0.9159 之间。与 T100 处理相比，添加外源菌剂缩短了磺胺甲噁唑的降解半衰期（表 7.1）。

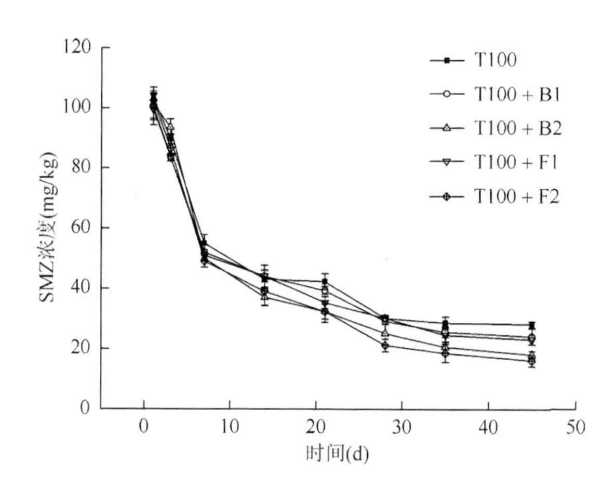

图 7.2 外源菌剂对鸡粪堆肥中磺胺甲噁唑降解的影响

表 7.1 外源菌剂处理堆肥过程中磺胺甲噁唑的降解参数和降解半衰期

处理	降解动力方程	降解常数 K（d^{-1}）	相关系数 R	半衰期 $T_{1/2}$（d）
T100	$\ln(c_t/c_0) = -0.0291t - 0.2353$	0.0291	0.8374	23.81
T100 + B1	$\ln(c_t/c_0) = -0.0313t - 0.2264$	0.0313	0.8855	22.14
T100 + B2	$\ln(c_t/c_0) = -0.0393t - 0.1867$	0.0393	0.9060	17.63
T100 + F1	$\ln(c_t/c_0) = -0.0316t - 0.2440$	0.0316	0.8716	21.27
T100 + F2	$\ln(c_t/c_0) = -0.0415t - 0.2193$	0.0415	0.9159	16.70

2. 外源菌剂对磺胺甲噁唑存在下堆肥过程中工艺参数的影响

（1）堆体温度

温度是堆肥过程中微生物活性的外在体现，是堆肥无害化、资源化的重要标志之一。根据我国《粪便无害化卫生标准》，若堆肥高温期（≥55℃）持续 5～7 d 就能杀灭病原微生物，进而使得堆肥无害化。各处理在堆肥过程中的温度变化如图 7.3 所示，环境温度在堆肥过程中基本维持在 10℃左右。在添加相同剂量（100 mg/kg）磺胺甲噁唑前提下，未添加菌剂处理堆体温度变化趋势与添加不同微生物菌剂处理的温度变化趋势迥异。如未添加外源微生物的 T100 处理，在第 5 d 上升到 51.5℃，在第 9 d 达到最高温 58.3℃，其高温期共持续 10 d，之后慢慢降至室温。添加细菌菌剂的 T100 + B1 和 T100 + B2 两个处理的温度分别在第 5 d 和第 4 d 升至 50℃以上，T100 + B1 处理在第 13 d 达到最高温 59.4℃，在第 19 d 降至 50℃以下，其高温期持续了 14 d；T100 + B2 处理在第 5 d 升至最高温 59.2℃，在第 18 d 降至 50℃以下，其高温期持续了 14 d。添加真菌菌剂的 T100 + F1 和 T100 + F2 两处理的温度分别在第 5 d 和第 7 d 升至 50℃以上，T100 + F1 处理虽然在第 5 d 达到 50.2℃，但中间有两次降至 50℃以下，在第 19 d 降至 49.5℃后堆体温度慢慢降至室温；T100 + F2 处理的温度上升较迟缓，在第 7 d 才达到 53.9℃，随后温度一直保持在 50℃以上，温度在第 21 d 降至 40.7℃，之后慢慢降至室温。可知，添加微生物菌剂能有效促进堆肥温度上升速度，使高温期的持续时间延长。与 T100 处理相比，外源菌剂处理延长了高温持续时间，表明接种外源微生物菌剂可有效提高鸡粪堆肥过程中的微生物活性，提升了堆肥产品的肥效。

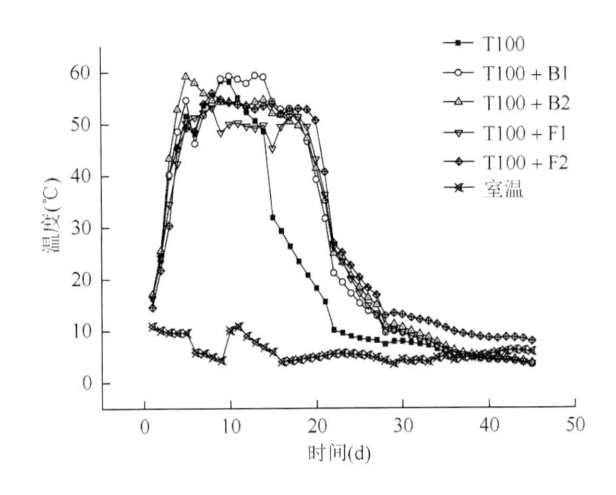

图 7.3　添加不同菌剂对磺胺甲噁唑存在下鸡粪堆肥温度的影响

（2）堆体 pH

相关研究表明，pH 在 8.0 左右条件下，堆肥能获得最大效率，这个范围可明显提升堆肥初期的反应速率，缩短堆肥达到高温期的时间（Ramaswamy et al., 2010）。添加外源菌剂时鸡粪堆肥 pH 的变化见图 7.4。堆肥第 1 d，未添加微生物菌剂的 T100 处理，pH 由最初的 8.29 升高至 8.65，第 7 d 降至 8.44，在堆肥第 21 d 再次上升到 8.80，而后缓慢下降，最后稳定在 8.70。添加外源菌剂的处理 pH 表现出相似的变化趋势，在第 21 d 上升至最高值（8.76～8.80），然后逐渐降低，但降低速度明显快于 T100 处理。在堆肥第 45 d，各添加外源菌剂处理的 pH 平均值分别为 8.52（T100 + B1）、8.53（T100 + B2）、8.48（T100 + F1）和 8.52（T100 + F2），与 T100 处理 pH 相比，分别降低 2.07%、1.95%、2.53%和 2.07%。

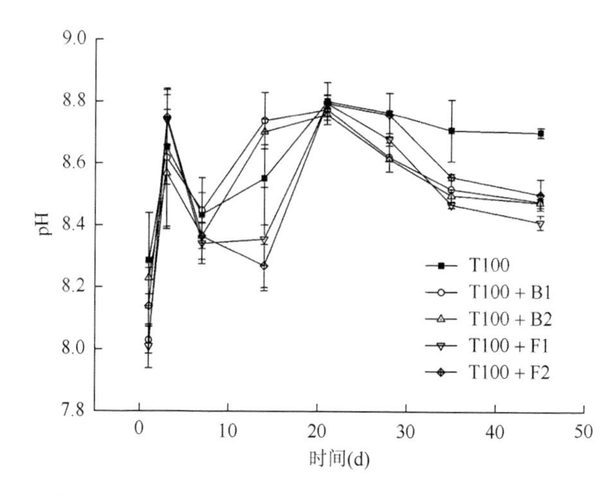

图 7.4　外源菌剂对磺胺甲噁唑存在下堆体 pH 的影响

（3）堆体含水率

不同外源菌剂处理对鸡粪堆肥过程中堆体含水率变化的影响见图 7.5。初始含水率基本一致，均保持在 60%以上，随着各处理堆体有机质不断分解，5 个处理堆体含水率均逐渐下降，并随着堆肥时间的延长而逐渐趋于稳定，最终保持在 40%～46%。但在堆肥后期，添加菌剂处理的堆体含水率下降速度较快，堆体含水率明显低于未添加微生物菌剂的对照处理。如第 28 d，各处理堆体的含水率分别为 54.26%（T100）、52.37%（T100 + B1）、44.28%（T100 + B2）、44.07%（T100 + F1）和 42.70%（T100 + F2），与 T100 堆体含水率相比，添加菌剂处理的堆体分别降低 3.48%、18.39%、18.78%和 21.30%。上述结果表明添加微生物菌剂增加了堆肥过程中水分耗散量，这与谢春琼等（2011）的研究结果一致。

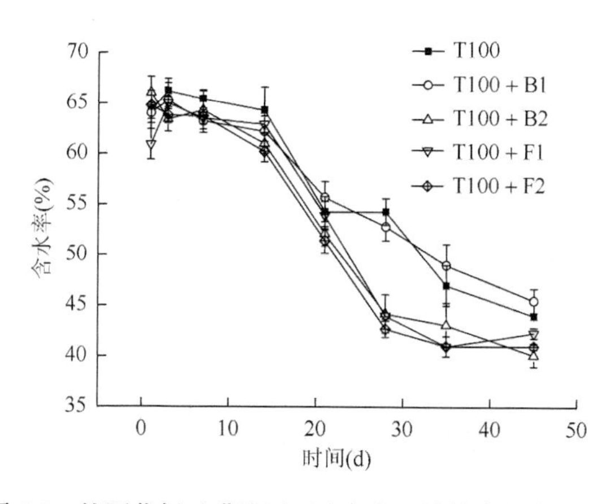

图 7.5　外源菌剂对磺胺甲噁唑存在下堆体含水率的影响

3. 外源菌剂处理对磺胺甲噁唑存在下堆体部分生化参数的影响

（1）堆体总磷含量（TP）

如图 7.6 所示，各处理中 TP 含量在堆肥过程中的变化均呈增加趋势。在堆肥过程中，有机物中难被植物吸收利用的磷可以随有机物的腐解转变成植物较易吸收的形态。虽然各堆肥处理前后全磷的含量都是增加的，但磷绝对量没有变化或变化较小。在没有引入外界磷源的情况下，这种增加被认为是在微生物作用下无机磷不断向有机磷转化导致的“浓缩效应”而引起的（腾洪辉等，2014）。其中，在堆肥第 7～14 d TP 含量变化最快，是无机磷向有机磷转化的最快阶段。与堆肥第 1 d 相比，各处理 TP 含量分别增加了 16.09%（T100）、12.03%（T100 + B1）、27.92%（T100 + B2）、30.71%（T100 + F1）和 16.22%（T100 + F2）。在堆肥第 45 d，5 个处理的 TP 含量分别为 0.84%、0.87%、0.94%、0.93%和 0.94%。

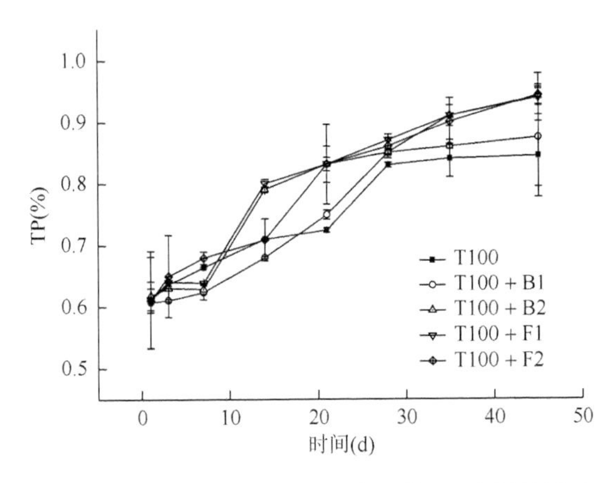

图 7.6　外源菌剂对堆肥过程中堆体 TP 含量的影响

（2）堆体总钾含量（TK）

从图 7.7 可以看出，不同处理的 TK 含量变化趋势同 TP 类似，在堆肥过程中呈现上升趋势。TK 含量的变化直接反映出堆体中有机物料降解速率和 CO_2、NH_3 等物质的挥发损失快慢。在堆肥初期各组处理 TK 含量快速上升，堆肥 7 d 后各处理的 TK 增加速率有所下降，呈现平稳增长。T100 处理的堆体 TK 显著低于其他处理。堆肥结束时，五个处理 TK 含量分别为 1.45%（T100）、1.55%（T100 + B1）、1.59%（T100 + B2）、1.61%（T100 + F1）和 1.62%（T100 + F2），与第 1 d 相比其含量分别提高了 70.28%、77.57%、82.47%、88.74%和 85.56%。表明鸡粪好氧堆肥过程中接种微生物菌剂能在一定程度上提高营养元素的含量，从而提高堆肥产品的品质。

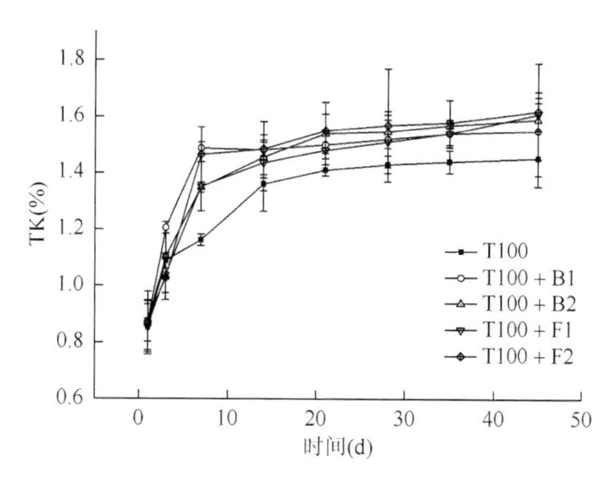

图 7.7　外源菌剂对磺胺甲噁唑存在下堆体 TK 含量的影响

（3）堆体 TP/TK

从图 7.8 可以看出，所有处理的 TP/TK 值表现为先下降后上升的趋势。堆肥第 1 d，5 个处理的 TP/TK 值在 70%左右，随着时间的推移其值急速下降，在堆肥第 7 d 降至 41.88%～57.08%，其中 T100 处理的堆体 TP/TK 值降为 57.08%，添加外源菌剂处理的 TP/TK 值下降幅度较大，均降至 50%以下。表明在堆肥高温期，在微生物作用下无机磷不断向有机磷转化，且堆体含水率下降，干物质量减少，导致堆体中 TP 含量急速增加，而 TK 含量的增加速度远小于 TP 含量的变化。第 14 d 至堆肥结束，五个处理堆体的 TP/TK 值平稳上升，在第 45 d 时表现为：T100 + B2（59.14）＞T100 + F1（58.35）＞T100 + F2（58.24）＞T100（58.11）＞T100 + B1（56.41）。

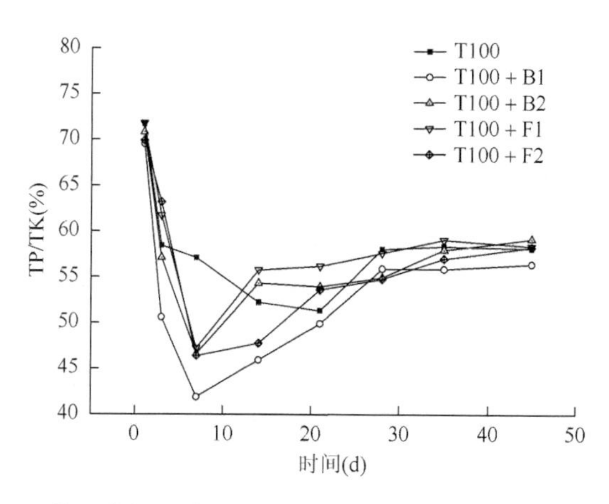

图 7.8　外源菌剂对磺胺甲噁唑存在下堆体 TP/TK 比值的影响

（4）GI 值

添加不同菌剂处理对小麦种子（中麦 175）发芽指数的影响见图 7.9。各堆肥处理的 GI 在堆肥初期较低，分别为 4.3%（T100）、4.5%（T100 + B1）、5.1%（T100 + B2）、6.01%（T100 + F1）和 5.3%（T100 + F2），说明堆肥初期有植物毒性物质产生。随着堆肥时间的推移，各处理堆体 GI 均逐渐上升，但上升率有所不同。堆肥第 7 d，各处理的 GI 分别提高至 6.19%、23.37%、17.13%、26.41%和 30.24%。堆肥结束时，T100 + B1、T100 + F1 和 T100 + F2 处理的 GI 达到了 85%以上，而 T100 和 T100 + B2 处理的 GI 仅为 64.11%和 76.04%。可见，外源添加一定量的微生物菌剂可以有效加快堆肥的腐熟。

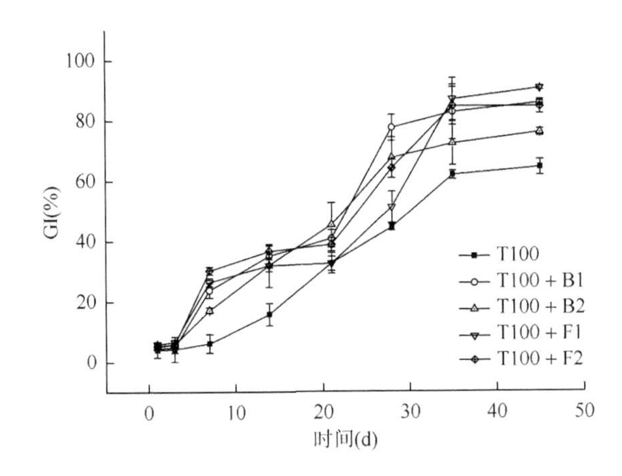

图 7.9　外源菌剂对堆肥过程中堆肥浸提液小麦 GI 的影响

7.2　不同浓度磺胺甲噁唑在鸡粪堆肥中的降解规律及其对微生物多样性的影响

7.2.1　试验设计与研究方法

本研究设 6 个不同浓度磺胺甲噁唑处理，分别为 0 mg/kg、0.6 mg/kg、25 mg/kg、50 mg/kg、75 mg/kg 和 100 mg/kg，标记为 SMZ0、SMZ0.6、SMZ25、SMZ50、SMZ75、SMZ100。每个处理重复 3 次，其他操作与 7.1.1 节相同。

7.2.2　不同浓度磺胺甲噁唑在鸡粪堆肥中的降解规律

1. 不同浓度磺胺甲噁唑在鸡粪堆肥过程中的降解

如图 7.10 所示，各处理磺胺甲噁唑的降解情况是不同的。在堆肥初期，磺胺甲噁唑降解较为明显，随着堆肥时间的延长，不同处理磺胺甲噁唑残留的去除率均有很大程度的降低。堆肥初期（第 0～14 d），其去除率的大小顺序为 SMZ0.6＞SMZ25＞SMZ50＞SMZ75＞SMZ100，各自的去除率分别为 91.15%、83.21%、80.44%、76.46%和 58.38%，堆肥后期（第 21～45 d），各处理磺胺甲噁唑降解效率均降低，分别为 56.67%、63.18%、66.63%、54.97%和 72.72%。不同浓度磺胺甲噁唑降解均可用一级方程式进行拟合（表 7.2），相关系数为 0.7024～0.9510。在整个堆肥过程中，不同处理中磺胺甲噁唑的降解速率大小顺序为 SMZ0.6＞SMZ75＞SMZ50＞SMZ100＞SMZ25，如 SMZ75 堆肥处理降解的半衰期为 16.54 d，SMZ25 堆肥处理降解的半衰期最长，为 26.45 d。

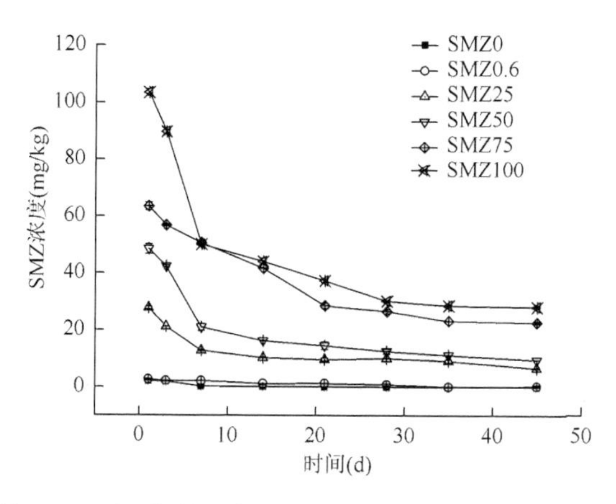

图 7.10　不同初始浓度磺胺甲噁唑在鸡粪堆肥中的降解

表 7.2　堆肥过程中磺胺甲噁唑的降解参数和降解半衰期

处理	降解动力方程	降解常数 K (d^{-1})	相关系数 R	半衰期 $T_{1/2}$ (d)
SMZ0	$\ln(c_t/c_0) = -0.1149t - 0.6877$	0.1149	0.7024	6.03
SMZ0.6	$\ln(c_t/c_0) = -0.0689t + 0.1649$	0.0689	0.7338	10.05
SMZ25	$\ln(c_t/c_0) = -0.0262t - 0.3333$	0.0262	0.7680	26.45
SMZ50	$\ln(c_t/c_0) = -0.0344t - 0.0343$	0.0344	0.8185	20.14
SMZ75	$\ln(c_t/c_0) = -0.0419t - 0.0956$	0.0419	0.9510	16.54
SMZ100	$\ln(c_t/c_0) = -0.0291t - 0.2353$	0.0291	0.8374	23.81

2. 磺胺甲噁唑对堆肥过程中工艺参数的影响

（1）堆体温度

堆肥过程中，温度的变化直接影响微生物的数量及活动，进而对有机质的分解速率和腐殖化进程产生影响。从图 7.11 可知环境温度在整个堆肥过程中变化幅度较小，基本在 10℃上下变化。添加磺胺甲噁唑处理堆体温度的变化是不同的。堆肥初期，由于物料中易分解的有机质在好氧微生物的作用下迅速分解，使得 C/N 降低并释放热能，堆体温度均上升至 50℃以上。未添加磺胺甲噁唑的对照堆体温度在第 6 d 即上升到 62.5℃，随着时间的推移，堆体温度有所下降，在第 8 d 时再次升高，之后慢慢降至室温。添加磺胺甲噁唑处理的堆体尽管温度也会上升至 55℃以上，也有第二次温度高峰的出现，但是到达高温的时间有所延长。SMZ100 处理到达最高温 58.3℃的时间为堆肥第 9 d，与对照处理堆体相比，时间延迟了 3 d。磺胺甲噁唑明显加快了各处理的温度下降速度，与未添加磺胺甲噁唑的对照处理堆体相比，磺胺甲噁唑添加量为 0.6 mg/kg、25 mg/kg、50 mg/kg、75 mg/kg 和 100 mg/kg 处理堆体温度下降时间分别缩短了 3.7%、25.9%、37.0%、40.7%和 14.8%，差异显著。堆肥第 21 d 后，各处理温度基本低于对照处理，如第 28 d 磺胺甲噁唑各处理的堆体温度分别为 8.1℃（SMZ0.6）、6.5℃（SMZ25）、4.2℃（SMZ50）、8.2℃（SMZ75）和 7.3℃（SMZ100），均低于对照堆体温度（8.3℃）。

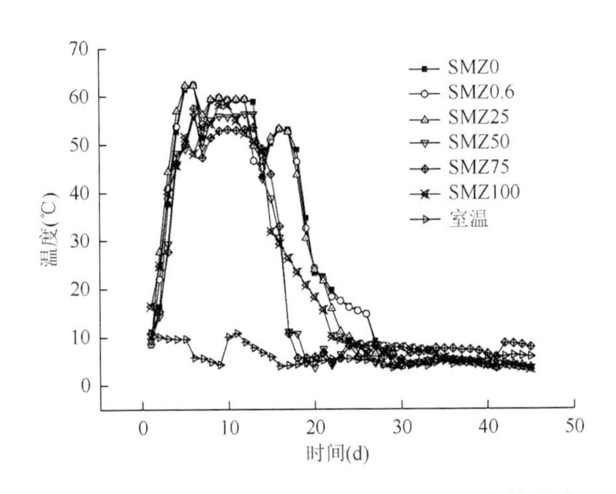

图 7.11　磺胺甲噁唑对鸡粪堆肥中堆体温度的影响

（2）堆体 pH

一般中性或弱碱性 pH 条件下最适宜微生物活动，过高或者过低的 pH 都会对堆肥处理产生一定程度的影响（王雪萍等，2010）。在堆肥过程中，pH 变化与堆肥时间的延长和温度变化相关。不同磺胺甲噁唑添加量对鸡粪堆肥中堆体 pH 的影响见图 7.12。由图可知，在整个堆肥过程中，各处理堆体 pH 均呈现先上升后逐渐降低的趋势，但不同处理堆体 pH 上升和下降的幅度不同。堆肥第 1 d，SMZ0 处理的堆体 pH 由初始 7.36 迅速升高至 8.95，而后在堆肥第 7 d 下降至 8.06，随后又逐渐上升，在堆肥第 14 d 堆体 pH 上升至 8.59，而后堆体 pH 在第 21 d 开始逐渐下降，最后稳定在 8.21。添加磺胺甲噁唑的 5 个处理堆体 pH 上升速度与 SMZ0 相比明显减缓，堆体第 7 d 才上升至最高值（9.00～9.13），然后逐渐降低，但下降速度明显比 SMZ0 慢。在堆肥第 45 d，SMZ75 和 SMZ100 处理的堆体 pH 平均值分别为 8.55 和 8.80，与 SMZ0 处理堆体 pH 相比，分别升高 4.14%和 7.19%，差异显著。整个发酵过程中，堆肥 pH 一直保持在弱碱性水平，堆肥结束时为 8.20～8.80 之间，符合腐熟堆肥 pH 标准。

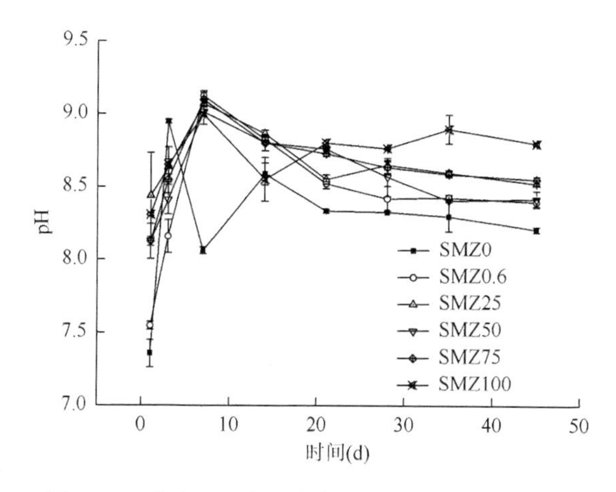

图 7.12　磺胺甲噁唑对鸡粪堆肥中堆体 pH 的影响

（3）堆体含水率

磺胺甲噁唑对鸡粪堆肥过程堆体含水率的影响见图 7.13。由图可知，初始含水率基本一致，均保持在 59%左右，堆肥过程中 6 个处理的含水率均呈先小幅增加后降低的趋势，均在第 3～7 d 内升至最大。随着各处理物料有机质不断分解，6 个处理的堆体含水率均逐渐下降，并随着堆肥时间的延长而逐渐趋于稳定。但是在堆肥后期阶段，添加较高浓度磺胺甲噁唑处理的堆体含水率下降速度变慢，堆体含水率明显高于对照处理。如第 28 d，磺胺甲噁唑添加浓度为 25 mg/kg、50 mg/kg、75 mg/kg 和 100 mg/kg 处理的堆体含水率分别减少为 43.62%、52.95%、54.60%和 54.26%，均显著高于对照处理。

3. 磺胺甲噁唑对堆肥过程中部分生化参数的影响

（1）堆体 TP

有研究表明，随着堆肥的进行，堆体产生的小分子有机酸可在一定程度上活化磷素，增加堆体磷素含量，另外堆肥的腐殖化过程可固定一部分磷，得到更稳定的胡敏酸态磷（García et al.，1991）。添加不同浓度磺胺甲噁唑处理的堆体 TP

含量变化情况如图 7.14 所示，SMZ0 和 SMZ75 两处理的 TP 含量呈现稳定升高的趋势；SMZ0.6、SMZ25 和 SMZ50 处理的堆体表现为先下降后上升的趋势。堆肥结束时各处理堆体 TP 含量分别为 0.92%（SMZ0）、0.91%（SMZ0.6）、0.87%（SMZ25）、0.83%（SMZ50）、0.82%（SMZ75）和 0.84%（SMZ100）。其含量分别提高了 31.35%、32.75%、29.59%、25.65%、25.29%和 23.28%。未添加磺胺甲噁唑处理的堆体在堆肥初期 TP 含量下降，其主要原因可能是部分磷素被固定，各堆肥处理结束后，TP 含量比堆肥初期有一定的升高，这可能是因为鸡粪发酵过程中有机质大量分解产生的柠檬酸、苹果酸、琥珀酸等有机弱酸类物质可以溶解难溶性磷，另外还可能因为堆肥物料（麦秆、锯末）干物质量减少而释放磷素。

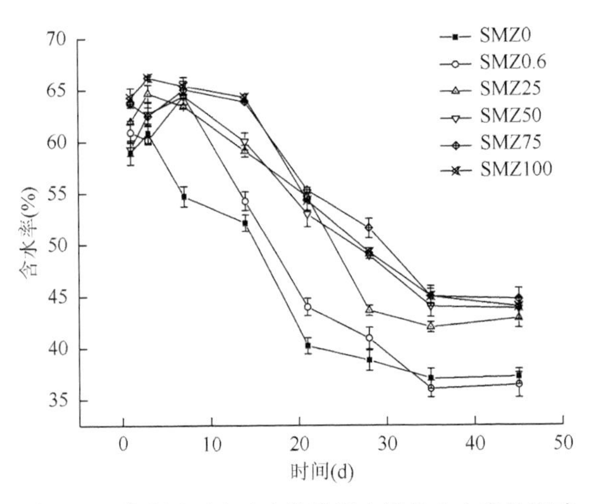

图 7.13 磺胺甲噁唑对鸡粪堆肥中堆体含水率的影响

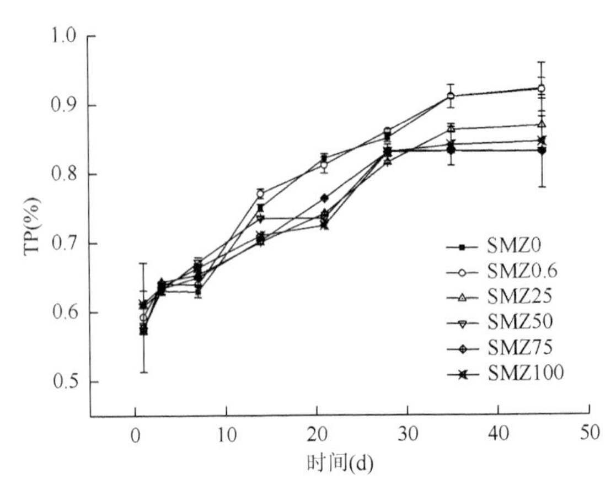

图 7.14 磺胺甲噁唑对堆肥过程中堆体 TP 含量的影响

（2）堆体 TK

从图 7.15 可以看出，在堆肥初期各处理 TK 含量快速上升，在堆肥第 14 d 后，SMZ0.6 和 SMZ25 处理的堆体 TK 含量逐渐上升，而 SMZ50、SMZ75 和 SMZ100 处理的 TK 含量呈现先上升后逐渐平稳的趋势。与堆肥前相比，6 个处理堆体 TK 含量均表现为不同程度的增加，如堆肥第 45 d 各处理堆体 TK 含量分别为 1.54%（SMZ0）、1.53%（SMZ0.6）、1.50%（SMZ25）、1.21%（SMZ50）、1.43%（SMZ75）和 1.45%（SMZ100），其含量分别提高了 85.54%、84.34%、85.19%、39.08%、66.28%和 70.54%。堆肥初期，TK 含量上升是由于堆体中微生物分解作用浓缩了堆肥中的无机营养成分，而且由于水分降低，养分含量相对增加。堆肥后期，未添加磺胺甲噁唑处理以及添加 0.6 mg/kg、25 mg/kg 和 50 mg/kg 磺胺甲噁唑处理的堆体 TK 含量上升幅度较大，而添加 75 mg/kg 和 100 mg/kg 磺胺甲噁唑处理的堆体 TK 含量增加缓慢，可能是高浓度的抗生素抑制了堆体中微生物的活性所致（张凯煜等，2015）。

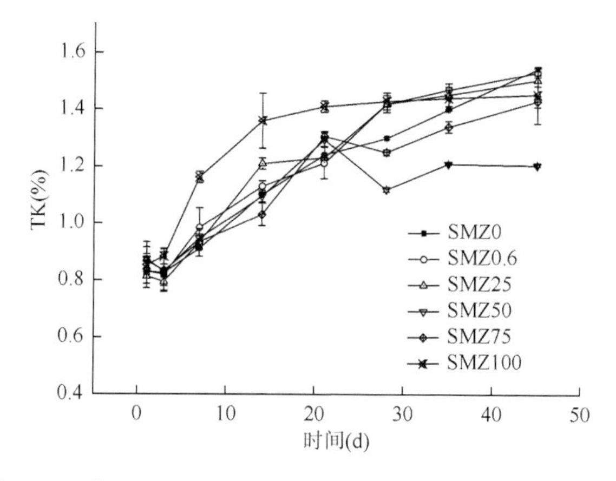

图 7.15　磺胺甲噁唑对鸡粪堆肥过程中堆体全钾含量的影响

（3）堆体 TP/TK

从图 7.16 可以看出，对照 SMZ0 处理和添加不同浓度磺胺甲噁唑处理的堆体 TP/TK 比值呈缓慢下降趋势。堆肥前期略有上升，随着时间的推移各组处理的 TP/TK 上下浮动，平稳降低。如与堆肥第 1 d 比，在堆肥第 3 d 的 TP/TK 比值除 SMZ100 表现为下降外，其余各处理均小幅上升，TP/TK 比值分别为 0.76（SMZ0）、0.78（SMZ0.6）、0.81（SMZ25）、0.76（SMZ50）、0.75（SMZ75）和 0.58（SMZ100）；SMZ25 和 SMZ100 处理的 TP/TK 值在第 14 d 降至最低值，分别为 0.53 和 0.52；堆肥第 45 d 各处理的 TP/TK 比值在 0.57～0.70 之间。TP/TK 的变化直观反映了各处理堆体中营养元素的变化，整个堆肥过程中 TP 含量增加幅度低于 TK 的增加幅度。

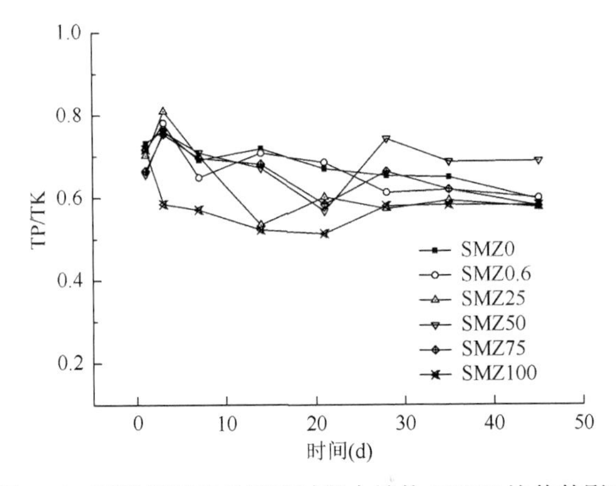

图 7.16　磺胺甲噁唑对堆肥过程中堆体 TP/TK 比值的影响

（4）GI 值

磺胺甲噁唑对鸡粪堆肥过程中堆肥浸提液小麦种子（中麦 175）发芽指数 GI 的影响见图 7.17。在整个堆肥过程中，各处理的 GI 均呈现出先降低后上升的趋势，堆肥初始（第 1 d）对照 SMZ0 和添加磺胺甲噁唑各处理的堆体浸提液生物毒性较强，GI 分别为 35.18%和 4.18%～37.02%。在堆肥第 3 d GI 降到最低，分别为 21.31%和 4.25%～6.41%。随后 GI 均逐渐上升，到堆肥第 45 d，SMZ0、SMZ0.6 和 SMZ25 处理的 GI 达到了 90%以上，SMZ50 和 SMZ75 处理的 GI 分别为 80.29%和 79.27%，而 SMZ100 处理的 GI 仅为 64.48%。

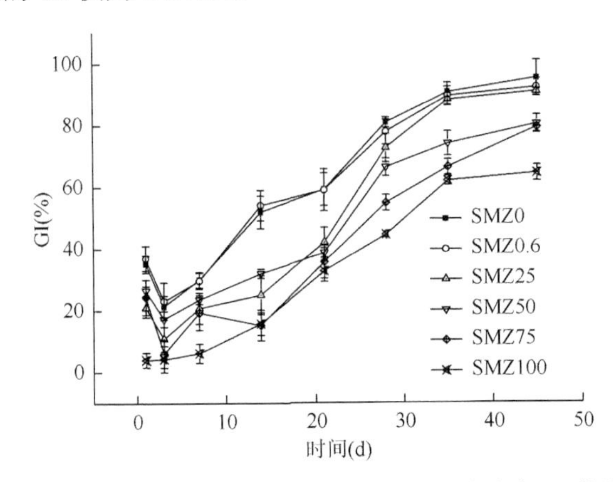

图 7.17　磺胺甲噁唑对堆肥过程中堆肥浸提液小麦 GI 的影响

7.2.3　磺胺甲噁唑对堆肥过程中微生物多样性的影响

本实验采用新一代高通量测序技术，分析好氧堆肥过程中不添加与添加

100 mg/kg 磺胺甲噁唑两个处理（CK 与 SMZ）不同堆肥时期（第 1 d、3 d、7 d、14 d、45 d）的微生物组成、结构及多样性变化，各样品纯化后应用 Illumina 平台的 Miseq 进行测序。

高通量测序主要步骤如下：按指定测序区域合成带有 barcode 的特异引物。PCR 采用 TransGenAP221-02：TransStart Fastpfu DNA Polymerase；PCR 仪：ABI GeneAmp®9700 型。全部样品按照正式试验条件进行，将 PCR 产物混合后用 2%琼脂糖凝胶电泳检测，使用 AxyPrepDNA 凝胶回收试剂盒（AXYGEN 公司）切胶回收 PCR 产物，Tris-HCl 洗脱；2%琼脂糖凝胶电泳检测。PCR 扩增采用引物对 338F（5′-ACTCCTACGGGAGGCAGCA-3′）和 806R（5′-GGACTACHVGGGTWTCTAAT-3′），此引物扩增鸡粪细菌 16S rDNA 的 V3～V4 区；采用引物对 ITS1-F（5′-CTTGGTCATTTAGAGGAAGTAA-3′）和 ITS2（T5′-GCGTTCTTCATCGATGC-3′），此引物扩增鸡粪真菌 ITS1 区。

1. 磺胺甲噁唑对堆肥过程中细菌多样性的影响

（1）堆肥样品测序结果、取样深度验证

将样品中原始序列中低质量的序列过滤掉后，在 0.97 相似度下利用 QIIME（v1.8.0）软件将其聚类为用于物种分类的 OTU（operational taxonomic units），统计得到各个样品在不同 OTU 中的丰度信息，30 个样品共产生 21 850 个 OTU。由表 7.3 可知，CK 处理与 SMZ 处理的堆体含有的 OTU 数量随时间变化而变化。

表 7.3　不同处理堆肥细菌序列读数（reads）及 OTU 数

样品	有效序列数	OTU	样品	有效序列数	OTU
CKa1	34126	1446	SMZa1	19790	1339
CKb1	28503	1412	SMZb1	16248	1118
CKc1	41682	1735	SMZc1	17899	1149
CKa3	26686	1327	SMZa3	28995	1821
CKb3	47225	1968	SMZb3	20810	1726
CKc3	60965	4014	SMZc3	38837	1404
CKa7	68927	5312	SMZa7	25510	2566
CKb7	53705	3349	SMZb7	26840	2459
CKc7	60682	4630	SMZc7	19448	2211
CKa14	56502	4751	SMZa14	28843	2707
CKb14	43307	4587	SMZb14	24183	2557
CKc14	50376	4306	SMZc14	36293	3057
CKa45	49976	4518	SMZa45	27322	2815
CKb45	24321	2103	SMZb45	31958	3049
CKc45	55536	3911	SMZc45	25643	2595

1）物种累积曲线。

物种累积曲线是用于描述随着样本量的增加物种种类增多的状况，是调查样本的物种组成和预测样本中物种丰度的有效工具，在生物多样性和群落调查中，被广泛用于样本量是否得到充分的判定以及物种丰富度的估计。因此，可以通过物种累积曲线的变化趋势对样本量的充分度进行判断，在样本量充分的前提下，运用物种累积曲线也可对物种丰富度进行有效预测。在某个范围内，若曲线变化趋势会随着样本量的增加而表现为急剧上升，则表示群落中有大量物种被发现；当曲线变化趋于平缓，则表明该环境中的物种不会随样本量的增加而显著增多。判断样本量是否充分，可利用物种累积曲线，若曲线变化表现为急剧上升，则表明样本量不足，需要加大抽样量；反之，则表明抽样充分，可以进行数据分析。其结果可以反映持续抽样下新 OTU（新物种）出现的速率，图 7.18 为本实验所有样品在相似度 0.97 条件下的物种累积曲线。所有堆肥样品物种累积曲线趋于平缓，说明取样合理，样本量足够充分，真实环境中细菌群落结构的置信度较高，能够比较真实地反映堆肥样本的细菌群落。

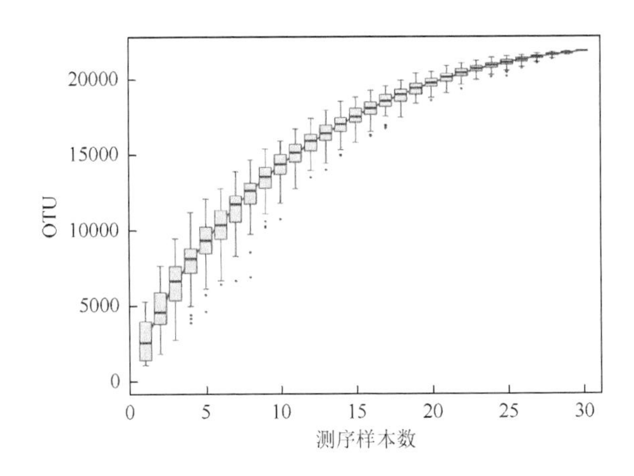

图 7.18　堆肥样品的物种累积曲线

2）Shannon-Wiener 曲线。

反映样本微生物多样性的 Shannon-Wiener 曲线指数，其核心是利用各样本的测序量在不同测序深度时的多样性指数而构建的曲线，用以反映各样本在不同的测序数量时微生物的多样性。样本中微生物种类越多，Shannon-Wiener 所含的信息量越大；当曲线趋向平坦时，说明测序数据量足够大，可以反映样本中绝大多数的微生物信息。利用 Mothur 计算不同随机样本的 Shannon 值，并用

R（vertion 3.11）进行作图，所有样本 Shannon-Wiener 曲线趋于平坦，即被测样品测序量均已足够，可以测到绝大多数微生物菌群。

（2）堆肥细菌群落丰富度和多样性分析

细菌群落丰富度用 Chao1 指数表示，其值越高表明群落物种的丰富度越高，是用 Chao1 算法估计样本中所含 OTU 数目的指数，在生态学中常用来估计物种总数，其计算方法见式（7.1）；Shannon 指数反映样品的多样性程度，其值越高表明群物种的多样性越高，其计算公式见式（7.2）；谱系多样性指数（phylogenetic diversity，PD）为某区域内出现的所有分类群对应的最小生成路径支长的和，反映了某一地区物种组成的系统进化特征多样性，具体 PD 计算方法参见式（7.3）。

Chao1 计算公式：

$$S_{\text{Chao1}}=S_{\text{obs}}+\frac{n_1(n_1-1)}{2(n_2+1)} \tag{7.1}$$

式中，S_{Chao1}为估计的 OTU 数；S_{obs}为实际观测到的 OTU 数；n_1为只含有一条序列的 OTU 数目；n_2为只含有两条序列的 OTU 数目。

Shannon 计算公式：

$$H=-\sum_{i=1}^{S}(P_i \ln P_i) \tag{7.2}$$

式中，S 为种数；P_i为第 i 个种占总数的比例。

PD 计算公式：

$$\text{PD}=\sum_{\{c\in C\}}L_c \tag{7.3}$$

式中，C 为研究区域所有分类群构成的系统进化树；c 为 C 上的一个分支（即两个节点间的片段）；L_c为 c 的支长。

由表 7.4 可以看出，CK 处理和 SMZ 处理的测序覆盖饱和度指数为 0.91～0.97，在堆肥过程中 Chao1 指数、谱系多样性及 Shannon 指数等指标随堆肥时间的延长而发生变化，三种指数变化均为先升高后降低的趋势，如堆肥第 1 d CK 处理的 Chao1 指数、谱系多样性及 Shannon 指数分别为 1985±172、82.70±7.40、6.49±0.05；而 SMZ 处理的 Chao1 指数、谱系多样性及 Shannon 指数分别为 1932±110、85.27±4.56、6.70±0.34；堆肥第 14 d 三个指数均升至堆肥过程中的最大值，CK 和 SMZ 处理的 Chao1 指数、谱系多样性及 Shannon 指数分别上升了 190.48%和 149.07%、133.32%和 89.87%、22.34%和 10.60%，可知 CK 处理的细菌群落的增加幅度大于添加磺胺甲噁唑处理。在堆肥第 45 d，与 CK 处理对比，添加磺胺甲噁唑处理的细菌 Chao1 指数、谱系多样性及 Shannon 指数显著降低，这表明磺胺甲噁唑的添加对堆体中细菌多样性产生一定影响。上述结果表明磺胺甲噁唑的存在降低了堆体的细菌种群丰富度。

表 7.4 堆肥细菌丰富度及多样性指数

样品	时间（d）	Chao1 指数	微生物种类	谱系多样性	Shannon 指数
CK	1	1985±172	1069±41	82.70±7.40	6.49±0.05
	3	2686±1041	1344±439	113.80±29.45	6.37±1.38
	7	4670±533	2018±313	161.84±20.69	7.70±0.66
	14	5766±555	2314±187	192.96±10.74	7.94±0.25
	45	4679±1043	1944±339	171.14±19.80	7.21±0.62
SMZ	1	1932±110	1149±79	85.27±4.56	6.70±0.34
	3	2414±624	1242±320	96.90±26.04	6.17±1.48
	7	4542±172	1912±79	148.21±5.50	7.40±0.16
	14	4812±258	1950±81	161.90±6.59	7.41±0.39
	45	4470±200	1994±55	149.96±0.40	7.20±0.26

（3）堆肥样品细菌类群分析

在门分类水平上，鸡粪堆肥样品的细菌除未被分类（unclassified）群体，分布在 19 个已知细菌门。如图 7.19 所示，厚壁菌门（Firmicutes）、变形菌门（Proteobacteria）、拟杆菌门（Bacteroidetes）、放线菌门（Actinobacteria）、芽单胞菌门（Gemmatimonadetes）共 5 个细菌门相对丰度较大，其相对丰度之和在 2 个处理堆肥样品中均占到堆肥样品细菌总量的 95%以上。Thermi、柔膜菌门（Tenericutes）、TM7、蓝藻门（Cyanobacteria）、绿弯菌门（Chloroflexi）、梭杆菌门（Fusobacteria）、厌氧杆菌门（Synergistetes）、疣微菌门（Verrucomicrobia）等 11 个已知细菌门在两个处理中均有分布，其中脱铁杆菌门（Deferribacteres）、WPS-2 和浮霉菌门（Planctomycetes）在不同堆肥处理样品中的组成有所差异，但其相对丰度极小（相对丰度在 0～0.08%）。在堆肥过程中，CK 处理和 SMZ 处理中优势细菌门均为厚壁菌门、变形菌门和拟杆菌门，其均随堆肥时间的延长而发生不同变化。其中最优势的厚壁菌门在 CK 处理和添加磺胺甲噁唑处理堆肥堆体中随堆肥时间的延长呈现出先升高后降低的趋势，CK 处理的厚壁菌门在堆肥第 7 d 达到最大值，SMZ 堆肥堆体达到最大值的时间推迟到第 14 d；厚壁菌门在两个处理堆肥结束时的丰度显著低于堆肥第 1 d。拟杆菌门在两个处理中随堆肥时间的延长丰富度逐渐增大。与之相反，未被分类（unclassified）的细菌随堆肥时间的延长丰富度逐渐变小。

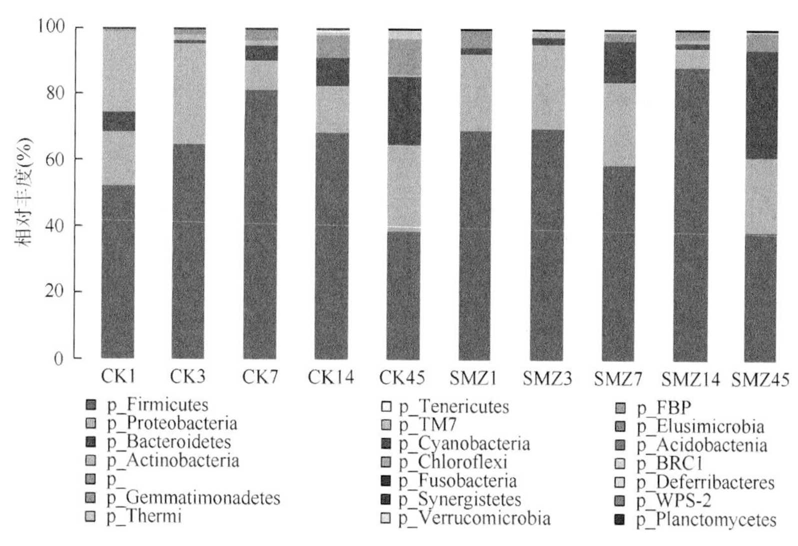

图 7.19　不同处理在门分类水平上的细菌类群比较

PCA（principal component analysis）是一种分析和简化数据集的技术，在高通量测序中常用于减少数据集的维数，同时保持数据集中对方差贡献最大的数据。通过分析不同样品 OTU（97%相似性）组成来得出样品的差异和距离，PCA 运用方差进行分解，采用二维坐标图来反映多组数据的差异，坐标轴是最能反映方差的两个特征值。如果两个样品距离越近，则表示这两个样品的组成越相似，不同处理或不同环境间的样品则表现出分散和聚集的分布情况，从而可以判断相同条件的样品组成是否具有相似性。图 7.20 为基于 OTU 丰度的堆肥样品的 PCA 图，

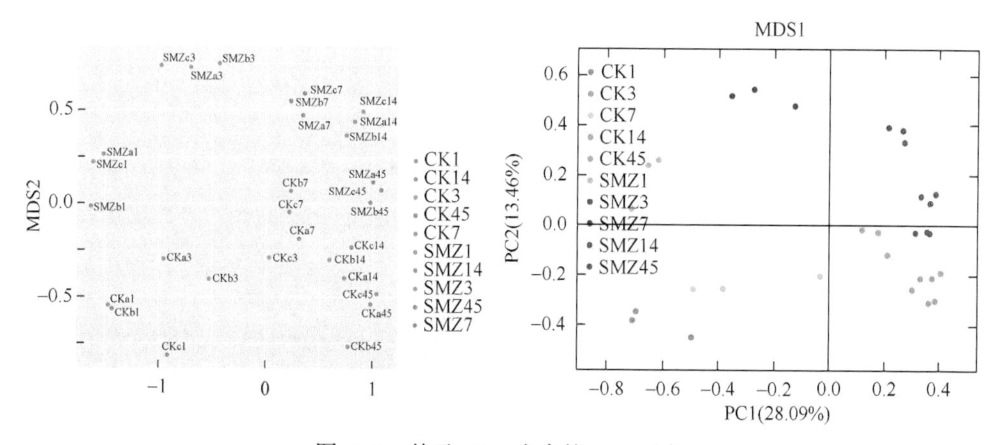

图 7.20　基于 OTU 丰度的 PCA 分析

由图可知，CK 处理和 SMZ 处理的 30 个堆肥样品中，每个样点的三次重复的布点相近，说明试验误差较小；样品间距离远且两个不同处理差异显著，表明磺胺甲噁唑的存在对堆肥过程中细菌组成结构影响较大。

2. 磺胺甲噁唑对堆肥过程中真菌多样性的影响

（1）堆肥样品测序结果、取样深度验证

18S rDNA 及 28S rDNA 间的 rDNA 内转录间隔区（internal transcribed spacer，ITS）序列已广泛运用到多种真菌种属水平的分类鉴定研究中，是真菌核糖体 RNA（rRNA）基因非转录区的一部分，被 5.8S rDNA 分隔为 ITS1 和 ITS2 两个片段。真菌 ITS 区域长度一般在 500～750bp（碱基对）。通过对真菌 ITS 区进行测序，将样品中原始序列过滤掉低质量的序列后，在 0.97 相似度下利用 QIIME（v1.8.0）软件将其聚类为用于物种分类的 OTU，统计得到各个样品在不同 OTU 中的丰度信息，30 个样品共产生 27 406 个 OTU。对照 CK 处理与 SMZ 处理随时间变化含 OTU 数量变化情况见表 7.5。

表 7.5　堆肥真菌序列读数（reads）及 OTU 数

样品	有效序列数	OTU	样品	有效序列数	OTU
CKa1	29257	538	SMZa1	118722	1189
CKb1	29193	537	SMZb1	92053	1225
CKc1	37043	562	SMZc1	39339	630
CKa3	26098	389	SMZa3	57180	714
CKb3	28024	370	SMZb3	43367	604
CKc3	37427	417	SMZc3	38418	539
CKa7	27788	627	SMZa7	44325	780
CKb7	42496	642	SMZb7	66185	1183
CKc7	30487	614	SMZc7	51540	931
CKa14	22368	763	SMZa14	68838	1037
CKb14	46647	945	SMZb14	75989	1004
CKc14	34615	886	SMZc14	67683	1274
CKa45	33380	812	SMZa45	102923	1321
CKb45	35474	772	SMZb45	71237	1377
CKc45	42504	1039	SMZc45	51918	899

1）物种累积曲线。

图 7.21 为本试验所有测序样品在相似度 0.97 条件下的物种累积曲线。在一定范围内，随着样本量的增加，曲线趋于平缓，表明此堆肥样品中的真菌并不会随样本量的增加而显著增多，说明试验取样合理，样本量足够充分，真实环境中真菌群落结构的置信度较高，能够比较真实地反映堆肥样本的真菌群落。

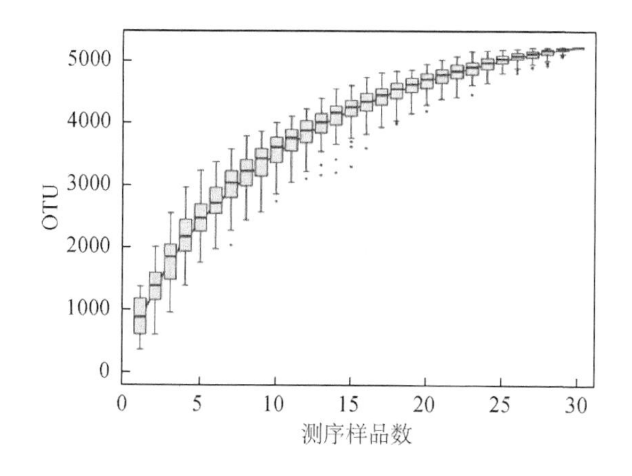

图 7.21　不同处理物种累积曲线

2）Shannon-Wiener 曲线。

Shannon 指数越高表明群落物种的多样性越丰富。CK 处理的真菌多样性随堆肥时间的延长变化幅度小；SMZ 处理的真菌群落随堆肥时间的延长多样性越丰富。所有被测样本 Shannon-Wiener 曲线趋于平坦，表明被测样品测序量均已足够，可以测到绝大多数真菌菌群。

（2）堆肥真菌群落丰富度和多样性分析

由表 7.6 可以看出，CK 和 SMZ 处理的测序覆盖饱和度指数≥0.98。CK 堆肥处理在堆肥过程前期 Chao1 指数、谱系多样性及 Shannon 指数随堆肥时间的延长增大，在堆肥后期真菌多样性有所降低，如堆肥第 1 d CK 处理的 Chao1 指数、物种数、谱系多样性及 Shannon 指数分别为 844.13±48.51、449.33±29.84、66.91±6.82 和 2.72±0.46；堆肥第 14 d 各指数升至最大值，比堆肥第 1 d 时分别升高了 51.11%、61.80%、99.37%和 60.29%；而堆肥第 45 d 与第 14 d 相比较，四个指数分别降低了 0.93%、5.55%、21.11%和 16.74%。SMZ 处理的真菌群落表现为先降低后增多的趋势，如在堆肥第 1 d，SMZ 堆肥处理的 Chao1 指数、物种数、谱系多样性及 Shannon 指数分别为 1065.89±153.65、563.00±76.39、87.24±9.61

和3.54±0.34；堆肥第3 d各指数均降至最小值，与第1 d相比，分别降低了27.87%、24.28%、2.62%和30.51%；堆肥第45 d升至堆肥过程中的最大值，与第1 d相比，分别升高了13.40%、31.32%、60.40%和51.98%。这可能是因为部分嗜温真菌在高温条件下被抑制，抗高温真菌逐渐适应高温环境，开始迅速增殖，这与弓凤莲等（2014）的研究结果一致。与CK处理对比，SMZ处理在堆肥初期对堆体中真菌群落产生了抑制作用，降低了真菌物种丰富度。在堆肥后期，如第45 d，SMZ处理的真菌Chao1指数显著低于CK处理，这表明磺胺甲噁唑存在能降低堆肥的真菌种群丰富度。

表7.6　不同处理堆肥真菌丰富度及多样性指数

样品	时间（d）	Chao1指数	覆盖饱和度指数	真菌物种数	谱系多样性	Shannon指数
CK	1	844.13±48.51	0.990±0.000	449.33±29.84	66.91±6.82	2.72±0.46
	3	609.09±83.48	0.993±0.001	344.33±21.94	58.64±14.22	2.62±0.16
	7	947.16±78.69	0.988±0.001	515.00±42.30	84.76±2.45	2.83±0.40
	14	1275.57±114.16	0.984±0.001	727.00±33.41	133.40±20.42	4.36±0.06
	45	1263.66±139.39	0.984±0.001	686.67±77.03	105.24±21.40	3.63±0.44
SMZ	1	1065.89±153.65	0.987±0.002	563.00±76.39	87.24±9.61	3.54±0.34
	3	768.80±17.10	0.990±0.000	426.33±15.53	84.95±3.86	2.46±0.15
	7	1144.47±180.28	0.987±0.003	660.00±86.71	116.27±13.78	4.32±0.31
	14	1160.31±129.44	0.987±0.002	671.00±134.3	122.70±28.99	5.30±0.25
	45	1208.74±296.98	0.986±0.004	739.33±116.1	139.93±15.96	5.38±0.84

（3）堆肥样品真菌类群分析

在门分类水平上，鸡粪堆肥样品的主要真菌群落除未被分（unidentified）群体外，分布在9个已知真菌门。如图7.22所示，子囊菌门（Ascomycota）、担子菌门（Basidiomycota）、接合菌门（Zygomycota）共3个真菌门相对丰度较大，其相对丰度之和在2个堆肥处理样品中均占到堆肥样品真菌总量的93%以上。Rozellomycota、壶菌门（Chytridiomycota）、有孔虫门（Cercozoa）3个已知真菌门在2个处理中均有分布，其中球囊菌门（Glomeromycota）、新丽鞭毛菌门（Neocallimastigomycota）、芽枝霉门（Blastocladiomycota）在不同堆肥处理样品中组成有所差异，但其相对丰度极小（相对丰度在0～0.08%）。在堆肥过程中，CK和SMZ处理中优势真菌门均为子囊菌门、担子菌门和接合菌门，其均随堆肥时间的延长而发生不同变化。其中最优势的为子囊菌门，CK处理在堆肥前期变化不大，保持在 93.72%～96.37%，第 14 d CK 处理的子囊菌门相对丰度降低至 80.31%，在第 45 d 再次升高至 90.18%；而 SMZ 处理中子囊菌门相对丰度在堆肥第 1 d 为 92.96%，第 3 d 达到最大值 97.29%，之后逐渐降低，第 45 d 为 73.91%。在 2 个处理中相对丰度位列第二的担子菌门在堆肥过程中变化不显著。

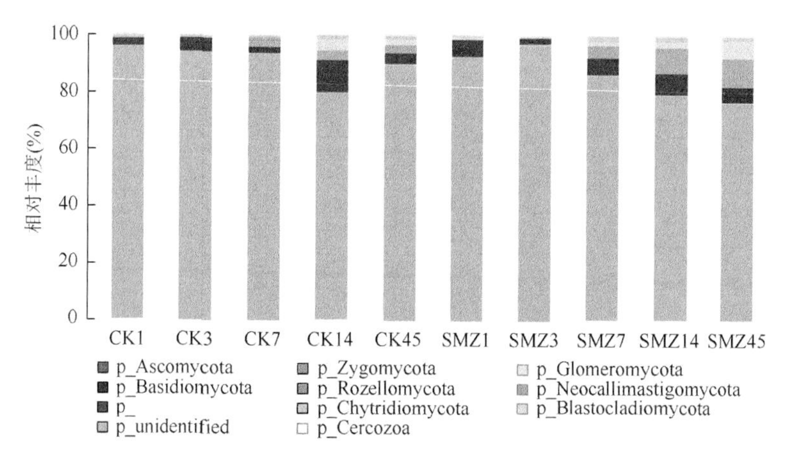

图 7.22　不同处理堆肥样品在门分类水平上的真菌类群比较

在纲分类水平上（图 7.23），CK 和 SMZ 处理中相对丰度较高的优势真菌纲为酵母菌纲（Saccharomycetes）、粪壳菌纲（Sordariomycetes）、座囊菌纲（Dothideomycetes）和散囊菌纲（Eurotiomycetes）。在 CK 处理堆肥堆体中粪壳菌纲占绝对优势，如堆肥第 1 d 堆体中粪壳菌纲相对丰度为 80.35%，随着堆肥时间的延长有所降低，到第 45 d 降为 66.91%；酵母菌纲相对丰度在堆肥第 1 d 时为 9.39%，第 3 d 达到最大值 32.74%，之后其相对丰度逐渐降低，第 45 d 仅占 13.99%。SMZ 处理中酵母菌纲占绝对优势，堆肥第 1 d 相对丰度为 48.58%，在第 3 d 时达到最大值 89.10%，之后逐渐降低，堆肥结束时仅占 32.4%；SMZ 处理中座囊菌纲随堆肥进行相对丰度逐渐降低。可见，两处理真菌类群在纲分类水平上差异显著，表明磺胺甲噁唑的存在影响了堆肥过程中真菌类群的变化。这与杨玖等（2014）的研究结果一致。

从图 7.24 可知 CK 和 SMZ 处理的 30 个堆肥样品，每个样品的三个平行布点相近，说明试验取样比较合理；样品间距离差异显著且两个不同处理明显分布在 PCA 图的两个不同区域，表明对堆肥过程中真菌组成结构的变化受磺胺甲噁唑添加量的影响比较大，而且随着堆肥时间的推移，菌群结构发生明显变异。

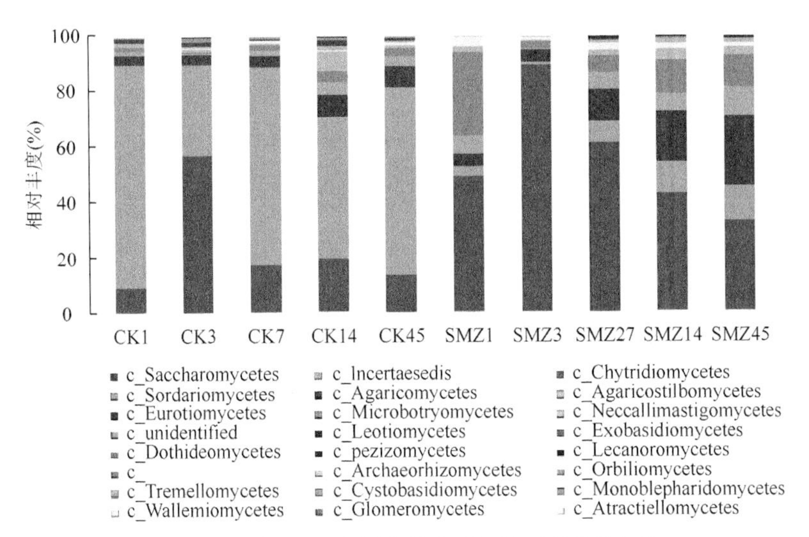

图 7.23　不同处理在纲分类水平上的真菌类群比较

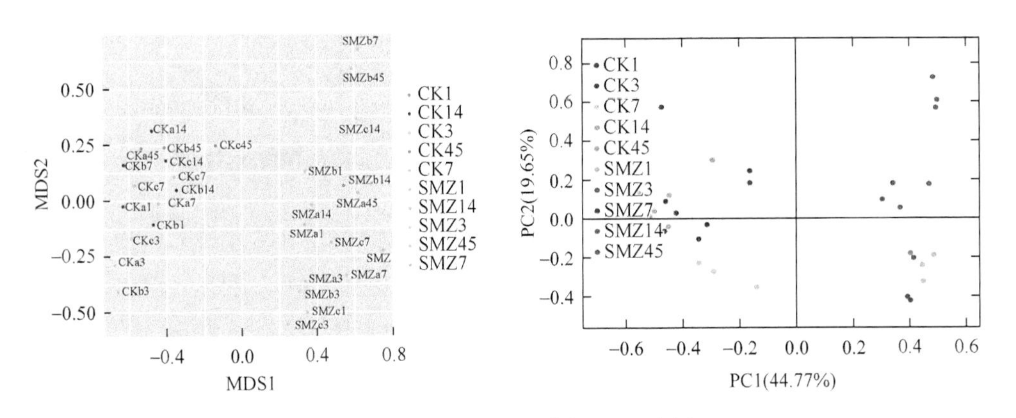

图 7.24　基于 OTU 丰度的 PCA 分析

主要参考文献

弓凤莲，杨义，于淑婷，等. 2014. 市政污泥堆肥过程参数变化及腐熟度综合评价. 中国给水排水，30(21)：128-131.

廖敏. 2012. 三种磺胺类药物在植物体内的迁移与积累研究. 合肥：安徽农业大学.

滕洪辉，胡财政，宁军博，等. 2014. 污泥堆肥过程中磷元素的形态变化. 中国环境科学学会学术年会论文集：6922-6926.

王雪萍，李传忠，高士伟，等. 2010. 鸡粪与谷壳高温堆肥中营养元素的动态变化. 西南农业学报，23(6)：1985-1988.

肖永红. 2010. 全面应对细菌耐药的公共卫生危机. 临床药物治疗杂志，8（3）：1-4.

杨玖，谷洁，张友旺，等. 2014. 磺胺甲噁唑对堆肥过程中酶活性及微生物群落功能多样性的影响. 环境科学学报，34（4）：965-972.

张凯煜，谷洁，赵听，等. 2015. 土霉素和磺胺二甲嘧啶对堆肥过程中酶活性及微生物群落功能多样性的影响. 环境科学学报，35（12）：3927-3936.

周爱霞，苏小四，高松，等. 2014. 高效液相色谱测定地下水、土壤及粪便中 4 种磺胺类抗生素. 分析化学，42（3）：397-402.

Feng Y，Wei C J，Zhang W J，et al. 2016. A simple and economic method for simultaneous determination of 11 antibiotics in manure by solid-phase extraction and high-performance liquid chromatography. Journal of Soils & Sediments，16（9）：2242-2251.

García C，Hernández T，Costa F. 1991. Study onwater extract of sewage sludge composts. Soil Science and Plant Nutrition，37（3）：399-408.

Ramaswamy J，Prasher S O，Patel R M，et al. 2010. The effect of composting on the degradation of a veterinary pharmaceutical. Waste Management & Research，4（1）：387-396.

第 8 章 畜禽粪便中典型兽用抗生素的昆虫削减技术及机制

水虻转化畜禽粪污技术是一项环境友好型昆虫转化技术，本研究以代表性抗生素——四环素为研究对象，针对水虻转化技术快速有效降解抗生素并减弱抗性基因在环境中的传播风险开展了研究，揭示了该过程中水虻与其肠道微生物对四环素和目标基因的作用机制。

8.1 水虻对四环素的降解及其与肠道微生态的相互作用机制

近年来，由于水虻转化技术的低成本、短周期及高效性，利用水虻技术转化畜禽粪便获得昆虫生物质、油脂及有机肥等的产业化研究越来越受到人们的关注（Lalander et al.，2014；Čičková et al.，2015）（图 8.1）。前期研究显示了水虻幼虫可以有效降解三种抗生素（卡马西平、罗红霉素和甲氧苄啶）和两种农药（嘧菌

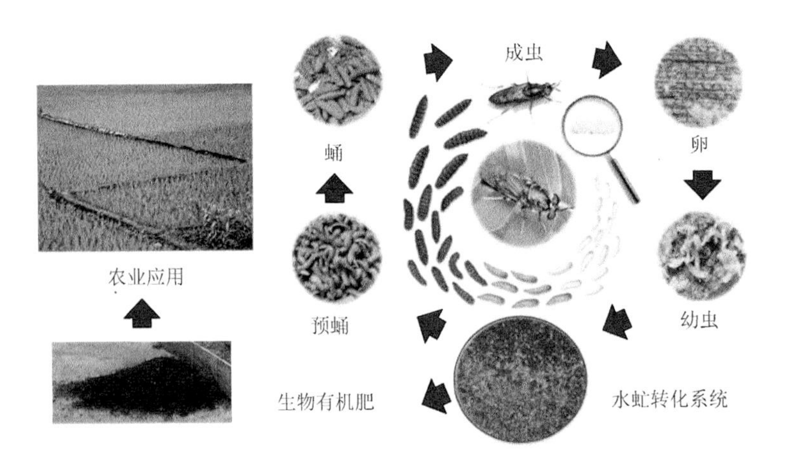

图 8.1 水虻的生命周期及其转化有机废弃物过程

酯和丙环唑），减少它们在环境中的迁移（Lalander et al.，2016），这显示出利用水虻技术处理畜禽粪污中的抗生素残留问题的巨大潜力；然而，相关机制仍然不清楚，特别是对于水虻及其肠道微生物对抗生素降解的相互作用机制仍不明朗。

因此，本研究以畜禽养殖过程中应用最广的四环素抗生素为研究对象，通过构建水虻转化人工系统，开展了水虻降解四环素的动力学研究、水虻肠道微生态演替、水虻及其肠道微生物的协同降解作用以及各环境因子影响情况分析等方面的研究。

8.1.1　水虻对不同浓度四环素的降解效果及肠道微生态演替

1. 试验设计与研究方法

本研究以麸皮为水虻转化物料，设置四环素初始浓度为 20 mg/kg、40 mg/kg 和 80 mg/kg（干重比例），利用 8 日龄水虻幼虫，构建水虻转化组：含不同四环素浓度的物料干重 1000 g + 水虻 2000 条，含水率为 60%；同时，构建无水虻对照组：含不同四环素浓度的物料干重 1000 g，含水率为 60%。每个系统设置 3 个生物学平行，各系统置于人工温室中，试验过程中维持室温约 27.5℃，湿度约 70%，持续 14 d，每隔 2 d 检测物料中四环素的降解情况。

2. 水虻对不同浓度四环素的降解效果及其动力学分析

不同初始四环素浓度下，各系统中的四环素浓度变化情况如图 8.2 所示，水虻转化系统对四环素具有高效快速的降解效果。相比较于无水虻对照系统，不同浓度四环素在水虻转化系统第 8 d 的降解率就达到了 75%以上，是对照系统的 1.6 倍以上；第 14 d 的最终降解率在初始浓度为 20 mg/kg、40 mg/kg 和 80 mg/kg 时分别达到 95.9%±0.3%、96.9%±0.4%和 95.5%±0.4%（表 8.1）。该结果与利用蝇蛆处理猪粪时各抗生素浓度变化的情况一致（Zhang et al.，2014）。

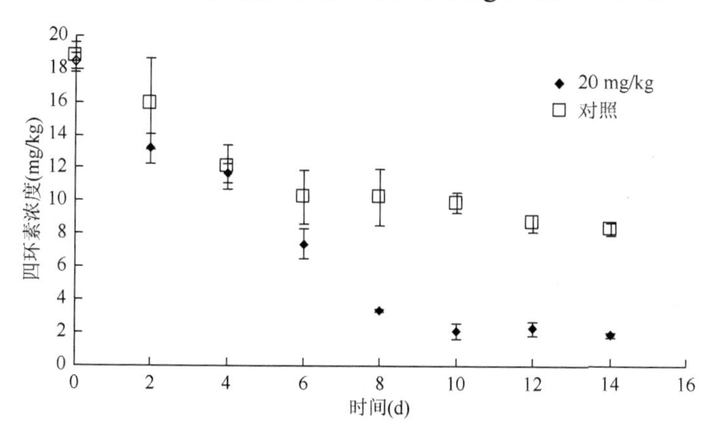

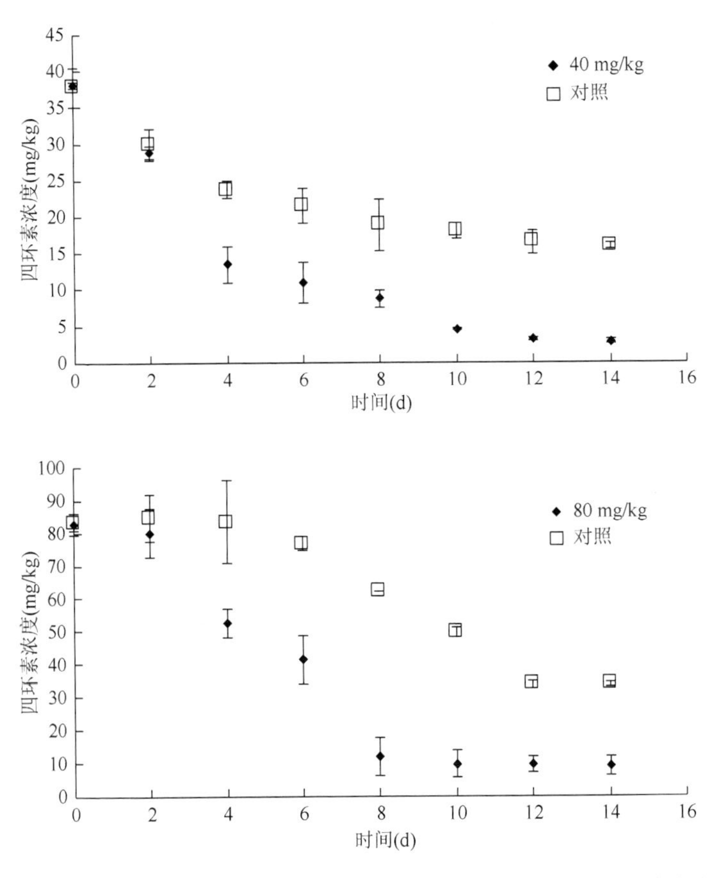

图 8.2　不同初始浓度下水虻转化系统和对照系统中的四环素浓度变化

表 8.1　水虻对不同浓度四环素降解的动力学参数

组别		k	R^2	$t_{1/2}$(h)	TC 降解率(14 d, $n=3$)(%)	
					浓度降解率	总量降解率
20 mg/kg	水虻处理	−0.00769±0.00047*	0.9233	90	89.9±0.7[a]	95.9±0.3[a]
	对照系统	−0.00230±0.00025*	0.7977	301	55.6±4.2[b]	58.7±3.9[b]
40 mg/kg	水虻处理	−0.00812±0.00034*	0.9630	85	92.6±1.0[a]	96.9±0.4[a]
	对照系统	−0.00247±0.00026*	0.8015	281	57.6±4.3[b]	60.6±4.0[b]
80 mg/kg	水虻处理	−0.00805±0.00061*	0.8872	86	89.1±1.1[a]	95.5±0.4[a]
	对照系统	−0.00315±0.000*	0.8499	220	59.4±3.6[b]	62.6±3.3[b]

*$P<0.001$；

注：a, b 表示数据在本列中的差异显著性（LSD, $P<0.05$）。

在无水虻的对照系统中，四环素的降解相对较为缓慢，其第 14 d 的最终降解率在初始浓度为 20 mg/kg、40 mg/kg 和 80 mg/kg 时分别为 58.7%±3.9%、60.6%±4.0%和 62.6%±3.3%。该结果与其他研究中规模化猪粪发酵过程中四环素降解率大约为 70%、半衰期为 10.02 d（240 h）的结果类似（Wu et al.，2011）。将各浓度条件下四环素浓度变化的结果拟合至动力学第一方程中，取得了良好的拟合效果（拟合度 R^2 均超过 0.75，表 8.1）。在水虻转化组中，四环素半衰期在初始浓度为 20 mg/kg、40 mg/kg 和 80 mg/kg 时分别为 90 h、85 h 和 86 h；在无水虻对照组中，分别为 301 h、281 h 和 220 h。显然，水虻转化组的四环素半衰期约是对照组的 1/3，其明确地证明了水虻转化相对于无水虻的自然发酵，对四环素具有更加高效快速的降解作用。进一步的分析可以看出，这种高效和快速的降解作用可能来自水虻肠道微生物的作用。如图 8.2 所示，在四环素初始浓度为 80 mg/kg 时，水虻转化组前期，四环素浓度的变化出现了 2 d 的“延迟期”；在延迟期内，四环素浓度没有出现显著变化。引起这一现象的原因很可能是高浓度的四环素对微生物活性的抑制作用，因为四环素可以有效结合细菌核糖体 30S 亚单位、阻止肽链延伸和细菌蛋白质合成从而抑制细菌生长（Nelson and Levy，2011）。相关研究表明，四环素的半最大效应浓度（50% of maximal effect concentration，EC_{50}）和最小抑菌浓度（50% of minimum inhibitory concentration，MIC_{50}）分别为 0.08 mg/L（活性污泥）和 0.25～32 mg/L（敏感菌和抗性菌）(Halling-Sørensen et al.，2002)。而本研究中，80 mg/kg 的四环素初始浓度（干物质浓度）对应于 32 mg/kg 的湿物质浓度，即四环素的 MIC_{50}，可以有效抑制系统中和水虻肠道中的微生物活性，进而影响转化前期四环素的降解。

3. 水虻肠道微生态演替

在土壤环境中，短时间的四环素暴露就可以改变土壤微生物的结构和功能，同时也造成四环素的降解（Chessa et al.，2016）；近期的厌氧体外实验表明，人体肠道微生物可以响应抗生素的暴露，促进降解（Payne et al.，2003）；类似地，本研究通过对水虻肠道微生物中细菌群落和真菌群落的动态检测（图 8.3），证明了水虻肠道微生物受四环素的影响而出现了结构的改变。

结果显示，在初始无四环素影响时，水虻肠道细菌主要由变形菌门（Proteobacteria）和厚壁菌门（Firmicutes）组成，其总量达到细菌总数的 99%。变形菌门和厚壁菌门同时也是 21 类不同昆虫肠道微生物的主要组成成分（Yun et al.，2014）。但是，当添加四环素饲料 8 d 后，这两类细菌的含量锐减至 52.6%，同时，拟杆菌门细菌的含量由小于 1.0%增加至 46.2%。相关研究表明，在猪粪蝇蛆降解过程中，拟杆菌门与抗生素的降解存在显著的相关性（Zhang et al.，2014），因此，可以推测，水虻肠道微生物中拟杆菌门的快速增加可能是四环素快速降解的原因之一。

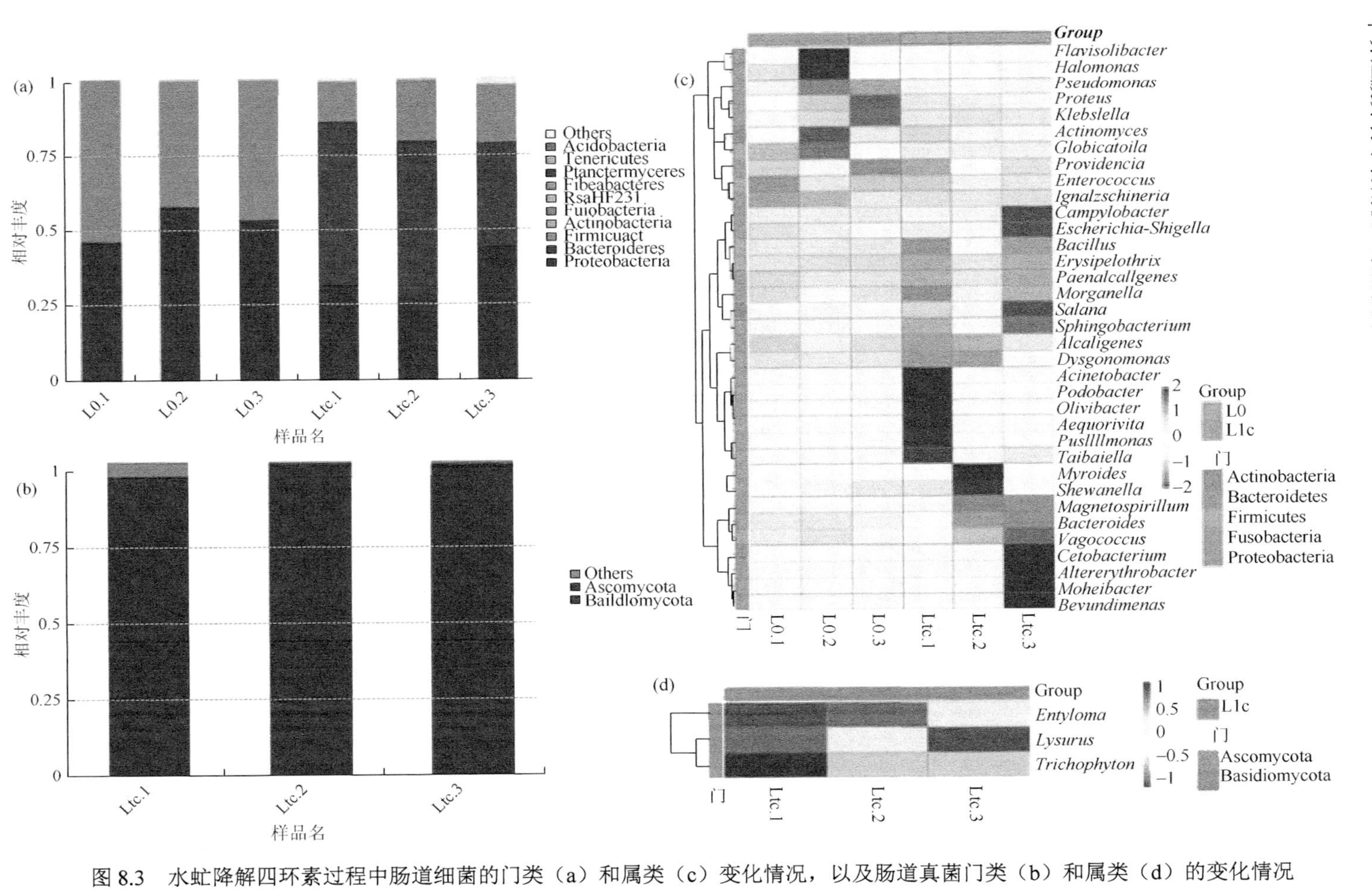

图 8.3　水虻降解四环素过程中肠道细菌的门类（a）和属类（c）变化情况，以及肠道真菌门类（b）和属类（d）的变化情况

真菌是木食性昆虫肠道的一类常驻微生物，他们在帮助昆虫消化难降解有机物时往往起到了很重要的作用（Engel and Moran，2013）。在本研究中，初期的水虻肠道微生物组成中真菌的数量未能达到检测限，可以说明水虻肠道微生物中真菌不属于常驻的水虻肠道微生物构成，但是，经过四环素处理后，我们在水虻肠道中检测到了真菌群落。担子菌门（Basidiomycota）是四环素处理后水虻肠道真菌的主要门类，其中，叶黑粉菌属（*Entyloma*）、散尾鬼笔属（*Lysurus*）和毛癣菌属（*Trichophyton*）是其主要组成。水虻肠道真菌和细菌受四环素影响的变化是水虻肠道微生物响应四环素压力的结果，同时也是反作用于四环素促进其降解的内因之一。

8.1.2　水虻肠道微生物与水虻对四环素的降解作用

1. 无菌水虻系统试验设计与研究方法

为了确认水虻肠道微生物在四环素降解过程中的贡献，本研究设置了无菌水虻系统。无菌水虻是指不含任何肠道微生物的水虻幼虫，通过比较无菌水虻与正常水虻对四环素降解的效率，可以探究肠道微生物在其中的主要贡献。为了培养无菌水虻，本研究收集了 12 h 内的新鲜虫卵，在无菌操作台内利用消毒剂（SporGon®，7.35% H_2O_2，0.23% $O_2H_4O_3$，pH 1.8～2.2）进行浸泡消毒 1 min，然后用无菌水洗涤 3 次。洗涤后的虫卵转移到无菌三角瓶中，置于培养箱中孵化（温度 27.5℃，相对湿度＞80%）3～4 d 至虫卵全部孵出。为了确定幼虫无菌，取部分孵化幼虫在无菌条件下研磨成组织液，并接种至 LB 液体培养基中（蛋白胨 10 g/L，酵母膏 5 g/L，NaCl 10 g/L），培养 24 h，若培养液未见混浊，即认为水虻幼虫为无菌幼虫。将无菌幼虫与正常孵化的幼虫（正常幼虫由 12 h 新鲜虫卵不经消毒后在无菌环境中孵化）在无菌饲料中培养 8 d；其后，分别接种至含 40 mg/kg 四环素的无菌物料中，在培养箱中（温度 27.5℃，相对湿度＞80%）转化 12 d；同时，设定不添加水虻的对照组。第 0 d、4 d、8 d 和 12 d 采集物料样品，测定四环素含量。

2. 水虻肠道微生物对四环素的降解作用

正常水虻系统、无菌水虻系统和对照系统中四环素的浓度、总含量及其一级动力学方程拟合曲线的结果如图 8.4 所示。其四环素降解的一级动力学模型拟合度（R^2）均大于 0.8，表现了较好的拟合效果。对照系统中的四环素降解率为 13.4%±3.6%，四环素半衰期为 1267 h；由于对照组为无菌环境，并且整个过程无光照和无水虻等生物因素影响，因此，该过程应该主要为四环素的水解过程（Daghrir and Drogui，2013）。

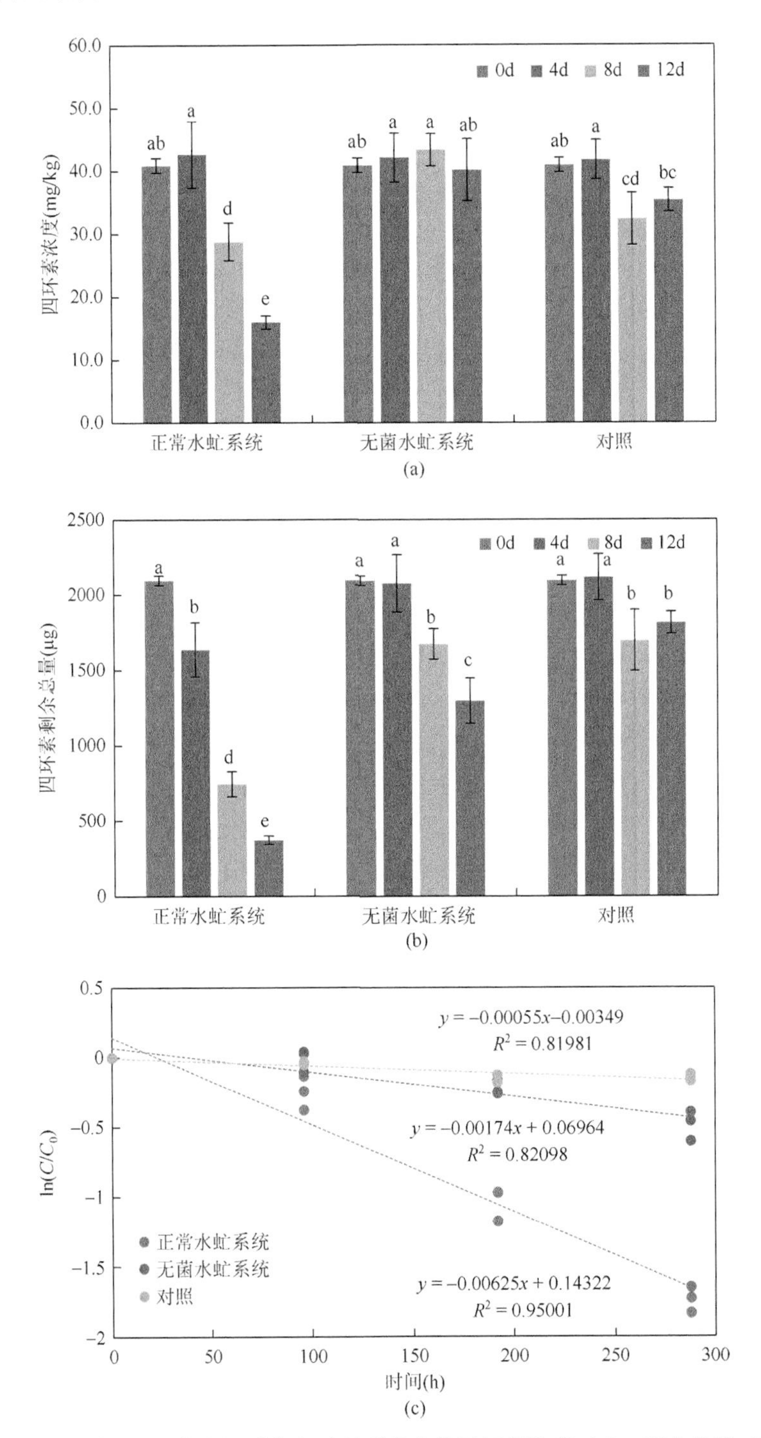

图 8.4 正常水虻系统、无菌水虻系统和对照系统中的四环素浓度（a）、剩余总量（b）及一级动力学模拟曲线（c）

在无菌水虻系统中，物料中四环素的浓度没有出现显著的改变，但是四环素总量减少了 38.2%±7.3%，是对照系统的近 3 倍；四环素半衰期为 399 h，是对照系统的 31.5%。

在正常水虻系统中，物料中四环素总量的降解率为 82.4%±1.4%，是无菌水虻系统的 2.2 倍；其四环素半衰期为 111 h，是无菌水虻系统的 27.8%。相关研究指出昆虫肠道微生物对昆虫具有促生长和控制病原体的作用（Yun et al.，2014），而本研究的结果进一步表明肠道微生物同时具有促进抗生素降解的功能。

8.1.3　水虻系统对四环素降解的作用因子及生物学机制

1. 水虻系统降解四环素的作用因子及贡献情况

根据四环素在水虻转化系统和无菌水虻系统等条件下的降解情况，本研究推测水虻系统降解四环素的主要作用因子包括：自身水解作用、环境微生物降解、水虻肠道微生物降解、水虻自身降解这几个部分；各因子的降解贡献计算情况如表 8.2 所示。

表 8.2　四环素（40 mg/kg）水虻降解过程中的主要作用因子及贡献情况

四环素降解贡献因子	数据来源和计算公式	平均降解率
四环素总体降解	40 mg/kg TC 的水虻系统中四环素的减少率	96.9%
四环素水解作用	无菌无水虻对照系统中四环素的减少率	13.4%
无菌水虻和水解的共同降解作用	无菌水虻系统中四环素的减少率	38.2%
正常水虻和水解的共同降解作用	正常水虻的无菌物料系统中四环素的减少率	82.4%
环境微生物的降解作用	四环素总体降解率(96.9%)–正常水虻和水解的共同降解率(82.4%)	14.5%
正常水虻的降解作用	正常水虻和水解的共同降解率(82.4%)–环境微生物的降解率(14.5%)	67.9%
肠道微生物的降解作用	正常水虻和水解的共同降解率(82.4%)–无菌水虻和水解的共同降解率(38.2%)	44.2%

在水虻转化过程中，约 13.4%的四环素被水解，14.5%被环境微生物所降解，约 67.9%被水虻及其肠道微生物所降解，其中 44.2%被肠道微生物降解。由此可知，水虻肠道微生物在协同水虻降解四环素过程中起到了主要作用。

2. 水虻肠道微生物降解四环素的生物学机制

本研究利用实时定量 PCR 技术，检测了水虻在四环素降解过程中，其肠道微生物中九类四环素抗性基因的绝对丰度变化情况，结果如图 8.5 所示。相对于无四环素添加的对照组，四环素影响下水虻的肠道微生物在第 4 d、8 d 和 12 d 时，分别有 7 类（*tetA*、*tetC*、*tetG*、*tetO*、*tetQ*、*tetW* 和 *tetX*）、4 类（*tetM*、*tetO*、*tetQ* 和 *tetW*）和 3 类（*tetG*、*tetM* 和 *tetQ*）四环素抗性基因显著增高。这些高表达的基因揭示了水虻肠道微生物抵抗和降解四环素的能力，其主要机制包括了核糖体保护、排出泵反应以及酶修饰降解作用等。当四环素进入水虻肠道，由于肠道围食膜的屏障，几乎没有四环素被肠道细胞直接吸收，大部分的四环素被肠道微生物、肠道消化液和昆虫免疫激发的活性氧等联合降解

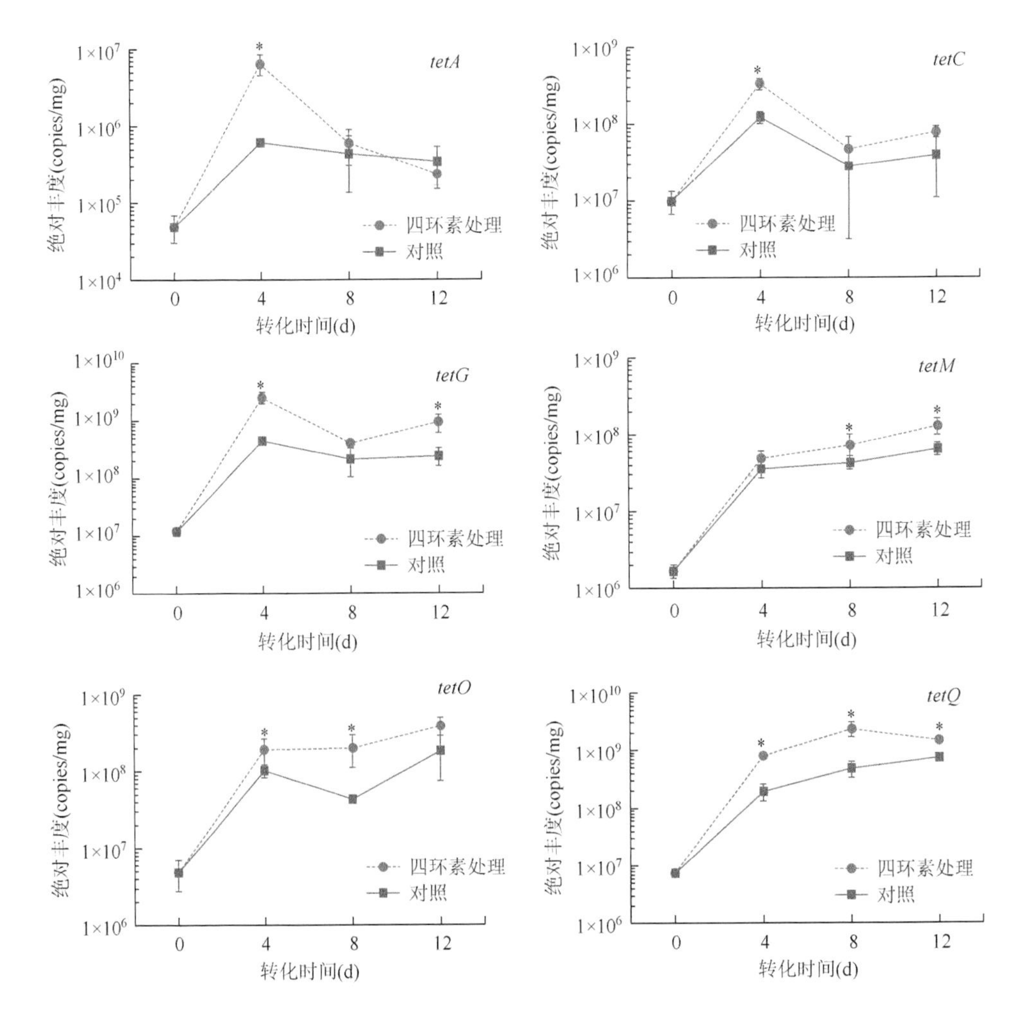

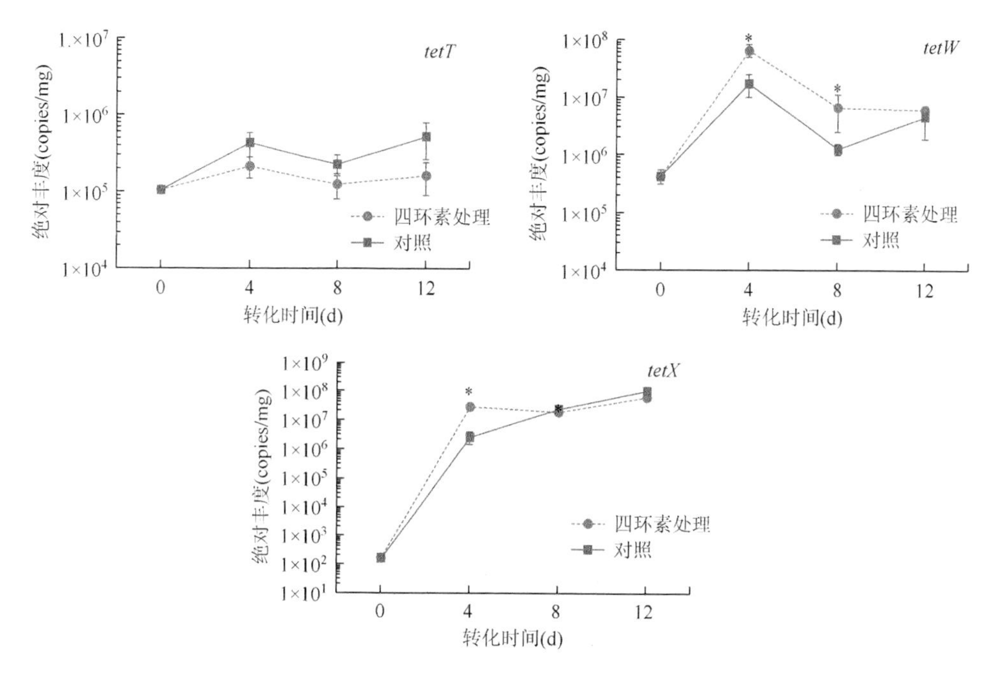

图 8.5　四环素处理组及无四环素对照组中水虻肠道微生物 9 类四环素抗性基因的绝对丰度

(Engel and Moran，2013)；其中，肠道微生物扮演了重要角色，导致了大约44.2%的四环素被直接降解。在这个过程中，四环素影响了肠道微生物的群落构成，使其演替为可以抵抗能降解四环素的群落发展，相应的四环素抗性基因丰度升高，四环素的降解由此加快，与此同时，由于四环素或由此导致的菌群变化，水虻肠道免疫活性被激活，产生功能酶或者活性氧，或通过调节菌群，或通过直接作用，使其加速了四环素的降解，形成了与肠道微生物协同降解的效果。

8.2　水虻肠道微生物对四环素的降解及其降解途径

肠道微生物在水虻高效和快速降解四环素的过程中扮演了重要角色，分离肠道降解菌并验证其降解特性可以提供证明肠道微生物降解功能的直接证据；同时，从四环素的物质代谢角度，解析其在肠道微生物作用下的代谢途径，也是对肠道微生物降解功能的进一步诠释。

8.2.1 水虻肠道四环素降解菌的筛选及降解效果

1. 水虻肠道四环素降解菌的分离及鉴定

为了进一步获得水虻肠道四环素降解菌的信息，本研究利用含四环素的选择性培养基，从正常水虻系统中的水虻肠道中分离获得了具有四环素抗性和降解能力的 6 株肠道微生物；经 16S rDNA 和 ITS 测序分析，该六株微生物分别鉴定为 BSFL-1（*Serratia* sp.），BSFL-2（*Trichosporon asahii*），BSFL-3（*Pichia kudriavzevii*），BSFL-4（*Candida rugosa*），BSFL-5（*Galactomyces geotrichum*）和 BSFL-6（*Serratia marcescens*），其系统进化树如图 8.6 所示，其 Genbank 编号分别为 KY457573、KY457574、KY457575、KY457576、KY457577 和 KY457578。

2. 水虻肠道四环素降解菌的降解特性

利用 LB 培养基，本研究考察了该六株微生物 4 d 内离体降解四环素的性能，并进行了一级动力学方程的拟合，其结果如表 8.3 所示。在无微生物的对照系统中，四环素的降解率为 20.1%±0.9%，其浓度变化结果的一级动力学方程拟合情况较差（拟合度 R^2 为 0.6510，四环素半衰期为 415 h），这可能是由前 24 h 四环素的水解造成的。BSFL-1 和 BSFL-2 对四环素的降解效果最好，其降解率均超过 48%，四环素半衰期均为 94 h；BSFL-3、BSFL-4、BSFL-5 和 BSFL-6 对四环素的降解率分别为 28.9%±1.1%、44.2%±1.4%、39.2%±1.2%和 28.5%±1.2%，四环素半衰期分别为 215 h、137 h、146 h 和 177 h。

表 8.3 六株肠道四环素降解菌对四环素的离体降解特征参数

组别	k	R^2	$T_{1/2}$(h)	四环素降解率(n = 3)(%)
BSFL-1	0.00735±0.00039*	0.9730	94	50.0±0.5[a]
BSFL-2	0.00734±0.00072*	0.8972	94	48.2±1.5[a]
BSFL-3	0.00322±0.00023*	0.9406	215	28.9±1.1[d]
BSFL-4	0.00506±0.00074*	0.8105	137	44.2±1.4[b]
BSFL-5	0.00474±0.00036*	0.9395	146	39.2±1.2[c]
BSFL-6	0.00391±0.00043*	0.8831	177	28.5±1.2[d]
对照	0.00167±0.00037*	0.6510	415	20.1±0.9[e]

*p<0.001；

注：a, b, c, d 表示数据在本列中的差异显著（LSD，P<0.05）。

图 8.6 六株肠道四环素降解菌的系统进化树分析

8.2.2 水虻肠道微生物与水虻对四环素降解的协同作用

本研究将分离得到的水虻肠道四环素降解菌株回接至无菌水虻系统中，考察了回接后无菌水虻对四环素的降解情况，其结果如图 8.7 所示。

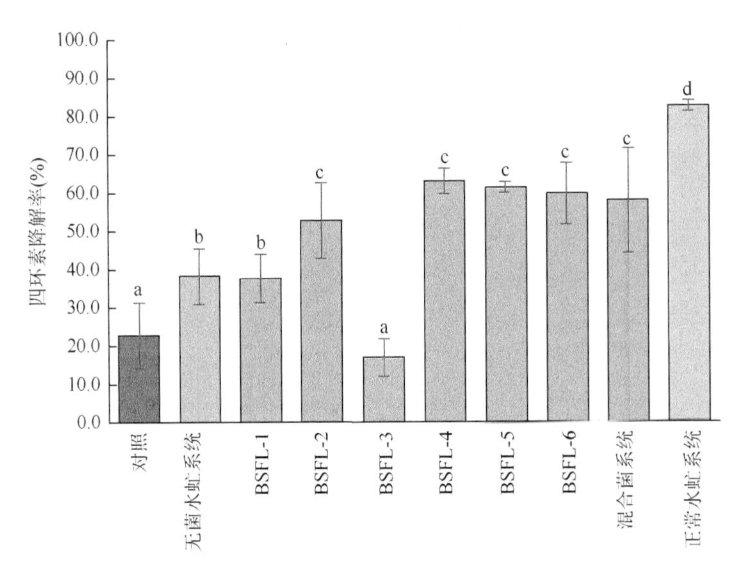

图 8.7 水虻肠道菌株回接无菌水虻的四环素降解效率

a, b, c, d 表示数据的差异显著性（LSD，$P<0.05$）

回接后，四株菌（BSFL-2、BSFL-4、BSFL-5 和 BSFL-6）和混合菌与正常水虻对四环素的综合降解率在 52.7%和 82.7%之间，显著高于无菌水虻的单独降解率和单菌降解率的 38%～64%；这表明了肠道四环素降解菌与水虻对四环素具有协同降解作用。同时，BSFL-1 离体单菌降解率为六株菌最高，但回接后，其降解率与无菌水虻的单菌降解率无显著差异，这可能是由于该菌与水虻之间存在拮抗作用（Kayama and Takeda，2016）。

综上结果表明，水虻与其肠道微生物间对四环素的协同降解作用可能是水虻高效快速降解四环素的关键原因之一。

8.2.3 四环素在水虻肠道微生物菌群作用下的降解途径

1. 水虻肠道微生物离体降解系统设计与研究方法

第 8 d，从初始浓度为 40 mg/kg 的四环素水虻转化系统中随机取 15 条幼虫，在无菌条件下解剖肠道并研磨成组织悬浊液，即为水虻肠道微生物接种液。利用该接种液和 LB 液体培养基，构建如下三个降解体系：LB 液体培养基 + 水虻肠道微生物接种液（Control-L）；LB 液体培养基 + 40 mg/L 四环素（Control-TC，水解作用）；LB 液体培养基 + 40 mg/L 四环素 + 水虻肠道微生物接种液（TC，水解和降解作用）。

每个体系设置三个平行，各体系置于 27.5℃恒温摇床培养 48 h 后，取上清液，经固相株（PEP-2，Cleanert，60 mg，3 mL）萃取、纯化和洗脱后，利用液相色谱-质谱联用仪（6540 UHD Accurate-Mass Q-TOF LC/MS，Agilent，Venusil XBP C_{18} 柱，4.6 mm×250 mm，5μm，Agela）检测代谢产物（Leng et al.，2016）。

2. 四环素在水虻肠道微生物菌群作用下的代谢产物

经液相色谱-质谱联用仪的检测，以及各降解体系间的比较，四种可能的四环素生物降解产物、两种水解产物和三种推测的钝化产物被鉴定出来，如表 8.4 和图 8.8 所示。

表 8.4 四环素降解产物鉴定特征

产物	*m/z*	保留时间(min)	质子式	预测化学式	推测途径
TC	445.16	11.89	$[M+H]^+$	$C_{22}H_{24}N_2O_8$	母体化合物
ETC 或 iso-TC	445.16	10.34	$[M+H]^+$	$C_{22}H_{24}N_2O_8$	水解作用
P385	385.21	6.17	$[M+H]^+$	$C_{17}H_{20}O_{10}$	生物降解：氧化作用、脱氨基作用和开环作用
P397	397.19	6.18	$[M+Na]^+$	$C_{19}H_{19}NO_7$	生物降解：脱氨基作用
P439	439.29	17.09	$[M+Na]^+$	$C_{20}H_{20}N_2O_8$	生物降解：脱甲基作用
P489	489.27	11.27	$[M+H]^+$	$C_{22}H_{36}N_2O_{10}$	生物降解：氧化作用和开环作用
P552	552.28	26.28	$[M+H]^+$	$C_{24}H_{37}N_7O_8$	酶修饰钝化作用
P553	553.33	8.70	$[M+H]^+$	$C_{26}H_{44}N_6O_7$	酶修饰钝化作用
P674	674.38	9.73	$[M+H]^+$	$C_{39}H_{51}N_3O_7$	酶修饰钝化作用

四环素保留时间为 11.89 min，相应 *m/z* 值为 445.16；水解产物保留时间为 10.34 min，相应 *m/z* 值与四环素一致，其鉴定为 4-epi-tetracycline（ETC）或 isotetracycline（iso-TC）。四种生物降解产物（P385、P397、P439 和 P489）被检出，他们可能是四环素经氧化、脱氨基和脱甲基后的降解产物；其中产物 P385 和 P489 可能为四环素通过加氧酶和正、间裂解途径的苯环开环产物（Fritsche and Hofrichter，2005）。产物 P552、P553 和 P674 可能是被 *tet* 基因编辑的酶修饰钝化

后的产物（Volkers et al.，2011），他们可能被相应酶修饰了四环素药性基团，从而导致四环素失去生物活性（Nelson and Levy，2011）。

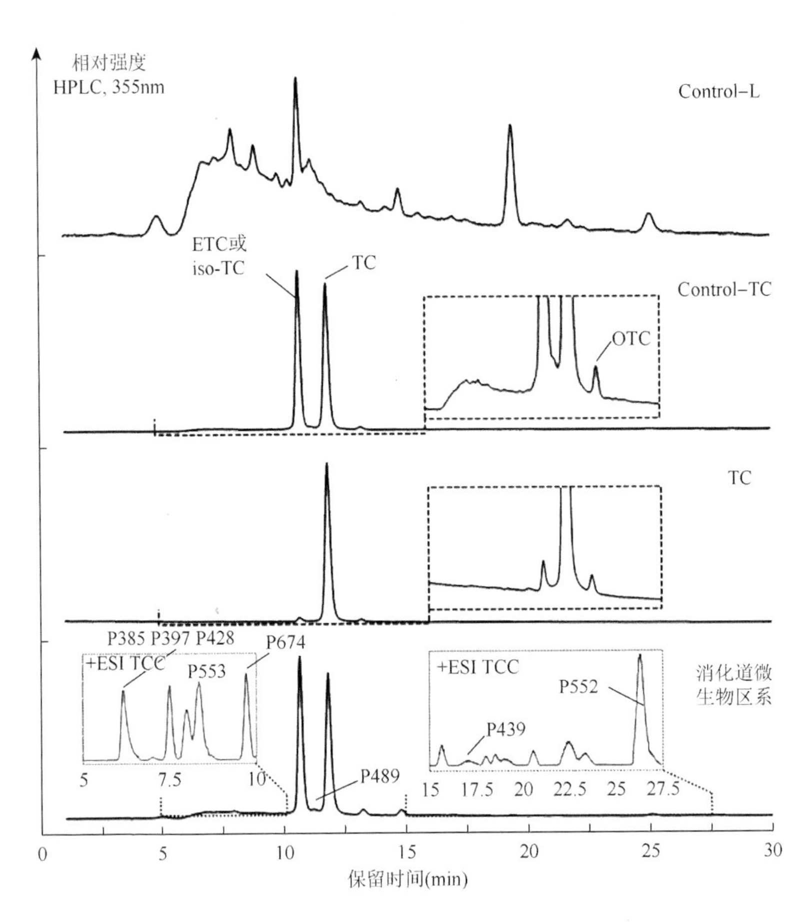

图 8.8　三降解体系四环素降解产物的液相色谱图

3. 四环素在水虻肠道微生物菌群作用下的降解途径

通过对各个四环素代谢产物的结构进行比较及进一步分析，本研究推测了四环素在水虻肠道微生物菌群作用下的降解途径，如图 8.9 所示。其中，水解作用、生物降解作用和酶修饰作用、钝化作用共同存在，并且四环素的开环作用也被检测到，说明四环素可以被水虻肠道微生物彻底降解，这进一步验证了水虻肠道微生物对四环素的高效降解能力。

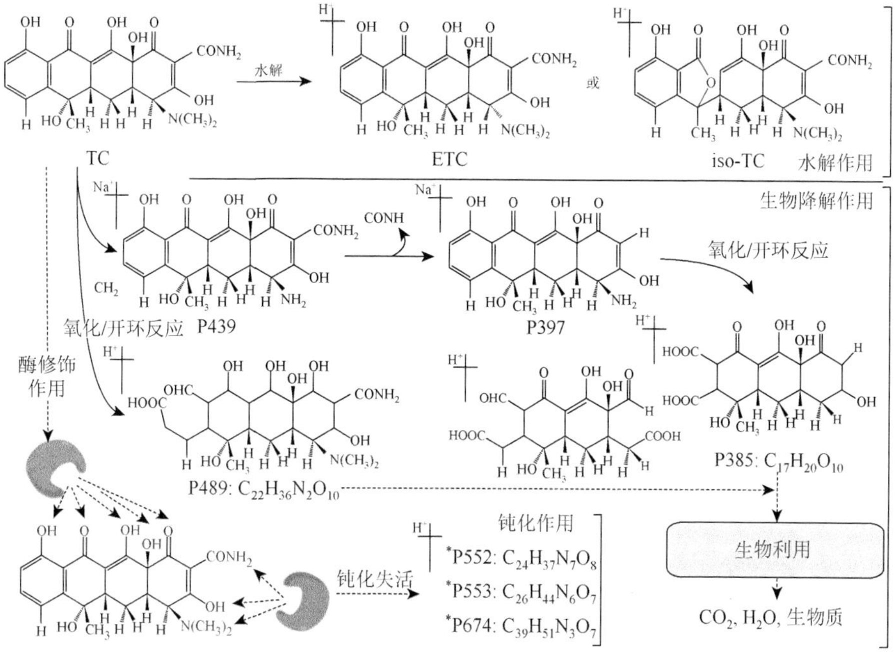

图 8.9　四环素在水虻肠道微生物菌群作用下的降解途径

8.3　水虻对鸡粪中四环素类抗生素抗性基因的削减和生态风险控制

抗生素抗性基因（Feng et al.，2018）（图 8.10）在环境中的传播会增加人们感染多重耐药性病原菌的风险（Jones-Dias et al.，2016）。中国是全球粪便产量最多的国家（Wang et al.，2017），且由于在畜牧业中大量使用抗生素作为生长促进剂和治疗剂，这些未经处理的粪便就极有可能成为抗生素抗性基因产生和传播的“港湾”。

虽然目前出现了一系列处理粪便的方法，诸如使用消毒剂、纳米技术、紫外线（UV_{254}）、生物质、连续高温堆肥和高温厌氧消化等，能够减少粪便中抗生素抗性基因的丰度（Cui et al.，2016；Sharma et al.，2016；Sun et al.，2016），但由于其成本高、操作烦琐和效率较低，投入实际应用还需要更进一步的发展。因此就迫切需要一种能有效抑制抗生素抗性基因在粪便中扩散的实用性高且具有经济价值的处理技术。

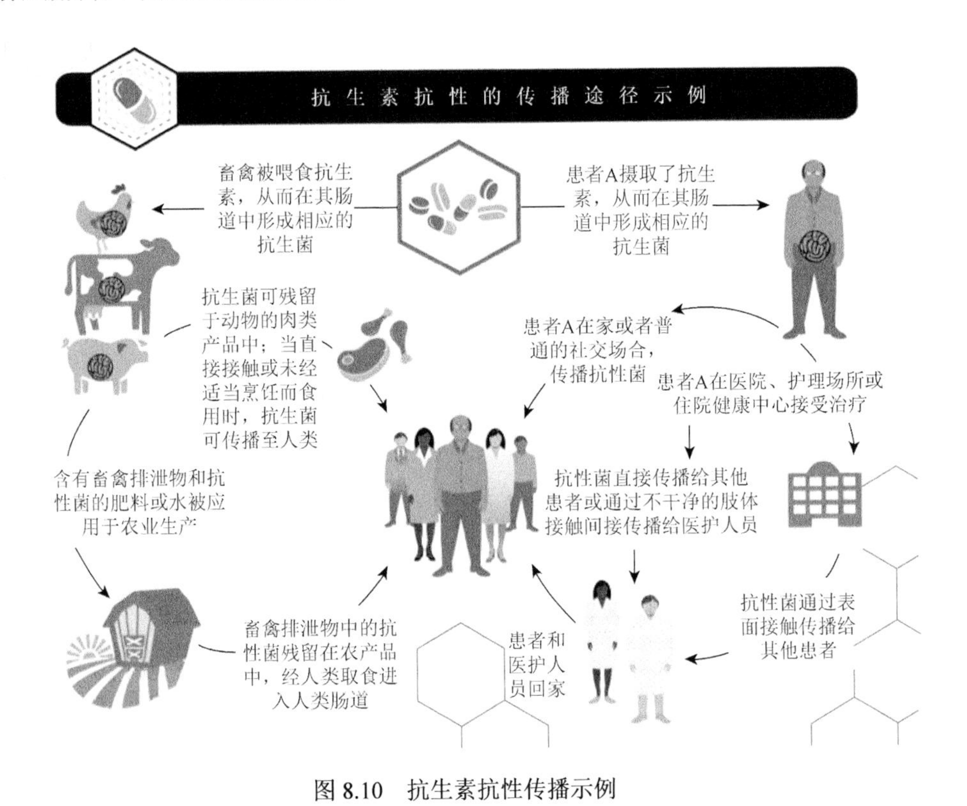

图 8.10　抗生素抗性传播示例

资料来源：https://medlineplus.gov/antibioticresistance.html

已有研究表明，家蝇幼虫对猪粪的生物转化作用能够有效减少猪粪中 158 个抗生素抗性基因中的 94 个基因（Wang et al.，2017）。蝇蛆在抑制抗生素抗性基因的传播方面有很好的应用前景，而水虻幼虫比蝇蛆更具有作为生物转化器的优势。水虻幼虫是最有望用于工业化生产饲料的物种之一，联合国粮食及农业组织（联合国粮农组织）建议将其在全世界范围内应用于有机废弃物的转化（Van Huis et al.，2013）。与家蝇幼虫相比，水虻幼虫（蛹阶段）的体重是前者的十倍，生物质增长更快，且可以具有双倍的处理时间（Čičková et al.，2015），并且水虻在减少粪便量、抑制粪菌的生长以及降解药物方面更具优势（Lalander et al.，2014；Lalander et al.，2016）。在机理研究方面，蝇蛆幼虫处理能减少抗生素抗性基因，这一特性可能与粪菌和肠道菌群之间的相互作用密切相关（Wang et al.，2015；Wang et al.，2017）。然而，水虻幼虫能减少抗生素抗性基因的机制很复杂且相关研究较少。因此，在本研究中，我们设置无菌水虻幼虫和正常水虻幼虫作为转化模型（生物转化器），对富含四环素抗性基因的鸡粪进行水虻转化，以了解水虻对抗生素抗性基因传播的控制能力并进一步解析其内部机理。

8.3.1 水虻对鸡粪中四环素类抗生素抗性基因的削减效果

1. 水虻转化鸡粪系统试验设计与研究方法

在敞口容器中（直径 250 mm×高度 120 mm），将大约 2000 只 8 日龄的正常水虻幼虫或无菌水虻幼虫分别接种到含 2000 g 新鲜鸡粪（含水量 73%）的容器中，以此作为正常水虻转化系统或无菌水虻转化系统来研究抗生素抗性基因的动态变化。同时设定一个没有水虻幼虫，只含粪便的对照系统，该系统也可代表传统发酵处理。所有系统均置于室温 27.5℃、相对湿度 70%的温室中，设置三个生物学平行。水虻转化持续 12 d，每隔 4 d 收集 20 g 粪便样本和 10 只幼虫。粪便样本冷冻干燥后，置于–80℃中用于后续提取 DNA 和化学分析（以上均为无菌操作）。幼虫样本先饥饿处理 24 h 以排尽肠道内容物，再将五只幼虫的中肠和后肠解剖、收集并置于–80℃中用于肠道微生物的群落分析。

2. 四环素类抗生素抗性基因的绝对丰度变化及与菌群总量的关系

在水虻处理鸡粪的过程中检测到了九种 *tet* 基因（*tetA*、*tetC*、*tetG*、*tetM*、*tetO*、*tetQ*、*tetT*、*tetW*、*tetX*）（图 8.11）。他们的起始绝对丰度为 10^5～10^9 copies/mg，这与猪粪中的丰度值相似。随着实验的进行，在正常水虻系统和无菌的水虻系统中，所有的 *tet* 基因和整合子基因的绝对丰度都显著降低，而对照系统中的 *tetC*、*tetG*、*tetT* 和 *tetX* 的丰度没有降低。

处理第 4 d、第 8 d 和第 12 d 时，正常水虻系统和无菌水虻系统中几乎所有基因的丰度值都显著低于对照系统，无菌水虻系统处理的第 8 d 和第 12 d 的基因丰度值也同样显著低于对照组。处理 12 d 后，这些基因的丰度值在正常水虻系统、无菌水虻系统和对照系统中平均下降了 95.0%、88.7%和 48.4%。

正常水虻系统和无菌水虻系统对于目标基因的衰减效率明显优于对照系统，也优于其他的研究，例如，添加聚合物的猪粪堆肥技术 35 d 内对 ARGs 的减少率为 8.1%～96.7%（Guo et al.，2017），牛粪堆肥处理技术 40 d 减少 35.1%（Qian et al.，2016），商业家禽粪便处理技术 30 d 平均减少 37.1%（Xie et al.，2016）。

图 8.12 统计了所有减少的 *tet* 基因的总减少率。三组系统处理 12 d 后，正常水虻系统中所有 27 个 *tet* 基因的丰度值平均减少了 95%（$P<0.05$）；无菌水虻系统中 26 个基因的丰度值平均减少了 91.9%；对照系统中 23 个基因的丰度值平均减少了 80.5%。

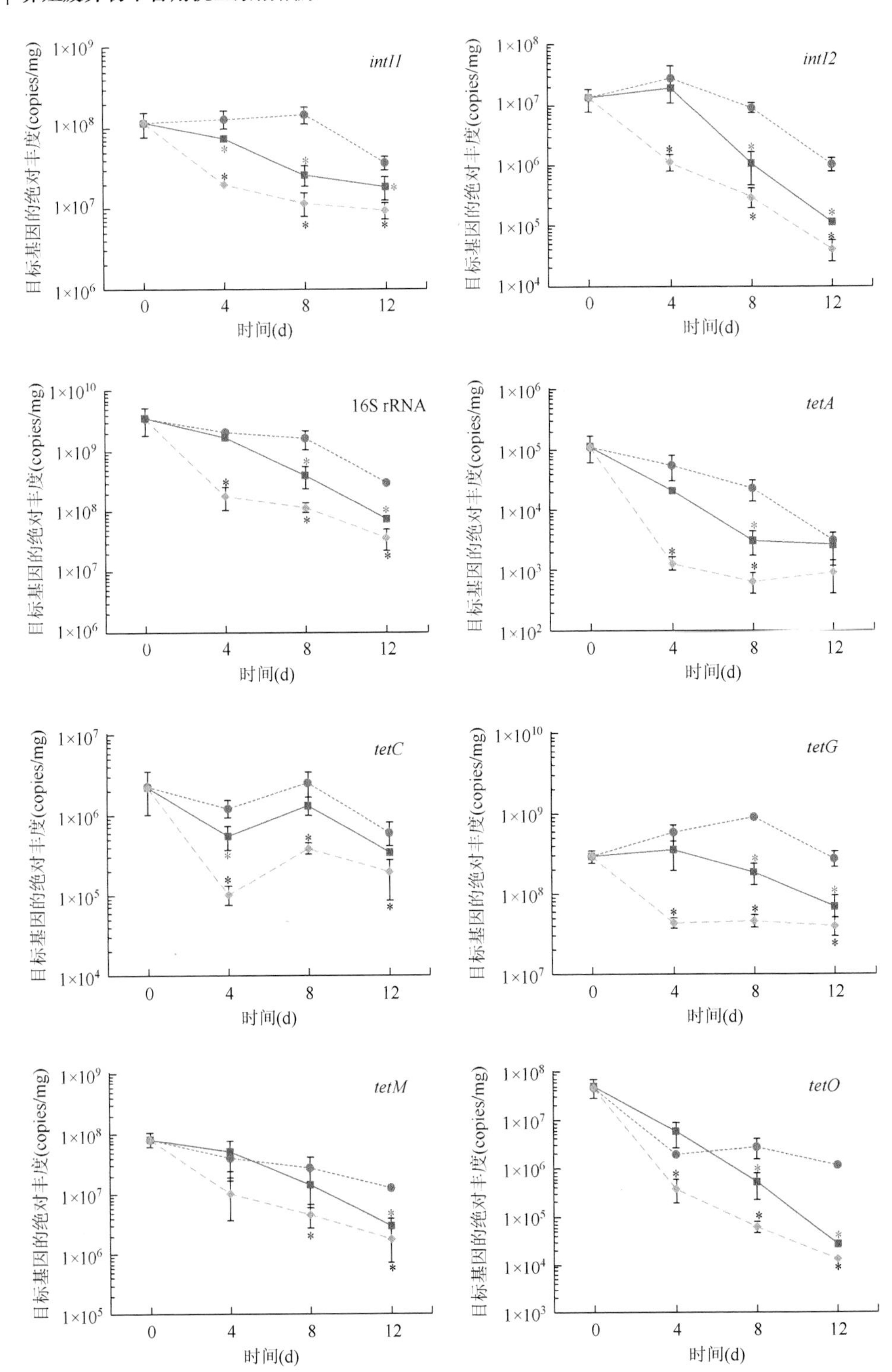
intI1
intI2
16S rRNA
tetA
tetC
tetG
tetM
tetO
目标基因的绝对丰度(copies/mg)
时间(d)

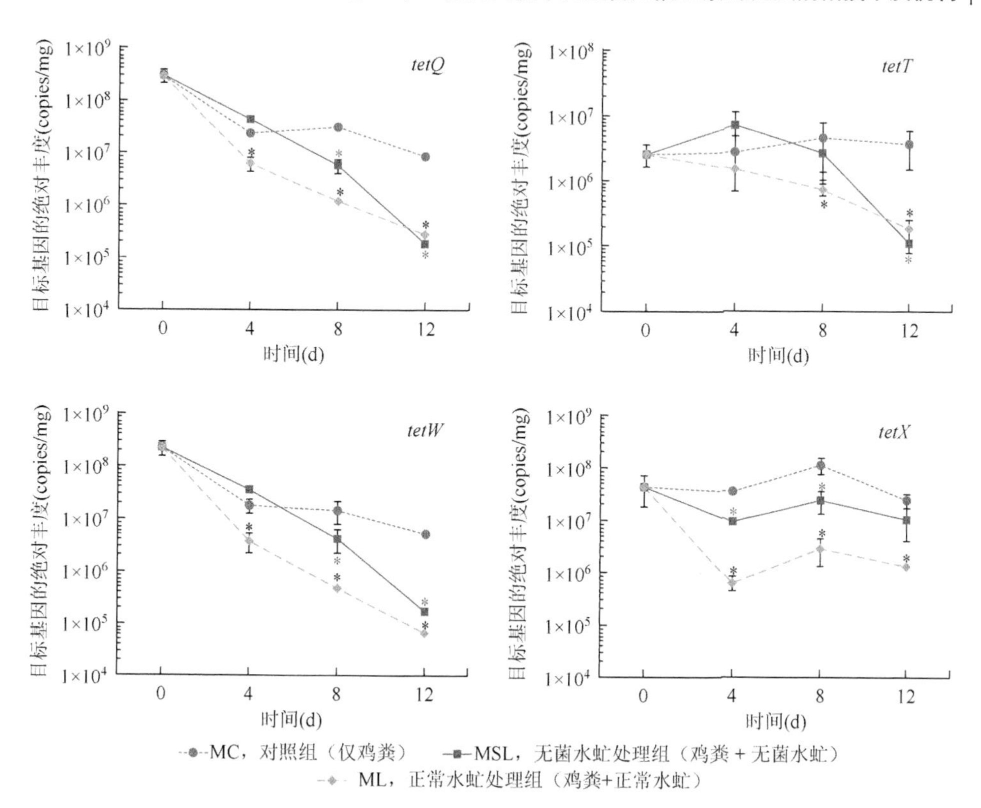

图 8.11　不同处理系统的鸡粪中目标基因的绝对丰度（$P \leqslant 0.05$）

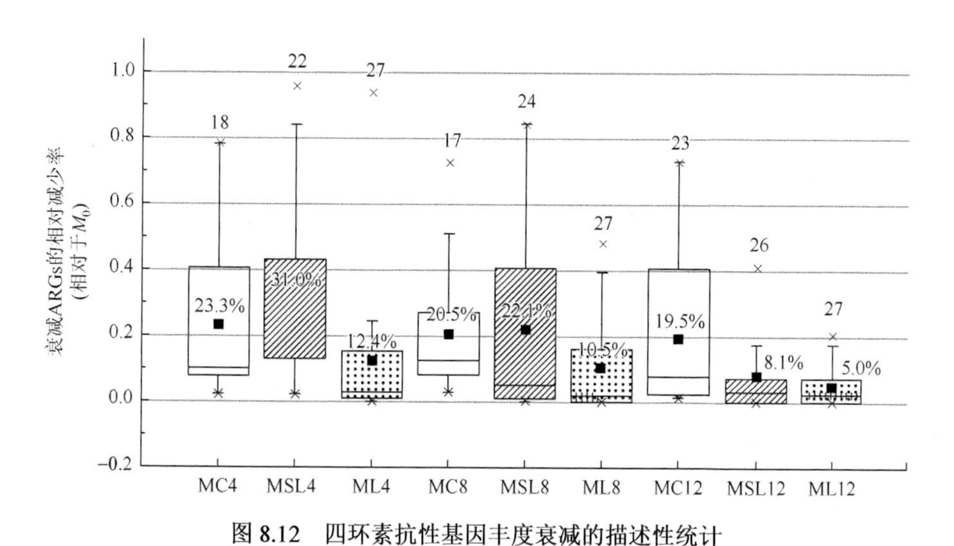

图 8.12　四环素抗性基因丰度衰减的描述性统计

绝对丰度用 Samples/M_0 表示，当绝对丰度<1 时，$n=27$；箱形表示 25%～75%，水平线为中线，误差线为 10%和 90%

正常水虻系统减少抗生素抗性基因的效率最高，其次是无菌水虻系统。在正常水虻系统和无菌水虻系统中，对于能有助于抗生素抗性基因漂移的整合子基因，*intI1* 和 *intI2* 的绝对丰度值都显著降低，但是在对照系统中下降得较慢。实验结果表明，水虻幼虫可以有效降低抗生素抗性基因和整合子基因的丰度，并且正常水虻系统的转化效率比无菌水虻系统更好，这可能是由于正常水虻所含的肠道微生物的作用。

值得注意的是，在处理 12 d 后，三组系统中细菌的丰度值都有所降低。正常水虻系统、无菌水虻系统和对照系统中细菌的丰度值分别降低 99%、98%和 90%。16S rRNA 和目标基因的绝对丰度之间的线性回归分析结果表明，*tet* 基因和整合子基因丰度的变化与细菌丰度的变化之间呈正相关（表 8.5，$k>0$）。

表 8.5　16S rRNA 和目标基因之间的线性回归分析（$n=30$）

参数	*intI1*	*intI2*	*tetA*	*tetC*	*tetG*	*tetM*	*tetO*	*tetQ*	*tetT*	*tetW*	*tetX*
拟合度 R^2	0.626	0.391	0.8675	0.5936	0.254	0.6979	0.674	0.7066	0.1163	0.7013	0.075
斜率 k	0.0342	0.0054	3×10^{-5}	0.0006	0.1113	0.0186	0.0101	0.7066	0.0008	0.0455	0.0145

编码 *intI1*、*tetA*、*tetM*、*tetO*、*tetQ* 和 *tetW* 的基因与 16S rRNA 的线性回归拟合较好（$R^2>0.6$，$P<0.01$），即如果细菌的数量减少，抗生素抗性基因和整合子基因也会随之减少。正常水虻系统比对照系统更能显著降低细菌的数量，这表明减少细菌总量的丰度（Liao et al.，2018）有助于水虻幼虫减少抗生素抗性基因，其作用的机制可能与水虻幼虫的抑菌性以及其肠道微生物的抗菌作用有关（Engel and Moran，2013）。

3. 四环素类抗生素抗性基因的相对丰度变化

图 8.13（a）展示了 30 个样本中 *tet* 基因的相对丰度（与 16S rRNA 相比较）。层级聚类分析的结果表明初始粪便样本（M_0）相互关联紧密，归为一类，其他样本主要分为四类：第 12 d 对照系统样本（只有 MC12.2）；第 12 d 无菌水虻系统和正常水虻系统簇（MSL12.1、MSL12.2 和 ML12.1、ML12.2）；第 8 d 和第 12 d 的无菌水虻系统和正常水虻系统簇（MSL8.3、MSL12.3 和 ML8.3、ML12.3）；混合簇（MSL4.1、MSL4.2、MSL4.3、ML4.1、ML4.2、ML4.3、MSL8.1、MSL8.2、ML8.1、ML8.2、MC8.1、MC8.2、MC8.3、MC12.1、MC12.3）。以上结果表明，在实验后期，正常水虻系统对于 *tet* 基因分布的影响与无菌水虻系统相差不大，但是与对照组有所区别。

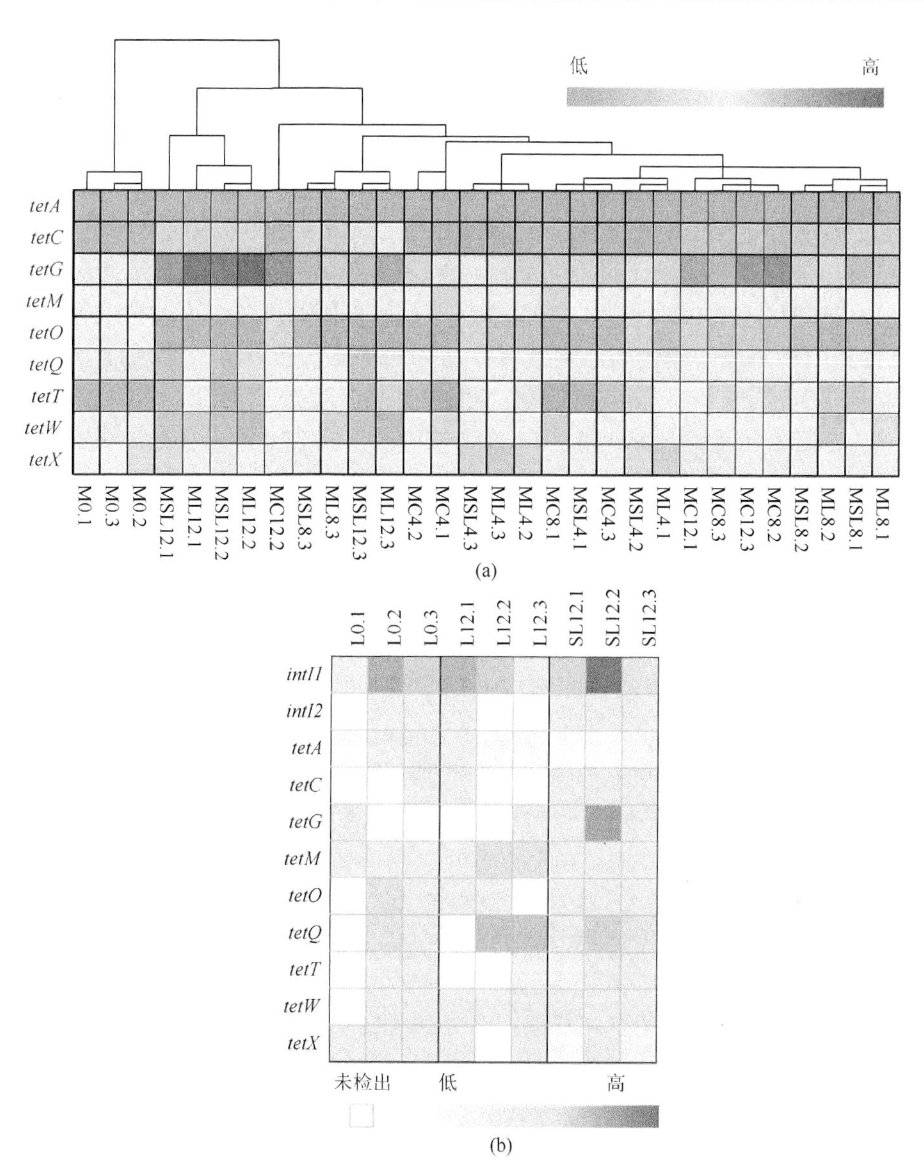

图 8.13　所有观察的粪便样本（a）以及水虻幼虫肠道微生物样本（b）中的目标基因相对丰度分析

每行显示来自一个引物的相对基因丰度，M 表示鸡粪；C 表示对照系统；L 表示正常水虻系统；SL 表示无菌水虻系统；0、4、8、12 表示转化天数

经正常水虻系统和无菌水虻系统处理 12 d 后，*tetA*、*tetO*、*tetQ* 和 *tetW* 基因的相对丰度值分别平均减少了 97%和 95%。而对照系统中基因的丰度值却平均只减少了 71%。需要注意的是，*tetC*、*tetG*、*tetM*、*tetT* 和 *tetX* 基因的相对丰度值在正常水虻系统、无菌水虻系统和对照系统中分别平均增加了 5.4 倍、6.1 倍

和 7.3 倍。因此，与对照组（传统发酵）相比，正常水虻系统在减少粪便中抗生素抗性基因方面更具优势，这也与蝇蛆对猪粪堆肥处理的实验结果一致（Wang et al.，2017）。

正常水虻系统和无菌水虻系统中，*intI1* 的相对丰度与对照组中的差别不大，而 *intI2* 的相对丰度却显著下降。经水虻幼虫处理时，*intI* 的丰度值与 *tet* 基因的丰度值之间的相关性很低，它们的 Pearson 相关系数（绝对值）大多数比对照系统中小。这说明水虻幼虫处理可以抑制抗生素抗性基因的产生，因此也限制了抗生素抗性基因在环境中的传播。根据目标基因在水虻幼虫肠道中的分布［图 8.13（b）］，在 12 d 的处理中，*intI1* 的相对丰度没有显著变化，但无菌水虻幼虫的肠道中 *intI1* 的相对丰度却平均增加了 1.6 倍。同时，在第 12 d 的正常水虻幼虫的肠道样本中，*tet* 基因的分布与初始时相似，但经无菌水虻幼虫肠道处理 12 d 后其分布与正常水虻不一致，这种差异可能是由于正常水虻幼虫和无菌水虻幼虫中所含有的不同起始肠道菌群自身的稳定性不同。

定居在正常水虻幼虫肠道中的肠道菌群可以保护水虻幼虫免受其他细菌的入侵（Engel and Moran，2013；Pamer，2016）。而无菌水虻幼虫则是从鸡粪中获得它们的初始肠道菌群，根据每个 *tet* 基因的平均相对丰度，通过 SL 组与 M_0 的 Pearson 相关系数（0.814，$n=9$，$P<0.01$）可以看出，其无菌水虻幼虫肠道中 *tet* 基因的分布与鸡粪中的相似。因此，正常水虻幼虫能比无菌水虻幼虫更有效地减少抗生素抗性基因，可能是由于正常水虻幼虫肠道中的抗生素抗性基因分布值相对较稳定且较低。

8.3.2 水虻转化鸡粪过程中的微生态演替及其影响

1. 水虻转化鸡粪系统中环境微生态与肠道微生态的演替

21 个样本［图 8.14（a）］的 NMDS 绘图结果（包括 12 个粪便样本和 9 个幼虫肠道菌群样本）表明，粪便样本每组聚集良好，但幼虫样本聚集得较分散，其 β 多样性指数［图 8.14（c）］最高，可能是水虻幼虫个体之间存在差异的原因。

在所有的粪便样本中，厚壁菌、拟杆菌、变形杆菌和放线菌是存在的主要细菌，占细菌总数的 88.4%～99.2%［图 8.14（b）和（d）］，这与先前研究中优势菌的分布相一致（Cui et al.，2016）。但经水虻幼虫处理后细菌的相对丰度差异显著（$P<0.05$）。在初始粪便样本中，厚壁菌（51.9%）和拟杆菌（33.8%）占细菌总数的绝大多数。处理 12 d 后，对照系统中细菌群落主要由变形杆菌（45.1%）、拟杆菌（29.3%）和厚壁菌（23.1%）组成；正常水虻系统中以拟杆菌（49.0%）、厚壁菌（17.9%）、变形杆菌（13.9%）和放线菌（11.8%）为主；无菌水虻系统中则以拟杆

菌（57.8%）、放线菌（12.0%）和变形杆菌（11.8%）最为丰富。正常水虻系统和无菌水虻系统中厚壁菌的相对丰度至少降低了 65.5%。相关研究表明，厚壁菌门细菌是一类可能携带和传播抗生素抗性基因的细菌门类（Huerta et al.，2013），这些菌群数目的变化可能是水虻幼虫粪便处理系统中抗生素抗性基因衰减的原因之一。

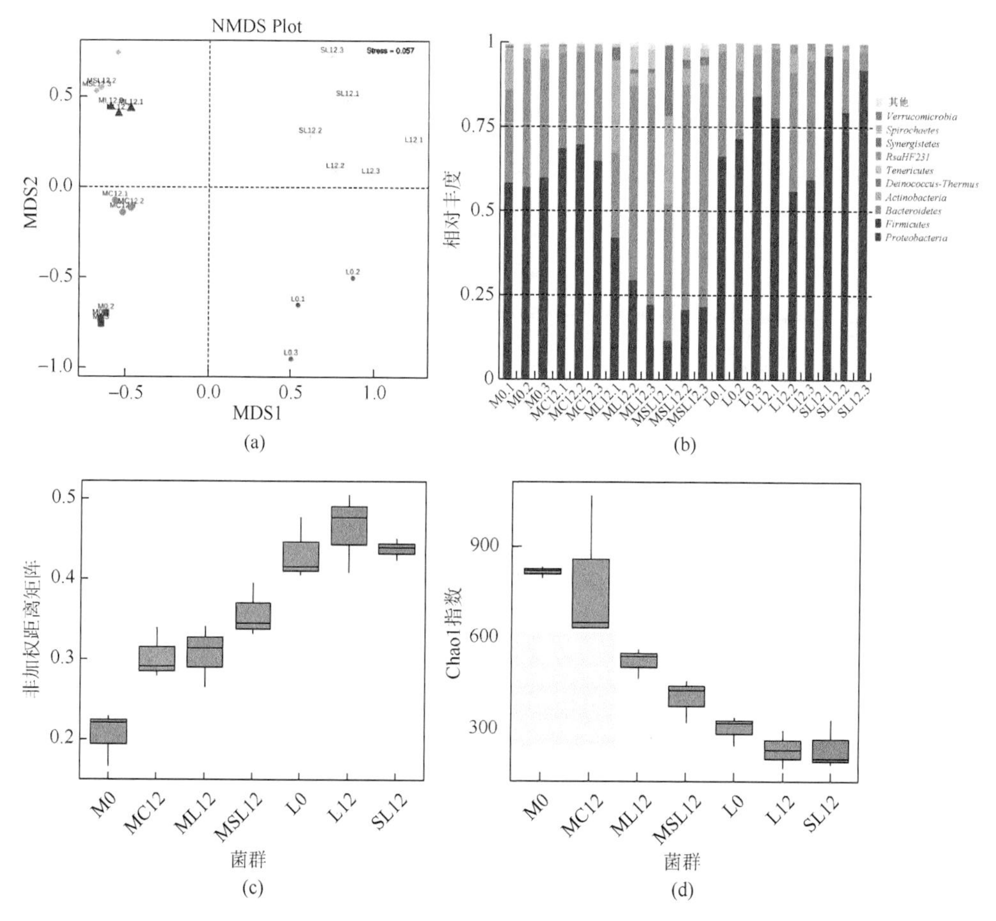

图 8.14　21 个样本的 NMDS 分布图（a）和 16S rRNA 测序的细菌群落门相对丰度组成（b）以及样本 β 多样性（c）和 α 多样性（d）

对于水虻肠道微生物的演替，初始正常水虻幼虫肠道菌群以厚壁菌、变形杆菌和拟杆菌为主（占细菌总数的 95.1%～97.5%）。这些菌同样也是组成家蝇幼虫（Wang et al.，2017）、蜜蜂（Lanan et al.，2016）和黄粉虫幼虫（Stoops et al.，2016）肠道菌群的优势菌。虽然这些菌群的平均相对丰度在整个处理期间变化了 0.37～3.3 倍，但变化并不显著（$P>0.05$），这可能是由于水虻肠道内稳定的选择性压力

（Wang et al.，2017），如低氧含量、消化酶活性和抑制性物质的存在等（Kim et al.，2011）。

2. 水虻转化鸡粪系统中微生态变化对ARGs的影响

为确定细菌群落的改变是否会影响抗生素抗性基因的动态变化，对鸡粪样品中的目标基因与属级细菌群落进行了Spearman相关性分析，如图8.15所示。

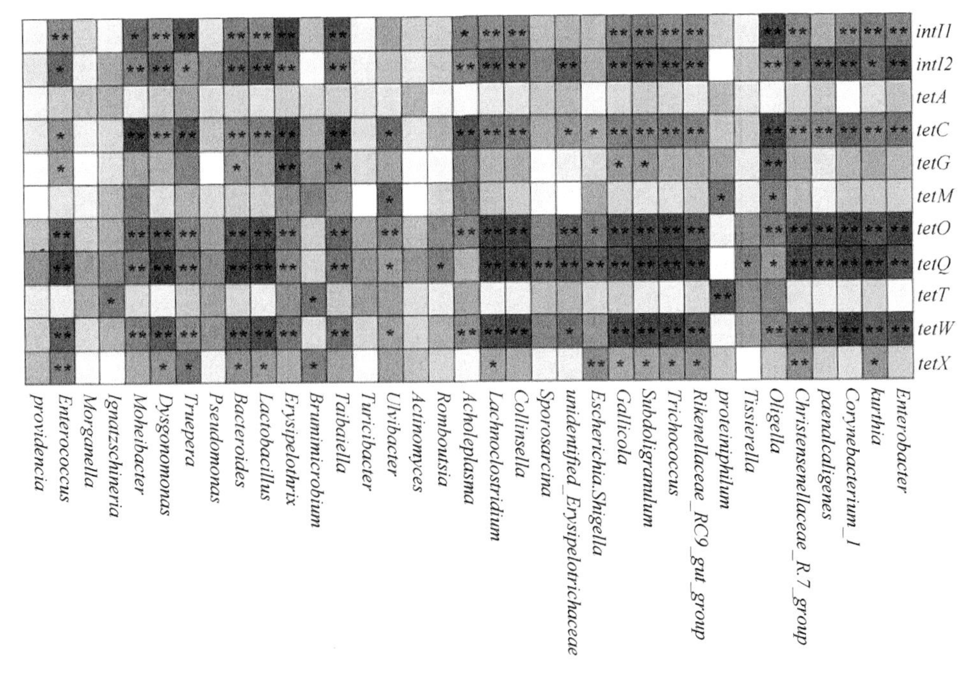

图8.15　正常水虻系统和无菌水虻系统的鸡粪样本中目标基因*intI*和*tet*基因的相对丰度与16S rRNA测序细菌属相对丰度的关系

$^*P \leqslant 0.05$；$^{**}P \leqslant 0.01$

与编码*intI2*、*tetO*、*tetQ*和*tetW*的基因呈显著正相关的菌属超过一半以上，同样与*intI1*、*tetG*、*tetM*、*tetT*和*tetX*基因之间也呈显著正相关的菌属一共有10个。由此可知，*intI*和*tet*基因的丰度变化都与鸡粪处理过程中几乎所有的菌属演替密切相关。因此，鸡粪处理过程中菌群的改变直接影响了抗生素抗性基因的动态变化。

值得注意的是，在正常和灭菌的水虻幼虫肠道中，各菌属变化和目标基因相对丰度之间的相关性很低（图8.16）。这可能是由于水虻幼虫个体之间的差异可能是由于移动基因单元的影响（富含于处理猪粪时蝇蛆幼虫肠道中）（Wang et al.，2017）。

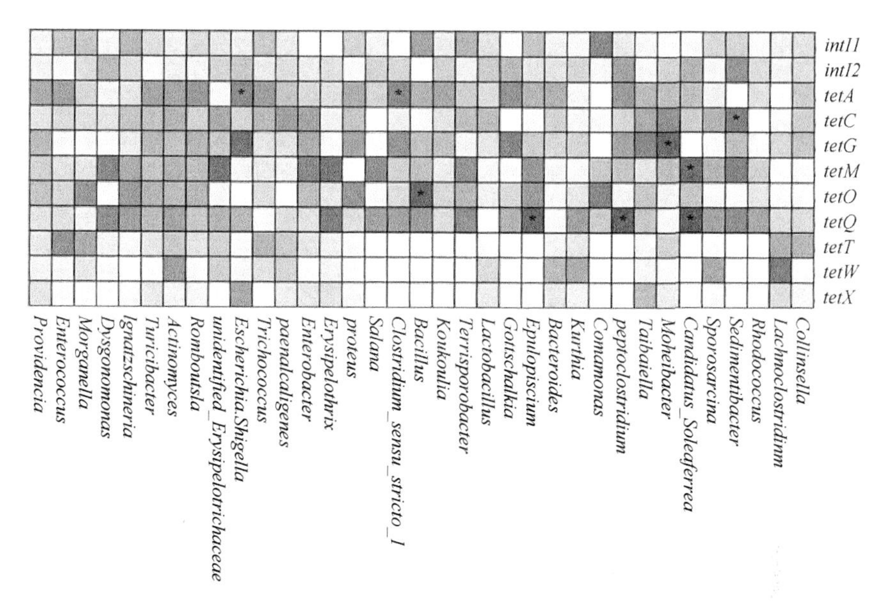

图 8.16　水虻幼虫肠道样本中目标基因的相对丰度与 16S rRNA 属级相对丰度的 Spearman 相关性

*$P \leqslant 0.05$

3. 水虻转化鸡粪系统中病原菌的丰度变化

经过不同系统处理后，人类病原菌（HPB）的相对丰度发生了变化（图 8.17）。

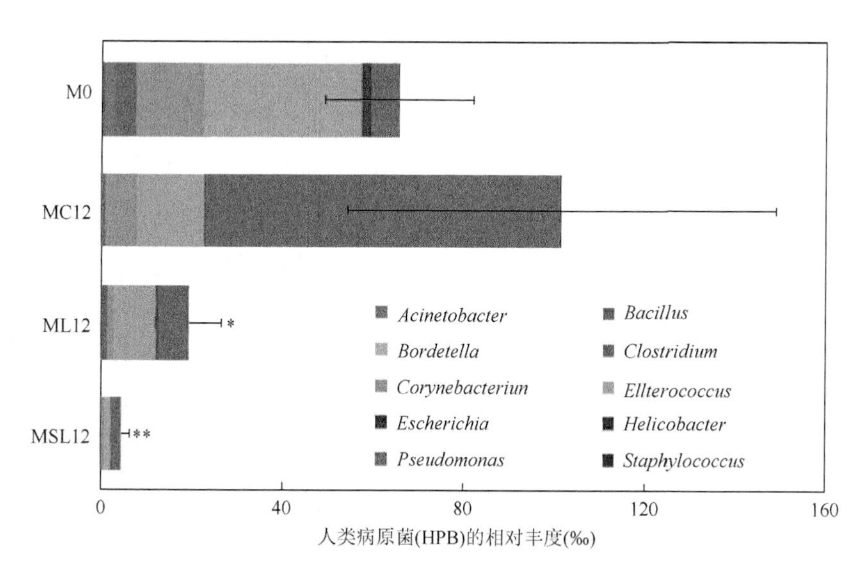

图 8.17　鸡粪处理过程中人类病原菌属级相对丰度（‰）

*$P \leqslant 0.05$；**$P \leqslant 0.01$

人类病原菌的初始相对丰度为65.8‰，经幼虫处理12 d后丰度明显减少，在正常水虻系统和无菌水虻系统中分别下降了70.7%±10.8%和92.9%±2.2%，正常水虻系统和无菌水虻系统下降幅度相差不多。结果表明，水虻幼虫系统能够有效抑制人类病原菌，从而可以减少人类病原菌携带抗生素抗性基因的风险（Fang et al., 2015）。

8.3.3 相关环境因子的影响及综合机制

1. 水虻转化鸡粪过程中相关环境因子的变化

为了确定pH、TN、OM、TC、CTC和OTC是否能影响细菌群落结构和抗生素抗性基因的动态变化，测定了这些参数（表8.6）并进行了典型对应分析（CCA）和主成分分析（PCA），如图8.18所示。

表8.6 鸡粪样本中pH、TN（总氮）、OM（有机质）、TC（四环素）、CTC（金霉素）和OTC（土霉素）等参数测量值

样品编号	pH	TN（%）	OM（%）	OTC（mg/kg）	TC（mg/kg）	CTC（mg/kg）
M0.1	7.53	1.3	59.8	0.65	8.67	18.91
M0.2	7.92	1.6	69.1	0.60	8.51	17.86
M0.3	8.06	1.7	73.9	0.54	8.63	15.41
MC4.1	8.55	1.0	72.3	0.07	6.40	17.44
MC4.2	8.77	1.9	66.8	0.00	8.77	14.16
MC4.3	8.86	1.5	75.9	0.22	5.12	11.77
MC8.1	8.89	1.1	71.3	0.10	3.40	12.84
MC8.2	8.96	1.2	67.0	0.00	4.25	14.42
MC8.3	8.94	1.3	79.5	0.21	7.21	9.11
MC12.1	8.89	1.1	71.9	0.17	3.14	16.91
MC12.2	9.11	1.3	58.4	0.35	1.31	15.11
MC12.3	8.97	1.3	76.2	0.35	0.68	11.78
ML4.1	8.81	1.1	68.0	0.23	8.99	7.16
ML4.2	8.88	1.2	65.4	0.29	8.31	9.11
ML4.3	8.85	0.9	71.9	0.31	8.82	9.13
ML8.1	9.00	1.0	63.1	0.40	3.79	8.80
ML8.2	9.02	1.2	63.2	0.36	0.00	6.95
ML8.3	9.02	1.4	73.1	0.50	1.94	5.97

续表

样品编号	pH	TN（%）	OM（%）	OTC（mg/kg）	TC（mg/kg）	CTC（mg/kg）
ML12.1	9.04	0.9	65.7	0.24	0.25	3.46
ML12.2	9.01	1.0	72.2	0.38	0.00	0.00
ML12.3	9.12	1.3	75.0	0.44	0.49	0.00
MSL4.1	8.84	1.1	80.8	0.68	7.08	8.54
MSL4.2	8.77	1.3	80.0	1.28	5.82	8.18
MSL4.3	8.97	1.5	77.2	0.91	8.97	7.23
MSL8.1	9.03	1.5	61.1	0.37	2.81	11.52
MSL8.2	9.01	0.9	79.4	0.37	2.68	8.91
MSL8.3	8.98	1.2	70.3	0.28	2.91	12.32
MSL12.1	9.05	0.8	60.9	1.01	0.42	8.12
MSL12.2	9.06	1.2	54.5	1.09	0.58	6.83
MSL12.3	8.96	1.0	56.4	0.66	0.51	7.98

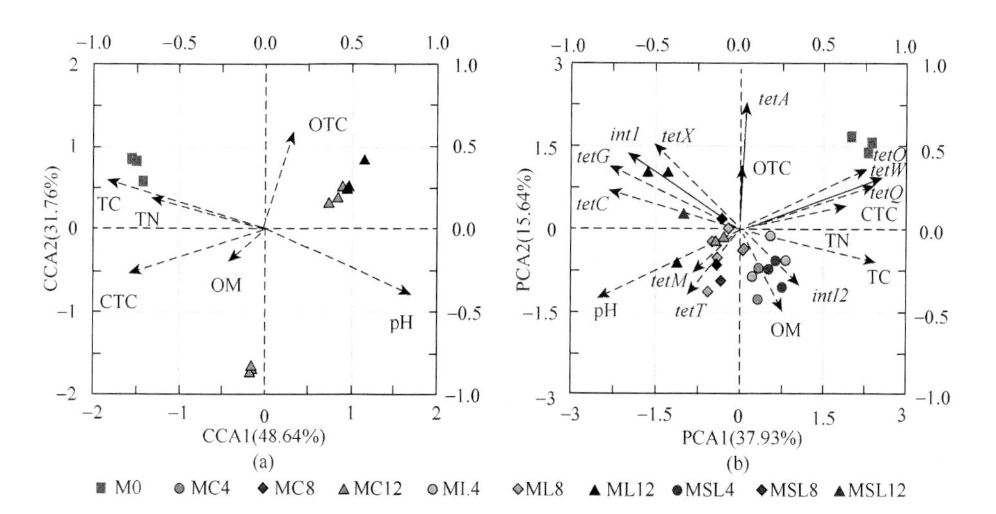

图 8.18　鸡粪样本中环境因子和属级细菌群落之间的典型对应分析（a）及基于鸡粪样本中环境因素和 *tet* 基因的相对丰度的主成分分析（b）

2. 水虻转化鸡粪过程中相关环境因子对 ARGs 丰度的影响

典型对应分析结果表明，pH、TN、OM、TC、CTC、OTC 与粪便中细菌群落的组成密切相关。TN 是细菌生长的关键营养元素。四环素、金霉素、土霉素能通过作用于细菌的 30S 核糖体亚单位来抑制其活性（Nelson and Levy，2011），它们都直接与粪便中的细菌群落相关。主成分分析结果显示几乎所有的 *tet* 基因和这两个整合子基因都与 pH、TN、OM、TC、CTC 和 OTC 相关。因为水虻幼虫能快速改变这些环境因素，因此能够改变细菌群落的组成，并减少抗生素抗性基因的存在。

3. 水虻削减和控制 ARGs 生态传播风险的综合机制

实际上，水虻幼虫减少粪便中抗生素抗性基因的机理是复杂的，在此根据上述结果简要推测了水虻削减抗生素抗性基因可能涉及的三个机制，如图 8.19 所示。

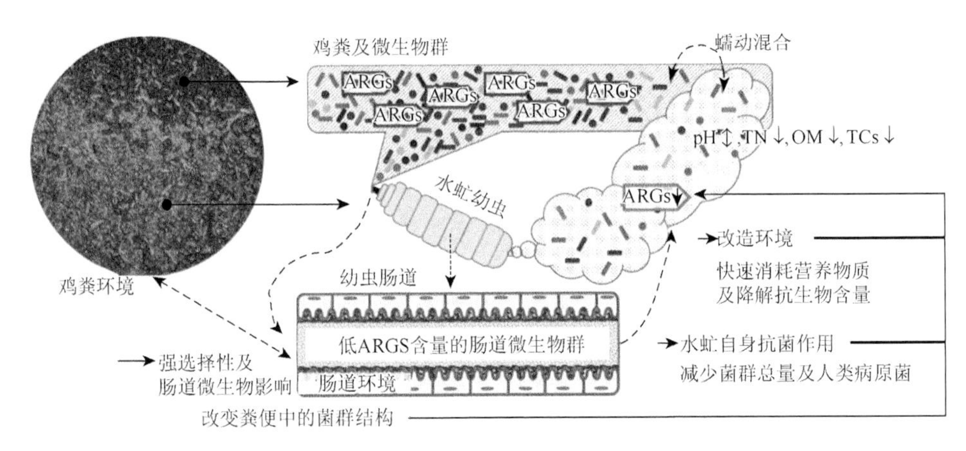

图 8.19 水虻幼虫抑制鸡粪中抗生素抗性基因的作用机理图

（1）水虻幼虫肠道及其肠道微生物菌群的选择性压力

每个水虻幼虫的肠道如同一个小型的生物反应器，能提供一个具备低氧、高活性消化酶的强选择性环境。它不同于富含氧和营养的粪便环境可以形成物种多样性丰富的微生物菌群（Wang et al.，2017），在这样的肠道环境中，肠道中的原始微生物形成一个稳定的微生物菌群，这些菌群的物种多样性较低、含有较少的抗生素抗性基因，他们为维护自身的稳定，能够抵抗其他细菌的入侵，从而导致排出抗生素抗性基因的低丰度。在水虻幼虫处理过程中，由幼虫的取食、排泄以及蠕动造成的混合鸡粪中的细菌交替受到粪便环境和水虻肠道环境的影响，使其细菌的数量减少，菌群也会不易携带抗生素抗性基因，也因此限制了抗生素抗性基因在菌群间的转移扩散。

（2）水虻幼虫的抗菌作用

水虻幼虫能显著降低粪菌和人类病原菌的丰度，这可能是因为水虻幼虫自身的免疫系统或其产生的抗菌肽的作用（Elhag et al.，2017）。水虻幼虫的抗菌作用通过抑制细菌的总量，能直接减少抗生素抗性基因的绝对丰度，降低抗生素抗性基因向人类病原菌转移的风险。

（3）环境的改变

随着水虻幼虫的生长，粪便中的营养物质和抗生素会被水虻幼虫的肠道微生物迅速消耗和代谢。缺乏营养会限制微生物的生长，而低浓度的抗生素则会降低抗生素抗性基因出现的可能，这两种限制因素都会抑制抗生素抗性基因的传播和扩散。

水虻转化系统可以对四环素产生高效降解作用，这种高效快速的降解速率与水虻肠道微生物功能及其与水虻的协同降解作用息息相关。随着水虻对四环素的取食，其肠道群落发生较大改变，拟杆菌门（Bacteroidetes）丰度迅速上升，并发现了真菌群落，同时，相应的四环素抗性基因绝对丰度显著上升，提供了水虻快速降解四环素的生物学基础。进一步地，四环素在水虻肠道微生物影响下发生了水解、氧化、脱氨基、脱甲基、开环和酶修饰作用等，被水虻肠道微生物彻底降解。该研究展示了肠道微生物协同水虻快速彻底降解四环素等抗生素的巨大潜能，并提出了改造肠道微生物加速水虻降解抗生素的潜在应用策略。

针对粪便中普遍存在的抗生素抗性基因传播风险，相比较于传统堆肥处理和无菌水虻处理（目标基因减少率分别为 48.4%和 88.7%），水虻转化系统在 12 d 内可以更有效地降低鸡粪中抗生素抗性基因和整合子的绝对丰度（减少率为 95%）；这可能与经水虻转化后菌群总量的减少有关，也与经水虻转化后，鸡粪中能承载较多抗生素抗性基因的厚壁菌门（Firmicutes）丰度显著降低（减少 65.5%）有关；同时，经水虻处理后，鸡粪中人类病原菌属类的整体丰度减少了 70.7%～92.9%，有效降低了病原菌获取抗生素抗性基因的风险。对鸡粪中各环境要素的进一步分析表明，鸡粪的 pH、总氮含量和四环素类抗生素含量与鸡粪中菌群演变和目标基因的削减具有良好的相关性。综合上述结果，我们推测了水虻快速削减鸡粪中抗生素抗性基因的生物学机制主要包括：水虻肠道和肠道微生物的选择性压力、水虻自身的抑菌作用以及水虻对鸡粪中营养元素的快速消耗。

主要参考文献

Bywater R J. 2005. Identification and surveillance of antimicrobial resistance dissemination in animal production. Poultry Science，84：644-648.

Chang，P H，Juhrend B，Olson T M，et al. 2017. Degradation of Extracellular Antibiotic Resistance Genes with UV254 Treatment. Environmental Science & Technology，51：6185-6192.

Chessa L，Pusino A，Garau G，et al. 2016. Soil microbial response to tetracycline in two different soils amended with cow manure. Environmental Science & Pollution Research，23：5807-5817.

Čičková H，Newton G L，Lacy R C，et al. 2015. The use of fly larvae for organic waste treatment. Waste Management，35：68-80.

Cui E P，Wu Y，Zuo Y R，et al. 2016. Effect of different biochars on antibiotic resistance genes and bacterial community during chicken manure composting. Bioresource Technology，203：11-17.

Daghrir R，Drogui P. 2013. Tetracycline antibiotics in the environment：A review. Environmental Chemistry Letters，11：209-227.

Elhag O，Zhou D Z，Song Q，et al. 2017. Screening，expression，purification and functional characterization of novel antimicrobial peptide genes from *Hermetia illucens*（L.）. PLoS ONE，12：e0169582.

Engel P，Moran N A. 2013. The gut microbiota of insects-diversity in structure and function. FEMS Microbiology Reviews，37：699-735.

Fang H，Wang H F，Cai L，et al. 2015. Prevalence of antibiotic resistance genes and bacterial pathogens in long-term manured greenhouse soils as revealed by metagenomic survey. Environmental Science & Technology，49：1095-1104.

Feng J，Li B，Jiang X T，et al. 2018. Antibiotic resistome in a large-scale healthy human gut microbiota deciphered by metagenomic and network analyses. Environmental Microbiology，20：355-368.

Fritsche W，Hofrichter M. 2005. Aerobic degradation of recalcitrant organic compounds by microorganisms//Jordening H J，Winter J. Environmental Biotechnology Concepts and Applications. DOI：10.1002/3527604286.

Guo A Y，Gu J，Wang X J，et al. 2017. Effects of superabsorbent polymers on the abundances of antibiotic resistance genes，mobile genetic elements，and the bacterial community during swine manure composting. Bioresource Technology，244：658-663.

Halling-Sørensen B，Sengeløv G，Tjørnelund J. 2002. Toxicity of Tetracyclines and Tetracycline Degradation Products to Environmentally Relevant Bacteria，Including Selected Tetracycline-Resistant Bacteria. Archives of Environmental Contamination and Toxicology，42：263-271.

Hu H W，Wang J T，Li J，et al. 2016. Field-based evidence for copper contamination induced changes of antibiotic resistance in agricultural soils. Environmental Microbiology，18：3896-3909.

Huerta B，Marti E，Gros M，et al. 2013. Exploring the links between antibiotic occurrence，antibiotic resistance，and bacterial communities in water supply reservoirs. Science of the Total Environment，456：161-170.

Jiang X L，Ellabaan M M H，Charusanti P，et al. 2017. Dissemination of antibiotic resistance genes from antibiotic producers to pathogens. Nature Communications，8：1-7.

Jones-Dias D，Manageiro V，Caniça M. 2016. Influence of agricultural practice on mobile bla genes：IncI1-bearing CTX-M，SHV，CMY and TEM in Escherichia coli from intensive farming soils. Environmental Microbiology，18：260-272.

Kayama H，Takeda K. 2016. Functions of innate immune cells and commensal bacteria in gut homeostasis. Journal of Biochemistry，159：141-149.

Kim W，Bae S，Park K，et al. 2011. Biochemical characterization of digestive enzymes in the black soldier fly，*Hermetia illucens*（Diptera：Stratiomyidae）. Journal of Asia-Pacific Entomology，14：11-14.

Lalander C H，Fidjeland J，Diener S，et al. 2014. High waste-to-biomass conversion and efficient *Salmonella* spp. reduction using black soldier fly for waste recycling. Agronomy for Sustainable Development，35：261-271.

Lalander C，Senecal J，Gros Calvo M，et al. 2016. Fate of pharmaceuticals and pesticides in fly larvae composting. Science of the Total Environment，565：279-286.

Lanan M C，Rodrigues P A，Agellon A，et al. 2016. A bacterial filter protects and structures the gut microbiome of an insect. The ISME Journal，10：1866-1876.

Leclercq S O，Wang C，Sui Z，et al. 2016. A multiplayer game：species of *Clostridium*，*Acinetobacter*，and *Pseudomonas* are responsible for the persistence of antibiotic resistance genes in manure-treated soils. Environmental Microbiology，18：3494-3508.

Leng Y F，Bao J G，Chang G F，et al. 2016. Biotransformation of tetracycline by a novel bacterial strain *Stenotrophomonas maltophilia* DT1. Journal of Hazardous Materials，318：125-133.

Li W，Li M S，Zheng L Y，et al. 2015. Simultaneous utilization of glucose and xylose for lipid accumulation in black soldier fly. Biotechnology for Biofuels，8：117-122.

Li Y Z，Wang H J，Liu X X，et al. 2016. Dissipation kinetics of oxytetracycline，tetracycline，and chlortetracycline residues in soil. Environmental Science & Pollution Research，23：13822-13831.

Liao H P，Lu X M，Rensing C，et al. 2018. Hyperthermophilic composting accelerates the removal of antibiotic resistance genes and mobile genetic elements in sewage sludge. Environmental Science and Technology，52：266-276.

Ma L，Li A D，Yin X L，ZhangT. 2017. The prevalence of integrons as the carrier of antibiotic resistance genes in natural and man-made environments. Environmental Science & Technology，51：5721-5728.

Nakamura S，Ichiki R T，Shimoda M，et al. 2015. Small-scale rearing of the black soldier fly，*Hermetia illucens*（Diptera：Stratiomyidae），in the laboratory：Low-cost and year-round rearing. Applied Entomology and Zoology，51：161-166.

Nelson M L，Levy S B. 2011. The history of the tetracyclines. Annals of the New York Academy of Sciences，1241：17-32.

Pamer E G. 2016. Resurrecting the intestinal microbiota to combat antibiotic-resistant pathogens. Science，352：535-538.

Payne S，Gibson G，Wynne A，et al. 2003. In vitro studies on colonization resistance of the human gut microbiota to Candida albicans and the effects of tetracycline and Lactobacillus plantarum LPK. Current Issues in Intestinal Microbiology，4：1-8.

Qian X，Sun W，Gu J，et al. 2016. Variable effects of oxytetracycline on antibiotic resistance gene abundance and the bacterial community during aerobic composting of cow manure. Journal of Hazardous Materials，315：61-69.

Sharma V K，Johnson N，Cizmas L，et al. 2016. A review of the influence of treatment strategies on antibiotic resistant bacteria and antibiotic resistance genes. Chemosphere，150：702-714.

Spellberg B，Bartlett J G，Gilbert D N. 2013. The future of antibiotics and resistance. New England Journal of Medicine，368：299-302.

Stoops J，Crauwels S，Waud M，et al. 2016. Microbial community assessment of mealworm larvae（*Tenebrio molitor*）and grasshoppers（*Locusta migratoria migratorioides*）sold for human consumption. Food Microbiology，53：122-127.

Sun W，Qian X，Gu J，et al. 2016. Mechanism and effect of temperature on variations in antibiotic resistance genes during anaerobic digestion of dairy manure. Scientific Reports，6：30237.

Van Huis A，Van Itterbeeck J，Klunder H，et al. 2013. Edible insects：future prospects for food and feed security. Food and Agriculture Organization of the United Nations（FAO），Rome，Italy.

Volkers G，Palm G J，Weiss M S，et al. 2011. Structural basis for a new tetracycline resistance mechanism relying on the *tetX* monooxygenase. FEBS Letters，585：1061-1066.

Wang H，Li H Y，Gilbert J A，et al. 2015. Housefly larva vermicomposting efficiently attenuates antibiotic resistance genes in swine manure，with concomitant bacterial population changes. Applied and Environmental Microbiology，81：7668-7679.

Wang H，Sangwan N，Li H Y，et al. 2017. The antibiotic resistome of swine manure is significantly altered by association with the *Musca domestica* larvae gut microbiome. The ISME Journal，11：100-111.

Wu X，Wei Y，Zheng J，et al. 2011. The behavior of tetracyclines and their degradation products during swine manure composting. Bioresource Technology，102：5924-5931.

Xie W Y，Yang X P，Li Q，et al. 2016. Changes in antibiotic concentrations and antibiotic resistome during commercial composting of animal manures. Environmental Pollution，219：182-190.

Yun J H，Roh S W，Whon T W，et al. 2014. Insect gut bacterial diversity determined by environmental habitat，diet，developmental stage，and phylogeny of host. Applied and Environmental Microbiology，80：5254-5264.

Zhang Z J，Shen J G，Wang H，et al. 2014. Attenuation of veterinary antibiotics in full-scale vermicomposting of swine manure via the housefly larvae（*Musca domestica*）. Scientific Reports，4：6844-6852.

Zheng L Y，Crippen T L，Holmes L，et al. 2013. Bacteria mediate oviposition by the black soldier fly，*Hermetia illucens*（L.)，(Diptera：Stratiomyidae）. Scientific Reports，3：2563.

附录　BZC3 与相同属内的不同菌种建立的系统发育树

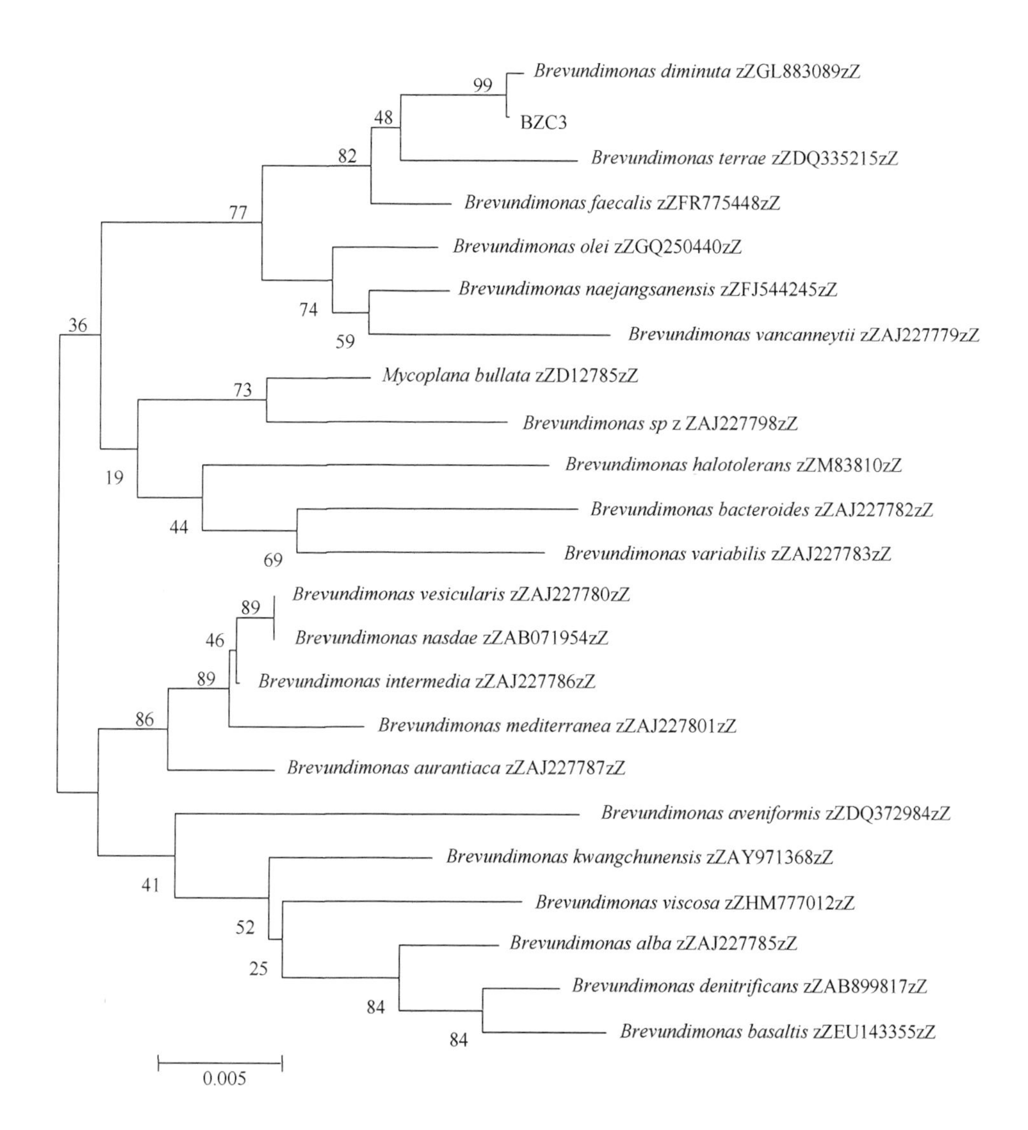